中国科协学科发展研究系列报告

中国科学技术协会 / 主编

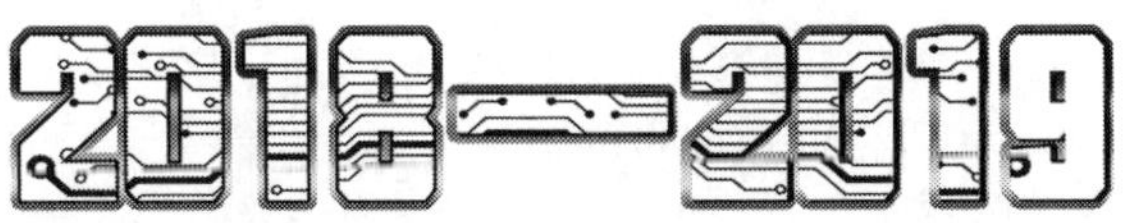

仿真科学技术学科发展报告

—— REPORT ON ADVANCES IN ——
SIMULATION SCIENCE AND TECHNOLOGY

中国仿真学会 / 编著

中国科学技术出版社
·北　京·

图书在版编目（CIP）数据

2018—2019 仿真科学技术学科发展报告 / 中国科学技术协会主编；中国仿真学会编著. —北京：中国科学技术出版社，2020.7

（中国科协学科发展研究系列报告）

ISBN 978-7-5046-8523-0

Ⅰ. ① 2… Ⅱ. ①中… ②中… Ⅲ. ①仿真—学科发展—研究报告—中国—2018—2019 Ⅳ. ① TP391.9-12

中国版本图书馆 CIP 数据核字（2020）第 037017 号

策划编辑	秦德继　许　慧
责任编辑	李双北
装帧设计	中文天地
责任校对	焦　宁
责任印制	李晓霖

出　　版	中国科学技术出版社
发　　行	中国科学技术出版社有限公司发行部
地　　址	北京市海淀区中关村南大街16号
邮　　编	100081
发行电话	010-62173865
传　　真	010-62179148
网　　址	http://www.cspbooks.com.cn

开　　本	787mm × 1092mm　1/16
字　　数	450千字
印　　张	19.5
版　　次	2020年7月第1版
印　　次	2020年7月第1次印刷
印　　刷	河北鑫兆源印刷有限公司
书　　号	ISBN 978-7-5046-8523-0 / TP · 416
定　　价	98.00元

（凡购买本社图书，如有缺页、倒页、脱页者，本社发行部负责调换）

2018—2019

仿真科学技术学科发展报告

首席科学家　赵沁平　李伯虎

专家组组长　（按姓氏拼音排序）

戴　岳　范文慧　胡晓峰　纪志成
李国雄　刘　金　马世伟　邱晓刚
吴云洁　杨　明　张　霖　张志利
赵　民

编　写　组　（按姓氏拼音排序）

段　红　贺筱媛　寇　力　李　睿
李随科　李向阳　梁　丰　梁宁宁
龙　勇　马　萍　孙金玉　吴迎年
杨益新　张　鹏　张烙兵　周建波

学术秘书　（按姓氏拼音排序）

刘诗璇　吴佳惠　延渊渊　赵　罡

当今世界正经历百年未有之大变局。受新冠肺炎疫情严重影响，世界经济明显衰退，经济全球化遭遇逆流，地缘政治风险上升，国际环境日益复杂。全球科技创新正以前所未有的力量驱动经济社会的发展，促进产业的变革与新生。

2020 年 5 月，习近平总书记在给科技工作者代表的回信中指出，“创新是引领发展的第一动力，科技是战胜困难的有力武器，希望全国科技工作者弘扬优良传统，坚定创新自信，着力攻克关键核心技术，促进产学研深度融合，勇于攀登科技高峰，为把我国建设成为世界科技强国作出新的更大的贡献”。习近平总书记的指示寄托了对科技工作者的厚望，指明了科技创新的前进方向。

中国科协作为科学共同体的主要力量，密切联系广大科技工作者，以推动科技创新为己任，瞄准世界科技前沿和共同关切，着力打造重大科学问题难题研判、科学技术服务可持续发展研判和学科发展研判三大品牌，形成高质量建议与可持续有效机制，全面提升学术引领能力。2006 年，中国科协以推进学术建设和科技创新为目的，创立了学科发展研究项目，组织所属全国学会发挥各自优势，聚集全国高质量学术资源，凝聚专家学者的智慧，依托科研教学单位支持，持续开展学科发展研究，形成了具有重要学术价值和影响力的学科发展研究系列成果，不仅受到国内外科技界的广泛关注，而且得到国家有关决策部门的高度重视，为国家制定科技发展规划、谋划科技创新战略布局、制定学科发展路线图、设置科研机构、培养科技人才等提供了重要参考。

2018 年，中国科协组织中国力学学会、中国化学会、中国心理学会、中国指挥与控制学会、中国农学会等 31 个全国学会，分别就力学、化学、心理学、指挥与控制、农学等 31 个学科或领域的学科态势、基础理论探索、重要技术创新成果、学术影响、国际合作、人才队伍建设等进行了深入研究分析，参与项目研究和报告编写的专家学者不辞辛劳，深入调研，潜心研究，广集资料，提炼精华，编写了 31 卷学科发展报告以及 1 卷综合报告。综观这些学科发展报告，既有关于学科发展前沿与趋势的概观介绍，也有关于学科近期热点的分析论述，兼顾了科研工作者和决策制定者的需要；细观这些学科发展报告，从中可以窥见：基础理论研究得到空前重视，科技热点研究成果中更多地显示了中国力量，诸多科研课题密切结合国家经济发展需求和民生需求，创新技术应用领域日渐丰富，以青年科技骨干领衔的研究团队成果更为凸显，旧的科研体制机制的藩篱开始打破，科学道德建设受到普遍重视，研究机构布局趋于平衡合理，学科建设与科研人员队伍建设同步发展等。

在《中国科协学科发展研究系列报告（2018—2019）》付梓之际，衷心地感谢参与本期研究项目的中国科协所属全国学会以及有关科研、教学单位，感谢所有参与项目研究与编写出版的同志们。同时，也真诚地希望有更多的科技工作者关注学科发展研究，为本项目持续开展、不断提升质量和充分利用成果建言献策。

中国科学技术协会
2020 年 7 月于北京

仿真学科是以建模与仿真理论为基础，以计算机系统、物理效应设备及仿真器为工具，根据研究目标，建立并运行模型，对研究对象进行认识与改造的一门综合性、交叉性学科。仿真学科知识体系日趋完善，并正向以数字化、高效化、网络化、智能化、服务化、普适化为特征的现代化方向发展，其发展重点包括虚拟现实、网络化仿真、智能仿真、高性能仿真、动态数据驱动仿真等。

仿真学科已成功地应用于众多领域的系统论证、试验、分析、维护、运行、辅助决策及人员训练、教育、娱乐等方面。仿真学科可以帮助人们深入到难以到达的宏观或微观世界中进行研究和探索。仿真科学已经成为继理论科学和实验科学这两种传统的科学研究范式之后的第三种科学研究范式。

本报告全面展示了近年仿真学科发展的亮点，深入分析了仿真学科发展的难点，预测了仿真学科的发展趋势，并对存在的突出问题进行了客观总结。第一部分综合报告，回顾、总结并评价了我国近年仿真学科最新研究进展，研究了国际上仿真学科的研究热点、前沿和趋势，比较评析了国内外仿真学科的发展状态，提出了仿真学科的发展趋势及策略。第二部分专题报告，由十五个专题组成，分别论述了仿真学科十五个专业近年的发展现状和趋势。各专题报告分别由中国仿真学会相关专业委员会组织编写。本报告为仿真学科协调研究创新、谋划学科布局、抢占科技发展制高点以及促进相关产业发展和民生建设提出了建议。

目前，仿真市场呈现高速增长、广泛扩展等特征，仿真行业规模呈大幅扩张态势。到本世纪中叶，仿真科学技术、产业与其应用一定能够给人类生产及生活带来显著改变，为建设富强民主文明和谐美丽的社会主义现代化强国作出重要贡献。

中国仿真学会
2019 年 12 月

综合报告

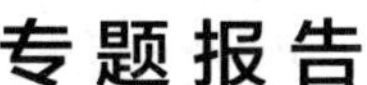

专题报告

ABSTRACTS

Comprehensive Report

Reports on Special Topics

综合报告

仿真科学技术学科发展研究

一、引言

（一）概述

仿真学科是以建模与仿真理论为基础，以计算机系统、物理效应设备及仿真器为工具，根据研究目标，建立并运行模型，对研究对象进行认识与改造的一门综合性、交叉性学科。

经过近一个世纪的发展历程，仿真学科在系统科学、控制科学、计算机科学、管理科学等学科中孕育、交叉、综合和发展，并在各学科、各行业的实际应用中成长，逐渐突破孕育本学科的原学科范畴，成为一门新兴的学科，并已具有相对独立的理论体系、知识基础和稳定的研究对象，形成独立的知识体系。

本学科是工业化社会向信息化社会前进中产生的新学科。社会与经济发展的需求牵引和各门类科学与技术的发展，有力地推动了仿真科学技术的发展。在工业、农业、国防、商业、经济、社会服务和娱乐等众多领域，本学科在系统论证、试验、设计、分析、维护、人员训练等应用层次成为不可或缺的重要科学技术。

仿真学科的研究内容包括仿真建模理论与方法、仿真系统与技术、仿真应用工程。其中，仿真建模理论与方法包括相似理论、仿真方法论和仿真建模理论等；仿真系统与技术包括仿真系统理论、仿真系统的支撑环境和仿真系统构建与运行技术等；仿真应用工程包括仿真应用理论、仿真应用的可信性理论、仿真共性应用技术和各专业领域的仿真应用等。

仿真科学技术极大地扩展了人类认知世界的能力，可以不受时空的限制，观察和研究已发生或尚未发生的现象，以及在各种假想条件下这些现象发生和发展的过程。它可以帮助人们深入到一般科学及人类生理活动难以到达的宏观或微观世界去进行研究和探索，从而为人类认识世界和改造世界提供了全新的方法和手段。随着科学研究和社会发展所面临的问题复杂性程度的加深，科学研究回归综合、协同、集成和共享已经成为一种趋势，仿真学科正因为具有这些属性而成为现代科学研究的纽带，它具有其他学科难以替代的求解高度复杂问题的能力。

本报告将阐述仿真科学技术的学科内涵；回顾、总结和评价我国近几年仿真学科的新观点、新理论、新方法、新技术、新成果等发展状况，简要介绍仿真学科在研究平台与人才培养方面的进展；总结仿真学科有关国际重大研究计划和重大研究项目，研究国际上仿真学科的最新研究热点、前沿和趋势，比较评析国内外仿真学科的发展状态；分析我国仿真学科未来发展新的战略需求和重点发展方向，提出本学科未来的发展趋势及应对策略。

（二）学科发展历史

仿真学科的雏形可以追溯到古代的沙盘堆设、模型制作等，现代仿真学科的起源与发展与计算机技术发展密切相关。在第二次世界大战后期，火炮控制与飞行控制系统的研究孕育了仿真学科的发展。20 世纪 40—60 年代，通用电子模拟计算机和混合模拟计算机相继研制成功，这是以模拟机实现仿真的初级阶段。

20 世纪 50 年代初，连续系统仿真在模拟计算机上进行，50 年代中期出现数字仿真学科，从此计算机仿真学科沿着模拟仿真和数字仿真两个方向发展。20 世纪 60 年代初出现混合模拟计算机，增加了模拟仿真的逻辑控制工作，解决了偏微分方程、差分方程、随机过程的仿真问题。20 世纪 70 年代，随着数字仿真机的诞生，计算机的运算速度不断提高，尤其是在军事领域迅速发展，并且扩展到了许多工业领域，同时相继出现了一些从事仿真设备和仿真系统生产的专业公司，使仿真学科进入了产业化阶段。

20 世纪 70 年代以来，随着信息技术、计算机技术、网络技术、图形图像处理技术等的不断进步，人们开始借助计算描述和建立客观世界中的客观事物并通过试验研究它们之间的关系。多媒体仿真、虚拟现实技术、分布式交互仿真以及仿真可信性研究飞速发展、不断成熟，成为仿真科学技术在各行各业迅猛发展的重要支撑技术。

20 世纪 90 年代，在需求牵引和计算机科学与技术的推动下，为了更好地实现信息与仿真资源共享，促进仿真系统的互操作和重用，以美国为代表的发达国家开展基于网络的仿真，在聚合级仿真、分布式交互仿真、先进并行交互仿真的基础上，提出了分布仿真的高层体系结构（HLA）并发展成为工业标准 IEEE1516，大大推动了仿真学科的成熟和完善。

20 世纪末和 21 世纪初，对广泛领域的复杂性问题进行科学研究的需求，进一步推动了仿真学科的发展。仿真已成为人类认识与改造世界的重要方法，在国民经济和国家安全中发挥着不可或缺的作用。仿真学科已形成相对独立并还在迅速发展的具有完整体系和广泛应用领域的交叉学科。许多大学和研究机构将仿真科学技术作为重要学科独立设置，培养了大量专业人才，推动了理论研究和技术突破。

（三）学科重要性分析

仿真在国民经济和国家安全中发挥着不可或缺的作用。

1. 人类认识与改造客观世界的重要方法

仿真学科极大地扩展人类认知世界的能力，可以不受时空的限制，观察和研究已发生或尚未发生的现象，以及在各种假想条件下的现象发生和发展的过程；可以深入到一般科学及人类生理活动难以到达的宏观或微观世界去进行研究和探索，美国总统信息技术顾问委员会（president's information technology advisory committee，PITAC）在给总统的报告 *Computational Science：Ensuring America's Competitiveness* 中，将"计算科学"定义为："建模与仿真学科是计算科学的主要组成部分；计算科学正成为继理论研究和实验研究之后的第三种认识、改造客观世界的重要手段；'计算'开始成为新兴科学中的重要组成部分"。

2. 普适性和广泛重大的应用需求

仿真学科应用于当今社会的各行各业。从国家重大需求来看，仿真学科在许多领域都有重要的应用价值：在公共安全方面，有国家安全、国防、公共安全重大领域信息处理、应急事件处理、安全维稳技术支撑、网络舆情、公共安全监测的技术保障等；在军事仿真方面，有战争模拟、指挥决策控制、战场态势和环境模拟、装备使用和维修训练、节约经费、提高效率、保护环境、减少伤亡等；在医疗卫生方面，有人员培训、手术规划、数字诊疗、高精度跟踪和实时手术导航、远程医疗、药物监控、康复指导等。

3. 对科技发展起到革命性的影响

仿真为人类开展科学研究提供多学科交叉研究环境，已经成为拉动多学科发展，并不断产生新思想、新技术和新经济生长点的重要领域。在许多行业领域取得了丰硕的应用成果，成为各行业发展的新的信息技术支撑平台，提供了一种新的技术路线，并成为一种其他技术不可替代的全新模式。随着仿真科学与技术理论体系的完善、技术体系的深入、应用的推广，仿真科学与技术解决各行业领域问题的能力日益增强，其对科技发展的革命性影响日益显现。

4. 对实现我国创新型国家战略具有重要意义

当前，仿真学科发展迅速，在理论、方法、算法的研究方面，我国与发达国家差距不大，是一个很好的占领高科技制高点的突破口。设立仿真学科，培养高水平创新人才，对于提高我国的国际竞争力，实现我国创新型国家战略具有重要意义。

二、近年的最新研究进展

当前，仿真学科在科学研究、国民经济、社会生活和国防建设等各个领域产生了举世瞩目的影响和效益，特别是面对一些重大的、复杂的棘手问题（如社会经济、生态环境、载人航天、军事作战与能源利用等），与传统的理论研究和试验分析方法相比，采用基于模型的仿真研究手段可以为决策者和工程技术人员提供更为灵活、适用、有效的技术平台和研究环境，高效地帮助人们改善或者解决各类问题。以下从国内仿真学科的研究成果和学科研究平台两个方面，阐述我国仿真学科发展的新进展。

（一）仿真学科最新发展方向

仿真学科正向着以下九个方向发展。

1）网络化仿真：主要包括 M&S 与 Wb/XML，Internet/ Networking 技术结合推动下的 XMSF（extensible modeling and simulation framework）和 BOM（base object model），现代网络技术和现有分布仿真（如 HLA）结合的仿真网格，以及基于云计算理念的云仿真[37]。

2）综合自然 / 人为环境的仿真：以往环境仿真学科研究的重点是综合自然环境，随着电子战等应用领域的发展，人为的电磁环境与光学环境的仿真等技术正在得到广泛的重视，包括地形地貌、海洋、空间、大气、电磁等。如电磁环境仿真、光学环境仿真、基于几何绘制技术的三维图形生成技术、基于图像绘制（image-based rendering，IBR）的图形生成技术以及混合现实技术等。

3）智能系统建模及智能仿真：包括基于仿真研究人类智能系统（大脑和神经组织）机理——智能系统建模以及各类基于知识的仿真——智能仿真。

4）复杂系统 / 开放复杂巨系统仿真：包括连续离散混合、定性定量结合、多粒度、动态演进的复杂系统建模理论与方法；多核 / 多机并行仿真理论与方法；复杂系统仿真的校核、验证与验收（VV&A）技术等。

5）虚拟样机工程：包括复杂产品多域多维多尺度动态演进建模与仿真理论，复杂产品设计知识物化理论，多学科设计优化理论与方法，复杂产品虚拟样机工程全生命周期管理技术，网络化虚拟制造平台技术，基于知识的产品多学科、异地、协同建模与仿真学科，建模仿真学科与数字化设计制造技术的集成技术，研究建立面向各类领域、各层次的参数化、组件化、通用化的产品与环境模型库等。

6）高性能计算 / 仿真：并行算法和并行编程是今后几十年必须突破的科学问题和关键技术。包括大规模并行程序编程技术，动态负载平衡算法与技术，基于网格、云仿真平台的分布算法和分布并行离散系统算法等。

7）普适仿真：普适仿真融合普适计算技术、网格计算技术与 Web Service 技术，将推动现代建模仿真学科研究、开发与应用进入一个崭新的时代，构建以人为本，对环境敏感、随时随地获取计算能力的智能化空间（smart simulation space）。

8）嵌入式仿真：将虚拟仿真（virtual simulation）和实况仿真（live simulation）结合从而能够提供最真实的操作、训练环境，其本质是将仿真系统嵌入到真实系统，通过与真实系统中各子系统的交互完成实时运行监控、信息可视化、调度、管理、辅助决策、训练、测试和评估等。随着信息技术在制造领域应用的不断深入，控制系统的信息化经历着从单元数字化，到集成网络化，再到全面数字化网络化智能化的发展过程。建模仿真作为一项融合计算机、模型理论、科学计算等多个学科的综合性技术，在制造信息化的发展过程中发挥着不可替代的作用，被广泛应用于设计、生产、测试、维护、采购、销售等产品全生命周期的各个阶段。对制造领域中的仿真学科研究及应用现状进行回顾和总结，分别从制造单元仿真、制造集成仿真和制造智能仿真三个方面对制造中的典型仿真学科进行分析和展望。

9）基于大数据的仿真：下一代建模与仿真技术主要特点是融合大数据与深度学习技术。大数据技术支持用户处理海量的数据，具有大容量、高速度、多样性和准确性的特点。深度学习是一组算法的工具集合，可以从结构数据或是非结构化数据中提取聚合信息，进而发现相关性并支撑机器学习，包括有监督的学习和无监督的学习。有研究介绍了大数据和深度学习的主要思想和方法，并展示了他们如何应用到传统建模和仿真过程中的各个阶段。大数据支持获取初始化数据并对仿真实验结果进行评估，深度学习有助于概念建模阶段以及发现结果中的相关性。据此推测，大数据和深度学习应用于建模和仿真将引领下一代建模和仿真的应用。

（二）仿真学科最新理论研究进展

仿真学科的研究包括：仿真建模理论与方法、仿真系统支撑技术及仿真应用工程三大部分。

1. 仿真建模理论与方法

建模是对实体、社会系统、自然 / 人为环境、生命行为的抽象描述，是从实际系统概念出发的关于现实世界的小部分或某个方面的抽象映像。仿真建模理论与方法是仿真学科的研究基础。

近年来，支撑复杂系统建模与仿真（M&S）的理论基础除模型理论、相似理论、系统理论、辨识理论、网络理论、层次分析理论等专业理论外，出现了新的理论，如系统分形理论、CAS 理论、定性理论、云理论、模糊理论、元胞自动机和支撑向量机、自组织理论与灰色系统理论等。随着国内航空、航天、控制、机械工程及社会管理等各类科研领域研究工作的深入发展，我国在复杂系统、连续系统、离散事件系统、随机系统、混合系统及智能系统等领域的仿真建模理论与方法方面取得了巨大的进展。

（1）复杂系统建模

复杂系统建模是越来越多的复杂工程系统、社会经济系统、军事作战系统、人工生命系统等研究的基础，有着极其广泛而旺盛的社会、经济、国防和科技需求，堪称仿真科学与技术的前沿新领域。复杂系统由于自身的自治性、演化性、进化性及复杂性（主要包括适应性、非线性及涌现性等），采用传统机理分析法和实验统计法往往难以获得接近实际的结论，应用模型的研究方法可不断地在先验知识和近似模型之间来回区分新模式、引入新概念、不断完善，并通过模型运行和模型实验结果分析去解释、阐明和开发被研究的复杂系统，有效地促进了复杂系统的研究开发工作。当前，国内很多研究机构和人员都在从事复杂系统的建模与仿真工作。相关方法主要包括混合建模法、组合建模法、基于 Agent 建模法、基于 Petri 网建模法、基于神经网络建模法、系统动力学因果追溯建模法、基于 CAS 建模法、基于 CGP 建模法、基于面向对象技术建模法、定性推理建模法、基于 GSPS 建模法、基于 GMDH 的混沌时间序列建模法、元模型建模法、基于综合集成研究建模法、基于分形理论建模法、基于元胞自动机建模法、基于支持向量机建模法、基于计算机智能逼近建模法及多分辨率（MRM）建模法等。

例如，在高速列车设计仿真方面，西南交通大学进行了高速列车动力系统动力学仿真软件开发及高速列车运行安全预测评估系统等研究，针对高速列车由于主要结构部件弹性振动加剧导致的平稳性差、结构疲劳破损及噪声污染及轮对不均匀磨损等问题，研究了基于轨道坐标系的车辆系统刚柔耦合动力学方程，结合车辆刚柔耦合动力学理论和车辆动力学平台的相关技术，开发了多刚体动力学仿真平台，对研究柔性刚体对高速列车的动力学影响发挥了重要作用。

在城市智能交通方面，东南大学面对城市道路交通拥堵情况开展研究，针对交通系统的非线性及动态开放等特征，将不确定性处理技术和轨迹信息挖掘的在线分析技术融入交通拥堵时空分布特征的分析中，提出了城市道路交通拥堵研究中的理论分析、算法构建、控制优化、平台应用 4 个关键步骤，自主构建了开放架构的全新交通仿真平台。

在航天产品研发方面，西北工业大学开展了复杂航天产品数字性能样机技术和航天领域知识演化及智能 IETM 信息结构模型等项目研究。针对有众多单位协同参与的大型复杂航天产品研制工作，提出了航天产品四级性能样机的模型结构和性能样机多学科协同仿真优化方法，研究了复杂航天产品性能样机的分布式协同建模方法、协同仿真方法、协同仿真模型库的构建方法和协同仿真优化方法，并应用云计算等现代信息化综合集成技术，实现了性能样机全生命周期的分布式协同建模与仿真统一管理，有效推动了大型复杂航天产品的研制、管理和分析等工作。

（2）连续系统建模

连续系统是指系统的状态变量随时间和（或）空间变量连续变化，而时间变量可以是连续的或（与）离散的系统。连续系统一般可分为集中参数系统和分布参数系统。连续系统广泛地存在于航空、航天、动力、控制与化工等领域，一般分为线性连续系统和非线性连续系统，重难点主要在于非线性连续系统。

南开大学开展了基于群体智能的复杂系统建模分析与协同控制等研究，研究了超混沌系统的建模和分析、混沌存在性证明、分数阶混沌系统、典型经济混沌系统等问题。浙江大学针对数据驱动建模方法，研究了基于高斯过程的非线性系统建模方法，利用高斯过程模型所提供的预测变量分布特性，研究了不同连续系统的建模、控制及优化方法。安徽大学研究了伺服转台的非线性建模方法与控制策略，在机理建模与综合考虑非线性作用因素的基础上，采用 Hammerstein 模型描述系统的输入输出关系，应用粒子群优化算法对实验数据进行处理，有效地促进了军工单位的跟踪雷达伺服系统建模与仿真研究工作。

（3）离散事件系统建模

离散事件系统仿真在生产制造、仓储管理、物流管理、交通运输及计算机网络等领域得到了广泛的应用。

近年来，针对经典排队论和随机 Petri 网在应用中出现的局限性，基于层次颜色 Petri 网建模仿真被更多的研究人员所采用，并针对系统运行中的死锁与潜在死锁等行为、变迁公平性定义等重要内容进行了更深入的研究。此外，以 Flexsim 为代表的仿真软件在国内物流系统、涡旋空压机生产系统、医药仓储系统等离散时间系统的建模仿真与分析过程中得到了广泛的应用。

（4）随机系统建模

随机系统受某些不确定因素的作用，在建模过程中需要建立与实际随机过程在统计意义下的等价输入—输出关系和因果关系。

针对网络系统时延随机变化的特征，中国科学技术大学引入离散时间隐马尔科夫模型对网络时延进行了仿真研究，重点研究了前向网络短时延的网络化控制系统的建模与仿真。

哈尔滨工程大学针对复杂随机系统模型检测，提出了一种具有综合特征描述能力的复杂随机系统概念模型 CTMRDP 和完整的时序逻辑 aCSRL 性质验证解决方法，并将其应用于离散概率回报模型和状态空间爆炸问题研究。西南交通大学针对自动化公路车辆纵向随机系统的稳定性及其控制，建立了随机车辆纵向动力学模型，研究了无限维非线性随机关联系统与具有时间滞后的无限维非线性随机关联系统的稳定性。

（5）三维地形可视化建模

由于三维地形的可视化建模广泛应用于城市交通、规划、环境保护、影视特效、视频游戏等领域，因此其已成为研究的热点。国内外学者对三维城市建模方法做了大量的研究工作，取得了许多研究成果。目前三维城市建模方法主要有基于影像识别技术的建模方法、基于三维激光扫描技术的建模方法和基于过程式建模方法。其中，过程式建模方法以其自动化程度高、输入少、参数可控、调整方便，以及适合生成大规模建筑群体等特点，成为当前业内研究的一个热点。

过程式三维城市建模的主要思想是采用参数化方法表达建模对象，利用建模算法控制几何造型，并通过随机或迭代过程构建城市场景。有部分学者在过程化建模算法中，引入了 CGA，构建了一种基于语法表示的建筑模型表示方法。过程式建模可以通过自动化的形式实现三维城市场景的虚拟构建，但该方法技术门槛较高、操作复杂，对于生成符合实际情况的三维城市场景还比较困难，因此推广应用具有较大难度。

北京工业大学杜金莲副教授团队借鉴过程化建模的优点，设计了一种基于二维数字地图的三维城市场景自动建模方法，该方法使用二维地图作为数据源，通过地物分类并定义边界提取算子获取地物的基本轮廓，并利用建筑物的类型及相关规则自动生成建筑物的高度。该方法的特点是数据源简单、廉价、易获取，可以实现拟真性较强的城市模型自动构建。

（6）混合系统建模

随着工业控制对象的规模日益复杂和对控制精度要求的逐步提高，工业控制过程中的连续过程动态系统和离散事件动态系统的耦合关系越来越紧密，复杂系统建模往往与连续系统和离散事件系统均相关。

华北电力大学进行了混杂系统建模与控制方法研究，综合运用自动机、Petri 网、并行投影结构等离散事件系统分析方法以及广义预测控制、多模型控制、模糊监督等连续时间系统分析方法，研究了系统模型的建立、混合逻辑动态模型的控制及优化设计等。西北工业大学针对具有混合系统动力学特性的复杂机电系统状态监控与诊断需求，提出了基于键合图模型的故障诊断方法，深入研究了复杂机电系统诊断过程中涉及的系统模型搭建、系统参数识别、系统在线残差、混合系统自适应诊断阈值等内容。浙江理工大学将软件系统视为一个具有连续变量和离散变量的混合系统，用 Petri 网和人工神经网络分别描述离散系统和连续系统，构建了用于软件需求建模与分析的改进型 Petri 网，实现了对实际系统的模拟与仿真分析。

（7）新型人工智能系统（一次）建模

随着新互联网、新信息、新人工智能、新能源、新材料、新生物等技术的飞速发展，面向新型人工智能系统的建模与仿真研究已经展开。面向新型人工智能系统的建模理论与方法主要包括面向新型人工智能系统的一次建模理论与方法和二次建模理论与方法，北京航空航天大学李伯虎院士带领的研究团队在该领域已做了很多的工作。

面向新型人工智能系统的一次建模理论与方法主要包括：

定性定量混合系统建模方法：包括复杂系统顶层描述和面向子领域描述的建模理论和方法。定量定性交互接口建模，即研究将定量定性交互数据转化为定性模型与定量模型所要求的结构和格式；定量定性时间推进机制，即研究定量定性模型的时间协调推进机制。初步研究成果包括基于 Quan–Rule（定量 – 规则）和 Quan–Agent（定量 –Agent）的定性定量统一建模方法，基于隶属云模型的定性定量综合集成接口建模规范与联合求解方法，以及 QR（定量 – 规则）–QA（定量 –Agent）混合时间推进方法。

基于元模型框架的建模方法：根据系统的复杂程度将其划分为多个元模型，实现对复杂系统的顶层抽象，从而将多学科、异构、涌现的复杂系统分为多个元模型，并进行一体化仿真建模。主要包括基于元建模的多学科统一建模方法，即研究复杂系统中连续、离散、定性、定量等多学科模型的统一建模方法；基于元建模的复杂自适应系统建模方法，即研究复杂自适应系统中各种类型系统组成间的感知、交互、控制及决策一体化建模仿真方法。典型研究成果包括基于元模型的工程系统仿真建模方法及应用研究，基于元建模的多学科统一建模方法——复杂系统顶层元建模框架，以及基于元建模的复杂自适应系统建模方法——受限组件模型（CGP-EM，CGP-CM）。

变结构系统建模方法：研究变结构仿真系统模型组成、端口交互方法及连接动态变化模型，实现对变结构系统结构全过程动态变化建模。典型研究成果包括基于 DEVS 的拓展复杂变结构系统的描述规范（CVSDEVS）。

基于大数据智能的建模方法：由于新型人工智能系统运行机理的高度复杂性，往往难以通过机理（解析方式）建立其准确的数学模型或系统原理模型，而常常是通过大量的应用数据和进行大量实验对其内部机理进行模拟与仿真。基于大数据智能的建模方法是利用海量观测与应用数据实现对不明确机理的智能系统进行有效仿真建模的一类方法。主要研究方向包括基于数据的逆向设计、基于数据的神经网络训练与建模和基于数据聚类分析的建模等。典型研究成果包括一种改进的 K 最近邻数据分类算法。

基于深度学习的仿真建模方法：新型人工智能系统环境下，随着信息采集和共享方式更为便捷，可采集利用的数据呈爆炸式增长，同时基于深度学习、模拟人脑进行学习进化的神经网络，为面向新型人工智能系统的建模仿真提供了强有力的支撑。典型研究成果包括一种改进的混合神经元网络模型。

（8）新型人工智能系统（二次）建模

四级并行高效能仿真算法：该算法特点是充分利用超级并行计算环境来加速新型人工智能系统问题仿真求解，包括大规模仿真问题的作业级并行方法、仿真系统内成员间的任务级并行方法、联邦成员内部的模型级并行方法和基于复杂模型解算的线程级并行方法。大规模仿真问题的作业级并行方法研究成果包括 QMAEA 量子多智能进化算法、自调节双链量子二级并行遗传算法、文化遗传算法以及融合杜鹃搜索的多种群并行差分进化算法（CC9DE）；仿真系统内成员间的任务级并行方法研究成果包括基于 RTI 的任务级并行方法、基于事件表的任务级“混合仿真”并行方法；基于复杂模型解算的线程级并行方法研究成果包括基于方程组右函数均匀负载的连续系统常微分方程并行算法、基于乐观机制的离散系统并行算法、基于定性线性代数方程组和优化算法的定性系统并行算法等。

基于寻优计算的仿真方法：该算法特点是基于寻优逻辑，进行多样本迭代仿真计算，从而获得模型的最优解。

面向机器学习的仿真算法：当前机器学习方法多样化发展，如何综合利用新型人工智能系统中的机器学习方法有效地构建系统的仿真模型，从而实现有助于对系统的正确分析和评估，也是一个重要的新研究方向。

（9）MAS 建模与仿真

基于多智能体（multi-agents，MAS）的建模与仿真作为一种有效集成计算机技术、分布式人工智能、系统建模与仿真等多种最新成果的方法，已成为研究复杂系统的强大工具。其利用 Agent 进行元模型、元 - 元模型的构建，对交互、并发、自治实体构成的系统进行自然描述，通过自下而上的形式对元模型微观行为进行聚合实现整个宏观系统的涌现建模。相比传统复杂系统建模方法，该方法在建模的灵活性、层次性和直观性方面具有明显的优势。

军事作战建模与仿真：围绕基于 MAS 建模技术在军事领域的应用，国内团队展开了不同角度的研究。国防科技大学冯磊等人针对作战模拟对模型逼真度的要求，运用 MAS 分析和描述了真实作战组织的网络特性，并提出了适用于作战模拟的动态网络组织算法；南京陆军指挥学院张杰等人构建了基于复杂适应系统理论和 MAS 方法的两栖作战对抗系统，可为两栖装甲装备研制、作战使用和战法研究提供参考；空军工程大学刁兴华等人对网络化条件下任务进行多分辨率建模，提出了基于 MAS 联盟的多平台多目标攻击任务分配模型。王辉、王坤福等人开发了一种分布式的 MAS 作战模拟仿真系统，给出 Agent 行为模型描述及其进程调度机制；北京航空航天大学杨飞等人提出集中与分布相结合的 MAS 协作规划方法，实验表明该方法可以保证舰艇编队在满足资源约束条件下实现预期战术目标。

基于 MAS 建模与仿真的多无人水下航行器（unmanned underwater vehicle，UUV）协同作战系统（multi-UUV cooperative combat system，MUCCS）研究：国内在基于 MAS 在 MUCCS 建模领域进行了许多有意义的探索研究。中科院沈阳自动化研究所许真珍等针对 AUV 设计不支持协同设计的缺陷，构建了基于 B/S 模型的 AUV 设计平台，利用 XML 实现复杂结构设计流程的信息存储，并提出基于移动 Aglet 平台的 Agent 任务调度方案。同时针对异构多 UUV 协作任务，提出了基于 MAS 的分层体系结构 MAHA，其在个体层面将 UUV 智能体的思维分为社会心智和个体心智，在群体层面提出了 UUV 群体结构的评价标准，在此过程中，为了有效降低系统建模的复杂性，还设计了 Petri 网结构的协作模型；哈尔滨工程大学严浙平等针对水下无人航行器的海洋勘测任务，提出了一种基于 MAS 的自主控制技术，并采用离散事件驱动的 Petri 网完成使命控制过程，同时还提出了基于混合式智能体模型（UCAS）来构建多水下机器人的结构体系，以及多智能体 Q-learning 算法实现多 AUV 的协调；哈尔滨工程大学计算机科学与技术学院刘海波和顾国昌等在信念 - 愿望 - 意图（belief-desire-intention，BDI）-Agent 模型的基础上，借鉴神经生理结构模型，提出了包含感知区、反射区和慎思区的 AUV 心智模型，并通过多 AUV 编队穿越未知雷区的仿真试验验证了心智模型的有效性；西北工业大学康凤举等针对多 UUV 集团攻击的水下网络战的建模需求，提出了智能仿真的概念，并初步构建了一种基于 MAS 的 UUV 编队作战仿真系统，为军用 UUV 智能仿真及其作战效能评估提供了技术支撑。同时，针对 UUV 编队航行的实际、背景和限制条件，提出了一种基于 MAS 技术的多 UUV 编队智能控制方法，利用 Agent 之间高效灵活的交互作用对多 UUV 进行协同优化。此外，针对 UUV

协同系统的任务分配问题，提出了一种面向多智能体 UUV 协同系统合同网协议（contract net protocol，CNP）任务分配模型，实现了通信规模在任务各个阶段的递阶式递减。

（10）组织仿真建模技术

组织仿真建模将定性的个体行为、组织现象与任务过程相结合，有效解决了组织复杂性造成任务积压、返工等问题。基于可计算数学组织理论（computational mathematical organization theory，CMOT）的组织模型，已经逐渐应用于组织行为学、组织经济学以及项目管理咨询等领域，主要进行组织结构优化设计、组织协作、组织知识管理、柔性组织网络研究、组织适用性等研究，通过将现代化计算数学技术运用到组织领域，解决组织管理实践中的问题。组织建模方法包括 3 种：基于系统动力学的组织仿真建模、基于人工智能的组织仿真建模和社会网络建模。

1）基于系统动力学的组织仿真建模：系统动力学（systems dynamics）是以复杂信息反馈控制系统原理为基础的科学，即系统受历史行为影响，回授给系统本身，系统行为受内在机制依赖关系控制，强调系统内各要素结构决定组织行为，定量地研究和优化系统要素，反馈回路就是一系列因果与相互影响作用链组成的闭合回路，系统动力学模型就是由这些正负反馈循环混合组成。系统动力学模型在研究项目管理时，强调与人有关的因素和组织管理策略，通过关注整个组织系统内部逻辑和行为，从组织整个宏观系统的层面上对系统变化的全过程进行建模仿真，研究系统是如何随时间增长而变化的，以及系统中是否存在不稳定性，适合长期项目的组织管理。

2）基于 Agent 的组织仿真建模：基于 Agent 的组织仿真模型是社会学、管理学、心理学等在组织科学领域的交叉和融合。Agent 是能根据自身和其所在环境而做出行为的现实的或抽象的实体。一个 Agent 和其他 Agent 的交互构成它的行为。项目管理领域基于 Agent 的组织仿真模型多从微观的 Agent 及其行为规则入手，通过微观 Agent 的相互作用涌现出宏观组织行为模式和输入工作 / 任务的相关属性，将组织中微观个体的技能、经验及沟通结构等进行量化，输出考虑了宏观及微观组织行为后的工期、隐性工作等。已有的研究成果中，主要研究组织绩效的影响因素，研究方向主要集中在两个方面：①基于信息传递角度构建组织仿真模型；②不同任务情境中的组织仿真模型。

3）基于 SNA 的组织社会网络建模：社会网络是指社会中的个体、群体、组织以及他们之间的关系的集合。社会网络分析（social network analysis，SNA）是研究社会网络间组织关系和属性的一种具体工具，用于对组织间的关系进行描述，定量分析网络中行动者的中心及角色，对其价值进行评估，实现项目目标有效控制。组织中个体间的关系各不相同，关系网络中一些行为人居于核心位置，还有一部分处于边缘位置，通过 SNA 可以量化研究组织关系结构。通过总结常用的社会网络分析指标，可大致划分为宏观分析指标和中微观分析指标，主要对社会行动者间进行信息、资源传递的关系纽带进行研究。

以上 3 种组织建模方法都旨在研究组织对项目绩效的影响，提高项目组织管理效率，但 3 种建模方法研究的组织问题各有不同。基于系统动力学的组织仿真建模侧重于从宏观系统角度对组织进行建模，从项目过程角度模拟组织及其交互行为，通过改变个体数量、人员生产效率、系统信息传递能力等，研究系统随时间变化的长期行为；基于 Agent 的组织仿真建模能够对组织成员微观行为及个体决策进行定量分析，从 Agent 角度出发进行模拟，基于信息处理观探究不同组织结构下的信息处理能力，将组织与流程有机匹配，使组织模型具有一定的学习适应能力；运用 SNA 的方法主要对行为者关系网络进行建模，适用于分析项目治理结构中复杂的利益关系，通过个体间的接触、关联等关系数据，研究不同利益主体的属性以及关系网络特征。

（11）网电空间建模

网电空间既是国家安全的新疆域，也是信息化战争的新战场。未来依托网络信息体系开展的全域多维联合作战中，网电空间将既是陆海空天等物理作战空间的维系纽带，同时又将是决定作战成败的重要作战分域，网电空间作战正日益成为联合作战不可分割的组成部分。由于网电空间作战的行动保密性以及效果级联性，采用建模与仿真的方法是研究网电空间作战军事理论与攻防装备的天然有效与不可或缺的手段。

目前，国内外针对网电空间建模与仿真的研究集中在网电空间攻防装备与攻防技术的建模与仿真等领域，研究成果层次较低、模型规模有限、模型分辨率较低。面对着网电空间作战从支撑装备研发到服务作战实践的建模仿真新需求，诸如电子战、无人集群等网电空间作战新装备新战法的建模仿真新样式，以及跨域跨网的网电空间作战效果评估与展现的新难题，国内专家都在努力突破例如动态多层大尺度的信息网络描述、自主智能的网电空间作战行动建模、跨域跨网的网电空间作战效果评估等网电空间作战建模的仿真基础性理论、方法与技术。已取得的重大突破主要包括：

网电空间网络信息环境建模仿真学科：由于复杂网络与网络信息环境的相似性，采用复杂网络与超网等建模方法描述与构建网络信息环境，是当前国内外研究网电空间作战建模仿真领域的研究热点之一。例如，王飞跃将人与人、人与组织、组织与组织的社会关系网加入 CPS 中，提出更为复杂的社会物理信息系统（cyber-physical-social system，CPSS）建模理论，核心思想是构造虚拟的人工环境，进而实现了物理、认知、计算和社会等资源的一体化融合建模。

网电空间作战实体建模仿真学科：关于网电空间作战实体的建模方法可分为两大类：一是采用面向对象的还原论建模方法，详细模拟网电武器，如区分病毒类型、用途、战技参数和各种行为；二是采用面向效果的“黑箱”建模方法，跳过特定武器实体建模，直接针对可能的攻防效果建模，如某型网电武器可能降低指控能力等。在实际建模过程中，具体采用哪种建模方法，往往与建模目的和建模层次有关。目前，这两种建模方法都有一些研究成果，例如 Cyber Entity 建模采用自底向上的基于 Agent 建模方法，就是非常典型的面向对象的还原论建模；VCSE 建模采用 Cyber 攻击脚本的方式，忽略网电攻防武器，主要对攻防效果进行建模，是面向效果的“黑箱”建模方法的典型代表。

网电空间作战行动建模仿真学科：与传统的物理空间行动建模相比，网电空间作战行动建模更强调虚拟空间中对信息流以及人的认知行为等复杂性行动的建模。目前，国内外对于网络空间作战行动建模做了大量的工作，但是大部分工作都是为了网络安全服务的，体系对抗的背景性不强。李春亮从战略战役层次网络安全角度出发，面向体系对抗仿真的需求，开展了基于 MAS 的 DDos 攻防仿真研究；张芳从认知域层面研究了信息传播建模仿真中的心理模型；崔超构建了面向战略问题决策分析的病毒传播模型，并对传播过程进行了可视化。

（12）模型校核、验证、确认（VV&A）

目前对仿真系统 VV&A 的研究重点，已从局部的、分散的研究向实用化、自动化、规范化与集成化的 VV&A 系统发展。在传统的结果验证方法的基础上，需结合多准则分析技术，研究能够处理虚拟想定问题的黑箱联邦的验证方法和进一步探索主观评估方法。

2. 仿真系统与支撑技术

随着新型人工智能系统的快速发展，仿真系统支撑技术也有了很大的进步，下面介绍该领域近年来的新进展。

（1）面向新型人工智能系统的智能仿真云技术

面向新型人工智能系统的智能仿真云是一种基于泛在网络（包括互联网、物联网、窄带物联网、车联网、卫星网、移动互联网、天地一体化网、未来互联网等）的服务化、网络化的高性能智能仿真新模式。它以应用领域的需求为背景，以数字化为基础，基于云计算理念，融合发展了现有网络化建模与仿真学科，包括云计算、面向服务、智能科学、高效能计算、大数据等新兴信息技术和应用领域专业技术等网络、信息与知识运用和产品专业设计与制造三类技术，将各类仿真资源和能力虚拟化、服务化，构成智能仿真资源和能力的服务云池，并进行协调优化管理和经营，使用户通过网络、终端及云仿真平台就能随时按需获取（高性能仿真）资源与能力服务，以完成其智能仿真全生命周期的各类活动。相关研究成果包括基于智慧云仿真 / 边缘仿真模式的仿真资源 / 能力接入技术；基于容器的仿真资源虚拟化技术；智能化资源调度与迁移方法；高性能 RTI 技术以及云仿真平台安全技术。

（2）复杂产品多学科虚拟样机技术

复杂产品多学科虚拟样机工程是以虚拟样机为核心，以建模仿真为手段，基于集成化的支撑环境，优化复杂产品研制中人、组织、经营管理、技术、数据等五要素，以及信息流、知识流、控制流、服务流等四流的系统工程。其主要研究成果包括：虚拟样机工程多阶段统一建模方法；综合决策和仿真评估技术；综合管理和预测方法；复杂产品多学科虚拟样机工程支撑平台 COSIM。

（3）基于多智能体的虚拟现实路径规划技术

虚拟现实环境中存在着大量复杂的智能行为实体，这些实体可以用智能体描述，多个智能体在同一时空内的交互就形成了一种在复杂环境下具有自行组织、自主运动和自主规划的智能体群体。为了满足虚拟空间内的正常交互，多智能体（multi-agent）需要通过自身强化学习和各个 Agent 通过与环境的交互，制定多智能体间碰撞避让策略，避免单智能体与障碍物的碰撞，进行最优路径规划。

目前该领域研究的热点主要集中在如何采用智能算法进行路径规划。目前该研究领域中普遍采用的学习算法有 Q-learning 算法，特别是对于多个智能体要实现的路径规划、避让和避碰功能，使得路径规划决策的计算复杂度进一步提高。研究的问题可以归纳为 3 个方面：确定所处的位置；确定目标位置；如何进行避障决策。这一决策过程就是智能体按照一定的标准（如行走路径最短、行走时间最少或费用最少等），计算出一条从起点到目标位置的无碰路径。但是，当前这些算法在实现了虚拟现实场景中的智能路径规划的同时，往往存在着智能体自主学习能力与算法复杂度之间的平衡问题，导致了最优路径规划效率过低、收敛速度过慢，尤其是在解决复杂环境、突发事件下的路径规划时，这些算法的适应性不够强。

（4）复杂系统智能仿真语言

复杂系统智能仿真语言是一种面向复杂系统建模仿真的高性能仿真软件系统，具有以下特点：模型描述部分由仿真语言的符号、语句、语法规则组成的模型描述形式，可以近似地描述被研究系统模型的原始形式；实验描述部分由类似宏指令的实验操作语句和一些有序控制语句组成；丰富的参数化、组件化的仿真运行算法库、函数库及模型库。

运用该语言，能使系统研究人员专注于复杂系统仿真问题本身，大大减少了建模仿真和高性能计算技术相关的软件编制和调试工作，适用于面向各类专用领域（如军事体系对抗、多学科虚拟样机仿真等领域）的建模仿真。

复杂系统智能仿真语言主要研究内容涉及智能仿真语言体系结构、仿真语言中模型与实验的描述语言规范，以及建立基于高效能仿真计算机的仿真语言智能编译、执行框架等。

（5）面向边缘计算的智能仿真计算机系统

智能仿真计算机系统主要指融合新兴计算机科学技术（如云计算、物联网、大数据、服务计算、边缘计算等）、现代建模与仿真学科、超级计算机系统技术等三类技术，以优化系统建模、仿真运行及结果分析 / 处理的整体性能为目标，面向二类仿真用户（复杂系统建模仿真服务、高性能仿真云服务）、三类仿真类型（数学、人在回路、硬件在回路 / 嵌入式仿真）的一体化的智能仿真系统。主要研究内容涉及大规模计算机系统体系结构、自主可控的基础软硬件等。

（6）半实物仿真

半实物仿真（hardware-in-the-loop-simulation，HILS）技术是将控制器（实物）与在计算机上实现的控制对象的仿真模型连接在一起进行试验的技术。在这种试验中，控制器的动态特性、静态特性和非线性因素等都能真实地反映出来，因此它是一种更接近实际的仿真试验技术。这种仿真技术可用于修改控制器设计，即在控制器尚未安装到真实系统中之前，通过半实物仿真来验证控制器的设计性能，若系统性能指标不满足设计要求，则可调整控制器的参数，或修改控制器的设计，同时也广泛用于产品的修改定型、产品改型和出厂检验等方面。

半实物仿真的特点是只能实时仿真，即仿真模型的时间标尺和自然时间标尺相同；需要解决控制器与仿真计算机之间的接口问题。例如，在进行飞行器控制系统的半实物仿真时，在仿真计算机上解算得出的飞机姿态角、飞行高度、飞行速度等飞行动力学参数会被飞行控制器的传感器所感受，因而必须有信号接口或变换装置。这些装置包括三自由度飞行仿真转台、动压－静压仿真器、负载力仿真器等；半实物仿真的实验结果比数学仿真更接近实际。

随着精确制导武器的迅猛发展，半实物仿真因具有更高的置信度和降低成本的优点而广泛应用于精确制导武器研制中，发挥着越来越重要的作用。

（7）跨媒体智能可视化技术

跨媒体智能可视化技术主要包括基于 GPU 群组的并行可视化系统技术和虚实融合技术。前者又涉及大规模虚拟场景的数据组织、调度技术，基于多机、多核技术的两级并行绘制技术，复杂环境中的不定形物高效可视化技术和实时动态全局光照技术等。研究成果包括基于 GPU 群组的并行可视化系统、高性能计算云环境下 GPU 并行计算技术及应用研究等。

（三）仿真学科最新应用研究进展

最初，仿真学科主要用于航空、航天、原子反应堆等代价昂贵、周期长、危险性大、实际系统实验难以实现的少数领域，后来逐步发展到电力、石油、化工、冶金、机械等一些主要工业部门，并进一步扩大到社会系统、经济系统、交通运输系统、生态系统、体育娱乐等非工程系统领域。在各类应用需求的牵引及相关学科技术的推动下，仿真学科已经逐渐发展为一门综合性学科，成为人类认识和改造世界的重要手段之一。

目前仿真学科涉及的应用领域十分宽广，包括航空、航天、军事、医学、信息、生命科学、材料、能源、先进制造等高新技术领域和工业、农业、商业、教育、交通、经济、社会服务、娱乐等众多领域，以及多个领域之间的交叉应用，如工程和经济领域的相互交叉（产品与市场总是密切相关的）、工程和军事领域的相互交叉（战争与武器也是密不可分的）等。

仿真学科的应用渗透到决策、管理、科研、生产等的各个层次，大体可分为 3 个层次的应用：顶层应用主要是在各个领域的顶层，对系统的效果评估与辅助决策等方面起到重要作用；中间层应用主要指各种项目的方案论证，从总体技术方案到具体的实施方案的论证；底层应用指仿真作为产品的辅助设计、性能考核、故障定位等强有力的工具，在各领域的各类产品的研制开发过程中，为研究人员提供了重要的技术支撑。

1. 工业制造领域的智能装配与制造

近年来，我国航天、航空、航海和汽车等传统工业进行了全面的信息化、智能化升级改造，包括江西洪都集团、浙江吉利汽车集团、上海沪东船厂、南京航空航天大学等众多单位，针对飞机、汽车、船舶等装配工艺复杂、零部件数量众多及装配精度要求高的应用需求，基于自身多年技术积淀，对工业产品的装配智能制造体系构建及关键技术进行了研究。该技术以物联网、人工智能、大数据、云计算以及网络安全等关键共性技术作为支撑，提供了工业产品装配过程中的智能装配设备、制造要素动态组网、制造信息实时采集与管理、装配过程自主决策与执行优化的集成方案，实现了工业产品装配过程和管理的自动化、数字化和可视化。

2. 装备研制领域的云端协同制造及仿真

云端协同制造是一种智能制造的新模式，通过云平台，将各类制造资源及制造能力虚拟化、服务化，实现制造资源的集中管理和共享，为各行各业实现产品制造过程的全产业链提供可随时获取、安全可靠的云端协同服务。当前，我国装备制造业专业化程度日益提高，特别是随着 5G 时代的到来，协同生产制造的需求日益旺盛，迫切需要应用先进的互联网 + 技术打造行业应用云平台，构建基于云端协同制造的装备研制新模式。

目前，以航天、机电装备为代表的部分行业已打造了各类电商云平台，可提供对装备制造各企业云端协同制造全产业链的应用服务支撑。例如国网电子商务公司、航天云网等单位为国内较早开展云端协同制造的企事业单位。这种基于仿真的云端协同制造一般包括产品的云端协同设计仿真、云端生产资源计划管理仿真和云端生产运行管理仿真等 3 个过程，通过将仿真融入云端协同制造之中，构建云端协同仿真服务，将其与云端协同制造的 3 个过程有机融合，实现对各过程结果的合理性验证与优化，以确保云端协同制造过程得以顺利实现及获得最佳的整体运行效率。

在协同设计仿真方面，数字虚拟仿真可以模拟产品设计结构，全方位解析产品的结构、各方面性能参数，从而实现产品设计的各种参数指标最优。在产品设计中，通过产品虚拟仿真建模及运行，可以获得对产品的一个完整认识。利用数字化虚拟手段可实现产品形态仿真、颜色材质仿真、机械动作仿真、人体工学仿真、工艺制作等方面的仿真。例如已有研究团队对 AutoCAD 进行了二次开发，实现了在 AutoCAD 环境下的三维零件实体虚拟拆装的动态仿真。该方法能够完成零件图的自动拆卸和装配过程的模拟，对于实际产品设计及相关过程有一定的示范作用。

在生产资源计划仿真方面，通过仿真软件建立相应的仿真模型，对其中的参数进行优化。例如，有的学者针对车间作业排序问题采用仿真和优化算法相结合的方式进行研究，建立了采用UML分析的车间作业计划仿真优化系统框架，并在Plant Simulation仿真软件中得以实现，应用遗传算法优化模型参数实现最优排序。在此基础上，有的学者采用改进的工序编码方法进行车间作业排序优化，并利用遗传算法对Plant Simulation仿真模型中的参数进行优化。

在生产运行管理仿真方面，将有限的任务分配给各加工产线，在保证各任务加工顺序的前提下实现各产线作业节拍和任务负荷的相同或近似相同，以此提高产线生产效率。对于产线生产平衡问题，也可通过输入产线生产的实际情况模拟现实产线的生产状况，并利用仿真软件及其内置的优化模块，实现产线生产效率的优化。例如部分学者研究了基于Plant Simulation仿真的生产线或总装线的优化问题，并以生产线（总装线）产量、设备利用率、工作负荷以及有无瓶颈工序等为侧重点或指标来衡量产线的平衡性。

3. 现代农业领域的智能化种植

在农业生产领域，“智能种植”是指通过传感器技术监测农作物的生长环境参数，并利用人工智能方法分析监测所得到的数据，代替人员做出相应的决策判断和预警，进而控制设备的工作状态，保证农作物始终生长在合适的环境。当前，我国的智能种植使得农业生产向智能化、科学化方向发展，可以达到节省劳动力、降低生产成本、增加农产品产量、改善农产品品质、提高农业生产的目的。

4. 复杂装备使用领域的VR协同操作训练

在装备操作训练领域，针对大型复杂工程装备和复杂工业产品维修过程的技术需求，国内相关领域专家团队在协同式虚拟环境构建、协同式人机交互界面、协同交互系统框架及多用户并发控制等方面开展了大量的探索性研究。随着VR/AR技术的飞速发展及硬件设备的不断更新，国内在复杂装备VR训练及其协同人机交互方面也取得较大的进展，凸显了协同式VR训练在军事、工业和制造业领域中的技术优势和经济效益。具有代表性的研究成果主要有以下几个方面。

浙江大学计算机辅助设计与图形学国家重点实验室在潘云鹤院士和郑南宁院士的带领下，长期从事复杂产品辅助设计及自然人机交互控制技术方面的研究工作。其中，高曙明教授和周思杭博士分别研究了自顶而下的协同装配框架设计和面向协同式维修拆装过程的并发控制等课题。

北京航空航天大学虚拟现实技术与系统国家重点实验室在赵沁平院士的带领下，开展了基于AR技术和虚实融合环境的产品维修方法研究。其中，齐越教授设计了基于AR技术的复杂装备协同式维修应用框架，并在虚实融合环境下开展了飞机发动机的拆装维修训练研究。

华中科技大学王峻峰副教授团队研究了基于AR系统的复杂产品远程协同式维修操作，

重点解决了远程条件下技术人员与维修专家之间的协同式维修指导问题。

中国矿业大学刘新华副教授团队研究了基于 Agent 技术的协同式 VR 环境，提供了可以支持多人协同交互维修操作的系统框架和通信机制。

海军大连舰艇学院徐晓刚教授团队针对舰船协同式维修中的各项关键技术进行研究，重点讨论了零件特征信息建模、基于 Agent 的网络通信、多角色协作和综合并发冲突控制等内容。

原军械工程学院郝建平教授团队长期从事 VR 技术在复杂装备维修训练、维修性设计领域的应用研究，解决了 VR 技术在维修性分析和协同式维修训练领域应用的若干关键问题。

中国地质大学（武汉）文国军教授团队研制了一种基于 Unity3D 的水平定向钻机虚拟实训系统，该系统构建了水平定向钻机的三维模型，完成了虚拟动画及场景开发，通过罗德里格旋转矩阵实现了钻具面向角和钻进轨迹的计算，设计了高度仿真的水平定向钻机虚拟实训系统，为学员提供了一个高度逼真的虚拟钻机操作环境。

中国民航大学刘瑞华教授团队研究了基于北斗的飞机进近着陆系统可视化仿真系统，通过建立地面端和机载端数据模型，分析北斗系统的定位误差及导航性能，完善了基于 Simulink 的飞机运动学和控制模型，研究了 Flight Gear 输入 / 输出接口，实现了与 MATLAB 联合仿真，并通过联合仿真方式搭建了北斗导航系统的飞机进近着陆系统可视化仿真平台，为北斗陆基增强系统的导航性能测试提供了良好的仿真环境。

火箭军工程大学张志利教授团队致力于大型装备的协同式 VR 训练技术的基础理论和应用开发研究，进行了较为系统的探索研究与科研实践，针对具体的军事训练需求开发了复杂装备沉浸式 VR 训练系统，并对其中的维修人员任务动态分配、协同拆装控制算法、多人协同交互控制进行了探索性研究，取得了较好的效果。

5. 光通信领域的大气湍流传输仿真

在通信技术领域，受到大气湍流的影响，光波在大气中传输时会发生畸变，这种畸变破坏了光波的相干性，也影响了光波的振幅，进而产生了光束漂移与光强闪烁的现象，这种现象会造成光束传输距离的缩减和图像质量的下降。由于准确获取外界大气湍流条件比较困难，光波大气湍流传输解析理论结果不易进行严格的实验测量验证。而数值仿真方法具有参数可灵活控制的优点，因此国内很多学者都尝试通过数值模拟方法来研究光波大气湍流传输问题。

6. 社会治安领域的大数据预测

在社会治安领域，考虑到各类恐怖事件和突发事件的危害性，基于事后损失与危害触发的事后处置已经无法满足当前对社会稳定的迫切需求，急需向事前异常行为的预警预测转型。随着先进视频监控网络、全球定位系统（GNSS）、手持移动设备和射频识别（RFID）等设备的普遍应用，基于时空轨迹数据异常行为发现与预警预测的各类先进社会综合治理与治安预警系统相继出现，极大地提高了社会治安的防控能力。

7. 网络空间的舆论传播建模与仿真

舆情被喻为社会的皮肤和温度计，是反映公众对中介事件（突发公共事件、国家政策措施等）的认知、态度、情绪、行为的汇集。尤其是随着社交媒体这种用户自生成内容媒介的流行，打破了传统媒介空间由电视、报纸等传播源向受众传播的单向模式，形成了多主体的复杂网络舆论空间。

网络舆情仿真呈现出多学科交叉的发展趋势，网络舆情一方面在数据上体现出强自然科学属性，另一方面其参与主体为社会人，具有强社会科学属性。但目前模型多来自系统动力学、马尔科夫模型、小世界理论、SIS 模型等自然科学领域，缺乏对舆情传播主体心理因素的描述。

8. 现代医学领域的疾病建模与仿真

在疾病防控与预测方面，通过大数据智能和跨媒体推理，能够建立传染病的传播与发展模型，进而创建流行疾病的智能预警、预测与干预系统。近年来，我国在各类国家卫生监控平台中有各类相关传染病信息 7000 万条，基于千万级的乙肝、结核病和艾滋病等重大传染病筛查及队列大数据，建立了“三病”传播、演变及干预的多因素分析模型及智能可视化仿真分析系统。

在骨骼损伤建模仿真方面，目前国内研究大多基于 CT 图像结合图像处理及有限元软件建立脊柱三维有限元模型，而 CT 信息中更多反映了脊柱的骨骼信息，但在软组织信息方面有所欠缺，故所建脊柱模型都有不同程度的简化处理，目前模型大多只包括椎体、椎间盘等，较少建立肌肉、韧带等软组织模型，而肌肉等软组织明显影响脊柱的应力状态，各种脊柱疾病的神经根及脊髓亦会受到不同应力从而产生相应症状，模型的准确性在脊柱生物力学的研究中极其重要。MRI 成像能反映脊柱图像的软组织信息，因此针对脊柱的三维多模态图像的组织分割和配准是高精度骨骼建模的关键步骤，是脊柱生物力学分析和脊柱外科康复手术的重要发展方向。

在医学图像重构仿真方面，基于活动轮廓模型的图像分割方法相比其他方法复杂度低、灵活性强，较为适合脊柱骨肌分割这类复杂的图像处理问题，而基于图谱的分割方法是将先验性模板图谱作为参考图像，对齐并合并到特定图谱中生成一个或多个引用坐标空间，从而实现图像分割。尽管许多学者采用基于图谱的骨肌分割方法取得了令人满意的结果，但当受试者差异性较大并且局部特征存在显著差异时，这种方法的实验结果则不理想。此外，基于活动轮廓模型和基于图谱的方法都较为依赖于骨骼形状的先验知识，并且运算量大和分割时间较长。

在医学康复领域，基于虚拟现实技术的康复系统往往具有反馈性、安全性、可控性等特征，能够为患者提供有趣的互动，鼓励患者积极主动地参与康复训练，进行重复性的锻炼，帮助患者成功完成各种枯燥的康复治疗。通过与人工智能结合，患者可以在虚拟环境中实现智慧康复，可节省大量的人力、物力以及时间，化被动康复为主动康复，提高康复的效果。目前不少康复系统中还引入了虚拟智能体的概念，赋予虚拟智能体自主行为能力，能够按照用户的需求提供体验服务，兼顾用户的心理调节，符合市场需求。

9. 自然交互领域的电子皮肤技术

电子皮肤技术是自然交互领域的重要研究方向，旨在通过模仿人体皮肤中各种不同的感觉感受器获得接近于人类真实皮肤的敏锐触觉。电子皮肤的基础体是一种聚合树脂制成的胶片，胶片表面有黏性，覆盖有发挥信号感知和传导作用的一种锗硅混合纳米线，而后在纳米线上安装纳米级传感器，再覆盖一种对压力敏感的硅胶。电子皮肤传感器的单个节点的有效分辨率为 16 像素 ×16 像素，每个像素都包含一个由半导体碳纳米管制成的晶体管、一个有机体发光二极管和一个压力传感器。无论按压还是弯曲，随着力度不同，16 个可发光块会发出蓝色、绿色、红色或黄色的光。它几乎可以和人体皮肤一样感知不同的外部压力，以相同的速度传导触觉信号。当前，国内许多研究团队都在致力于开发高灵活性的电子皮肤，旨在通过模仿人体皮肤中各种不同的感觉感受器获得触觉。清华大学微纳电子系任天令团队研发出多层石墨烯表皮电子皮肤，该电子皮肤具有极高的灵敏度，可以直接贴覆在人体皮肤上用于探测呼吸、心率、发声等，未来在运动检测、睡眠检测、生物医疗等方面具有重大应用前景。

北京大学信息科学技术学院微纳电子学研究院张海霞教授课题组通过研究模仿皮肤的生理结构，开发出一种集滑动探测、压力探测和能量存储于一体的多功能电子皮肤系统，成功解决了多功能集成和能量供给等问题。

南方科技大学材料科学与工程系郭传飞副教授课题组从荷叶的超疏水性来源于其表面的微纳米结构中受到启发，取大自然中的植物作为原始模板、复写出植物表面的微结构，并喷涂柔性银纳米线电极，构建电容型触觉传感器，使得器件具有较高的灵敏度、较快地响应速度以及较好的稳定性。其响应速度与人体皮肤响应速度相当，可重复循环检测 10 万次以上而不产生疲劳。这一研究有效降低了器件制造成本，提高了器件的灵敏度等性能，开辟了一条制备柔性电子器件的新途径。

10. 现代化工领域的材料学仿真

在材料科学领域，微合金元素的固溶、析出现象贯穿于整个加热、轧制和冷却过程，对微合金元素的固溶析出模型进行研究有重要意义。目前，微合金元素溶解析出的热力学计算，一般基于规则溶液亚点阵模型来计算复杂析出相的平衡溶解分数，通过热变形奥氏体中应变诱导析出相形核的化学驱动力。李维钢等建立了考虑微合金元素碳氮化物和 AlN 相互作用的热力学模型，提出了耦合问题特征的牛顿拉夫森数值算法，并通过反复迭代求解确定微合金钢不同成分下的碳氮化物和 AlN 析出开始温度与析出顺序，并获得奥氏体相中各元素平衡成分，以及碳氮化物析出成分及质量分数等随轧制温度的变化规律，实现了对热连轧过程复合微合金钢碳氮化物析出的定量描述。

11. 计算机图形学领域的面部识别与重构

在图像识别领域，人脸是人类重要的生物特征，逼真重建三维人脸面部表情有着广泛的应用，多年来一直受到研究人员的密切关注，近些年已经成功应用于社会安全（银行、交通、保密等）、游戏、电影、医学、社交等多个领域。

近几年，越来越多的国内学者致力于摒弃复杂设备和光源，仅仅依靠手机、电脑的消费级摄像头，在非可控光源的环境下拍摄人脸表情图像或视频，并重建人脸的高精度三维模型。在这种情况下，获取变得非常简单，但是重建算法面临的挑战性却大幅增强，因此，从照片或视频中重建人脸面部表情，由于深度信息缺失、拍摄设备参数和拍摄环境未知，是目前极具挑战的研究难点。

浙江大学计算机辅助设计与图形学国家重点实验室、中国科学院、清华大学、北京大学等，在众多著名国际会议及期刊如 *SIGGRAPH*、*ICCV*、*CVPR*、*TVCG*、*TOG* 等，发表了一系列人脸面部表情捕捉及建模技术的文章，有力促进了此技术的发展。主要研究内容分为两大类：一是基于可控环境的三维人脸获取及重建技术；二是基于非可控环境的三维人脸获取及重建技术。

基于可控环境的三维人脸获取及重建技术是指在光照、采集设备参数已通过标定技术获取的条件下，对人面部表情进行跟踪和三维重建的方法。这类方法通常需要在实验室环境中搭建标准的光源，通过三维扫描仪、多台相机、面部标志点等硬件系统对人面部表情进行捕捉，此类方法的特点是需要可控的、可标定的光源以及比较繁重和昂贵的硬件设备。具有代表性的工作可以分为基于标志点的人脸表情捕捉、基于多视点立体技术的人脸表情捕捉、基于结构光技术的人脸表情捕捉和基于 Light Stage 系统的人脸表情捕捉 4 种。

基于非可控环境的三维人脸表情获取及重建技术，主要输入数据源包括 RGB-D 图像或视频、RGB 图像、RGB 图像集或者 RGB 单目视频流，主要的重建流程分为两大类。第一类方法，首先从数据输入源中获取稀疏的人脸二维特征点；然后由二维特征点拟合形成可形变三维人脸模型（3D morphable model，3DMM）或多线性人脸模型（face ware house，FWH），进而获取粗尺度的人脸表情几何模型，并进一步优化求解人脸姿态；最终利用明暗恢复形状（shape from shading，SFS）技术或回归预测技术，重建人脸表情变化时所产生的皱纹等几何细节。第二类方法主要是基于端对端的深度学习神经网络，以人脸表情图像作为输入，输出为对应的人脸表情三维模型。目前，训练数据集的获取方式主要依赖于程序生成，利用目前少量的人脸模型库，设置不同光照、不同视点、不同表情进行渲染，得到一组图像与三维模型相对应的人脸表情深度学习训练数据集。

12. 作战仿真领域的兵棋推演评估框架

联合作战方案是战役层级的作战构想和作战计划的中间产品，是依据指挥员作战构想对作战进程和战法进行的具体设计。指挥员通过对作战方案进行理解，结合作战意图，最终定下作战决心，在此情况下，作战方案评估用于对多个作战方案进行分析，辅助指挥员优选方案，通过评估分析，发现单个作战方案可能存在的问题，从而提出优化建议。传统的运筹分析手段无法很好地应对作战方案的动态变化问题，而基于分布交互仿真在分队战术、武器装备等较低层级的方案评估中能够给出较理想的评估结果，但是在复杂的战役层级方案评估中却面临着智能化不足的难题。为此，国内研究团队在以下几个方面开展了研究。

国防大学胡晓峰教授团队针对联合作战中战役方案级指标评估问题，提出了一种基于兵棋推演的作战方案评估框架，通过对推演数据进行多维分析，利用数据立方体模型快速生成基础特征项，结合复杂网络体系特征项构建评估特征空间，采用实验方法产生小批量方案指标度量结果，通过数据拟合获取与评估特种空间数据相对应的结果，利用两个阶段的相关性分析对高维评估特征进行降维，并构建基于深度学习的评估模型，利用数据样本对模型进行训练。一方面通过对不同想定不同轮次的历史推演数据进行综合采样，尽量增加数据样本的多样性，另一方面将评估模型应用到实际推演过程中，使其不断地进行迭代学习，以提升评估模型的准确率和实用性。

13. 突发事件应急领域的风险决策仿真

由于突发事件具有复杂性、不确定性、随机性等特点，突发事件的各种状态无法在现实中完整地再现，对应的决策过程无法反复实践，给应急决策人员带来了巨大的压力。同时，突发事件应急决策是一种典型的分布式组织决策，涉及多个组织部门，在决策过程中决策人员的变化、决策目的或决策评价指标的改变等不确定情况都可能存在，如何在这些不确定因素下及时有效地进行部门之间的协同决策是一个值得考虑的问题。因此，突发事件应急决策过程有必要进行模拟仿真，以对动态不确定环境下的复杂分布式决策过程及效果进行验证和评价。

目前针对应急决策仿真的研究方法主要分为以下几类：一是基于 Agent 的应急决策仿真；二是基于 GIS 的应急决策仿真；三是基于系统动力学的应急决策仿真；四是基于桌面演练的应急决策仿真。事实上由于应急决策的复杂性，涉及多个决策主体，如决策主持人、决策者、决策协调者等，各决策主体不仅有自己的行为规则方式和自主决策处置能力，而且他们之间存在着复杂的交互关系。而 Agent 模型具有主动性、智能性、反应性、交互性等特点，能够连续不断地感知外界的变化及自身状态变化，并自主产生相应的动作，因此基于 Agent 的应急决策仿真能更好地满足相关仿真需求。同时，前景理论指出，考虑到决策者在行为上并不总是追求效用最大，而是倾向于选择让自己最满意的方案，因此，将前景理论和多 Agent 技术相结合，融入应急风险决策的建模与仿真之中，可以较好地描述决策者不完全理性的心理行为特征。

华中科技大学王剑副教授团队针对多部门参与的突发事件应急风险决策的建模与仿真问题，提出了一种基于多主体和前景理论的仿真模型及仿真框架。一方面描述了应急风险决策时多 Agent 的体系结构模型，另一方面，基于前景理论着重考虑了随着事故的演变造成的决策者心理状态变化特点，在此基础上，设计了多 Agent 的应急风险决策仿真框架。并基于某石油化工厂火灾应急风险决策过程，验证了仿真模型及框架的有效性和可行性。

（四）仿真学科研究平台进展

从事科学研究和工程应用的科研人员和工程技术人员，往往需要对某个应用对象涉及的算法、数学模型和系统流程设计等，通过数值模拟、计算机仿真、半实物仿真、硬件在环仿真、虚拟/增强现实等，对局部和整体进行反复的仿真和验证，分析其性能与效果。工程或产品开发应用的仿真平台可提供软件和硬件环境，根据实际情况进行嵌入式开发，可满足现场数据采集、数据处理、数据通信、状态控制等功能，通过计算机仿真软件设计，仿真平台可对实际对象进行模拟和仿真，构造图形化显示界面，可方便研发和设计人员对样机参数进行修改，加快产品和系统的研发与创新。

目前，依托国内高等院校和科研院所建立了有代表性的仿真学科研究与应用重点实验室和工程研究中心 24 个，其中包含 8 个国家（或国防）重点实验室、3 个国家级工程技术研究中心，以及 13 个省部级（或行业）重点实验室，它们体现了当前我国仿真学科研究和实际的仿真应用平台的规模和水平。这些研究平台针对能源、交通、国防、环境、工业经济等重点行业或领域，开展仿真学科研究及其工程应用研究，下面以其中 11 个平台和 2 家国内较早开展仿真科学研究与工程应用开发综合性平台为例介绍几部情况。数据来源于相关网站公开报道。

“大气科学和地球流体力学数值模拟”国家重点实验室。该平台依托中科院大气物理研究所，重点围绕预防和减轻气候灾害、合理利用气候和水资源等涉及国计民生的重要议题开展复杂系统建模仿真及应用研究。现已基于“天河一号”超级计算机等平台，逐步建成了一个适应性强、满足气候模式大规模并行计算要求的大气科学和地球流体力学数值模拟仿真平台。截至 2016 年，该实验室共有在岗科研人员 74 人，研究生约 130 人，获国家级和省部级奖励共 30 项，并且为国家培养和输送了大量的青年科研人才。

“电力系统及发电设备控制和仿真”国家重点实验室。该平台依托清华大学，主要从事电能源领域的基础和应用基础研究。拥有电力系统动态模拟、电力电子综合试验研究平台、强电流试验、高电压试验、热力系统试验等研究设施以及先进齐全的测量分析设备。实验室拥有包括中国科学院院士、中国工程院院士在内的研究人员 38 人，自成立以来培养硕士研究生 353 人、博士研究生 139 人，共获国家级和省部级奖励 58 项。

“汽车仿真与控制”国家重点实验室。该平台依托吉林大学，主要研究人 – 车闭环系统、汽车系统及其总成部件、汽车地面系统、汽车动力系统、汽车车身与空气动力学等的建模、仿真与控制。拥有中国首台汽车性能模拟器、联想深腾 6800 高性能计算机、高速汽车智能辅助驾驶系统试验平台、具有地面移动效应模拟的汽车风洞等 23 个大型仪器，以及 MDI/ADAMS、AVL/CRUISE 等 12 套工程仿真和设计软件。实验室已经形成了一支以院士为学术带头人、以年轻教授为中坚的科研梯队。近五年实验室共培养毕业硕士研究生1078人、毕业博士研究生216人，共获国家级和省部级奖励15项。

“虚拟现实技术与系统”国家重点实验室。该平台依托北京航空航天大学，是国内第一个专门开展虚拟现实技术与系统研究的国家重点实验室。从事虚拟现实中的建模理论与方法、增强现实与自然人机交互、互联网虚拟现实方法与技术、虚拟现实开发支撑平台与系统四个方向的研究，建立了我国首个用于分布式虚拟现实研究的广域专用网络DVENET，推出分布交互仿真开发与运行平台BHHLA/RTI。还拥有腹腔镜手术模拟器（Lap–Sim）、心血管介入手术模拟器、ARJ–21虚实融合的协同工作系统等大型设备和科研支撑平台，且完全对外开放。截至2014年实验室拥有固定研究人员54人，流动研究人员约20人，共获国家级和省部级奖励6项。

“环境模拟与污染控制”国家重点实验室。该平台依托清华大学、中科院生态环境研究中心、北京大学和北京师范大学，包括了水污染控制、环境水化学、大气环境模拟和水环境模拟四个实验室。平台以环境污染模拟仿真的基础研究支持高新污染控制技术的发展，为我国环境保护发挥了重要作用。拥有国际先进水平的测试仪器设备和仿真系统达到142套，极大地提高了对环境中微量有机污染物、金属离子、气溶胶和自由基等的测试和环境影响的模拟分析能力。截至2013年拥有固定人员135人、其中中国工程院院士7人，共获国家级和省部级奖励60项。

“水利工程仿真与安全”国家重点实验室。该平台依托天津大学，旨在面向重大水利工程建设和运行中遇到的高标准高质量建设安全、长期安全运行等科学技术问题，开展原创性基础研究和高技术应用基础研究。现已拥有国际先进水平的综合试验与监测系统，并已基本形成仿真与监控平台和物理模拟实验平台两大科研平台。截至2016年，实验室共拥有中国工程院院士、教育部长江学者等高端科研人才13人。获得国家级和省部级奖励共计15项。

“导弹控制系统仿真”国防科技重点实验室。该平台依托中国航天科工集团北京仿真中心，为长征三号甲（乙）运载火箭、防空导弹武器、为东方红三号等多个卫星的成功发射起到了“保驾护航”作用。并将仿真科研成果推广到“引黄入晋”等大型水利工程和高科技游乐设备的研制中，取得了良好的社会效益和经济效益。

“经济领域系统仿真应用”国家工程研究中心。该平台依托航天二院，旨在加速仿真在国民经济领域中的应用和发展，将先进的建模、仿真技术和手段应用于国民经济领域重大工程决策和重大问题研究，为工程设计、宏观决策提供科学依据，推动仿真技术成果的转化，为国民经济建设服务。承担了一批高水平的国家科研项目，包括南水北调工程仿真系统、中国地震减灾仿真网络试验与方案构建、国家粮食安全预警模型系统等，涉及水利、农业、化工、交通等诸多领域。同时，该平台面向市场积极推动仿真技术在企业经营活动中的应用，取得了喜人的成绩。

“船舶导航系统”国家工程研究中心。该平台依托大连船舶导航系统有限公司和大连海事大学，围绕海上智能交通管理、卫星导航应用、海上信息化、航海自动化等目标开展各项工作，在重大科研成果产业化、工程化、集成化和先进技术研究开发、消化、吸收、集成创新上取得了丰硕的成果，包括“船载智能导航仪”“海大导航新媒体机”、国际标准电子海图应用平台、船舶电子海图综合导航系统等。

“计算机集成制造系统（CIMS）”国家工程技术研究中心。该平台依托清华大学，拥有仿真与虚拟制造实验室。自组建以来共完成了多项国家研究课题和工程应用项目的研究，开发了基于 HLA/RTI 的多学科协同仿真平台原型系统，建立了多学科协同仿真优化平台、网络制造平台等。中心拥有近 300 台计算机（含服务器）和高速网络系统。由中国工程院院士担任中心主任，包括教师、研究人员和管理人员共 95 人，其中教授 21 人、副教授 33 人、讲师 13 人、博士后研究人员 26 人，共获得国家及省部级奖励 69 项。

“仿真控制”国家工程技术研究中心。该平台依托亚仿科技股份有限公司，在仿真科学及应用的核心技术上，形成了我国自主知识产权的仿真支撑开发平台，全面推动了我国仿真科技和产业的发展，开发出多种仿真学科高科技产品，创造了多项全国纪录。中心拥有一支由国内仿真领域的顶级科学家组成的专家顾问团队，共获国家级和省部级奖励 18 项。

“上海核工程设计研究院”行业重点实验室。依托国家核电技术研究公司，是迄今唯一参与国内各种堆型仿真模拟、研发、设计服务的核电总体设计院，其核电工程研究设计水平处于国内领先。拥有整套的核电仿真计算机集成系统及虚拟现实设备，基于美国 AP1000 核电技术进行改进与创新，开展从材料、零部件、整机、系统直至厂级的全覆盖、全生命周期的安全性能仿真分析和研究与设计。上海核工院现拥有大量专业技术人员，包括中科院院士 1 名、国家设计大师 3 名；硕士研究生学历占 48%，博士研究生学历占 6%，获国家、国防科工委和省部级科技奖和优秀设计奖 571 项。

依托于航天二院的“北京仿真中心”是我国国家重点工程、国家级重点实验室。北京仿真中心于 1992 年年底建成，1993 年 4 月 26 日全面通过国家验收。它的建成标志着我国仿真技术已跻身于世界先进行列，是继正负电子对撞机之后，我国科学技术方面又一令世人瞩目的重大成就。它包括航空航天仿真技术研究中心、仿真试验中心、国内外仿真技术交流中心，是目前世界上规模最大、技术最先进的仿真工程群体之一。北京仿真中心拥有多个用于防空导弹和卫星运载工具半实物仿真的大型重点实验室和用于全数字仿真、数模混合仿真的各类仿真计算机系统以及通用和专用的仿真软件系统；拥有从事航空航天飞行器以及多种武器系统仿真所需的世界一流的仿真设备和用于红外、无线电、电子信号测试分析的高级仪器和工具；拥有仿真建模、仿真应用和仿真工程建设的丰富经验；拥有一支以计算机、控制系统、仿真技术以及红外、微波、无线电等专业为主，由博士、硕士、本科生以及研究员、高工等不同层次的新老知识分子组成的工程科技队伍。可以承担航空航天及各种军事系统中的工程仿真试验、仿真设备研制和仿真工程建设任务。仿真中心先后获国家科技进步特等奖和一等奖。

北京仿真中心坚持“以军为本，军民结合”的方针，在确保国家型号和预先研究任务的同时，努力面向国民经济，拓宽仿真技术的应用范围，已成功地将计算机仿真系统应用于大型水利工程及宏观经济研究。1998 年，仿真中心将仿真技术成功地运用到引黄入晋工程，它采用模块化、可视化建模方法，开发建立了水力学数学模型和仿真模型、自动控制系统仿真模型，并开发了客户机系统，最终集成“引黄工程全系统运行仿真系统”。该系统在我国尚属首次，技术上有创新，达到国际先进水平。北京仿真中心承担了国家计委委派的大型重点项目南水北调工程的仿真及云南滇池污水改造的仿真工程。这标志着拥有良好信誉、坚实物质基础和雄厚的技术实力的北京仿真中心已将仿真技术运用到了国家重大决策、国家重大工程以及国民经济各个领域。此外，北京仿真中心还研制出了集知识、趣味、娱乐性为一体的高科技仿真游艺机系列产品，遍布全国；推广应用射频防护技术，为用户兴建屏蔽室近百座。

依托于哈尔滨工业大学的“控制与仿真中心”于 1986 年成立，是国内较早成立集自动控制、计算机、光学、电机、机械等专业为一体的学科交叉的仿真学科科研平台及专业人才培养基地，并已逐步成为我国从事飞行器半实物仿真技术的研究基地，专门从事系统仿真学科研究、仿真应用非标准设备的研制以及军用、民用仿真控制系统的研制和开发。中心现有工程院院士 1 人；专职研究人员 29 人，其中博士生导师 8 人，硕士生导师 16 人；兼职研究人员多名。控制与仿真中心自成立以来，已获得国家科技进步二等奖 3 项，部级科技进步奖励 10 余项。中心现有研究团队两个：制导、控制与仿真团队；系统仿真与飞行器控制团队。在控制理论方面，在非线性最优控制与鲁棒控制、非线性解耦控制、混合系统控制、运动控制、非线性鲁棒滤波方法等研究领域，进行了多年的深入研究，取得了一批理论成果和实际应用成果。这些研究成果在国内率先应用于垂直发射导弹快速转弯控制、动能拦截器制导控制、飞行器直接力、气动力复合控制、空间飞行器伴飞制导控制等具有明确背景需求的研究中，有力地促进了若干型号研制的推进，并连续获得“863”“973”、国防基础预研等项目的支持。在半实物仿真系统研制方面，制导、控制与仿真中心团队圆满研制交付了 150 余套，包括电动仿真测试转台、电动负载力矩模拟器、多自由度运动仿真系统、精密离心机系统等非标仿真设备的研制。机电伺服控制系统开发技术处于国内领先地位，研制完成了国内第一套空间交会对接运动模拟系统、国内第一套光学景象匹配制导仿真系统、国内第一套全电动五自由度飞行仿真模拟系统。产品广泛应用于我国航空、航天各部门的半实物飞行仿真试验中，深受用户好评。

（五）仿真学科人才培养进展

考虑到我国各高等学校均依托相关一级学科进行仿真科学与技术研究生（包括博士生、硕士生）的培养。为了便于讨论，本报告将涉及仿真的研究生的研究方向分类为“与仿真相关”及“仿真学科”。

“与仿真相关”方向：指依托相关一级学科，开展仿真理论、技术、方法、系统研究，或结合仿真应用开展仿真理论、技术、方法研究，或以仿真为工具，开展其他领域的研究和应用。在文献检索时，以博士、硕士论文的题名、关键词或摘要中包含仿真、模拟、虚拟、DIS、HLA、分布交互仿真或高层体系结构等作为检索词。此类论文称为第一类论文。

“仿真学科”方向：仅指在“与仿真相关”方向的论文中，研究内容以仿真理论、技术、方法、系统为主，或结合应用开展仿真理论、技术、方法研究。在文献检索时，仅以博士、硕士论文的题名中含有仿真、模拟、虚拟、DIS、HLA、分布交互仿真或高层体系结构等作为检索词，检出后逐篇分析确定。此类论文称为第二类论文。第二类论文是第一类论文的子集。本报告将第二类论文的博士生和硕士生列为仿真学科方向，简称“仿真学科”方向。

我国高等学校数量众多，难以逐校调查统计。我们以 42 所世界一流大学建设高校（简称一流大学高校）、95 所世界一流学科建设高校（简称一流学科高校）为对象开展调查。这些学校应能集中地反映了我国研究生的培养能力。时间为 2009—2018 年，共计 10 年。“读秀”是由海量全文数据及资料基本信息组成的超大型数据库，为用户提供深入到图书章节和内容的全文检索，以及高效查找、获取各种类型学术文献资料的一站式检索。该搜索引擎能够检索中国知网数据库、中国万方数据库、中国硕士博士论文数据库等大量数据库收录的论文以及文章，这里采用该搜索引擎来统计我国仿真科学与技术相关方向毕业的研究生数量以及发表的学术论文情况。

对中国硕士博士学位论文进行检索统计，检索的时间范围为 2009—2018 年，检索的对象为我国 42 所世界一流大学建设高校和 95 所世界一流学科建设高校。主要获取这些双一流大学近十来年培养的研究生数量以及与仿真相关的研究生的数量。全国双一流大学十年来依托相关一级学科培养的“与仿真相关”的研究生的情况，其中 42 所世界一流大学建设高校大学依托相关一级学科培养了博士研究生 196191 名，其中“与仿真相关”的有 18992 名，占培养的博士总数的 9.68%，培养硕士研究生共计 1196361 名，其中“与仿真相关”的有 116991 名，占培养的硕士总数的 9.78%。95 所世界一流学科建设高校大学依托相关一级学科培养了博士研究生 118531 名，其中“与仿真相关”的有 10047 名，占培养的博士总数的 8.48%，培养硕士研究生共计 1027516 名，其中“与仿真相关”的有 85054 名，占培养的硕士总数的 8.28%，说明“与仿真相关”的研究生占有很高的比例。

世界一流大学建设高校与世界一流学科建设高校 2009—2018 年内依托相关一级学科培养“仿真学科”方向的硕博士研究生。其中世界一流大学建设高校培养了博士研究生 196191 名，其中“仿真学科”方向的有 4693 名，占培养的博士总数的 2.39%，培养硕士研究生共计 1196361 名，其中“仿真学科”方向的有 33605 名，占培养的硕士总数的

2.81%。世界一流学科建设高校大学培养了博士研究生118531名，其中“仿真学科”方向的有2620名，占培养的博士总数的2.21%，培养硕士研究生共计1027516名，其中“仿真学科”方向的有26017名，占培养的硕士总数的2.53%。我国设立的一级学科共有110个，如果按平均每个一级学科培养的博士生0.909%计算，仿真学科无论在博士生培养还是在硕士生培养方面均超过了平均数，分别为2.32%和2.68%，说明我国重点高校已经具有了很强的仿真学科人才培养能力。

三、国内外研究进展比较

（一）国际重大研究计划和项目

仿真学科已经发展形成了综合性的专业技术体系，成为一项通用性、战略性技术，并正向“数字化、高效化、网络化、智能化、服务化、普适化”为特征的现代化方向发展，逐步向产业化发展。现代仿真学科的研究与应用中，以下五个重点关键技术值得特别关注。

1. 虚拟现实国际重大研究计划和项目

1995年美国国防部制定了“建模与仿真总体规划”，虚拟现实作为其中的关键技术得到重点支持。此后，美国国防部在制定战略规划指南时又对该规划进行了更新。

为确保美国在21世纪信息技术上的领导地位，并尽快抢占未来的高科技市场，克林顿总统在2000年财政预算中拨出3.66亿美元直接用于信息技术领域的研究。这一行动计划命名为“面向21世纪的信息技术（简称为Ⅰ）”，重点支持三大信息技术领域的研究。其中，Ⅰ行动计划在科学工程领域的高性能计算技术研究中就包括了各种图形图像处理、计算机模拟等虚拟现实技术。布什政府的科技政策与前任政府保持了一定的连续性，同时进行一系列的调整，更加强调要大力推进高新科技尤其是数字信息科技。布什政府大力支持网络与信息技术研发计划（NITRD），平均每年资助额达24亿美元。在NITRD计划众多成果中，计算机模拟和可视化成果对科研和企业创新产生的影响最为深远。

2000年美国能源部核能研究咨询委员会（NERAC）制定了“长期核技术研发规划”。明确提出应重点开发、应用和验证虚拟现实计算模型和仿真工具。能源部及其下属实验室在高性能计算和仿真学科上引领全球，该领域将研发针对核能工厂的虚拟现实平台等一系列技术。

2006年美国国防部发布了“建模与仿真总体规划采购计划”，旨在充分利用建模与仿真学科为国防服务。

2008年2月，美国工程院（NAE）公布了一份题为“21世纪工程学面临的14项重大挑战”的报告。VR技术是其中之一，与新能源、洁净水、新药物等技术相并列。并提出这些技术挑战的任何一项一经克服，将可极大地改善人们的生活质量。

在当前实用虚拟现实技术的研究与开发中，日本是居于领先位置的国家之一，主要致力于建立大规模 VR 知识库的研究。另外在虚拟现实的游戏方面的研究也做了很多工作。但日本大部分虚拟现实硬件从美国进口。

欧洲一些较发达的国家如荷兰、德国、瑞典等也积极进行了 VR 的研究与应用。瑞典的 DIVE 分布式虚拟交互环境，是一个基于 Unix 的，不同节点上的多个进程可以在同一世界中工作的异质分布式系统。荷兰海牙 TNO 研究所的物理电子实验室（TNO-PEL）开发的训练和模拟系统，通过改进人机界面来改善现有模拟系统，以使用户完全介入模拟环境。德国的计算机图形研究所（IGD）的测试平台，用于评估 VR 对未来系统和界面的影响，以及向用户和生产者提供通向先进的可视化、模拟技术和 VR 技术的途径。

英国在 VR 领域的研究开发与应用方面领先欧洲，特别是在分布并行处理、辅助设备（包括触觉反馈）设计和应用研究方面。近年来，英国出台了多个计划，并致力于产业化推广，在资金、开发、公关以及市场营销等方面给予开发者支持。

2. 网络化仿真国际重大研究计划和项目

1992 年美国公布了“国防建模与仿真倡议”，并成立了国防建模与仿真办公室，负责倡议的实施。

1992 年 7 月美国国防部公布的“国防科学技术战略”中，综合仿真环境被列为保持美国军事优势的七大推动技术之一。

1995 年 10 月，美国国防部公布了“建模与仿真主计划（MSMP）”。美国国防部的 MSMP 是原国防建模与仿真办公室（defense modeling &simulation office，DMSO）根据美国国防部 1994 年 1 月 4 日颁布的 5000.9 号“国防部建模与仿真管理”条令建立的。MSMP 的目的是组织及集中美国国防部的建模与仿真能力用于解决建模与仿真中的共同问题。这一计划明确了建模与仿真工作的目标，介绍和定义了建模与仿真的标准化过程，从而确保此过程的通用性、可重用性、共享性和互操作性。这一目标不仅代表了美国军方建模与仿真的发展方向，同时也客观地反映了建模与仿真学科发展的趋势。MSMP 提出的 HLA，成为分布式仿真学科发展历史上的一个里程碑。

2005 年，基于对高性能与高仿真模拟系统的综合研究，美国利历桑那州立大学构建了一个面向突发事件场景辅助决策支持的决策剧场，其核心思想是使决策者沉浸于可视化数据中，并通过先进的可视化、建模与协作工具进行交互，由此，探索各种可能的情景。

2006 年，美国国防部颁布了《采办建模与仿真主计划》，对装备采办领域建模与仿真学科的发展做出了整体规划。整个计划包括 5 项目标和 40 项行动。

美军 2006 年举行的“虚拟之旗 2006”（Virtual Flag 2006）就是一个实兵装备、虚拟兵力、武器装备模拟器和高度逼真的三维可视化的虚拟地理环境的大规模联合作战演习。演习构建了一个跨越全美计算机仿真的大规模虚拟环境，连接了 31 个模拟地点，包括 34

仿真系统和超过18个虚拟模拟器与武器战术训练器，地域已经覆盖整个美国本土。该演习的技术基础是LVC仿真。

2007年和2008年，美国国土安全部在加利福尼亚州连续实施了面向恐怖袭击和地震巨灾的金盾学习计划（golden guardian），其关键部件是支持场景生成、学习训练、组织重构等的模拟仿真环境（exercise control system，ECS）。

2008年5月1日，美国防高级研究计划局（DARPA）发布关于展开“国家网络靶场”项目研发工作的公告，该靶场将为美国防部模拟真实的网络攻防作战提供虚拟环境，针对敌对电子攻击和网络攻击等电子作战手段进行试验。“国家网络靶场”项目将分4个阶段实施。第一阶段为期6个月，主要目标是进行靶场的初步概念设计，形成详细的工程计划和系统演示验证计划，并制定实施方案。第二阶段选定承包商，建立并交付靶场原型。第三阶段交付基础设施，进行靶场管理和试验管理。第四阶段是运行，承包商应做好将“国家网络靶场”作为国家研究与开发资源予以运行的各项技术准备。

2008年12月，北约和美国联合部队司令部（USJFCOM）官员首次应用了“联盟”建模仿真训练能力。“坚定的参与者”演练（steadfast joiner exercise）是一种电脑辅助指挥岗位训练，用于对北约反应部队（NRF）的训练与评估，首次使用了联合多分辨率模型（JMRM）联盟、北约构造仿真训练能力与北约训练联盟（NTF）中的核心组成。据美国联合部队司令部联合作战中心技术开发与创新部负责人透露，美国联合部队司令部帮助北约进行建模仿真的关键能力开发。“‘雪豹’计划是北约开发的一种分布式网络，旨在通过该网络将北约各机构、国家与伙伴进行连接以增强分布式训练、教育与实验的能力。”“我们的小组同北约联合指挥转型和联合作战中心紧密合作，历时两年多对该训练能力进行了开发、试验与部署。”

2010年，美国国防部通过作为“试验与训练投资核心项目（CTEIP）”之一的基础计划TENA。TENA设计的主要目的是给试验和训练靶场及其用户带来可负担的互操作。TENA通过使用“逻辑靶场”的概念来促进集成的试验和训练，促进基于仿真的采办（SBA），支持2020年联合设想（JV2020）。一个逻辑靶场将分布在许多设施中的试验、训练、仿真、高性能的计算技术集成起来，并采用公共的体系结构将它们联结在一起互操作。在一个逻辑靶场中，真实的军事装备及其他模拟的武器和兵力之间能彼此交互，而不论它们存在于世界上什么地方。TENA作为一种体系结构，可以从运作、技术、应用和系统等方面来分析。

日本为了提升自身的网络防御能力，日本信息通信技术研究院（NICT）已经设计了一个类网络靶场的蜜罐网络，相当于网络攻击的晴雨表，专门研究网络攻击的发生率和特点。而他们的观察结果发现，针对日本的网络攻击正在急剧上升。在2012年，日本遭遇了78亿次网络攻击。

3. 智能仿真国际重大研究计划和项目

Epstein 和 Axtell 于 1996 年构建了基于 Agent 建模方法的经典的经济系统模型——“糖域模型”。该模型不仅能够用于研究简单的经济系统，而且能对环境变化、社会动向等社会现象研究提供基础。同年，美国桑迪亚国家实验室提出了美国微观经济分析模型——ASPEN，将遗传算法引入特定 Agent 的学习过程，从微观层面对美国经济进行了仿真研究。在随后的 10 年中，美国桑迪亚国家实验室又相继开发了 ASPEN-EE、Commas PEN、N-ABLE 等模型。

圣塔菲研究所中的 Arthur 与 Holland 于 1996 年提出了第一个人工股票市场模型，并开发了相应的仿真工具——SWARM。学者们利用该模型仿真了现实股市中的资产定价过程和价格波动，获得了丰富的结论，并形成了有关复杂性的微观形成机制与理论。此外，SWARM 具有通用的软件工具，为其他学者对复杂适应系统进行仿真研究提供了重要工具。

美军在 20 世纪 90 年代实施了大量基于计算机生成兵力（CGF）的作战仿真系统研制计划，2007 年又实施了“深绿”计划，近年来将人类行为的计算机建模作为六大颠覆性基础研究领域之一。简单地说，“深绿”就是想将智能技术引入到作战指挥过程中。受当时 IBM 的“深蓝”战胜国际象棋棋王卡斯帕罗夫的影响，该计划取名“深绿”。美军认为既然计算机可以战胜棋王，那么也能帮助指挥员快速决策，在作战指挥中取得制胜的先机。但事实证明原先的估计过于乐观和简单了，计划至今都没有完成。

神经网络芯片是硬件脑模拟，脉冲神经网络芯片的代表是 IBM 于 2014 年发布的“真北”（True North），其基本结构由硬件神经元和神经元之间的脉冲连接组成，硬件神经元接收输入脉冲，在累积到一定阈值后被激活产生输出脉冲。“真北”具有 4096 个处理核，每个内核包含 256 个硬件神经元，因此总共可以模拟 100 万个神经元和 2.56 亿个突触。其峰值性能达到了 266GB/s，定点运算速度。“真北”芯片包含有 54 亿晶体管，是迄今建造的最大的 CMOS 芯片之一。

瑞士洛桑理工学院（EPFL）于 2015 年开发了一个神经系统仿真工具（neural simulation tool，NEST）。在该仿真工具中，研究人员建立了一个数字化的老鼠大脑计算模型和虚拟老鼠身体模型，通过把这两个模型结合起来，来模拟大脑和身体的互作用的神经机制，这为类脑机器人的神经系统模拟提供了基础。目前，他们已在模型中模拟出一只小白鼠完整大脑中约 2100 万个神经元中的 3.1 万个模拟神经元。

麻省理工学院人工智能实验室增量人机协同研究组（increasing man-machine collaboration MIT）采用增强学习让人与机器人（包括飞机与小汽车等）在未知环境自由协作，让计算机自动配合人并与人交互，在共同决策完成既定任务的同时，机器人也通过交互过程不断学到新的知识。此外，谷歌和百度的无人驾驶汽车平台也在进行类似的尝试。

4. 高性能仿真国际重大研究计划和项目

2016 年 6 月 27 日，辛辛那提大学博士生开发的人工智能空战高仿真模拟器 ALPHA，在与拥有丰富空战经验的美国空军退役上校 Lee 的对抗中胜出，并被 Lee 称为“迄今见过的最具攻击性、反应最灵敏、最灵活、最可信的 AI”。ALPHA 将被应用于空战训练仿真系统，用于飞行员的飞行战术战法训练。

2007 年，美国国防高级研究计划局（DARPA）启动了“深绿”计划，目的是将仿真嵌入到指挥控制系统，从而提高指挥员临机决策的速度和质量，其中人工智能知识推理系统用于根据当前态势生成各种可能的行动方案，并呈现给指挥员。

2017 年 3 月 27 日，美国防部在实验室研究、测试、计算机仿真等领域部署 SOL 工程有限责任公司的计算能力升级服务，并应用于高性能计算现代化项目（high performance computing modernization program，HPCM），以辅助维持国防部在高性能仿真方面的技术优势。

2017 年 4 月 26 日，美国国防部设立“算法战跨部门小组”（algorithmic warfare cross functional team，AWCFT）。2017 年 10 月 24 日，AWCFT 开发出第一款用于嵌入式武器系统和传感器处理器的紧凑型智能算法，该算法将成为武器系统的一个关键要素，工作主要集中于 MQ-9 和 MQ-19 无人机平台的全动态视频传感器数据。接下来，该小组将人工智能发展到文档分析、采集管理、战争博弈、建模和仿真等方面。

2017 年 5 月 24 日，美国防部发布了 2018 财年国防预算申请，其中导弹防御局预算申请总额为 79 亿美元，多个项目涉及建模与仿真应用。“宙斯盾”系统试验项目将对“宙斯盾”系统进行建模仿真和地面试验，使导弹防御局和作战司令部掌握“宙斯盾”系统的作战能力；先进概念与系统评估项目主要对先进技术概念进行建模、仿真和性能评估，为机载先进传感器、杀伤器模块化开发体系架构试验床、事先和事后性能预测和评估等数字仿真和人在回路试验设施提供资金支持；弹道导弹防御传感器试验项目涉及试验前的数字和半实物仿真；一体化弹道导弹防御系统项目中，导弹防御局采用建模仿真的方法对弹道导弹防御系统进行评估，在特殊想定场景下验证弹道导弹防御系统应对复杂威胁目标的能力；利用系统与组件级的试验、建模和仿真来验证系统的性能与能力；并继续改善系统级的数学仿真以及一体化系统级的地面试验仿真方法。

2017 年 7 月 3 日，源讯公司（Atos）获得英国原子武器研究所（atomic weapons establishment，AWE）合同，安装一台新的 Bull Sequana 超级计算机，为英国国防提供高性能计算解决方案，模拟“三叉戟”核弹头爆炸的建模与仿真，以促进下一代科学建模。

2017 年 7 月 24 日，麻省理工学院的计算机科学与人工智能实验室（computer science and artificial intelligence laboratory，CSAIL）和哥伦比亚大学的研究人员设计开发的 InstantCAD 插件，基于云平台实现多个几何评估和仿真并行计算，节省工程师数天或数周时间。

2017 年 11 月，Cohort 公司发布英国国防科学与技术实验室（defence science and technology laboratory，DSTL）仿真体系结构、互操作性和管理（architectures、interoperability and management of simulations，AIMS）项目研究结果，在仿真和训练、试验和评估、基于仿

真的采办等领域实现建模仿真即服务（modelling and simulation as a service，MSaaS）支持，为用户节约成本、提高效率提供更好的整体解决方案。

5. 数据驱动的仿真国际重大研究计划和项目

2000 年，美国海军建模与仿真办公室早在 2000 年就与美国国防建模与仿真办公室联合制定了嵌入式仿真基础设施（embedded simulation infrastructure，ESI）计划，其总目标是建立仿真友好的软件环境，促进符合美国国防信息基础设施公共操作环境（defense information infrastructure common operating environment，DII COE）标准的 C4ISR 系统中基于仿真的使命应用的设计，充分利用仿真的强大功能增强 C4ISR 系统战术应用能力。ESI 将可共享软件服务用于嵌入式仿真的设计，降低开发基于仿真的应用的成本和风险，为将仿真集成到 C4I 系统中提供方便。

2005 年，围绕实时行动方案分析（real-time course of action analysis），美国相继开展了一系列研究，目的是辅助决策人员在作战级对抗环境下超实时评估己方基于效果的行动方案。通过将态势信息实时反馈给反映真实世界实情的镜像仿真（也称基本仿真）和想定生成组件，系统根据当前最新战场态势，超实时预测未来，以紧耦合对抗方式动态制定行动方案，并对行动方案进行超实时分析与评估，为指挥员提供战役与战术作战级实时决策支持。美国空军研究实验室联合地方公司先后开发了仿真试验床、基于效果 / 基于损耗的行为建模、支持实时动态数据驱动仿真与并行超实时仿真并存的柔性仿真框架、支持动态信息更新的自动想定生成工具、意图驱动的突发敌方行为预测工具以及行动方案评估工具等系统与工具。

2007 年，美国 DARPA 提出并着手研究基于动态数据驱动仿真思想的“深绿”计划。预估计划和适应执行是“深绿”计划的两个基本概念。预估计划就是将仿真系统与指挥控制系统互联，如 FBCB2、CPoF 或 ABCS 6.4+ 的 PAS 系统，作战过程中通过捕获公共作战图（common operational picture，COP）数据，仿真系统将直接从指挥控制系统获取相应信息，及时更新仿真系统中的战场态势和最新作战目标，基于最新态势和目标进行仿真。通过超实时仿真分析与评估，指挥员能够“透视”未来并迅速理解军事行动的展开，不断匹配、优选、调整和补充未来方案，在实际需要之前主动生成多种合理的行动方案，需要时做出选择，而不是在形势迫使其改变计划时被动生成行动方案。

2008 年 1 月，美国空军研究实验室以“用高性能计算进行实时 COA 分析”为题，对其工作进行了技术总结。将仿真系统嵌入到作战系统中，实现在线超实时的预测是美军的这些项目追求的目标。由于这些研究的保密性，难以获得更详细的资料。从目前公开的材料来看，美军的工作都是从工程的角度开展的，没有看到理论与方法层面的论文。

2013 年，德国联邦教研部与联邦经济技术部联手资助启动“工业 4.0”项目，“工业 4.0”项目主要分为两大主题，一是“智能工厂”，重点研究智能化生产系统及过程，以及网络化分布式生产设施的实现；二是“智能生产”，主要涉及整个企业的生产物流管理、人机互动以及 3D 打印技术在工业生产过程中的应用等。该计划将特别注重吸引中小企业参与，力图使中小企业成为新一代智能化生产技术的使用者和受益者，同时也成为先进工业生产技术的创造者和供应者。“工业 4.0”与云制造在理念、模式、技术等方面有许多相通之处。

（二）国际最新研究的前沿热点和趋势

国际上仿真学科的最新研究热点、前沿和趋势有六个方面，具体如下。

1. 高性能仿真算法

过去十年中，超级计算机的计算速度已经超过了千万亿次，而在未来十年甚至可能达到亿亿次（exascale）的量级，但针对这些高性能计算的算法开发仍然非常滞后，而且这种滞后是一个全球性的问题。阻碍未来仿真学科发展的拦路虎将不会是硬件的性能，而将主要是理论算法和软件。而且考虑到产品的生命周期，计算机硬件的生命周期是 2~3 年，仿真软件的生命周期是 5~10 年，而算法的生命周期则可能超越人的寿命，因此在软件和算法上的投资可能取得更为长期的回报。

2. 通用仿真软件

在仿真软件开发方面，要兼顾高端应用（超级计算机级别）和低端应用（由大多数工程师和科学家使用）。在仿真学科发展的三个关联要素中，商业企业已经足以承担对硬件和基础架构的研发投资；而对算法的研发由于其长期性和高风险（毕竟不是每一种算法都能转化为合适的应用）还是应当以高校和研究机构为主体；软件的研发则可以选择通用化走向商业化应用，也可以继续选择专业化的科研应用，但前者应当以专业的软件企业为主体。政府不仅应当继续为高校在算法和专业化软件的开发活动提供经费，同时还应当建立适当的知识产权保护和交易体系来支持商业化开发。

3. 仿真应用工程

虽然仿真学科在工程上的应用已经比较成熟，但是技术上的难点仍然存在。软件之间的数据交互、对大数据的可视化和算法本身的局限性是工程仿真的主要障碍。除了技术因素之外，一些外部条件也制约了工程仿真的应用。这些外部条件包括但不局限于：缺乏对物理级与系统级耦合仿真的验证、缺乏对仿真结果不确定性的量化以及全球范围出现的综合型仿真人才的匮乏。

4. 不确定性量化分析

美国国家科学基金会自 2006 年起开始强调在验证（validation）、校验（verification）和不确定性量化（uncertainty qualification）领域进行新的开发工作的必要性，指出这对未来提高仿真方法的可靠性并普及其使用具有深远的意义。在这一领域的方法研究美国仅稍微领先于欧洲。该领域研究遇到的障碍是年轻工程师缺乏在实验方法，以及概率、统计、相关性等数值分析理论上的培训，而这些方法和理论正是这一研究领域的基石。在国内制造业中，在仿真应用比较成熟的汽车、航空和航天行业，很大一部分性能验证项目已经完全可以用仿真方法所取代，但这种取代是建立在前人进行的大量仿真与实验相互验证的基础之上的。由于许多因素，国内的仿真应用环节还存在缺陷，而笔者认为在该领域，专业的仿真咨询服务企业将大有可为。

5. 多尺度建模和仿真

仿真学科本身的发展正在从单尺度走向多尺度，在不同的行业，多尺度的定义并不完全相同。即使是在制造业，多尺度仿真的定义也时有不同，有时它指将设计、正常和异常情况控制以及优化等多方面因素考虑到一起进行的协同仿真，也有时它指同时考虑力学、热学、电磁学等因素的多物理场仿真。这一技术已经在个别案例上取得成功的应用，但总体上还处在发展阶段，远未成熟。

6. 大数据、可视化和由数据驱动的仿真

在仿真领域，大数据的问题一直存在。由于仿真并非一种“点解决方案”，相反它是贯穿产品的整个研发和制造过程，在这一过程中的每一步之间，都可能涉及将上一步的结果转换为下一步的输入。因此标准的数据结构和可视化技术将会带来巨大的价值。在生命科学和核子物理学领域，不同国家的科学组织已经在使用统一的数据结构，并且相信在化学和材料学领域也会出现同样的趋势，而这种转变将会对制造业带来一定的冲击。

（三）国内外研究进展比较

1. 对仿真学科的认识

仿真科学与技术极大地扩展了人类认知世界的能力，可以不受时空的限制，观察和研究已发生或尚未发生的现象，以及在各种假想条件下这些现象发生和发展的过程。它可以帮助人们深入到一般科学及人类生理活动难以到达的宏观或微观世界去进行研究和探索，从而为人类认识世界和改造世界提供了全新的方法和手段。

随着科学研究和社会发展所面临的问题复杂性程度的加深，科学研究回归综合、协同、集成和共享已经成为一种趋势，仿真正因为具有这些属性而成为现代科学研究的纽带，它具有其他学科难以替代的求解高度复杂问题的能力。

仿真已经成为一项通用性、战略性技术，并正向“数字化、虚拟化、网络化、智能化、协同化、服务化”为特征的现代化方向发展，其应用正向服务于系统的全寿命周期活动的方向发展。对仿真的看法与 WTEC 的报告基本是相同的。

2. 我国仿真工程与科学的进展

（1）仿真建模理论与方法

蓝皮书综述了我国在仿真建模理论与方法的主要研究成果，特别是对国内外近年来研究热点——复杂系统建模与仿真——的研究成果进行了分析，指出，除了许多将复杂性科学的相关结论和研究方法应用到建模与仿真实践当中的跟随性研究外，以钱学森院士为首

的一批中国科学家的多年研究的“从定性到定量的综合集成方法”和“从定性到定量的综合集成研讨厅体系”的开放复杂巨系统研究方法，形成了我国研究路线的特点。

与国际上比较，国内外研究的主体内容基本一致，在热点难点问题上，国内原创性成果不够突出，但复杂系统建模仿真的理论与方法的部分研究成果与国际水平持平或略有超前。

（2）仿真系统与支撑技术

我国仿真系统与支撑技术的主要成果，包含仿真语言、仿真软件和仿真支撑环境。典型成果包括我国由 3 万个处理器组成的每秒 2 百万亿次以上运算速度的超级计算机（曙光 -5000）2008 年研制成功；一批面向行业和应用部门的高性能并行计算软件，并行软件基础框架 JASMIN 和有限元支撑框架 PHG 已经得到了国内行业的认可；各类建模仿真支撑环境与平台有长足进步，各种运载系统仿真器的部分产品和技术已经领先于国外，全任务型的第三代军机大型仿真系统，其空间立体视景技术处于国际领先水平，总体技术达到了国际先进水平，石化、电站仿真器取得了国际水平的成果，自主研发的以大中型合成氨、大型乙烯和大型炼油三大主流生产装置为主的石化装置仿真培训系统（OTS），在国内已经占据了绝对的市场份额，部分产品已经出口。我国拥有的电站模拟器跃居世界首位，而且 95% 以上都是中国自己研制和开发的，且达到世界一流水平，具有完全自主知识产权的核电仿真平台。

然而，我国高性能仿真学科领域的研究与应用水平与发达国家仍有不小的差距，标准和规范的研究与制定方面有待加强，软件工程的思想、方法和技术在仿真系统研究与开发中仍没有得到足够的重视，仿真系统与技术的产业化方面，我国与国际上的差距很大。

（3）仿真应用工程

仿真在我国国民经济的各个领域的应用，特别是在航空航天领域，中国已研制、发射和成功运行了 103 个航天器，包括各种卫星、载人航天的“神舟”系列的 4 艘无人试验飞船和 3 艘载人飞船，空间探测的“嫦娥一号”，仿真学科已应用在航天器研制及应用的全过程。信息化与工业化融合发展战略中，虚拟制造技术结合纺机产品结构调整的发展战略，成功地实现了剑杆织机产品创新的自主开发；海底管道检测开发系统用于海底管道检测工程样机及其研制、试验及定标；紊流模型和有限体积方法研究，解决了几类典型的高坝水力学问题；应用仿真与数字表演技术解决大规模的广场表演，大规模并行人群活动指挥控制，大规模人群紧急疏散，演员排练与演出等，为 2008 北京奥运会、残奥会开闭幕式、首都国庆六十周年晚会和群众游行方案制定提供了有力支持。仿真学科对我国经济、国防、科技、社会、文化及突发事件应急处理等方面作出了重要贡献。

与国外相比，在应用广度、深度，以及社会对其认同的程度还有待加强。

总体说来，仿真的基础理论和新概念基本上是由国外提出；仿真框架与体系结构的最新技术与标准规范，我国还没有国际发言权；仿真软件和平台基本上被国外垄断。因此，我们必须进一步分析中国仿真工程与科学在全球竞争格局中的位置，以便进一步推进我国仿真工程与科学的发展。

四、发展趋势及展望

几十年来，仿真学科的快速发展，一是受到广泛应用需求的牵引，同时得益于信息技术等相关领域的技术进步对仿真实现手段的有力支持。今天，这两者的驱动力尤其鲜明，促进仿真学科在内容和形式上都发生了深刻的变化。最具代表性的仿真学科包括虚拟现实/增强现实/混合现实、网络化仿真、智能仿真、高性能仿真、动态数据驱动的仿真等。

（一）虚拟现实发展趋势及展望

虚拟现实（virtual reality，简称 VR，又译作灵境），又称为沉浸式多媒体或计算机仿真现实，是以计算机技术为核心，生成与一定范围真实环境在视、听、触感等方面近似的数字化环境，用户借助必要的装备与其进行交互，可获得亲临对应真实环境的感受和体验。实际上是一种可创建和体验虚拟世界（virtual world）的计算机系统。此种虚拟世界由计算机生成，可以是现实世界的再现，亦可以是构想中的世界，用户可借助视觉、听觉及触觉等多种传感通道与虚拟世界进行自然的交互。未来虚拟现实科技发展趋势及展望如下。

第一阶段：到 2030 年，聚焦突破部分关键核心技术，基本形成中国虚拟现实软硬件技术标准与生态体系，中低端市场占有率超过 30%，开始进入高端市场。VR 内容产业有所发展，开始形成与电商消费领域相结合的消费市场新格局。虚拟现实与工业、医疗、教育等行业领域深度融合，开展虚拟现实产业发展与推广应用重大示范工程，垂直应用的数量和质量有质的提升，带动虚拟现实技术自主创新能力显著提升。硬件设备方面，研发智能化移动 VR 设备、嵌入式 VR 芯片等，在屏幕刷新率、屏幕分辨率、延迟和设备计算能力等关键指标达到国际标准，不断提升更小体积硬件下的续航能力和存储容量，在姿态矫正、复位功能、精准度、延迟等方面持续改善，逐步提高硬件设备的用户体验，逐渐实现虚拟现实硬件设备产业化、规模化。软件方面，突破 360 度视频、自由视角视频、三维引擎、位置定位、动作捕捉等关键技术，推动研发国产 VR 操作系统，形成一批有自主知识产权的软件产品。关注 VR 内容与分发市场培育，形成完善中国特色的 VR 内容生产与商业模式，建成有一定影响的 VR 综合平台。

第二阶段：2030—2050 年，绝大部分核心技术取得突破，形成安全自主可控的虚拟现实技术自主创新与产品研发能力，标准体系基本成熟，虚拟现实产业发展与推广应用重大示范工程取得成功，建成一批国际领先、有重大影响的虚拟现实企业，自主产品市场占有率超过 60%，“VR+”在重点行业的应用普及率超过 60%。硬件设备方面，力觉、触觉、嗅觉、味觉等感知技术取得突破，研发新一代显示技术和产品设备，与人工智能技术深度融合，基本形成虚实不分的自然交互能力，产品小型化、适人化、可穿戴性不断提高，达成无所不在的普适化计算能力，真正成为新一代互联网的交互入口和新一代计算基础平台。软件方面，国产 VR 操作系统、VR 引擎、应用开发工具、重大应用示范基本完成，VR 产品体系化基本完成，自主创新机制与能力基本形成，VR 普及率不断提高。

（二）网络化仿真发展趋势及展望

网络化仿真，泛指以现代网络技术为支撑实现系统建模、仿真运行试验、评估等活动的一类技术。网络化仿真依托网络进行，包含三个层次的含义：一是模型通过网络互联进行仿真运行，这是传统的网络化仿真，以 DIS、ALSP 及 HLA 为代表；二是通过网络协作完成一次仿真实验，以基于 WEB 的仿真、HLA Evolved 为代表；三是基于网络形成的领域仿真环境，实现复杂系统建模、仿真运行及结果分析等整体高效的仿真目标，以云仿真、领域仿真工程为代表。当前现实世界趋向复杂，网络化仿真的发展需求源于国家发展中面临的复杂系统问题。未来网络化仿真科技发展趋势及展望如下。

第一阶段：到 2030 年，以应用领域的仿真应用为牵引，面向高端仿真用户和海量用户群以及虚拟 / 构造 / 实装（三类）仿真的高效能仿真计算机系统为目标，初步融合先进信息技术（高性能计算、大数据、云计算 / 边缘计算、物联网 / 移动互联网等）、先进人工智能技术（基于大数据的人工智能、基于互联网的群体智能、跨媒体推理、人机混合智能等）与建模仿真学科，开展智能化高效能仿真计算机系统研究，建立适应“互联网 +”的仿真新模式和新业态。

第二阶段：到 2040 年，以各个应用领域的仿真应用为牵引，面向领域中各类仿真用户，深度融合先进信息技术、先进人工智能技术与建模仿真学科，开展智能、高效的仿真云研究，建立服务于各个应用领域的智能化云仿真服务模式。

第三阶段：到 2050 年，以普适化仿真应用需求为牵引，面向所有仿真用户，综合各个领域的仿真系统和应用，基于各类新型网络、脑机互联、万物互联和量子计算技术，开展如动态地球模拟器一类的巨型仿真系统研究，形成多层次的普适化仿真服务。

（三）智能仿真发展趋势及展望

进入 20 世纪 90 年代之后，伴随着人工智能、人工生命、机器人学、计算机系统、自动化系统向拟人化、人性化方向的发展，仿真系统逐渐向智能化方向发展，智能仿真已经引起仿真领域的普遍关注。智能仿真是人工智能与仿真学科的结合，既包括利用人工智能技术辅助仿真建模、交互与分析，也包括对智能系统（包含人的系统以及复杂自适应系统）、人工智能系统（类脑智能机器人）、智能（人脑和生物脑）的建模。但是，无论是对脑智能、智能系统、新型人工智能系统进行建模，还是将人工智能技术应用于仿真过程中，都离不开人工智能与仿真的结合。所以，智能仿真学科是在人工智能与仿真学科相结合的基础上发展起来的。未来智能仿真科技发展趋势及展望如下。

第一阶段：到 2030 年，实现大规模 Agent 建模与仿真，可以在高性能计算、云计算平台和其他平台上开发用于分布式 Agent 模型或其交互组件的算法和软件；实现混合建模与仿真，如基于 Agent 建模与仿真与系统动力学、离散事件仿真的组合；加强 Agent 行为建模，考虑情感、认知以及社会方面的因素，可以利用对数据流进行数据分析来推断 Agent 行为，行为模型可以持续根据实际数据校准和验证，具有一定鲁棒性。

提高 CGF 的物理模型水平，物理模型反映 CGF 实体的外在能力，如机动装置、火力系统和探测设备的性能；构建真实的 CGF 实体的行动模型，包括 CGF 的动作规划，作战单元与武器平台的路径规划，协同作战行为的实时协调，智能化的目标识别与选择；构建反映各种不同作战环境特征的地形表示方法，虚拟士兵、装备可以对地形作出智能反应。

对视觉、听觉、躯体觉等感知觉的神经机制进行模拟，实现模式识别的优化与创新，获得进一步优化和通用的虚拟现实技术、人机交互技术等；进一步开发基于深度学习和生物识别的新型类脑算法，初步构建与之相应的新一代人工神经网络模型，对脑信息传递、自我学习、记忆等高级功能进行简单模拟；神经计算电路模块的通用性进一步提高，设计、制造难度进一步降低，类脑芯片等类脑元器件和硬件系统获得技术突破。

围绕汽车、机械、电子、危险品制造、国防军工、化工、轻工等工业机器人、特种机器人，以及医疗健康、家庭服务、教育娱乐等服务机器人应用需求，开发出初步具有动态立体视觉感知、快速自感知、多模态信息融合自学习能力、人机协作、快速反应和高精度操作的智能机器人；积极研发新产品，促进机器人标准化、模块化发展，扩大市场应用；突破机器人本体、减速器、伺服电机、控制器、传感器与驱动器等关键零部件及系统集成设计制造等技术瓶颈。

第二阶段：2030—2050 年，完善基于 Agent 的建模与仿真体系，包括：如何有效地开发基于 Agent 的模型，如何有效地使用模型生成相关信息，以及如何分析和解释模型结果；提高模型的透明度、可信度；自主开发基于 Agent 建模理论的软件平台。

构建符合敌方实际的计算机生成兵力实体的认知和决策模型，提高 CGF 实体的自学习能力，增加对 CGF 实体的恐惧感、自我保护能力和失误性的建模，完善 CGF 系统的知识获取和表示方法；实现符合多种作战需求的多分辨率仿真，CGF 实体可以很好地聚合解聚；实现可以与人进行自主对抗的“智能蓝军”，以及可实现智能化辅助决策的“智能参谋”。

突破智能系统在感知、认知、控制等方面的巨大瓶颈，开发出具有自主学习能力的智能系统；建立类人学习机制的认知结构，大幅度提高机器学习鲁棒性，提高机器人的认知能力和主动学习能力；构建融合深度学习与强化学习、演化计算、主动学习、毕生学习等仿生和自然计算理论的新型理论框架；实现大规模并行神经网络、进化算法和其他复杂理论计算；对大脑原始能力（即理解和物种生存相关联的生物行为等）有了深入理解，从而实现高级的机器逻辑能力。类脑人工智能硬件系统耗能和成本大幅度降低，通用性显著提高。

机器人智能性大幅度提高；开发出应用于民生、减轻社会负担和家庭负担的民用机器人，如具有情绪感知和抚慰能力的老年服务机器人等；工业领域的基本操作全面“机器人化”，民用、军用领域简单工种 50% 被机器人替代。

（四）高性能仿真发展趋势及展望

高性能仿真（high performance simulation）是指采用高性能计算平台进行仿真运行试验的一类仿真学科。高性能仿真学科能有效利用高性能计算机高效的多层次、多节点计算、通信、存储等资源，采用多级多粒度并行技术运行仿真应用，从而达到减少仿真运行时间、提高仿真效率的目的。高性能仿真融合了高性能计算、建模与仿真方法、被仿真对象领域知识、先进软件技术、数据挖掘、分析评估、虚拟现实等多学科交叉技术，其目的是为复杂系统研究提供高效而可信的模拟实验手段。随着云计算、人工智能、大数据、物联网、移动通信等技术的快速发展，高性能仿真正与它们深度融合，为复杂系统研究、辅助决策支持、大规模作战实验、态势分析预测等提供有效和个性化的支撑，成为国家战略竞争力的重要组成部分。未来高性能仿真科技发展趋势及展望如下。

第一阶段：到 2030 年，基于新型高性能计算架构的仿真理论和方法，对众核处理器体系结构特点及其发展趋势，创新研究高性能仿真并行加速理论与方法，以无缝沟通底层硬件平台和仿真实验，有效发掘硬件层的革新红利，满足复杂系统仿真不断增长的计算实验需求，多个核心可由工作线程动态分配给各个仿真内核，达到负载均衡的目的。

轻量级容器技术由于具有资源占用少、启动速度快、运行效率高等优点，一经推出即得到了快速的推广应用，成为云计算发展的主流。基于轻量级容器技术的云仿真也就顺理成章成为云仿真发展的主要趋势。利用专家知识系统和智能学习作为辅助，协助应用人员完成这些专业工作成为急需解决的问题。也就是说，轻量级智慧云仿真正成为下一步发展的重要方向。

大数据时代，仿真科学面临的问题，已经不仅仅是科学模型建立的问题。仿真理论、仿真方法、仿真平台及其技术都发生了较大的变化。大数据时代仿真理论发生革命性的改变。大数据能够为仿真结果的分析提供更好的手段，为复杂系统建模提供可行的出路，更为长远地看，大数据有助于人类实现智能仿真。

通过分析人工智能理论中的案例推理机制和方法，研究基于案例推理的仿真模型 VV&A 技术，通过参考以往仿真模型 VV&A 的工作经验，来为当前的仿真模型 VV&A 工作提供方法选择、标准选择等多方面的指导，可以进一步提高仿真模型 VV&A 的目的性、便捷性以及自动化和智能化程度。

第二阶段：2030—2050 年，基于案例和模糊匹配的搜索式仿真成为大数据时代下仿真的一个重要趋势，大数据时代由于大量案例数据的发布，为仿真提供大量的样本，一些仿真运行将不再依赖模型进行，只需要输入仿真对象的环境、条件和初始数据，在巨大量的案例数据库中进行模糊对比，搜索匹配与之相近似的案例，只要近似度达到一定的值，即可作为仿真结果加以应用。

随着人工智能技术的发展，将机器学习、强化学习等引入到仿真模型优化工作中，对提高仿真模型的可信度具有重要意义。仿真正逐步嵌入作战系统。仿真系统要实现与指挥控制系统的互联，捕获相关的作战数据，直接从指挥控制系统获取信息，及时更新仿真系统中的战场态势和最新作战目标，以及提供实时在线辅助决策支持，是未来作战仿真领域的发展趋势。

军事仿真正在向多中心智能作战仿真云方向发展，该作战仿真云可实现情报、态势数据统一接入、管理，分散存储，多中心可实现互联互通，数据一致，分组联合、战时互为热备，为平时和战时提供高性能的作战实验和态势推演等服务。

针对新的社会形态对高性能仿真的需求，需要我们以先进信息技术（新型计算架构、大数据、云计算、物联网、移动通信、量子计算等）、先进人工智能技术（机器学习、基于大数据的人工智能、群体智能、人机混合智能等）与建模仿真学科的深度融合为技术手段，以自主可控为基本出发点，突破基于新型高性能计算架构的仿真理论和方法、高性能智慧云仿真支撑技术、面向新一代人工智能的高性能仿真学科、基于大数据的智能建模与仿真预测技术等。

（五）动态数据驱动的仿真发展趋势及展望

由于复杂大系统通常具有非线性、时变性、多变量和不确定性等特点，很难对其建立准确模型，这给准确分析和预测复杂大系统的行为带来了困难。基于数据驱动而非准确模型进行仿真为解决此类系统的仿真提供了新的思路，为复杂大系统的仿真研究开辟了新的途径。数据驱动的仿真包括动态数据驱动仿真（dynamic data driven application systems，DDDAS）、人机物融合仿真、数字孪生技术、平行系统等。DDDAS 是一种全新的仿真应用和测量模式，旨在将仿真和实验 / 试验有机结合，使仿真可以在执行过程中动态地从实际系统接收数据并做出响应；反之，仿真结果也可以动态地控制实际系统的运行，指导测量的进行。仿真和测量之间构成了一个相互协作的共生的动态反馈控制系统。动态数据驱动仿真发展趋势与展望如下。

第一阶段：到 2030 年，突破面向复杂系统的数据驱动系统支撑平台技术，解决面向应用的数据驱动系统快速构建问题，以应用领域的仿真应用为牵引，初步融合新一代信息技术、人工智能技术、大数据技术，初步建立平行系统理论与方法，为各个应用领域建立基于领域仿真云的数据驱动仿真和平行系统服务能力。

第二阶段：到 2040 年，以各个应用领域的实时仿真应用为牵引，面向领域中各类仿真用户，深度融合新一代信息技术、人工智能技术、大数据技术，开展人机物环境海量数据驱动的数据驱动仿真系统研究，提供具有海量数据驱动度的复杂人机物环境系统数字孪生与动态数据驱动仿真以及具有高平行度的平行系统服务能力。

第三阶段：到 2050 年，以普适化仿真应用需求为牵引，面向所有仿真用户，综合各领域的数据驱动系统和应用，对各类人机物环境系统，基于新型网络、脑机互联、万物互联和量子计算技术，开展数据驱动世界和人机物环境系统模型自主生成系统的研究，形成基于平行系统的多层次普适化仿真服务和数字孪生自动化生成系统。

（六）仿真典型应用发展趋势及展望

1. 制造仿真发展趋势及展望

数字孪生是制造仿真学科发展方向，目前在数字孪生模型构建、信息物理数据融合、交互与协同等方面的理论与技术比较缺乏，导致数字孪生落地应用过程中缺乏相应的理论和技术支撑。数字孪生应用基本处于起步阶段，数字孪生在产品设计、制造和服务中的应用所带来的比较优势不明晰，应用过程中所需攻克的问题和技术不清楚。从产品的产前、产中、产后 3 个阶段分析，当前数字孪生的应用主要集中产品的运维和健康管理等产后方面，需要加强在产前（如产品设计、再设计、优化设计等）和产中（如装配、测试/检测、车间调度与物流等）的应用探索。

2. 交通仿真发展趋势及展望

交通仿真学科愿景深刻影响着未来城市的发展。当前城市发展面临着环境、经济、社会等方面的问题，其主要原因是城市未发展成为可自我调节并可持续发展的系统。因此，未来城市发展必须走多种可持续发展相结合的道路。交通系统仿真学科的发展将进一步推动未来城市实现经济可持续发展、社会可持续发展和生态可持续发展。交通系统仿真学科通过实时在线交通仿真学科，对现实世界进行科学管理和控制，减少交通管控风险及不必要的浪费的同时切实改善城市交通拥堵、交通安全、交通环境等一系列交通问题，从而达到资源合理分配、满足人们社会需求、减少环境污染等目的。路线图具有方向性、战略性与一定的可操作性，刻画清楚核心科学问题和关键技术，为更具有前瞻性地思考与谋划未来交通建模仿真科技领域发展战略，需要为这个领域的研究提供发展线路图与政策建议。

3. 航空航天仿真发展趋势及展望

研究探索智能仿真、大数据仿真和普适仿真等前沿技术，突破航空航天装备虚拟采办和多学科协同仿真设计优化、复杂战场环境高置信度建模、多星/多弹/多机协同任务仿真、虚拟现实和增强现实应用等关键技术，能够支持载人等月、第五代作战飞机和第五代导弹武器等重大任务的关键技术攻关和试验验证，仿真能力军民深度融合，航空航天系统仿真学科体系完善，具备完全自主可控能力，工程应用实效显著，达到国际先进水平。未来航空发动机等的技术复杂程度和性能指标要求越来越高，产品研发难度显著增大，研制进度愈加紧迫，传统的研发模式已难以满足发展需求，需要实现从“传统设计”到“预测设计”的模式变革。未来航空发动机仿真，仿真精度和置信度需要进一步提高，多学科耦合仿真、飞发一体化仿真、半实物仿真、数字孪生等先进仿真应用技术有待于进一步加强。

4. 环境仿真发展趋势及展望

环境建模与仿真领域的研究重点包括：环境建模与仿真运行数据库的建立（分布/集中）与访问技术；综合自然环境对仿真实体的影响建模，特别对各频谱传感器的影响建模；综合自然环境内部各部分相互影响建模；综合自然环境对各用户的一致性；综合自然环境的可视化技术；综合自然环境数据的深层次表示。

5. 电力仿真发展趋势及展望

我国电力仿真科技领域的发展首先从电力仿真建模理论与方法入手，在大量新型电力系统元件接入的背景下，发展新的元件模型以及建模技术，提高元件的精确性和适用性。以建模理论与方法为基础，进一步研究电力仿真系统与技术，与先进的计算机、网络、通信技术相结合，将协同计算、云计算、人工智能等技术应用于电力仿真分析中。最后将电力系统仿真学科应用于工程中，包括在线仿真分析和实时仿真。

6. 医疗仿真发展趋势

通过对信息科学、现代医学和系统生物学的深层次交叉融合，在对人类已经清晰认知的人体几何、物理、生理特性进行数学建模表达的基础上，融合多模态医疗数据的活化知识，对活性生物基因、蛋白质、细胞、组织、器官、生理系统进行多尺度混合建模，为构建人体虚拟孪生奠定基础。通过探索人体气色、经络、脉象等中医信息与人体解剖学之间的关系及医学机理，开展人体中医信息学研究，测量人体的气色、声音、脉象、经络信息与人体器官的关系、连接通道与作用机制等，绘制经络信息图谱，构建虚拟经络和基于人体中医信息学的虚拟人体。对人体生理系统自身演化过程及其与复杂医疗过程间的感知、互动与响应进行智能表达，建立多尺度数字人体的可交互建模仿真平台、多功能手术仿真支撑平台、系统生物学仿真平台。

7. 生命仿真发展趋势及展望

生命系统仿真学科是在信息科学、系统科学、生命科学、心理学和中西医学等多学科广泛交叉的基础上形成。采用物理、数学、化学、力学、生物等学科的方法从多层次、多水平、多途径开展交叉综合研究，揭示生物信息及其传递的机理与过程，描述和解释生命活动规律，是生命科学中前沿科学问题。生命仿真系统与技术发展路线图是在整合后的生物数据基础上建立合适的系统模型。利用了高通量测试技术和先进的计算机硬件、软件算法和数学方法，从大量的数据、信息、知识，提出各种互作类型的简化网络概念。模型的建立是系统了解和解析生命现象的基础，是对传统理论和实验研究的补充，可以用来预测基因型到表型的过程，预测代谢过程，了解细胞的反应网络、细胞通信、病理学/毒理学机理，以及社会系统。将实验研究变为可预测的科学。生命仿真系统技术在生命科学、自然科学、社会科学中得到了越来越多的应用，诸如管理框架和组织行为研究、软件工程、高层次抽象设计、公益事业管理效率、军队训练及命令体系、宇宙航行及地球外超智能生命的探索等。

8. 农业仿真发展趋势及展望

农业安全是我国国家安全的重要组成要素，未来需要充分将仿真学科技术发展与农业发展需求紧密结合，积极开展农业虚拟仿真研究，为我国粮食安全提供有力的支撑。农业生产系统是一个多目标的受控发展的复杂系统，由农业生物要素、农业环境要素、农业技术要素、农业社会经济要素四个要素组成。智慧农业已经成为未来农业的发展方向，其本质是将农业过程中各要素的内在规律与外在关系用模型表达出来，通过虚拟与仿真，让农业生产系统可测、可预警、可调控，从而使得农业生产系统生产的农产品更加优质安全、市场竞争力更强，农业资源环境保护更加有效。由于农业生产系统本身及其环境的复杂性、多变性及非线性等特点，某些生物过程的机理尚不清楚，离数量化表示相差尚远，农业数据获取难度大等问题都给仿真应用带来困难。尽管这样，过去十多年农业生产系统的模型与仿真仍取得不少进展，在植物生长、病虫害防治、种群生态、农场经营、农业区划、农业经济等方面都不乏仿真学科的成功应用。

9. 教育仿真发展趋势及展望

虚拟现实将在多媒体与计算机教学之后重新改造人们的学习方式，对整个教育领域的变革具有划时代的推动作用。VR 与 3D 教育以可视化的三维模型为基础，通过项目学习的方式，综合应用 3D 影像、增强现实（AR）、混合现实（MR）、虚拟现实（VR）、3D 建模与 3D 打印等技术，完成“从创意到实现”的完整的学习与认知过程，鼓励“手脑并用”，是培养学生的跨学科学习能力、团队协作能力和数字表达能力的一种创新教育。VR 与 3D 教育在效用层面最核心的价值在于“可视化地呈现知识、概念和模型”，在思维层面可以引导学生养成“模型思维的意识、方法和习惯”。这不止体现在学科学习方面，而且体现在学习和生活的方方面面。随着虚拟现实技术及设备的升级，“虚拟现实 + 教育”成为发展趋势，教育将是虚拟现实非常重要的应用领域。虚拟现实教育在全国教育体系内的推广与应用也势在必行。

10. 国防与军事仿真发展趋势及展望

在仿真模型建设方面，实现模型验证连续化，改变模型一次 VVA 定终身的模式。实现模型自检测自修补功能，在模型运行大数据的支持下，自动分析差错修补缺陷，通过多次迭代，完成模型的优化。实现在大数据支持下的规则发现，根据大量真实作战数据挖掘军事行为和判定规则，修补或生成新的规则模型。建立健全军事模型体系，能够在外形构造模型、军事概念模型、数学逻辑模型、行为规则模型、仿真运行模型等方面全面覆盖军事领域的需求。在模型的标准化与组合化方面，满足社会化生产的需求。

在仿真实现方面，构建软件定义的仿真引擎，以军事想定为依据，自主选择相关模型与数据，构造满足应用的仿真系统。实现数据和模型驱动的仿真，保证仿真系统的逼真性和可信性。构建军事仿真云，实行仿真运行瘦终端胖中心的计算模式，实现面向部队的仿真服务。深化和开拓平行计算原理，挖掘优化平行计算技术途径，构建平行仿真系统，实现仿真系统与现实系统并行运行和仿真态势与战场态势的同步。利用仿真超时运算，快速得出未来时刻可能出现的结果，做到对战争进程的预判。

在仿真作战环境方面，充分运用虚拟现实、增强现实、嵌入式、可穿戴等最新技术，构造虚实结合的网络、监控、场地、靶标以及人气、电磁、网络、地理、水文、天文等作战与训练环境，满足部队在未来目标战场上、夜间复杂气象条件下的训练和预实践需求。

11. 模拟器发展趋势及展望

在模拟器系统与技术方面，突破复杂产品多域多维多尺度动态演进建模与仿真方法、建模仿真与数字化设计制造的集成技术、虚拟试验环境和平台、数学仿真与半实物仿真异构模型集成、基于虚拟现实和混合现实的试验过程可视化、面向专业领域 / 面向用户的仿真服务虚拟化等关键技术，形成具有自主知识产权、能替代国内同类型产品的高性能实时仿真机或实时仿真平台，重点探索多类型实体联合试验训练支撑环境体系架构技术，基于 LVC 的仿真系统虚实融合技术和高逼真度和沉浸感的虚拟现实技术。

在模拟器应用工程方面，发展复杂系统的模拟器，辅助决策性的模拟器，智能模拟器和基于 LVC 的高度智能化人机博弈等未来仿真器发展方向的典型应用。实现仿真系统能够随着不断变化的仿真需求快速地更新和重构，有效提高仿真系统的应变能力，实现不同系统和网络的松耦合集成，增强仿真系统的可靠性，形成智能化仿真软件工具，支撑未来信息物理系统与信息系统条件下体系联合作战、训练保障的仿真需求。

参考文献

［1］中国仿真学会《仿真科学与技术发展趋势预测及路线图》课题组. 仿真科学与技术发展趋势预测及路线图［R］. 2018.7.

［2］陈宗基，李伯虎，王行仁. “仿真科学与技术”学科研究［J］. 系统仿真学报，2007，21（17）：5265-5269.

［3］胡晓峰，贺筱媛，陶九阳. 认知仿真：是复杂系统建模的新途径吗？［J］. 科技导报，2018，36（12）：46-54.

［4］胡晓峰. 大数据时代对建模仿真的挑战与思考［J］. 军事运筹与系统工程，2013，27（4）：5-12.

［5］胡晓峰. 战争复杂性与复杂体系仿真问题［J］. 军事运筹与系统工程，2010，24（3）：27-34.

［6］中国科协学会学术部. 复杂系统建模仿真中的困惑和思考［M］. 北京：中国科学技术出版社，2012.3.

［7］中国科协学会学术部. 大数据时代对建模仿真的挑战与思考［M］. 北京：中国科学技术出版社，2014.7.

［8］范文慧，吴佳惠. 计算机仿真发展现状及未来的量子计算机仿真展望［J］. 系统仿真学报，2017，29（6）：

1161–1167.
[9] 毕长剑. 大数据时代建模与仿真面临的挑战[J]. 计算机仿真，2014，31（1）：1–4.
[10] 李伯虎，柴旭东，张霖，等. 面向新型人工智能系统的建模与仿真学科初步研究[J]. 系统仿真学报，2018（2）：349–362.
[11] 郭齐胜，徐享忠，徐豪华. 仿真科学与技术导论[M]. 北京：国防工业出版社，2014.1.
[12] 王行仁. 建模与仿真学科的发展和应用[J]. 机械制造与研究，2010，39（1）：1–6，45.
[13] 黄雪霜，闰佳. 李伯虎. 智“点”仿真[J]. 中国高校科技与产业化，2010（8）：60–61.
[14] 陈彬，王亦平，邱晓刚. 动态数据驱动仿真应用思考：从物理域到社会域[J]. 系统仿真学报，2018，30（12）：4546–4554.
[15] 刘营，张霖，赖李媛君. 复杂系统仿真的模型重用研究[J]. 中国科学：信息科学，2018，48（7）：743–765.
[16] 徐庚保，曾莲芝. 系统论是仿真又一个基础理论[J]. 计算机仿真，2016，33（12）：1–4，9.
[17] 文传源. 系统、仿真系统及其理论[J]. 系统仿真学报，2009，21（17）：5289–5291.
[18] 刘藻珍. 仿真科学的研究[J]. 科技导报，2007，25（2）：14–21.
[19] 王子才. 仿真科学的发展及形成[J]. 系统仿真学报，2005，17（6）：1279–1281.
[20] 王子才. 关于仿真理论的探讨[J]. 系统仿真学报，2000，11（6）：604–609.
[21] Cullen R H，Smarr C A，Serrano–Baquero D，et al. The smooth operator：insights of knowledge engineering[J]. Applied Ergonomics，2012，43（6）：1122–1130.
[22] Zeigler B，Praehofer H，Kim T G.Theory of Modeling and Simulation，second edition[M]. London：Academic Press，2000.
[23] Gabriel A. Wainer Discrete–Event Modeling and Simulation：A Practitioner's Approach[M]. London：Taylor and Francis Press，2009.
[24] Bernard P Zeigler. Multifacetted Modeling and Discrete Event Simulation[M]. London：Academic Press，1984.
[25] Bernard P Zeigler. Theory of Modeling and Simulation By John–Wiley[M]. London：Academic Press，1976.
[26] 张鹏. 基于知识工程的应急管理领域仿真建模方法研究[D]. 长沙：国防科技大学，2016.
[27] 邱晓刚，张鹏. 基于平行军事系统的领域仿真知识工程研究[J]. 系统仿真学报，2015，27（8）：1665–1670.
[28] 肖田元. 仿真是还原论与整体论建模的桥梁[C]. 新观点新学说学术沙龙文集58：复杂系统建模仿真中的困惑和思考，2011.
[29] 中国科学技术协会学会技术部. 仿真–认识和改造世界的第三种方法吗[M]. 北京：中国科学技术出版社，2007.
[30] 李建伟. 基于知识元的突发事件情景研究[D]. 大连：大连理工大学，2012.
[31] 陈雪龙，董恩超，王延章，等. 非常规突发事件应急管理的知识元模型[J]. 情报杂志，2011，30（12）：22–26.
[32] 邱晓刚，段伟. DEVS研究进展及其对建模与仿真学科建立的作用[J]. 系统仿真学报，2010.
[33] INCOSE. Systems engineering（G2SEBoK）. 2005，http：//www.incose.org
[34] Institute of Industrial & systems engineers. Industrial and systems engineering（ISEBOK）. 2020，https://www.iise.org
[35] IEEE Computer Society. Software engineering（SWEBOK）–Version 3. 2014，https://www.computer.org
[36] IEEE Computer Society. Enterprise Information technology（EITBOK）. 2017，https://mycomputer.computer.org
[37] Project Management Institute. Guide to the Project Management Body of Knowledge（PMBOK® Guide）– Sixth Edition. 2017，https://www.pmi.org
[38] 戴先中. 自动化学科（专业）的知识结构与知识体系浅析[J]. 中国大学教学，2005（2）：19–21.

[39] 王行仁，龚光红，刘藻珍．“仿真科学与技术”学科知识体系与课程体系的探讨［J］．2009，21（17）：5275-5280.

[40] Tuncer I Oren．Toward the Body of Knowledge of Modeling and Simulation Education［C］//Interservice/Industry Training Conference（I/ITSEC）2005．Orlando Simulation，and Florida．IISA November 28-December 1，2005. USA：I/ITSEC，2005：1-19.

[41] Oren T I，B Waite．Need for and Structure of an M&S Body of Knowledge［C］// Tutorial at the I/ITSEC 2007，Orlando，FL，USA，November 26-29．2007.IISA：I/ITSEC2007：235-243.

[42] 中国仿真学会《仿真科学与技术发展趋势预测及路线图》课题组．仿真科学与技术发展趋势预测及路线图［R］．2018.7.

[43] 陈宗基，李伯虎，王行仁．“仿真科学与技术”学科研究［J］．系统仿真学，2007，21（17）：5265-5269.

[44] 刘兴堂，周自全，李为民，等．仿真科学技术及工程［M］．北京：科学出版社，2013.

[45] 高浩．车辆系统刚柔耦合动力学仿真方法及仿真平台研究［D］．成都：西南交通大学，2013.

[46] 张婧．城市道路交通拥堵判别、疏导与仿真［D］．南京：东南大学，2016.

[47] 张峰．航天产品性能样机分布式协同建模与仿真学科研究［D］．西安：西北工业大学，2015.

[48] 吴文娟．复杂混沌系统的存在性及动力学特性分析［D］．天津：南开大学，2010.

[49] 李扬．基于 Petri 网的离散事件系统建模与优化［D］．保定：华北电力大学，2017.

[50] 葛愿．基于隐马尔可夫模型的网络化控制系统建模与控制［D］．合肥：中国科学技术大学，2011.

[51] 纪明宇．复杂随机系统模型检测方法研究［D］．哈尔滨：哈尔滨工程大学，2014.

[52] 施继忠．随机车辆纵向跟随系统的稳定性分析与控制［D］．成都：西南交通大学，2012.

[53] 张悦．混杂系统建模与控制方法研究［D］．保定：华北电力大学，2008.

[54] 黄磊．基于键合图模型的复杂机电系统故障诊断方法研究［D］．西安：西北工业大学，2015.

[55] 秦兴生．具有连续和离散变量的软件系统需求建模［D］．杭州：浙江理工大学，2013.

[56] 李伯虎，柴旭东，张霖，等．面向新型人工智能系统的建模与仿真学科初步研究［J］．系统仿真学报，2018，30（2）：349-362.

[57] 宋利康，郑堂介，黄少华，等．飞机装配智能制造体系构建及关键技术［J］．航空制造技术，2015，13：40-45，50.

[58] 赵琼．智慧城市供热系统建模仿真与仿真运行优化控制［D］．杭州：浙江大学，2017.

[59] Yang S，Yu C，Chen P，et al．Protective immune barrier against hepatitis B is needed inindividuals born before infant HBV vaccination program in China［J］．Scientific Reports，2015，5：18334.

[60] Yang S，Wang B，Chen P，et al.Effectiveness of HBVV accination inInfants and Prediction of HBV Prevalence Trendunder New Vaccination Plan：Findings of a Large-Scale Investigation［J］．PlosOne，2012，7（10）：e47808.

[61] 刘旦，陈荣，李梦瑶，等．基于“智能种植”的数据分析处理［J］．电脑知识与技术，2016，12（7）：166-168.

[62] 王颖，王硕．仿生机器人技术发展概况［J］．高科技与产业化，2016，240：44-47.

[63] 李向阳，张志利，王蕊，等．大型复杂装备协同式虚拟维修训练系技术［M］．北京：科学出版社，2017.

[64] 宁振波．智能制造的难点和焦点研究［J］．互联网天地，2016，6：7-8.

[65] 宋志婷．智能制造信息系统鲁棒性分析与控制［D］．广州：华南理工大学，2018.

[66] 陈兵．以建模、仿真和工业互联网为代表的智能制造技术应用研究［J］．中国铸造装备与技术，2018，53（6）：66-71.

[67] 雷永林，姚剑，朱林，等．武器装备作战效能仿真系统 WESS［J］．系统仿真学报，2017，29（6）：1244-1252.

［68］鞠儒生，许霄，王松，等．一种新的军事概念建模方法［J］．系统工程与电子技术，2017，39（8）：1751–1756.

［69］王鹏，李革，张翔，等．一种基于模糊聚类的作战模拟训练效果评估方法［C］．第 18 届中国系统仿真技术及其应用学术年会，2017，203–207.

［70］荣明，胡晓峰，杨靖宇．基于试验床的作战体系弹性评估研究［J］．系统仿真学报：2018，30（12）：4711–4717.

［71］司光亚，胡晓峰，王艳正．新型作战空间建模仿真实践与体会［J］．军事运筹与系统工程，2014，28（4）：5–10.

［72］张阳，司光亚，王艳正．无人集群作战建模与仿真综述［J］．电子信息对抗技术，2018，33（3）：30–36.

［73］司光亚，张阳，王艳正．网电空间作战建模仿真研究综述［J］．系统仿真学报：2018，30（2）：386–397.

［74］刘兆鹏，柳少军，司光亚，等．面向推演分析的联合作战方案概念建模研究［J］．系统仿真学报，2018，30（12）：4563–4573.

［75］张庆军，张明智，张庆娟，等．基于复杂网络理论空间信息支援体系建模研究［J］．系统仿真学报，2017，29（9）：1907–1920.

［76］马淦．仿人机器人表情与身体动作的人机友好交互研究［D］．北京：北京理工大学，2015.

［77］孟非．仿人机器人快速作业的关节驱动与动作规划及其匹配研究［D］．北京：北京理工大学，2016.

［78］李敬．仿人机器人乒乓球击打运动规划与稳定控制［D］．北京：北京理工大学，2015.

［79］吴正兴，喻俊志，谭民．两类仿鲹科机器鱼倒游运动控制方法的对比研究［J］．自动化学报，2013，39（12）：2032–2042.

［80］吴正兴，喻俊志，苏宗帅．仿生机器鱼 S 形起动的控制与实现［J］．自动化学报，2013，39（11）：1912–1922.

［81］李善青．基于穿戴视觉的人机交互技术［D］．北京：北京理工大学，2010.

［82］姚寿文，林博，王瑀，等．传动装置高沉浸虚拟实时交互装配技术研究［J］．兵器装备工程学报，2018，39（4）：118–125.

［83］韩慧妍．基于双目立体视觉的三维模型重建方法研究［D］．太原：中北大学，2014.

［84］罗桂娥．双目立体视觉深度感知与三维重建若干问题研究［D］．长沙：中南大学，2012.

［85］谢欧．多尾鳍协调推进模式刚 / 柔运动仿真对比分析［J］．系统仿真学报，2016，28（1）：121–128.

［86］李欣．数字孪生应用及安全发展综述［J］．系统仿真学报，2019，31（3）：385–392.

［87］朱记伟．基于可计算组织理论的组织仿真建模方法综述［J］．系统仿真学报，2018，30（10）：3632–3641.

［88］张冰．从数字孪生到数字工程建模仿真迈入新时代［J］．系统仿真学报，2019，31（3）：369–376.

［89］范世鹏．精确制导战术武器半实物仿真学科综述［J］．航天控制，2016，34（3）：66–72.

［90］梁洪涛．面向水下无人作战系统的 MAS 建模与仿真研究综述［J］．系统仿真学报，2018，30（11）：4053–4066.

［91］王丽萍．稀有事件仿真算法综述［J］．系统仿真学报，2018，30（9）：3249–3255.

［92］任斌．大气湍流光波传输数值仿真学科研究综述［J］．系统仿真学报，2017，29（8）：1631–1640.

［93］司光亚．网电空间作战建模仿真研究综述［J］．系统仿真学报，2018，30（2）：386–397.

［94］吕德生．全息投影中角色与背景效果增强研究［J］．系统仿真学报，2017，29（11）：2717–2722.

［95］王珊．三维人脸表情获取及重建技术综述［J］．系统仿真学报，2018，30（7）：2423：2444.

［96］顾菊平．面向脊柱生物建模的图像分割与配准研究综述［J］．系统仿真学报，2019，31（2）：167–173.

［97］刘复昌．并行化碰撞检测算法综述［J］．系统仿真学报，2017，29（11）：2601–2608.

[98] 仇功达. 异常轨迹数据预警与预测关键技术综述 [J]. 系统仿真学报，2017，29 (11)：2608-2617.

[99] 李维钢. 微合金钢碳氮化物析出的热力学仿真 [J]. 系统仿真学报，2019，31 (3)：520-527.

[100] 卓广平. 基于特征语义和社会计算的一种服装推荐算法 [J]. 系统仿真学报，2018.

[101] 葛水英. 基于激光特征点的环境多通道投影拼接融合 [J]. 系统仿真学报，2019，31 (3)：549-555.

[102] 刘兴堂，复杂系统建模理论、方法与技术 [M]. 北京：科学出版社，2008-6.

[103] 肖田元. 连续系统建模与仿真 [M]. 北京：电子工业出版社，2010.

[104] 朱记伟，周荔楠，基于可计算组织理论的组织仿真建模方法综述 [M]. 系统仿真学报，2018. 10.

[105] ANSYS INC. Powered by Innovation [J]. ANSYS Advantage，2013，VII (2)：17-21

[106] Council N R. Application of Lightweighting Technology to Military Aircraft，Vessels，and Vehicles [M]. Washington DC：The National Academics Press，2012.

[107] Breig R，Coblenz M，Pelz M. Enhancing simulation-based theory development in entrepreneurship through statistical validation [J]. Journal of Business Venturing Insights，2018，9：53-59.

[108] Lu J，Didem G ü rd ü r，Chen D J，et al. Empirical-Evolution of Frameworks Supporting Co-simulation Tool-Chain Development [M] // Trends and Advances in Information Systems and Technologies. Springer，Cham，2018.

[109] Baldwin L P，Eldabi T，Hlupic V，et al. Enhancing simulation software for use in manufacturing [J]. Logistics Information Management (S0957-6053)，2000，13 (5)：263-270.

[110] Bedi P，Taneja S B，Satija P，et al. Bot Development for Military Wargaming Simulation [M] // Applications of Computing and Communication Technologies. 2018.

[111] BSu W，Li B，Yuan L，et al. Strategy and experiment of attitude control for quadruped mobile platform walking on three-dimensional slope used for agriculture [J]. Transactions of the Chinese Society of Agricultural Engineering，2018，34 (4)：80-91.

[112] Chryssolouris G，Mavrikios D，Papakostas N，et al. Digital manufacturing：History，perspectives，and outlook [J]. Proceedings of the Institution of Mechanical Engineers Part B Journal of Engineering Manufacture，2009，223 (5)：451-462.

[113] Chen D，Heyer S，Ibbotson S，et al. Direct digital manufacturing：definition，evolution，and sustainability implications [J]. Journal of Cleaner Production，2015，107 (NOV.16)：615-625.

[114] Baldwin L P，Eldabi T，Hlupic V，et al. Enhancing simulation software for use in manufacturing [J]. Logistics Information Management，2000，13 (5)：263-270.

[115] Verkuyl M，Atack L，Mcculloch T，et al. Comparison of Debriefing Methods after a Virtual Simulation：An Experiment [J]. Clinical Simulation in Nursing，2018，19：1-7.

[116] Hojeong K，Minjung K. PyMUS：Python-Based Simulation Software for Virtual Experiments on Motor Unit System [J]. Frontiers in Neuroinformatics，2018，12：15.

[117] Schluse M，Priggemeyer M，Atorf L，et al. Experimentable Digital Twins - Streamlining Simulation-based Systems Engineering for Industry 4.0 [J]. IEEE Transactions on Industrial Informatics，2018：1.

[118] Training effectiveness evaluation of helicopter emergency relief based on virtual simulation [J]. Chinese Journal of Aeronautics，2018，31 (10)：75-87.

[119] Chryssolouris G，Mavrikios D，Fragos D，et al. A virtual reality-based experimentation environment for the verification of human-related factors in assembly processes [J]. Robotics and Computer-Integrated Manufacturing (S0736-5845)，2000，16 (4)：267-276.

[120] Petschnigg C，Breitenhuber G，Breiling B，et al. Online simulation for flexible robotic manufacturing [C] // International Conference on Industrial Technology and Management. USA：IEEE，2018：88-92.

[121] Lee J，Prabhu V. Simulation modeling for optimal control of additive manufacturing processes [J]. Additive

Manufacturing（S2214-8604），2016，12：197-203.

[122] Urayama K，Fu M C，Marcus S I. Simulation-based work load and job release control for semiconductor manufacturing [C] // Decision and Control. USA：IEEE，2016：7329-7334.

[123] Inukai T，Hibino H，Fukuda Y. Efficient Design and Evaluation for Manufacturing Systems Using Distributed Real Simulation（Manufacturing systems and Scheduling）[J]. The Japan Society of Mechanical Engineers（S2424-3086），2017，2005：397-402.

[124] Chu Y，Hatledal L I，Zhang H，et al. Virtual prototyping for maritime crane design and operations [J]. Journal of Marine ence and Technology，2018，23（4）：754-766.

[125] Choi S H，Chan A. A virtual prototyping system for rapid product development [J]. Computer-Aided Design，2004，36（5）：401-412.

[126] Tuegel E J，Ingraffea A R，Eason T G，et al. Reengineering Aircraft Structural Life Prediction Using a Digital Twin [J]. International Journal of Aerospace Engineering，2011，2011（1687-5966）.

[127] Bielefeldt B，Hochhalter J，Hartl D . Computationally Efficient Analysis of SMA Sensory Particles Embedded in Complex Aerostructures Using a Substructure Approach [C] // Asme Conference on Smart Materials. 2015.

[128] Koenig N，Howard A . Design and use paradigms for Gazebo，an open-source multi-robot simulator [C] // Intelligent Robots and Systems，2004.（IROS 2004）. Proceedings. 2004 IEEE/RSJ International Conference on. IEEE，2004.

[129] Hochhalter J，Leser W P，Newman J A，et al. Coupling Damage-Sensing Particles to the Digital Twin Concept [R] // NASA/TM-2014-218257. USA：NASA，2014.

[130] Tuegel E . The Airframe Digital Twin：Some Challenges to Realization [C] // Aiaa/asme/asce/ahs/asc Structures，Structural Dynamics & Materials Conference Aiaa/asme/ahs Adaptive Structures Conference Aiaa. 2013.

[131] Azuma R T . A Survey of Augmented Reality [J]. Presence of Teleoperators & Virtual Environments，1997，6（4）：355-385.

[132] Park J. Augmented reality based re-formable mock-up for design evaluation [C] // Ubiquitous Virtual Reality，2008，ISUVR 2008，International Symposium on. USA：IEEE，2008：17-20.

[133] Ng L X，Oon S W，Ong S K，et al. GARDE：a gesture-based augmented reality design evaluation system [J]. International Journal on Interactive Design and Manufacturing（IJIDeM）（S1955-2513），2011，5（2）：85.

[134] Lin Zhang. Model Engineering for complex system simulation [C] // Proceedings of 58th Forum on New Academic Views，Oct. 15，2011，Lijiang，Yunnan，China. Beijing，China：China Science and Technology Press，2011.

[135] Chen T，Wang Y C . Estimating simulation workload in cloud manufacturing using a classifying artificial neural network ensemble approach [J]. Robotics and Computer-Integrated Manufacturing，2016，38（APR.）：42-51.

[136] Shekhar S，Abdel-Aziz H，Walker M，et al. A simulation as a service cloud middleware [J]. Annals of Telecommunications，2016，71（3-4）：93-108.

[137] Higashino W A，Capretz M A M，Bittencourt L F . CEPSim：Modelling and simulation of Complex Event Processing systems in cloud environments [J]. Future Generation Computer Systems，2015.

[138] Negahban A，Smith J S. Simulation for manufacturing system design and operation：Literature review and analysis [J]. Journal of Manufacturing Systems，2014，33（2）：241-261.

[139] Mourtzis D，Papakostas N，Mavrikios D，et al. The role of simulation in digital manufacturing：applications and outlook [C] // Taylor & Francis Group，2015.

[140] Mirdamadi S，Fontanili，F.，& Dupont L. Discrete Event Simulation-Based Real-Time Shop Floor Control [C] // In ECMS 2007 Proceedings edited by：I. Zelinka，Z. Oplatkova，A. Orsoni. 2007：572-577. ECMS. https://doi.org/10.7148/2007-0572

[141] Mourtzis D, Doukas M, Bernidaki D . Simulation in Manufacturing: Review and Challenges [J]. Procedia Cirp, 2014, 25: 213-229.

[142] Chryssolouris G, Mavrikios D, Papakostas N, et al. Digital manufacturing: history, perspectives, and outlook [J] . Proceedings of the Institution of Mechanical Engineers, Part B: Journal of Engineering Manufacture, 2009, 223 (5): 451-462.

[143] Zhou J, Li P, Zhou Y, et al. Toward new-generation intelligent manufacturing [J]. Engineering, 2018, 4 (1): 11-20.

[144] Chryssolouris G, Mavrikios D, Papakostas N, et al. Digital manufacturing: history, perspectives, and outlook [J]. Proceedings of the Institution of Mechanical Engineers, Part B: Journal of Engineering Manufacture, 2009, 223(5): 451-462.

[145] Chen D, Heyer S, Ibbotson S, et al. Direct digital manufacturing: definition, evolution, and sustainability implications [J]. Journal of Cleaner Production, 2015, 107 (16): 615-625.

[146] Lecun Y, Bengio Y, Hinton G . Deep learning [J]. Nature, 2015, 521 (7553): 436.

[147] Lake B M, Salakhutdinov R, Tenenbaum J B . Human-level concept learning through probabilistic program induction [J]. Science, 2015, 350 (6266): 1332-1338.

[148] Deptula D A . A new era for command and control of aerospace operations [J]. Air & Space Power Journal, 2014, 28 (4): 5-16.

[149] Bazzano F, Gentilini F, Lamberti F, et al. Immersive Virtual Reality-Based Simulation to Support the Design of Natural Human-Robot Interfaces for Service Robotic Applications [C] // International Conference on Augmented Reality. Springer International Publishing, 2016.

[150] Raniel T, Arpad K, Cecilia S L . Augmented reality in neurosurgery [J]. Archives of Medical ence, 2016, 14(3): 572-578.

[151] Levin M F, Weiss P L, Keshner E A . Emergence of virtual reality as a tool for upper limb rehabilitation: incorporation of motor control and motor learning principles. [J]. Physical Therapy (3): 415-25.

[152] Eugenia U, Nikolaos N, Despina P, et al. Virtual reality simulators and training in laparoscopic surgery [J]. International Journal of Surgery, 2015, 13: 60-64.

[153] Yu, Duan. A virtual reality simulation for coordination and interaction based on dynamics calculation [J]. SHIPS AND OFFSHORE STRUCTURES, 2017, 12 (6): 873-884.

[154] Svoboda P, Lukas L, Jasek R. The Use of Artificial Intelligence in the Simulation of Transport of Cash and Valuables [J]. 20th International Scientific Conference on Transport Means: Juodkrante, LITHUANIA , OCT 05-07, 2016.

[155] Cheremisin, V T, Komyakov A A, Erbes V.Simulation of Power Consumption in Railway Power Supply Systems with of Artificial Intelligence Aids [J]. International Conference on Industrial Engineering, Applications and Manufacturing (ICIEAM): Saint Petersburg, 2017 (5) 16-19.

[156] Mautner, Julian. Projective Simulation for Classical Learning Agents: A Comprehensive Investigation [J]. NEW GENERATION COMPUTING, 2015, 33 (1): 69-114.

[157] Raccuglia, Paul Elbert, Katherine C. Machine-learning-assisted materials discovery using failed experiments [J]. NATURE, 2016, 533 (7601): 73.

[158] Yamins, Daniel L K. Using goal-driven deep learning models to understand sensory cortex [J]. NATURE NEUROSCIENCE, 2016, 19 (3): 356-365.

[159] Ralph, Matthew A. The neural and computational bases of semantic cognition [J]. NATURE REVIEWS NEUROSCIENCE, 2017, 18(1): 42-55.

[160] Silver David, Huang Aja, Maddison Chris J. Mastering the game of Go with deep neural networks and tree

search [J]. NATURE, 2016, 529 (7587) : 484.
[161] Lutters E. Pilot production environments driven by digital twins [J]. South African Journal of Industrial Engineering, 2018, 29 (3) : 40-53.
[162] Schluse M, Rossmann J. From simulation to experimentable digital twins: Simulation-based development and operation of complex technical systems [C] // IEEE International Symposium on Systems Engineering. IEEE, 2016.
[163] Hou Arthur Y, Kakar Ramesh K, Neeck Steven.THE GLOBAL PRECIPITATION MEASUREMENT MISSION. BULLETIN OF THE AMERICAN METEOROLOGICAL SOCIETY [J]. 2014, 95 (5) : 701.
[164] Hou A Y, Kakar R K, Neeck S, et al. The Global Precipitation Measurement Mission [J]. Bulletin of the American Meteorological Society, 2013, 95 (5) : 701-722.
[165] Abadi A, Rajabioun T, Ioannou P/. Traffic Flow Prediction for Road Transportation Networks With Limited Traffic Data [J]. IEEE Transactions on Intelligent Transportation Systems, 2015, 16 (2) : 653-662.
[166] 宋莉莉. 基于 SOA 的建模与仿真框架及仿真服务发现技术研究 [D]. 长沙：国防科学技术大学.
[167] 李伯虎，柴旭东，朱文海. 现代建模与仿真学科发展中的几个焦点 [C] // 全球化制造高级论坛暨 21 世纪仿真学科研讨会. 2004.
[168] 卢桂萍，王清辉. 计算机虚拟仿真学科在三维动画制作中的应用研究 [J]. 电子技术与软件工程，2014 (7) : 193-194.
[169] 孙黎阳，毛少杰，林剑柠. 面向服务的网络化仿真及运行支撑平台研究 [J]. 计算机科学, 2011, 38 (3) : 159-161.
[170] 黄德生. 仿真与人工智能技术的结合与发展 [J]. 测试技术学报，2002，16 (1) : 70-72.
[171] 张军阳，王慧丽，郭阳. 深度学习相关研究综述 [J]. 计算机应用研究，2018，35 (07) : 1921-1928, 1936.
[172] 李新炜，殷韶坤. 深度学习在文字识别领域的应用 [J]. 电子技术与软件工程，2018 (24) : 40.
[173] 孙黎. 基于深度学习的交通视频分析系统的设计与实现 [D]. 哈尔滨：哈尔滨工业大学，2018.
[174] 刘奥，姚益平. 基于高性能计算环境的并行仿真建模框架 [J]. 系统仿真学报，2006，18 (7) : 2049-2051.
[175] 许正昊，张小和，张洋洋，等. 动态数据驱动应用系统仿真研究综述 [J]. 机械工程师，2014 (4) : 94-97.
[176] 陈彬，王亦平，邱晓刚，等. 动态数据驱动仿真应用思考：从物理域到社会域 [J]. 系统仿真学报，2018，30 (12) : 4546-4554.
[177] 罗永琦，燕雪峰，冯向文，等. 动态数据驱动的交通仿真框架研究与实现 [J]. 计算机科学，2014，41 (Z6) : 459-462.
[178] 赵沁平. 虚拟现实综述 [J]. 中国科学：信息科学，2009，39 (1) : 2.
[179] 彭士安，冯秀娟，温文彪，等. 适人化虚拟环境创建技术的分析与应用 [C] // 二〇〇一年中国系统仿真学会学术年会. 2001.
[180] 黄震宇. 增强现实中虚实融合和人机交互技术的研究与应用 [D]. 成都：电子科技大学，2012.
[181] Bakri H, Allison C, Miller A, et al. Virtual Worlds and the 3D Web-time for convergence? [C] // International Conference on Immersive Learning. Springer International Publishing, 2016.
[182] 邱爱艳. 虚拟技术对艺术观看的影响 [J]. 艺术教育，2018 (6) : 92-94.
[183] 吴延林，邱晓刚，刘宝宏. 基于 Web 仿真模型库系统的总体框架 [J]. 兵工自动化，2006，25 (1) : 34-35.
[184] 钟蔚，龚建兴，郝建国，等. HLA Evolved 规范研究分析 [J]. 系统仿真学报，2011，23 (4) : 691-696.
[185] 杨盘龙，田畅，于雍. 基于战术互联网环境的自组织网络路由协议性能仿真与评估 [J]. 系统仿真学报，

2005，17（7）：1538–1542.
[186] 戴静波. 计算机生成群体兵力系统中的想定建模技术研究与实现［D］. 长沙：国防科学技术大学，2008.
[187] 樊世友，朱元昌，全厚德. C4I 系统嵌入式仿真研究［J］. 火力与指挥控制，2006，31（12）：68–70.
[188] 李伯虎，柴旭东，侯宝存，等. 一种基于云计算理念的网络化建模与仿真平台——“云仿真平台”［J］. 系统仿真学报，2009，21（17）：5292–5299.
[189] 周玉芳，余云智，翟永翠. LVC 仿真学科综述［J］. 指挥控制与仿真，2010，32（4）：1–7.
[190] 刘果，陈凡，李剑锋，等. 构建 SDN 仿真实验平台的探讨与实践［J］. 软件，2015（6）：103–108.
[191] 司光亚，高翔，刘洋，等. 基于仿真大数据的效能评估指标体系构建方法［J］. 大数据，2016，2（4）：57–68.
[192] 唐震，李伯虎，柴旭东. 普适化仿真网格研究［J］. 计算机集成制造系统，2008，14（7）：1313–1321.
[193] 刘润生. 美国政府宣布启动人脑计划［J］. 科学中国人，2013（09）：18–19.
[194] 贾志琦，王琳，董建忠. 美国先进制造伙伴关系计划及其启示［J］. 全球科技经济瞭望，2011，26（12）：63–67.
[195] 徐永波，王行仁，于明清. 分布复杂系统仿真支撑环境研究［C］// 全球化制造高级论坛暨 21 世纪仿真学科研讨会. 2004.
[196] 赵崇仑. 面向智能电网的人机物融合网络的安全技术研究［D］. 长沙：国防科技大学，2013.
[197] 臧冀原，王柏村，孟柳，等. 智能制造的三个基本范式：从数字化制造、“互联网 +”制造到新一代智能制造［J］. 中国工程科学，2018，20（04）：21–26.
[198] 张立东，王英龙，贾磊，等. 交通仿真研究现状分析［J］. 计算机仿真，2006，23（6）：255–258.
[199] 韩祥兰，吴慧中，张建明，等. 武器装备虚拟采办总体框架研究［J］. 系统仿真学报，2004，16（8）：1771–1774.
[200] 许丽人，徐幼平，李鲲，等. 大气环境仿真建模方法研究［J］. 系统仿真学报，2006，18（z2）：24–27.
[201] 鲁强，孔英会，贾俊敏. VR 技术及其在电力仿真培训系统中的应用［J］. 湖南电力，2004，24（1）：36–39.
[202] 古耀达. 医疗过程虚拟示教系统中的行为仿真研究［D］. 广州：广东工业大学，2007.
[203] 毕思文. 数字人体与中医药现代化［C］// 生命系统建模仿真国际会议暨全国生命系统建模仿真学术会议. 2004.
[204] 高新科. 农业系统仿真及应用［J］. 土壤与作物，1994（3）：161–165.
[205] 王运武，陈琳. 仿真在教育中的应用初探［C］// 中国系统仿真技术及其应用学术年会. 2011.
[206] 蔡明春，吕寿坤. 智能化战争形态及其支撑技术体系［J］. 国防科技，2017，38（1）：94–98.
[207] 徐路宁，张和明，张永康. 复杂产品的多领域协同设计［J］. 江苏大学学报（自然科学版），2004，25（5）：376–379.
[208] 李伯虎. 重视现代建模与仿真学科、产业与应用的持续发展［J］. 中国学术期刊文摘，2007，25（12）：1–1.
[209] 肖田元，范文慧，杨明. 仿真科学与技术学科的人才培养与社会需求［J］. 系统仿真学报，2009，21（17），5281–5288.
[210] 肖田元. 仿真是信息时代认识世界的第三种方法兼谈仿真学科［C］// 第 19 届计算机技术与应用（CACIS2008）学术会议. 合肥：中国科学技术大学出版社，2008.
[211] 中国系统仿真学会学科设置建议工作组. 设置“仿真科学与技术”一级学科建议书［R］. 2009.2.
[212] 李伯虎，柴旭东，朱文海. 现代建模与仿真学科发展中的几个焦点［J］. 系统仿真学报，2004，16（9）：1871–1878.
[213] 王子才. 仿真科学的发展及形成［J］. 系统仿真学报，2005，17（6）：1279–1281.
[214] 朱名铨，张树生. 虚拟制造系统与实现［M］. 西安：西北工业大学出版社，2001.

［215］王精业，杨学会．仿真科学与技术的发展及其理论体系［J］．计算机仿真，2006，23（1）：1-4.

［216］蒋平，谢道奎．仿真与国民经济［J］．系统仿真学报，2001，13（001）：14-17.

［217］杜月林，黄刚，王峰，等．建设虚拟仿真实验平台 探索创新人才培养模式［J］．实验技术与管理，2015（12）：26-29.

［218］廖洁丹，娄华，冼琼珍．构建虚拟仿真实验教学中心促进实践教学创新人才培养［J］．教育教学论坛，2017（35）：276-278.

［219］靳晓燕，张进宝．十大新技术，教育大变样［N］．光明日报，2014：06-24.

［220］谢未，江丰光．东京大学 KALS 与麻省理工学院 TEAL 未来教室案例分析［J］．中国信息技术教育，2013（9）：99-101.

［221］郭齐胜，徐享忠，徐豪华．仿真科学与技术导论［M］．北京：国防工业出版社，2014.

［222］胡晓峰．大数据时代对建模仿真的挑战与思考［J］．军事运筹与系统工程，2013，27（4）：5-12.

［223］伯虎，柴旭东，张霖．面向新型人工智能系统的建模与仿真学科初步研究［J］．系统仿真学报，2018，30（2）：349-362.

［224］黄柯棣．对建模与仿真学科的粗浅理解——为庆祝《计算机仿真》杂志创刊20周年而写［J］．计算机仿真，2004，21（9）：9-12.

撰稿人：范文慧　胡晓峰　张　霖　杨　明　邱晓刚　张志利　马世伟　杨益新

专题报告

建模与仿真标准化

一、引言

建模与仿真标准化就是制定和贯彻建模与仿真标准，即在仿真学科应用及管理等社会实践中，对建模与仿真领域重复性事物和概念，通过制定、发布和实施建模与仿真标准，达到统一，以获得最佳的秩序和社会、军事效益。从建模与仿真标准化技术的发展历程来看，可以划分为四个阶段。

第一阶段：20 世纪 70—80 年代，是装备研制仿真标准和训练模拟器标准发展阶段。该阶段是建模与仿真标准化技术的起步阶段，建模与仿真标准化技术的发展和应用主要集中在武器装备工程研究和发展领域，在许多新武器装备系统的设计和研制过程中，成功地采用了先进的仿真器，形成了数学仿真标准、半实物仿真标准等标准；随着仿真器的改善，训练领域也开始采用建模与仿真标准化技术，典型的应用例子是飞机和飞行员的训练，形成了训练模拟器标准。

第二阶段：20 世纪 80—90 年代，是集体联网训练仿真标准发展阶段。集体联网训练仿真标准化工作起源于 80 年代初美国的仿真器联网（simnet，simulator networking，1983—1989 年）计划，其主要目的是将分散在各地的坦克、装甲车、直升机等仿真器用计算机网络连接起来，进行协同作战任务的训练，实现了连接 11 个城市 260 个训练仿真器的集体联网训练。在 SIMNET 计划成果基础上，美军为了集体训练目的，1991—1994 年开发了分布式交互仿真（DIS）标准，其标志性成果是 DIS IEEE 1278 系列标准，成功应用于 STOW2000、海湾战争方案等。

第三阶段：20 世纪 90 年代到 2003 年，是工程过程开发仿真标准发展阶段。该阶段建模与仿真标准化技术发展重点从技术开发阶段转移到工程过程开发阶段。1995 年 10 月美国国防部发布了建模与仿真主计划，以此为标志，建模与仿真标准化技术进入了一个划时代的发展阶段。1995—2003 年，美军采用高层体系结构（HLA）开发大型集体训练应用，标志性成果是 HLA IEEE 1516 系列标准。

第四阶段：2004 年至今，是全领域仿真标准发展阶段。建模与仿真标准从支持装备研制到支持作战、训练、装备试验、装备采办等军用仿真全应用领域，并拓展到工业、农业、商业、教育、交通、社会、经济等民用领域。

二、本专业我国的发展现状

（一）概述

在建模与仿真标准化技术研究总体规划方面，原总装备部非常重视这一基础性研究工作，从“十五”开始对军用建模与仿真标准化建设进行了系统科学的规划，积极推进建模与仿真标准化技术的发展。原总装备部军用仿真学科专业组通过武器装备预先研究项目，从“十五”开始持续支持建模与仿真标准化技术的研究。项目组联合军内外建模与仿真标准化技术研究的优势单位，组建了建模与仿真标准化技术研究的“国家队”，国防科技大学作为牵头单位，先后联合了航天科工集团北京仿真中心、航天科工集团三院三部、船舶重工集团 705 研究所、兵器工业集团 203 研究所、军事科学院、国防大学、原总装备部武器装备论证研究中心、海军工程大学、空军工程大学导弹学院、哈尔滨工业大学、电科院等十多家单位。通过持续 20 年的研究，在军用仿真标准体系、武器装备仿真标准体系、军用仿真数据标准、仿真系统体系结构标准等方面取得了一批成果。在这些研究成果基础之上，形成了国际标准 2 项，国家军用标准 19 项，行业标准 21 项，企业标准 65 项。

在建模与仿真标准化组织机构建设方面，为了加强跨军兵种、跨行业、跨系统、跨功能领域建模与仿真标准的集中统管和集体把关，原总装备部于 2007 年成立了军用建模与仿真标准化技术委员会，负责开展军用建模与仿真领域的标准化技术工作，原总参谋部军训部为主任委员单位，国防科技大学为副主任委员单位。军用建模与仿真标准化技术委员会先后提出了两个版本的《军用建模与仿真标准体系表》；仿真是一项军民两用技术，不仅在国防和军队建设中得到广泛应用，而且在民用领域也大显身手。为了在建模与仿真标准化技术领域开展学术交流、技术咨询、继续教育与培训、科普等活动，推动建模与仿真标准化技术的发展，中国仿真学会于 2009 年成立了建模与仿真标准化技术专业委员会。建模与仿真标准化技术专业委员会在中国仿真学会理事会领导下，每年组织了一次建模与仿真标准化技术的学术会议。

在建模与仿真标准体系方面，国家层面的建模与仿真标准体系尚未形成。为了满足我军建模与仿真标准化领域的实际需要和发展要求，原总装备部技术基础局、原总装备部军用仿真学科专业组、军用建模与仿真标准化技术委员会等单位和组织对军用建模与仿真标准体系开展了深入研究，初步形成了军用建模与仿真标准体系。

在建模与仿真标准制定方面，随着仿真学科的快速发展，我国建模与仿真标准化技术也得到了同步发展，在军用仿真学科的推动下，军队和国防工业部门在总结多年工作成果的基础上，制定了大量的建模与仿真标准与规范。20 世纪 80 年代就制定了一批建模与仿真国家军用标准，如《GJB 180—1986　低速风洞飞机模型设计规范》《GJB 109—1986　航空轮胎动力模拟试验方法》《GJB 569—1988　高速风洞模型设计规范》《GJB 573.16—1988　引信环境与性能试验方法 模拟空投试验》等。近 20 年来，建模与仿真标准与规范数量不断增加，国家标准中标准名称含有"仿真""建模""模拟器"关键词的建模与仿真国家标准约有 60 项。国家军用标准中标准名称含有"仿真""建模""模型""模拟器"关键词的建模与仿真国家军用标准约有 130 项，此外不少与装备试验相关的国家军用标准中含有仿真试验内容。

（二）军用建模与仿真标准体系

1. 军用建模与仿真标准化技术委员会的建模与仿真标准体系

军用建模与仿真标准化技术委员会于 2007 年 9 月成立，原总参谋部军训部为主任委员单位，国防科技大学为副主任委员单位。2007 年 12 月军用建模与仿真标准化技术委员会组织专家和委员制定了《军用建模与仿真标准体系表》框架，2008 年 3 月梳理和汇总了各单位提出的需求后修改完善了体系框架，最终在军用建模与仿真标准体系表征求意见稿的基础上，正式形成了《军用建模与仿真标准体系表》。军用建模与仿真标准体系分为基础标准和应用标准两大类，其中基础标准又分为术语标准、体系结构标准、模型标准、数据标准和仿真工程标准，应用标准分为作战实验标准、训练模拟标准和装备仿真标准[3-4]。

2015 年，军用建模与仿真标准化技术委员会进一步完善了 2008 年版《军用建模与仿真标准体系表》[5]，提出了军用建模与仿真标准体系框架参考模型，形成了新版的《军用建模与仿真标准体系表》。新版军用建模与仿真标准体系由共性技术、作战实验、训练模拟和装备仿真四部分组成，其中，共性技术标准又分为术语标准、体系结构标准、模型标准、数据标准和仿真工程标准。作战实验和训练模拟标准基本上是按照作战仿真层次来划分，除了通用标准外，还包括战略、联合战役、军种战役、合同战术、兵种战术、分队战术、单兵/单武器平台等层次的建模与仿真标准。装备仿真标准包括通用标准以及陆、海、空、天、电领域的装备仿真标准。

（1）共性技术标准

术语标准：术语标准是规范建模与仿真领域常用基础术语的标准，提供建模与仿真术语的统一描述，保证其具有唯一性和共同的理解，便于建模与仿真标准化的交流与合作。

数据标准：①数据体系结构标准。规范数据的范围、分类及其相互关系的标准。②元数据标准。规定建模与仿真活动中的元数据组成及表述方法，用于规范建模与仿真对象及其对象属性的标准，分为描述各类数据对象的数据集元数据和描述各种服务接口的服务元数据两类。③应用数据标准。实体数据标准：规范实体静态属性（如实体的性能、结构等）以及动态属性（如实体的位置、状态、效能等）的标准；战场环境数据标准：规范战场环境数据标准是规范战场环境数据内容、格式、结构等的标准，包括自然环境（地理、海洋、大气、空间、电磁、核生化等）数据标准、人文环境（民族、宗教、行政区域、经济区域、军事同盟等）数据标准、网络空间环境数据标准等；想定数据标准：规范想定数据内容、格式等的标准，包括想定描述要求和想定数据交换格式要求。

数据管理与服务标准：规范仿真数据管理与服务活动的标准，包括数据采集、处理、服务、安全、集成、描述和数据 VV&C 等标准。

模型标准：模型体系结构标准：规范模型范围、分类及其相互关系的标准；模型描述标准：规范元模型的分类、描述方法，以及规范军用建模与仿真应用领域中各类模型格式、组成、接口等的标准，包括实体描述模型、环境模型、效果评估模型、行为仿真模型、可视化模型、数据统计模型、数据分析模型、仿真管理模型等标准；模型开发标准：规范军用建模与仿真应用领域中各类模型开发时应遵循的通用要求，如军事概念模型开发通用要求、数学逻辑模型开发通用要求、仿真程序模型开发通用要求、建模语言通用要求、多分辨率建模通用要求等标准。

模型管理与维护标准：规范模型管理活动的标准，包括模型注册、模型审核、模型存储、模型安全、模型维护、模型版本控制、模型报废、模型库构建等标准。

模型使用与服务标准：规范模型服务活动的标准，包括服务机制（平台）、服务流程、服务提供规范、服务调用规范（服务接口）、模型聚合与解聚、模型 VV&A 等标准。

（2）仿真体系结构标准

同构仿真系统体系结构标准：物理仿真体系结构标准是规范物理仿真系统组成及其相互关系的标准；数字仿真体系结构标准是规范数字仿真系统组成及其相互关系的标准。

异构仿真系统体系结构标准：异构仿真系统互操作标准是规范实况、虚拟、构造仿真系统互操作的技术参考模型、互操作接口、互操作数据格式及交互协议等的标准。分布式仿真体系结构标准是规范分布式仿真系统组成及其相互关系的标准；并行仿真体系结构标准是规范并行仿真系统组成及其相互关系的标准；基于组件的仿真框架标准是规范组件式仿真框架结构、组件装配、运行控制、组件管理等的标准；云计算与大数据环境下仿真体系结构标准是规范云计算与大数据环境下仿真系统组成及其相互关系的标准。

（3）仿真工程标准

仿真工程标准是规范建模与仿真过程中需求分析、系统设计、系统开发、VV&A、系统使用维护、系统报废等的标准。

仿真系统需求分析标准是规范仿真系统需求分析过程、分析方法等的标准。仿真系统设计标准是规范仿真系统设计过程、设计方法等的标准。仿真系统 VV&A 标准是规范仿真系统 VV&A 的过程、实施方法等的标准。仿真系统使用维护标准是规范仿真系统使用维护过程和方法等的标准等。

（4）作战实验标准

作战实验标准是规范作战实验建模与仿真活动的专用标准。作战实验系统通用标准是规范各类作战实验系统设计、实现、验收和应用等的通用标准。战略仿真实验系统标准是规范战略仿真实验系统设计、实现、验收和应用等的标准。联合战役仿真实验系统标准是规范联合战役仿真实验系统设计、实现、验收和应用等的标准。军种战役仿真实验系统标准是规范军种战役仿真实验系统设计、实现、验收和应用等的标准。合同战术仿真实验系统标准是规范合同战术仿真实验系统设计、实现、验收和应用等的标准。兵种战术仿真实验系统标准是规范各军种所属兵种战术仿真实验系统设计、实现、验收和应用等的标准。分队战术仿真实验系统标准是规范各军种所属分队战术仿真实验系统设计、实现、验收和应用等的标准。单兵/单武器平台战术仿真实验系统标准是规范单兵/单武器平台战术仿真实验系统设计、实现、验收和应用等的标准。新型作战力量作战实验系统标准是规范新型作战力量作战实验系统及器材设计、实现、验收和应用等的标准。

（5）训练模拟标准

训练模拟标准是规范作战指挥训练模拟系统及装备训练模拟器材的设计、实现、验收和应用等的标准。训练模拟系统通用标准是规范各种训练模拟系统设计、实现、验收和应用等的通用标准。战略训练模拟系统标准是规范战略训练模拟系统设计、实现、验收和应用等的标准。联合战役训练模拟系统标准是规范联合战役训练模拟系统设计、实现、验收和应用等的标准。军种战役训练模拟系统标准是规范军种战役训练模拟系统设计、实现、验收和应用等的标准。合同战术训练模拟系统标准是规范合同战术训练模拟系统设计、实现、验收和应用等的标准。兵种战术训练模拟系统标准是规范兵种战术训练模拟系统设计、实现、验收和应用等的标准。分队战术训练模拟系统标准是规范分队战术训练模拟系统设计、实现、验收和应用等的标准。装备操作训练模拟器材标准是规范装备操作训练模拟器材设计、实现、验收和应用等的标准，包括装备操作训练模拟器材通用标准、飞机操作训练模拟器材标准、电子系统装备操作训练模拟器材标准、导弹装备操作训练模拟器材标准、武器系统装备操作训练模拟器材标准、舰船装备操作训练模拟器材标准、航天装备操作训练模拟器材标准、车辆装备操作训练模拟器材标准、后勤装备操作训练模拟器材标准、特种装备操作训练模拟器材标准。实兵对抗训练模拟系统标准是规范实兵对抗训练模拟系统及器材设计、实现、验收和应用等的标准。新型作战力量训练模拟系统标准是规范新型作战力量训练模拟系统及器材设计、实现、验收和应用等的标准。

（6）装备仿真标准

装备仿真标准是规范装备需求分析、论证、可行性分析、设计、研制、保障、维修等仿真系统的标准。装备仿真通用标准包括武器装备作战需求论证、武器装备发展战略论证、武器装备体制论证、武器装备建设规划计划论证、武器装备效能评估、武器装备风险评估等仿真系统标准，以及陆、海、空、天、电装备的相关通用标准。陆基装备仿真标准包括军械装备、装甲装备、工程装备、防化装备、陆军船艇装备等的仿真标准。海上装备仿真标准包括舰船总体、船体结构、动力系统、电力系统、电子信息系统、辅助系统、船体属具和舱室设施、武器及发射装置、航保系统、水中兵器、其他海上装备等的仿真标准。空中装备仿真标准包括飞机系统、直升机系统、机载武器系统、空降空运空投装备、其他空中装备等的仿真标准。空间和导弹装备仿真标准包括导弹武器系统、运载火箭、航天器、核武器、新概念武器、空间核动力装置等的仿真标准。电磁装备仿真标准包括机要装备、测绘装备、气象和水文装备、导航与定位授时装备、情报侦察监视装备、通信与指控装备、预警探测（雷达）装备、信息作战装备、电磁频谱管理和监测装备等的仿真标准。其他装备仿真标准包括通用保障装备、政治工作专用装备、后勤装备等的仿真标准。保障装备包括多平台通用保障装备、常规武器保障装备、舰船非固定保障装备、飞机保障装备、航天和导弹保障装备、电磁装备保障装备等。后勤装备包括军需装备、卫生装备、军交运输保障装备、油料装备、野营装备、仓库装备、后勤指挥控制装备、工程防护抢修装备、海军专用后勤装备、空军专用后勤装备、火箭军专用后勤装备、陆航专用后勤装备等。

2. 军用仿真学科专业组的军用建模与仿真标准体系

军用仿真学科专业组特别重视军用建模与仿真标准化技术这一基础性研究，从“十五”开始通过武器装备预先研究项目，对装备建模与仿真标准化技术研究进行了持续支持，提出了武器装备仿真标准体系和军用仿真标准体系。

（1）装备仿真标准体系

在装备仿真标准体系方面，军用仿真学科专业组提出了如图 1 所示的装备仿真标准体系，分为基础标准、装备级仿真标准、装备系统级仿真标准和装备体系级仿真标准。

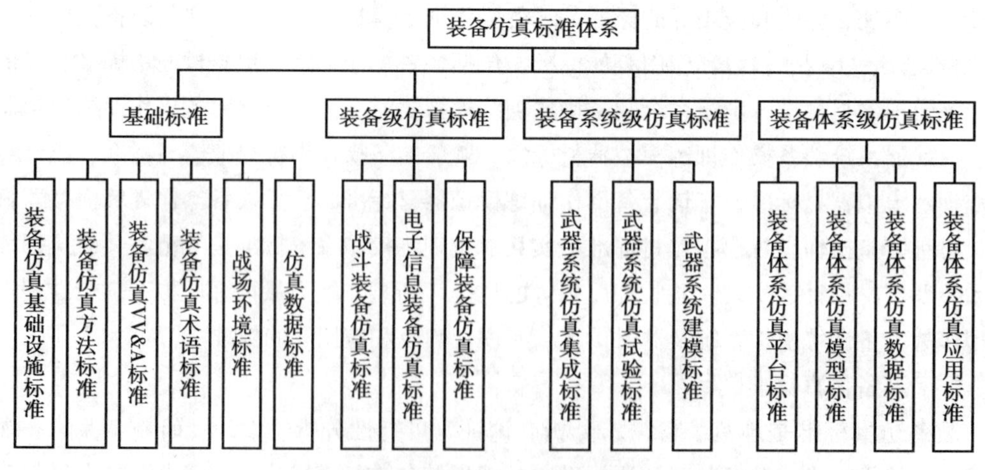

图 1　装备仿真标准体系

1）基础标准：基础标准分为装备仿真术语标准、装备仿真基础设施标准、装备仿真方法标准、装备仿真 VV&A 标准、战场环境标准、仿真数据标准。装备仿真基础设施标准包括计算机标准、数据库标准、网络标准、仿真设备标准等。装备仿真方法标准包括数学仿真标准、硬件在回路仿真标准、人在回路仿真标准、嵌入式仿真标准等。装备仿真 VV&A 标准包括 VV&A 过程标准、全系统 VV&A 标准、VV&A 模板标准等。战场环境标准包括地理环境标准、大气环境标准、海洋环境标准、太空环境标准、武器外特性环境标准等。仿真数据标准包括元数据标准、数据描述标准、数据格式标准、数据处理标准、数据模型标准等。

2）武器装备仿真标准：包括战斗装备仿真标准、电子信息装备仿真标准、保障装备仿真标准。战斗装备仿真标准包括陆军战斗装备仿真标准、海军战斗装备仿真标准、空军战斗装备仿真标准、二炮战斗装备仿真标准。电子信息装备仿真标准包括陆军电子信息装备仿真标准、海军电子信息装备仿真标准、空军电子信息装备仿真标准、二炮电子信息装备仿真标准。保障装备仿真标准包括陆军保障装备仿真标准、海军保障装备仿真标准、空军保障装备仿真标准、二炮保障装备仿真标准。

3）武器系统仿真标准：按照武器系统的仿真系统建立、运行和试验分析全过程来分类，分为武器系统建模标准、武器系统仿真集成标准、武器系统仿真试验标准等。武器系统仿真建模标准规范包括武器系统仿真模型体系标准、武器系统仿真建模方法标准、环境模型标准、武器系统仿真模型描述标准、模型格式标准、模型接口标准、模型管理标准、需求描述标准等。武器系统仿真集成标准包括武器系统仿真体系结构标准、武器系统仿真接口标准、武器系统仿真设计标准、武器系统仿真集成方法标准、武器系统仿真软件开发标准、武器系统仿真通信标准、武器系统仿真测试标准等。武器系统仿真试验标准包括武器系统仿真试验规程、武器系统仿真评估标准、武器系统仿真试验设计标准、武器系统仿真试验管理标准、武器系统仿真试验文档标准等。

4）装备体系仿真标准：包括装备体系仿真平台标准、装备体系仿真模型标准、装备体系仿真数据标准、装备体系仿真应用标准等。装备体系仿真平台标准包括物理平台标准、网络平台标准、支撑平台标准、应用平台标准。装备体系仿真模型标准包括军事概念模型标准、逻辑模型标准、仿真模型标准等。装备体系仿真数据标准包括武器装备数据标准、武装力量数据标准、编制编成数据标准、态势军标数据标准、模型数据交互协议等。装备体系仿真应用标准包括陆军装备体系仿真应用标准、海军装备体系仿真应用标准、空军装备体系仿真应用标准、二炮装备体系仿真应用标准等。

（2）军用建模与仿真标准体系

在军用建模与仿真体系方面，结合军用建模与仿真标准化技术委员会提出的《军用建模与仿真标准体系表》以及美军建模与仿真主计划，提出了如图 2 所示军用仿真标准体系。军用仿真标准体系分为仿真理论方法标准、仿真实体建模标准、仿真数据标准、环境仿真标准、仿真系统工程标准和仿真基础设施标准共 6 大类、22 小类[1-2]。

1）仿真理论方法标准：仿真理论方法标准类中，军用仿真知识体系标准包括建模与仿真术语标准、军用仿真分类标准、仿真符号表示标准、军用仿真知识体系标准等。军用仿真学科体系标准包括军用仿真学科体系结构标准、军用仿真学科成熟度标准等；通用建模与仿真标准包括通用建模方法、通用仿真方法等。

2）仿真实体建模标准：仿真实体建模标准类中，仿真实体建模通用标准包括模型体系结构标准、模型描述标准、模型开发标准、模型管理与服务标准等；概念模型标准包括仿真概念模型标准、军事概念模型标准等；数学仿真模型标准包括连续系统数学仿真模型标准、离散事件系统数学仿真模型标准、连续 / 离散混合系统数学仿真模型标准等；物理模型标准包括动态物理模型标准和静态物理模型标准等。

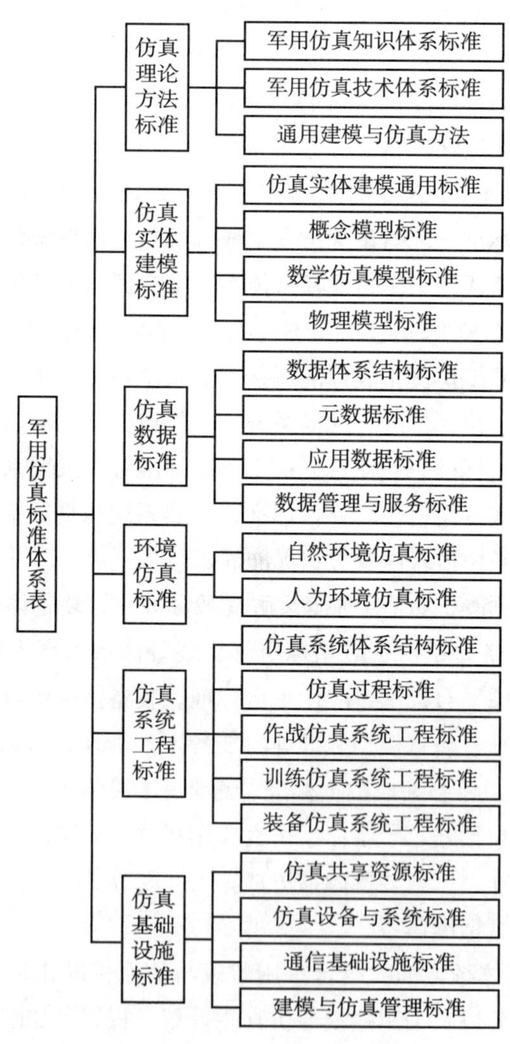

图 2　军用仿真标准体系框架

3）仿真数据标准：仿真数据标准类中，仿真数据体系结构标准包括仿真数据分类方法标准、仿真数据层次结构标准、公共元数据元素词典等；元数据标准包括仿真元数据通用要求，元数据字典、元数据质量标准等；应用数据标准包括实体数据标准、战场环境数据标准、想定数据标准等；数据管理与服务标准包括数据 VV&C 标准、数据描述标准、数据采集标准、数据处理标准、数据安全标准、数据集成标准等。

4）环境仿真标准：环境仿真标准类中，自然环境仿真标准包括地理环境仿真标准、大气环境仿真标准、海洋环境仿真标准、太空环境仿真标准等；人为环境仿真标准包括射频环境仿真标准、红外环境仿真标准、声学环境仿真标准、通信环境仿真标准、其他装备使用环境仿真标准。

5）仿真系统工程标准：仿真系统工程标准类中，仿真系统体系结构标准包括分布式仿真体系结构标准、并行仿真体系结构标准、硬件在回路仿真体系结构标准、人在回路仿真体系结构标准、云仿真体系结构标准等；装备仿真系统工程标准包括装备仿真通用标准、陆上装备仿真标准、海上装备仿真标准、空中装备仿真标准、空间装备仿真标准、电磁装备仿真标准、其他装备仿真标准；训练仿真系统工程标准包括训练模拟系统通用标准、战略训练模拟系统标准、联合战役训练模拟系统标准、军种战役训练模拟系统标准、合同战术训练模拟系统标准、兵种战术训练模拟系统标准、分队战术训练模拟系统标准、实兵对抗训练模拟系统标准等；作战实验系统工程标准包括作战实验系统通用标准、战略仿真实验系统标准、联合战役仿真实验系统标准、军种战役仿真实验系统标准、合同战术仿真实验系统标准、兵种战术仿真实验系统标准、分队战术仿真实验系统标准、单兵 / 单装备仿真实验系统标准等。

6）仿真基础设施标准：仿真基础设施标准类中，仿真共享资源标准包括仿真共享数据标准、仿真共享模型标准、仿真共享知识库标准、仿真共享工具标准、仿真共享系统标准、仿真共享算法标准等；仿真设备与系统标准包括真实仿真标准、虚拟仿真标准、构造仿真标准、仿真设备标准等；通信基础设施标准包括通信支撑工具标准、装备试验网络标准、联合训练网络标准、联合实验网络标准等；建模与仿真管理标准包括仿真共享资源管理标准、仿真管理政策方法、仿真管理机构标准等。

三、本专业国内外发展比较

（一）本专业国外发展情况

以美国为代表的先进国家认为建模与仿真的标准化是促进建模与仿真互操作、可重用并增强模型与仿真可信度的根本保障，应该优先开展。国外为了“快、好、省”地开发仿真系统，不断促进和提高建模与仿真的互操作性、可重用性、可信性，建立了 SIMNET、JSIMS、JMASS、JWARS 等一系列的仿真系统，并在此基础上提出了 DIS、HLA、TENA、

SEDRIS、武器系统研制等仿真标准与规范。美军在仿真标准规范发展的最新方向是最大限度地利用成熟的商用标准作为仿真互操作和软件开发的标准，这有助于更多的软件和硬件厂商参与仿真部件和系统的开发，有助于降低仿真系统开发的成本，提高仿真系统互操作性和可重用性[14]。

20 世纪 80 年代前，单武器平台仿真系统在武器系统的性能研究、评估和人员训练方面得到广泛的应用。但是，随着需求和技术的发展，单一武器系统的仿真已不能满足要求，而且建模与仿真领域各自为政，各个仿真之间只具备有限的互操作性，模型与仿真的通用性和可重用性不好。美国国防部认识到这些问题后，充分重视仿真标准化，从 20 世纪 90 年代初期开始，就开始着手解决仿真系统的“烟囱”问题，由此而引发的一场建模与仿真领域的革命性变化。

20 世纪 80 年代中期，美国国防高级研究计划局 ARPA 和陆军共同率先制订了 SIMNET（SIMulator NETworking）计划，其主要目的是将分散在各地的坦克、装甲车、直升机等仿真器用计算机网络连接起来，进行协同作战任务的训练。在 SIMNET 成功的基础上，分布交互仿真（distributed interactive simulation，DIS）技术得以发展，并提出了一系列 DIS 标准。

20 世纪 80 年代末，美国国防部开始研究使用聚合级作战仿真为联合演习提供支持，所谓聚合级仿真是指团、营、连等部队单元级的构造仿真（constructive simulation），而不是单个作战人员和实体的仿真。1990 年 1 月，DARPA 提出了聚合级仿真协议 ALSP（aggregate level simulation protoco1，ALSP）的概念，主要研究聚合级的分布构造仿真系统的体系结构、标准和相应的关键技术，并将基于 ALSP 标准的分布交互仿真系统应用于 1992 年、1994 年、1996 年的军事演习中，使 ALSP 得到了改进和完善。

1992 年 5 月，美国国防部提出了“国防建模与仿真倡议”，并成立了国防建模与仿真办公室，负责倡议的实施。“国防建模与仿真倡议”要求在全新的结构、方法与先进的技术基础上，建立一个广泛的、高性能的、一体化的和分布的国防建模与仿真综合环境。1992 年 7 月美国防部公布的“国防科学技术战略”中，综合仿真环境被列为保持美国军事优势的七大推动技术之一[6-8]。

欧洲对于仿真标准研究历来十分重视。NATO 于 1992 年 9 月成立了 DIS 工作组。同年欧洲学术界和工业界的二百多个成员成立了欧洲仿真特殊兴趣组（SiE-SIG），并于次年组建了“仿真未来：新概念、工具和应用”Esprit 基础研究 8467 工作组（SiE-WG），来制定仿真基础研究和开发的优先主题。其第二个主题即为开发新的应用领域，尤其是如并行和分布式仿真这样的基础技术，围绕这个主题 SiE-WG 将就“仿真互操作性”展开行动计划，并提交“仿真器互操作性及其在虚拟企业中的应用”白皮书。1996 年欧洲仿真互操作工作组（ESIWG）成立。这个工作组包括了澳大利亚、以色列在内的 21 个国家和组织。其中英国仿真互操作工作组参加人员包括英国政府、国防部、工业界、学术界和欧美的近千名代表组成，并对应于美国 DIS 工作组成立一些对应的“影子”机构进行跟踪研究。

北大西洋公约组织 1998 年 8 月发布了北约建模与仿真主计划，2009 年 12 月发布了北约建模与仿真标准轮廓图，为决策者提供了一套北约建模与仿真标准的描述，它包括六部分建模与仿真标准集，分别为过程标准（如 VV&A 标准、系统工程标准）、想定标准、建模标准、互操作标准、数据表示和交换标准以及其他标准（如可视化）[12]。

澳大利亚国防部于 2005 年发布了国防仿真标准指南，将国防仿真标准划分为五类，即仿真管理标准、仿真工程标准、置信度建立标准、分布式仿真标准和描述标准[13]。

随着计算机技术、网络技术和仿真学科的发展，分别建立在 DIS 系列标准和 ALSP 标准之上的分布交互仿真在技术和体系结构方面显示出一定的局限和不足，其中尤其表现在互操作和重用性等方面。在新的需求的推动下，并充分利用现有相关新技术，1995 年 10 月，美国防部公布了“建模与仿真主计划”MSMP，在对建模与仿真设想的应有能力以及现有能力分析的基础上，MSMP 提出了达到设想能力的 6 个技术目标，倡议“建立互操作性的标准和协议，促进军事部门的仿真”，随后美国陆军、海军以此为基础先后公布了各自的建模与仿真主计划。美国国防部建模与仿真大会（DMSC）期间都举行了建模与仿真标准指导委员会的联席会议，交流各部门的标准工作组的工作进展和未来计划。美国海军 M&S 管理办公室负责海军标准管理，于 2002 年 10 月发布了第一版“海军 M&S 标准政策与程序指南”，2005 年发布了第二版指南，至今已审查颁布了 13 套海军通用标准需求文件[9-11]。

1996 年 8 月，美国国防部正式颁布了针对建模仿真领域的通用技术框架。该框架由任务空间概念模型（conceptual model of mission space，CMMS）、高层体系结构（high level architecture ，HLA）和一系列的数据标准三部分组成。

1995 年美国国防部启动了三军联合的“试验与训练使能体系结构计划”（test and training enabling architecture，TENA），以建立一个能在各试验靶场、训练靶场、试验室和仿真设施之间实现共享、重用和互操作的体系结构。该计划首次提出了“逻辑靶场”的概念，描述了未来靶场跨边界无缝集成、联合试验与训练的总体蓝图。逻辑靶场是美军靶场信息化建设的产物，揭示了靶场发展的客观规律。逻辑靶场通过网络连接，解决靶场之间地域隔离问题，实现资源共享，增强靶场整体功能，促进美国防部的“仿真、试验和鉴定过程”的贯彻，支持“基于仿真的采办”，最终实现以经济、高效的方式支持“网络中心战”环境下的试验与训练，支持“2020 联合设想”的实现。

（二）本专业国内外发展比较分析

1. 国内建模与仿真标准化技术的优势

我国建模与仿真标准化技术经过几十年的发展，尤其是军用建模与仿真标准化技术经过近二十年的快速发展，取得了丰硕的成果。主要体现在如下几个方面。

建模与仿真标准数量多、范围广：我国现有建模与仿真国家标准和国家军用标准有200项左右，涵盖军用仿真和民用仿真领域，而国外建模与仿真标准不超过100项；国内建模与仿真标准中军用仿真标准占比约七成，不仅涵盖了作战仿真和训练仿真，而且包括武器装备仿真。这是我国建模与仿真标准的特色，国外建模与仿真标准通常不包括武器装备仿真标准，尤其是装备研制仿真标准。

建立了军用建模与仿真标准体系：在原总装备部技术基础局、军用仿真学科专业组、军用建模与仿真标准化技术委员会等单位和组织的联合攻关下，初步形成了由共性技术、作战实验、训练模拟和装备仿真四部分组成的军用建模与仿真标准体系。

武器装备仿真标准成果丰硕：我国建模与仿真标准起源于武器装备研制仿真，形成了大量的武器装备试验方法标准，并拓展到武器装备全寿命、全系统和管理的全方位，形成了一批覆盖武器装备论证、研制、试验与鉴定、作战训练与使用、保障等方面的国家军用标准。

训练仿真标准得到大力发展：军用建模与仿真标准化技术委员会成立后，特别重视训练仿真标准的研究和制定，近十年以来制定的建模与仿真标准中，训练仿真标准占了较大比例。

基础性建模与仿真标准研究得到充分重视：军用仿真学科专业组、军用建模与仿真标准化技术委员会等对基础性建模与仿真标准研究给予了充分重视，在建模与仿真术语、VV&A、技术体系、知识体系、模型体系、体系结构等方面开展了深入研究。以建模与仿真术语为例，2009年发布了《GJB 6935—2009　军用仿真术语》，共包括421条术语，目前对此国军标的修订已经完成；中国仿真学会2012年出版了《汉英－英汉建模与仿真术语集》，列出了9345个建模与仿真词条，并在此基础上于2018年出版了《建模与仿真学科词典》，包含约2600个建模与仿真术语及释义。

建模与仿真标准应用广泛：建模与仿真学科是一项通用性、战略性技术，在各类应用需求牵引下，国内建立了大量的仿真系统，在这些仿真系统的建设过程中，建模与仿真标准得到了广泛应用，产生了不少符合建模与仿真标准的国产仿真通用软件和平台。

2. 国内主要差距

与国外建模与仿真标准化技术相比较，国内建模与仿真标准化技术还存在一定的差距，主要表现在如下几个方面。

建模与仿真标准体系不够健全：国内在建模与仿真标准的总体研究方面还不够深入，缺乏国家层面的建模与仿真标准体系，国家标准中建模与仿真标准比较少；形成的军用建模与仿真标准体系还不太成熟，在作战仿真、武器装备仿真标准体系方面尚需进一步加强研究。

原创性建模与仿真标准研究成果不突出：在仿真体系结构标准、数据标准、环境标准、VV&A标准等研究方面，以跟踪国外建模与仿真标准居多，自主创新研究的较少，具有较大影响的建模与仿真标准成果不多。

建模与仿真标准研究水平与仿真学科应用需求相比存在较大差距：具体体现在标准研究往往滞后于仿真系统的建设、仿真标准研究水平不太高、标准的宣贯和执行不够有力。

四、本专业我国发展趋势及对策

（一）本专业我国发展趋势

随着信息技术的快速发展，建模与仿真标准化技术进入了全领域仿真标准发展阶段，建模与仿真标准拓展到了国民经济各个方面。展望未来，我国建模与仿真标准具有如下发展趋势。

1. 建立覆盖建模与仿真标准全领域的标准体系

目前我国已经初步建成军用建模与仿真标准体系，随着新一版《军用标准体系》的发布，相信军用建模与仿真标准体系也会得到进一步完善。随着军民融合国家发展战略的推进，在军用建模与仿真标准体系基础上，建立覆盖建模与仿真全领域的国家级建模与仿真标准体系必将提上议事日程。

2. 新型信息技术的成果纳入建模与仿真标准

随着信息技术的快速发展，数字孪生、大数据、云计算、人工智能、区块链、物联网等新型信息技术的发展日新月异，其最新进展也必将吸收到军用建模与仿真标准化技术之中。

3. 建模与仿真标准与仿真应用的结合将更加紧密

我国已经建立的建模与仿真标准相对国外来说已经不少，但在实际仿真系统建设中还存在研究滞后、指导性不强等问题，建模与仿真标准化技术只有与仿真系统紧密结合才具有生命力。未来建模与仿真标准化技术的发展，一方面会更加注重对仿真系统建设的指导性，另一方面，通过将建模与仿真标准物化为建模与仿真软件和平台，从而更加紧密地为不同领域的仿真系统建设需求服务。

（二）本专业发展建议

建模与仿真标准化的目的是使构成建模与仿真的各种成分可以重用与互操作，从而提高效率。现代仿真系统越来越复杂，仿真系统的建设有几种方式：一种方式是通过建模与仿真资源库直接构建仿真系统，另一种方式是重新开发仿真系统，当然也可以通过前面两种方式的结合来建设仿真系统。不管采用哪种方式，必须通过建模与仿真标准化技术才能保证仿真系统互操作性、可重用性、可移植性、可伸缩性。

1. 建立统一的建模与仿真的管理协调机构

美国建模与仿真的飞速发展，与其国防部下属的建模与仿真协调办公室的成立并实施中心管理职能是密不可分的。统一管理协调是军用仿真系统建设和应用的基石，管理是基础，标准和技术是核心，建模与仿真标准化如果缺乏严格和严密的管理是不可能得到完全落实的。

2. 制定协调一致的建模与仿真标准化发展路线图

仿真学科在仿真方法、建模技术、仿真系统构建技术等方面具有很大的共性，通过制定协调一致的建模与仿真标准化发展路线图，完善建模与仿真标准体系，确定重点应用需求和优先发展方向，从而指导仿真学科标准化技术工作高效、有序展开。

3. 加强建模与仿真基础建设的标准化

建模与仿真存在且可以提取出许多能共享的成分。它们或者在某领域内所有的建模与仿真的项目中可以重用，或者在某个范围的项目中可以重用。这些成分是该领域建模与仿真的基础。通过统一规划，集中建设好基础可以大幅度地提高各建模与仿真项目的效率，减少项目开发者投入的时间和资源，使开发者能将精力集中于处理应用领域自身的问题。需要建立建模与仿真资源管理中心，将经过认证的模型和数据作为仿真资产进行管理，协调多部门联合仿真活动，开展应用评价。

4. 通过标准化的方式支持仿真系统的构建

军民融合是国家战略，仿真系统的建设需要联合仿真，要求成体系建设仿真系统。通过标准化方式使得仿真系统之间横向联合贯通、纵向牵引支撑。使用经过认证的模型、数据，支持仿真系统的共建共享。通过数据模型标准和集成体系结构实现相同层次的仿真系统互操作，通过离线数据交换或在线实时交互实现不同层次的仿真系统互操作。

5. 加强建模与仿真标准化培训与教育

仿真是一种认识世界的工具，只有被使用者掌握才能发挥作用。要利用各种形式和机会传播建模与仿真标准化的成果，教育与培训现有与潜在的用户。

参考文献

［1］李革，段红．军用建模与仿真标准技术研究［J］．上海航天，2019（4）：25-30.

［2］李革，黄柯棣．装备仿真标准体系研究［C］．建模与仿真标准化年会．北京：中国系统仿真学会，2009：1-3.

［3］NATO. Nato modelling and simulation standards profile［R］．AMSP-01，2018.

［4］DoD. Department of defense modeling and simulation（M&S）master plan［R］．1995.

［5］Army Model and Simulation Standards Report FY00［R］．2000.

［6］DoD. Modeling and simulation related standards and best practices guide［R］．2010.

［7］NATO. Nato modelling and simulation master plan［R］．2012.

［8］Australian Defence Simulation Office．Defence simulation standards guide［R］．2012.

［9］Australian Defence Simulation Office．Defence simulation standards guide v3.3［R］．2015.

[10] GJB 6935—2009 军用仿真术语. 2009.
[11] GB/T 13016—1991 标准体系表编制原则和要求. 1991.
[12] 陈咏梅，曹辉.《军用标准体系表》研究 [J]. 炮兵防空兵装备技术研究，2013（3）：54-60.
[13] 王燕. 军用建模与仿真标准化问题研究 [J]. 军事运筹与系统工程，2011，25（3）：52-56.
[14] 程旭辉. 军用标准的分类与军用标准体系 [J]. 军用标准化，2001（3）：53-56.
[15] 阎晋屯，王笑寒. 仿真实验标准化技术及标准体系研究 [J]. 论证与研究，2009，2：44-47.

撰稿人：李　革　段　红　查亚兵　尹全军　鞠儒生　王　鹏　杨　姝

仿真计算机与软件

一、引言

实时仿真由于置信度较高，具有可重复性、有效性、经济性、安全性等诸多优点，受到军事和民用各部门的高度重视。以美国为代表的发达国家特别重视半实物仿真的应用，几乎各军兵种都建有种类齐全的半实物仿真实验室。最为典型的是在各类飞行器、航天器等复杂装备研制领域，包括先进的多源导航、多体制制导与精确控制等一大批半实物仿真系统。实时仿真已成为各类航天飞行器系统设计、试验、定型、检验的重要手段。

仿真计算机、软件是构建实时仿真系统的核心组成部分，模拟现实世界的物理系统、各种动力学连续系统的仿真平台[1]。它是先进仿真学科的主要载体，是体现仿真系统高质量、仿真应用结果高置信度的重要保障[2]，是仿真学科沿着“数字化、虚拟化、网络化、智能化、普适化、协同化”方向发展的重要推手。在分析仿真计算机与软件的国内发展现状基础上，对本专业国内外的发展情况进行了比较；同时结合新型装备的特点，从仿真计算机和软件两个方面分析了本专业的发展趋势；最后从体系结构、基础研究、自主可控、智能化和标准规范五个方面制订了相应的对策，为本专业的可持续发展提供指导。

二、本专业我国的发展现状

（一）仿真计算机的发展现状

目前，国外实时仿真计算机在国内依然强势，以 dSPACE、RT-LAB、AD-RTS 和 Power Hawk Model940 等为代表的产品依然占据国内最大的市场份额。首先是集成 MATLAB/Simulink/RTW 等高性能仿真软件开发环境，具备很强的拓展性，拓展仿真机产品在不同领域的应用范围；其次是大都采用开放式体系结构，具备良好的实时性和扩充性。国内实时仿真计算机发展也比较迅速，如：国防科技大学研制的基于通用微机的 KDRTS /YH-AStar/YH-SUPE 等、航天三院“海鹰”仿真中心研制了“海鹰”实时仿真工作站系列、华力创通科技有限公司开发了主副机结构半实物仿真系统 HRT1000 等，大都采用主副机结构或单机系统机构，实时控制能力达到国际同类产品的水平，在航天、航空等军用仿真领域得到了应用，但由于其针对特定领域开发，软件开发环境采用通用程序语言开发，没有形成成熟的完备的建模仿真软件开发环境产品，尽管国内实时仿真机产品也初步实现了与 MatLAB-Simulink 的集成，但其软件的功能 / 扩充性 / 丰富性等方面仍然与国际产品相比存在差距，从而也限制了产品的应用推广。

1. 美国 ADI 公司 AD 系列实时仿真机

美国 ADI 公司研制的 AD10、AD100 仿真专用计算机是早期产品，在国际全数字仿真机市场曾经占据重要的地位。AD10 是专用的仿真机系统，它是根据连续动力学系统仿真中的一些结构化计算（如函数产生、坐标变换、加权求和、二次型加权求和等）和一些非结构化计算的特点，设计计算机的体系结构和指令集合的。它属于共享存储器不对称的多处理机系统，包括控制处理机（COP）、算术处理机（ARP）、判定处理机（DEP）、存储地址处理机（MAP）、数字积分处理机（NIP）五个分处理机系统。各个处理机采用时间硬配合的指令级并行工作，运用 16 位定点运算和准浮点运算方式以提高运算速度，并利用动态 MOS 存储器件以减少功耗、减低成本。

2. 美国 MathWorks 公司的 xPC Target

它是目前应用较广的低成本半物理仿真系统。该系统采用上位机 / 目标机（ 仿真机）架构，提供了最基本的、半开放的半物理仿真软硬件环境，用户可根据应用需求自行配置系统所支持的硬件板卡及开发所需软件。xPC Target 系统充分发挥 MathWorks 在模型仿真方面优势，成功实现了从模型设计到半物理仿真验证的一体化解决方案。通过 Matlab 的 Simulink Real-Time 模块，可快速完成从数字模型到目标机代码生成；通过仿真机所提供的上位机控制与数据显示的软件接口，用户可在上位机中自行开发应用软件，实现模型变量显示、参数修改、目标机管理等功能。

3. 美国国家仪器（ NI）公司的 LabVIEW-RT 实时仿真平台

LabVIEW-RT 实时仿真平台以其在信号采集板卡和信号模拟板卡方面的巨大优势，被广泛应用于测试系统开发。在硬件平台方面，LabVIEW-RT 的实时仿真硬件平台采用 CPU + FPGA 结构，通过保证处理单元的专用性，在提高信号数据能力的同时也提高了系统的实时性。在实时操作系统方面，LabVIEW-RT 采用的实时操作系统有 VxWorks 和 RTX 两类，以满足大多数实时测试环境需求。

4. 加拿大 Opal -RT 公司的 RT-LAB 实时仿真系统

RT-LAB 是由加拿大 Opal-RT technologies 推出的一套工业级分布式架构的实时仿真平台。通过应用开放、可扩展的实时软件和硬件平台。RT-LAB 实时仿真系统采用上位机 /

目标机架构实现，其模型集成依赖 Simulink，主要采用 x86 处理器和 QNX 实时操作系统，支持的系统总线包括 PCI、ISA、PXI 等。

5. 德国 dSPACE 公司的 dSPACE 实时仿真平台

dSPACE 实时仿真平台是由德国 dSPACE 公司开发的一套基于 MATLAB/Simulink 的控制系统开发及半实物仿真的软硬件工作平台，实现了和 MATLAB/Simulink/RTW 的完全无缝连接。dSPACE 实时系统拥有实时性强，可靠性高，扩充性好等优点。dSPACE 硬件系统中的处理器具有高速的计算能力，并配备了丰富的 I/O 支持，用户可以根据需要进行组合；软件环境的功能强大且使用方便，包括实现代码自动生成 / 下载和试验 / 调试的整套工具。

6. 美国 ConCurrent 公司 iHawk 并行实时仿真多处理平台

iHawk 并行实时仿真多处理平台目前应用比较广泛，它是美国 ConCurrent 公司推出的基于 ConCurrent RedHawk Linux 实时操作系统和 PCI 或 VME 总线等对称多处理器（SMP）系统实时仿真计算平台，可以用于高性能确定性实时仿真、数据采集以及工业系统应用，系统采用并行公司自主研发的 POWER MAX 实时 UNIX 操作系统，支持双处理器或四处理器应用，可以满足各种严苛的实时环境要求。

7. 国防科技大学“银河”仿真工作站和高性能仿真计算机系统

自 1996 年至 2002 年，国防科技大学计算机学院相继研制出了基于 ALPHA 微处理器芯片和 OPEN VMS 操作系统的 YHSSC、“银河”高性能分布仿真计算机系统、新一代“银河”高性能实时仿真计算机系统 YH-AStar。2002 年 11 月 19 日，由国防科技大学计算机学院研制的新一代“银河”高性能实时仿真计算机系统 YH-AStar 在长沙通过国家鉴定。2003 年国防科技大学机电工程与自动化学院推出了基于普通微机硬件的实时计算机系统 PCRTSim 和基于 MATLAB/Simulink/RTW 的 XpcSim。2004 年，国防科技大学机电工程与自动化学院推出了单机版的实时计算机系统 KDRTS。2007 年，国防科技大学计算机学院又推出了第四代仿真机系列产品 YHSimustation，它以一体化建模软件为核心，以通用计算机、Windows 操作系统和专用 I/O 系统为基础，构成了适应不同规模的连续系统数学仿真和半实物仿真[3]。2012 年，针对大规模复杂体系仿真需求，推出了高性能仿真计算机系统 YH-SUPE，可广泛应用与国家与国防战略研究、部队战斗力和作战方案的分析评估、武器装备体系规划及需求分析、突发事件应急处理、交通 / 通信网络仿真、航空调度、病毒传播机理研究等领域，为大规模分析、评估、论证类仿真应用提供高效的开发和运行支撑。

8. 航天三院“海鹰”仿真工作站

“海鹰”仿真工作站系列产品是航天三院三部为满足飞航导弹实时仿真需求研制的实时仿真机系列产品，目前已进入了第四代。早期的“海鹰”仿真工作站（HY-RTS）系列产品以通用计算机、Windows NT 操作系统和专用 I/O 系统为基础构成[3]。第三代“海鹰”

仿真工作站分为实时计算分系统和I/O接口分系统。实时计算分系统采用Window操作系统，充分利用可视化软件开发优势，进行仿真数据的可视化处理及分析；I/O分系统采用实时Linux操作系统，完成仿真流程控制、模型解算和接口操作，确保仿真模型解算与数据通信的强实时性。2015年，面向飞行器全生命周期实时仿真需求，三院三部完成了第四代"海鹰"仿真工作站——高性能一体化实时仿真平台的研制。该实时仿真平台突破了仿真平台通用体系结构、通用仿真建模、仿真强实时运行控制、仿真实时通信等关键技术，帧周期控制能力达到0.3ms，支持Matlab /simulink模型、C/C++模型的开发与集成，提供图形化界面资源和方便易用的配置工具，支持常用板卡和常用的I/O，如AD、DA、DIO、RS422、1553B，光纤反射内存卡等PCI总线设备，通过高速光纤网络与其他仿真设备进行实时数据通信，通过通用适配器与外部被试设备进行互联互通。该实时仿真平台取得初步成果并已经在航天三院、八院、北理工等多个工业部门和高等院校得到了典型应用验证。

9. 亚仿ASCA仿真支撑平台ASCA和AF2000

亚仿ASCA仿真支撑平台ASCA和AF2000为广东亚仿科技股份有限公司（亚仿公司）针对电力系统仿真推出的相应仿真平台产品。ASCA为基于UNIX系统的仿真支撑平台，突破了国外在电力仿真学科方面对中国的壁垒，并快速应用于各个工业领域，大大推动了我国在电力实时仿真事业方面的发展步伐；AF2000是亚仿公司根据各种类型仿真系统研制经验开发的基于Windows环境的仿真支撑系统，成功地应用于火电机组、水电机组和电网的仿真中。其中600MW核电机组仿真机获得部级科技进步一等奖。

10. 国内其他仿真平台以及原型系统

西安二炮工程大学从大型战略武器系统的数字仿真、半实物仿真和闭环动态测试的需要出发，把先进的MPP技术和先进的仿真学科相结合，提出了一种分布存储、基于消息传递的并行仿真计算机系统结构。它采用虫蚀寻径通信技术和高速开关网络，构造了一个MIMD的大规模分布式并行仿真系统CHY-Ⅲ仿真计算机。

北京华力创通科技有限公司开发了主副机结构仿真计算机HRT1000，主机为PC机，副机（目标机）可根据用户需求进行配置。HRT1000系统支持用户基于Matlab/Simulink进行图形化模型设计，并利用RTW工具自动生成目标代码；目标机基于VxWorks RTOS，提供实时代码运行环境。HRT1000完善的将Simulink图形建模工具与VxWorks实时目标机集成起来，提供一个高易用性、高可靠性、强实时性的设计、仿真、验证平台。

西北工业大学研制了为实时仿真使用的、基于Transputer的同构型并行计算机PD-100。北京广思特公司也推出了自己的半实物仿真计算机等。

（二）仿真计算机软件的发展现状

实时仿真软件开发环境是一类面向仿真用途的专用软件，为在计算机上进行仿真试验提供支持。它的特点是面向问题、面向用户[4]，体现了仿真学科研究的许多活动。国外仿真软件开发环境经过了长期的积累，形成了功能完备、性能丰富的系列化产品，如ADSim、MatLAB/Simulink/RTW 等，并与实时仿真计算机硬件系统实现了高度一体化集成，在现有实时仿真计算机系统的发展和应用中具有非常重要的地位。国内的实时仿真计算机（如：YHF2、YH-ASTAR、HY-RTS 等）配置了与 ADSIM 相当的 YFSIM、HYSIM 高级实时仿真语言，支持含有广泛外部硬件的复杂硬件回路的半实物仿真在国内建立了八大仿真系统，并已产生巨大的国防效益和经济效益；目前，一些实时仿真计算机软件产品（如 KDRTS、HY-RTSIII、HRT1000 等）也初步实现了 MATLAB Simulink/RTW 接口的集成。

1. ADI 公司仿真软件集成开发环境

（1）ADSIM

美国 ADI 公司在 System 10 基础上推出的 System 100，是一个功能强大的、专门为连续动力学系统时间要求苛刻的实时仿真而设计的计算机系统。System 100 由硬件子系统和软件子系统组成。System 100 的软件子系统 ADSIM 是一个人 / 机接口友好、对连续系统建模能力强且适合于实时运行的仿真软件。ADSIM 软件系统提供了面向仿真问题的建模支撑环境、仿真试验的交互运行和交互实时运行的支撑环境。系统工程师可直接用 ADSIM 高级仿真语言来描述系统的模型，ADSIM 遵循连续系统仿真语言规范 CSSL IV，也特别注意到实时仿真的特点。ADSIM 软件系统运行在 VAX 的 VMS 操作系统下，具有一体化建模 / 仿真软件环境所有求的各种功能。其主要组成部分如图 1 所示。

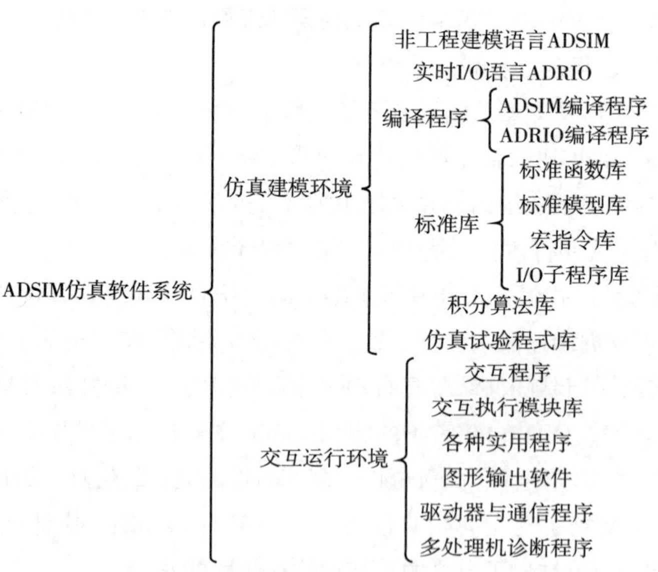

图 1　ADSIM 软件系统的组成

ADSIM 软件系统的总体结构如图 2 所示。用户可以使用 ADSIM 和 ADRIO 及 FORTRAN 语言联合编程。编译程序接受用户源程序，并处理函数库、模型库和执行模块库等的相关程序，生成 AD 100 与主机的运行代码，产生交互数据库（IDB）。ADSIM 编译器具有自动排序功能，容许非过程性程序设计，并且具有代码优化功能。交互程序为运行提供交互环境。库管理程序生成或修改模型库和函数库的内容。实时程序为用户提供了修改、增删函数 / 模型库，转换交互数据库为可阅读格式，产生试验函数数据文件，修改系统配置文件等必要的软件工具。

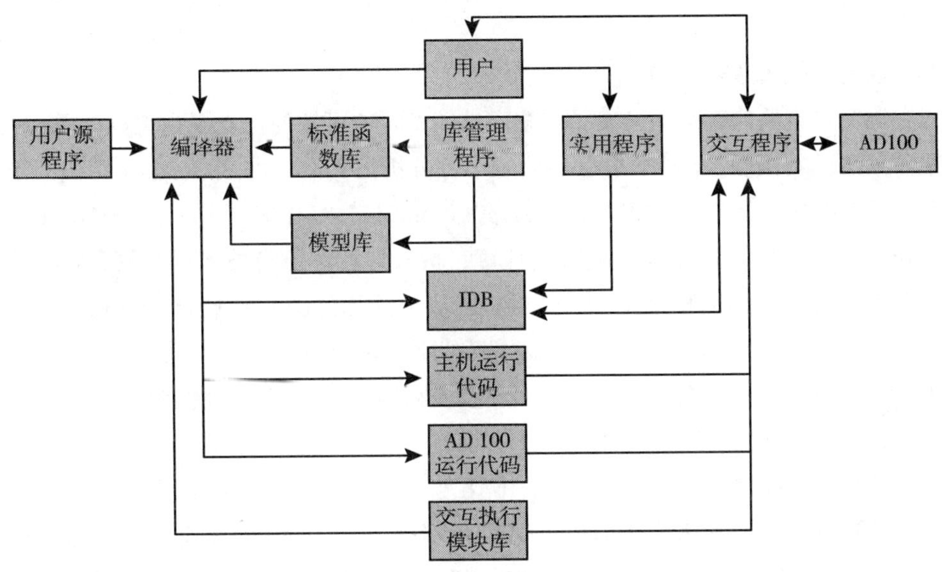

图 2　ADSIM 软件系统结构

（2）Advantage Framework 集成开发环境

Advantage Framework 是 ADI 公司仿真平台 RTS/rtx 中的软件支持环境。它是一套开放结构的无缝一体化环境，用户可以在同一环境中完成软件在回路仿真、实时硬件在回路仿真、分布式实时仿真和系统集成。支持不同类型的模型混合仿真，很容易地将仿真任务分配给不同的目标机；可以对不同型号的仿真试验进行项目管理。Advantage Framework 帮助用户实现"仿真为核心"的产品开发过程，缩短研发时间，降低研发成本，提高产品可靠性，建模仿真语言推荐采用 ADsim。

2. RT-LAB 仿真平台软件及支持环境 RT-LABTM

RT-LAB 仿真开发环境是 Opal-RT 实时仿真系列产品的旗舰软件产品。可直接将利用 MATLAB/Simulink 或 MARTIXx/SystemBuild 建立的动态系统数学模型应用于实时仿真、控制、测试以及其他相关领域[5]。它可以使工程师对大型复杂的硬件在回路（HIL）和快速控制原型（RCP）的实时仿真进行分布式并行计算。RT-LABTM 的人机界面提供了从仿真配置、模型管理、在线调参、数据记录到图形监控等功能。

3. dSPACE 系统仿真软件开发环境

dSPACE 的软件环境主要由两大部分组成。一部分是实时代码的生成和下载软件 RTI Real-Time Interface，它是连接 dSPACE 实时系统与 MATLAB/Simulink 的纽带。通过对

RTW Real-Time Workshop 进行扩展可以实现从 Simulink 模型到 dSPACE 实时硬件代码的自动下载。另一部分为测试软件，其中包含了综合实验与测试环境软件 ControlDesk、自动试验及参数调整软件 MLIB/MTRACE PC 与实时处理器通信软件 CLIB 以及实时动画软件 RealMotion 等，具有组合性强、过渡性和快速性好、性能价格比高、实时性好及可靠性高等特点。

4. 美国并行仿真建模环境

以美国为代表的仿真强国开发了许多高性能、自主可控的仿真平台工具产品，如：用于满足“阿尔伯特项目”“海下战争实验场”等分析仿真需求的 SP tempest 并行计算机系统，以及 SimWB、GTW、SPEEDES、WarpIV、Maisie、PARSEC、POSE、SIMKIT、Musik 等并行仿真支撑环境。近年来，随着云计算、量子计算等信息技术的发展，仿真支撑技术得到长足进步。2014 年，美国 ANSYS 公司基于计算群的并行计算、网格计算，推出的 Workbench 仿真平台包含高性能计算功能和并行可扩展性，提升了复杂仿真求解能力。SimWB 是美国并行计算机公司为硬件在回路和人在回路仿真而设计的完整框架环境。

5.“银河”一体化仿真环境与软件

（1）“银河”一体化仿真环境 YH-SIMLAB

基于“银河”的一体化仿真平台，将 YH-F2、VAX、PC 即通过 DEC net 网络相连，构成一个开放式的集成仿真环境，用户与 PC 机可控制操作 YH-F2 的一切仿真过程（VAX 是 YH-F2 的前端机），并可进行仿真结果的曲线生成、性能分析、试验报告生成，另外还提供了寻优算法库，使用户可以很方便地进行参数优化，使系统的性能在某种性能指标下达到最优。新一代“银河”仿真工作站采用基于 Windows 的一体化建模仿真环境 YHSIMLAB，具体的结构如图 3 所示。它包括仿真建模环境、编译器、调试器、多变量函数生成器、函数库、实时网 API、I/O 通信库、人机交互环境和曲线显示分析等 10 部分。具有以下功能：YHSIM++ 语言支持直接用微分方程、差分方程建模；提供了大量仿真专用函数和模型，支持连续系统和离散事件仿真；提供高效的语言翻译器，可将仿真程序翻译成 C 代码，支持代码优化及仿真语言的跟踪、调试；提供高效的设备驱动程序及 I/O 通信库，支持对 I/O 设备的高速访问，支持与实时网的高速实时通信；具备强大的实时曲线显示、数据处理和事后分析功能。

（2）KDRTS 一体化建模与实时仿真软件

KDRTS 是国防科技大学基于 Window RTX 实现的功能类似 Simulink 的图形化建模环境，并在不断完善中，在几个型号武器系统的研制中得到具体应用。仿真建模集成环境由建模环境、编译器、函数库、模型库、I/O 通信库、多变量函数生成器、链接器 7 部分组成。仿真建模集成环境包括图形化建模环境和仿真语言建模环境，仿真语言建模是仿真平台支持的仿真语言；图形化建模环境使用目前国内外流行的图形化建模工具。建模环境中，模型都存放于“模型库”，其中包括系统模型及用户自定义模型，是系统功能扩展模

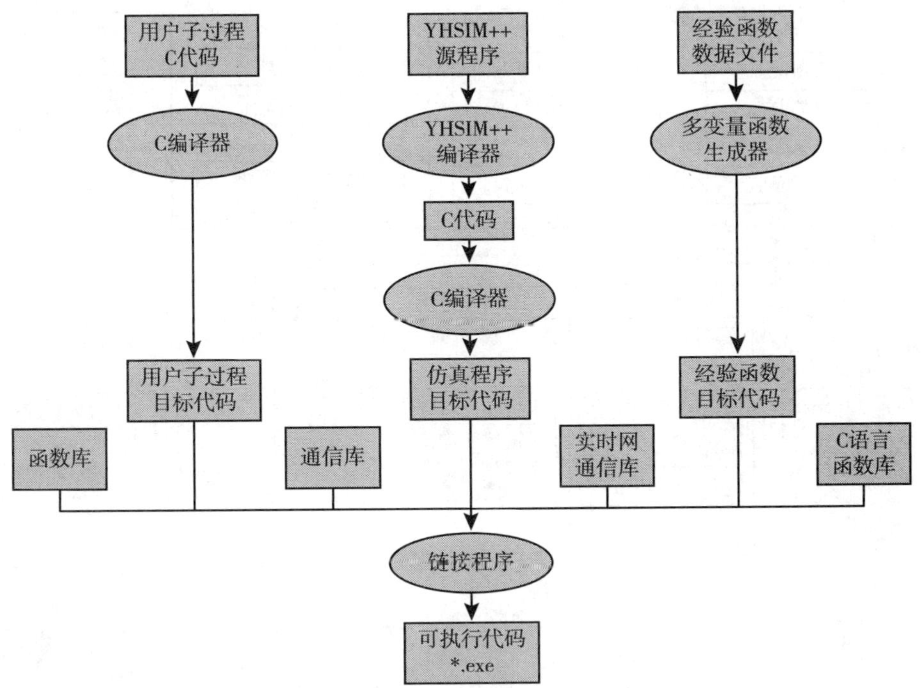

图 3　YHSIM 仿真程序编译链接结构图

块，每个模块具有自己的实现功能。用户无论使用图形化建模还是仿真语言建模都可以建立仿真模型并保存到模型库中，也可以使用模型库中系统提供的模型或者用户自定义模型建立更大的系统仿真模型。在建模阶段，将功能需要的模块按仿真应用需求进行连接，建立大的仿真模型供仿真平台调用以完成仿真运行。

6. 海鹰一体化建模与实时仿真软件

“海鹰”仿真集成开发环境（Haiying simulation integrated development environment，HYSide），是在 HY-RTS 基础上开发的，其设计目的在于为仿真用户提供易学易用的仿真语言程序的开发环境，从而使用户能集中精力面向具体问题，提高仿真效率。HYSide 集成开发环境使用的编程语言是面向方程的仿真语言 HYSIM（与 AD100 兼容），是一种典型的菜单式结构，把仿真语言的编辑、编译、链接、运行等仿真预处理工作、运行交互和仿真后处理工作集成在一起，并在窗口提供错误信息。在 HY-RTS Ⅲ集成开发环境的基础上，于 2015 年完成了 HY-RTS Ⅳ集成开发环境的研制（图 4）。

7. 华力创通 HRT1000 仿真软件系列

HRT1000 仿真软件系列是由 SimCreator 基本软件包、SimDesign 仿真设计软件包、HRT-MP 分布式仿真组件、SimViewer 图形监控组件和 FlightView 三维视景仿真组件组成。SimCreator 软件包包括 SimCreator 主控软件、HRT-SimulinkLib 功能模块库、HRT-ExtLib 外部接口库、HRT-TCC 目标代码生成模块、HRT-TargetEngin 目标机支持模块和

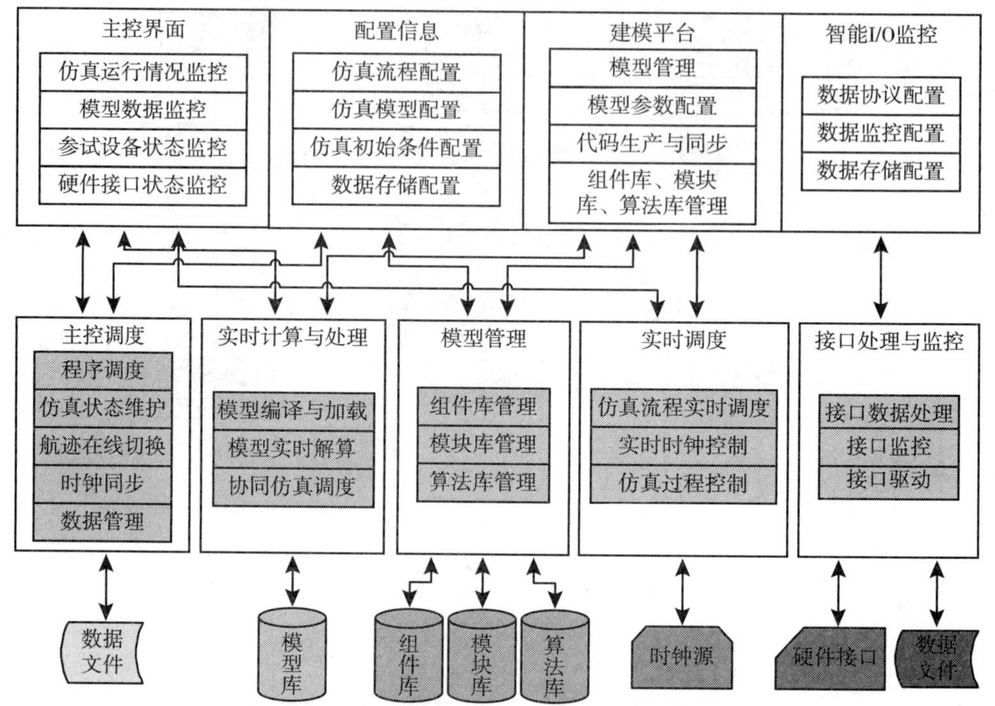

图 4　HY-RTS Ⅳ软件架构

PANEView 监视面板模块，用于实时仿真全过程管理和功能扩展。

（三）仿真计算机和软件的发展总结

在仿真计算机软件方面，国外经过了长期的积累，形成了功能完备、性能丰富的系列化产品，如 ADSim、MatLAB/Simulink/RTW 等，并与仿真机硬件系统实现了高度一体化集成。国内国防科技大学、北京仿真中心等单位开展了高性能并行仿真引擎 YH-SUPE、复杂系统建模仿真等研究，取得了初步成果。如：国防科大推出的高性能并行仿真计算机系统 YH-SUPE，并针对典型场景（模拟了 10 个城市 7 类仿真对象共 32000 个实体）进行了仿真测试验证，表明采用 YH-SUPE 实现的系统，仿真推进 10 天，实际运行只需 106 秒；而采用传统方法实现的包含 2000 个实体的系统在 PC 机上推进 10 天需要 6 小时；北京仿真中心针对复杂系统高效能仿真需求，正在进行复杂系统建模仿真与优化语言 COSIM-CsML 的研究。

三、本专业国内外发展比较

国内实时仿真平台面向集中式 / 分布式应用，具有集“操作系统、开发平台、系统架构、应用软件、硬件接口”为一体的通用框架，集仿真模型开发、实时运行与可视化于一体的集成环境、多种接口的长线传输与通用适配能力。国外实时仿真平台重视通用架构标准，建立了多混杂实体协同系统半实物框架。实时仿真平台如 ADI，dSPACE、RT-LAB、iHawk、Labview-RT 等，产品集成度和成熟度较高，具有较高性能的硬件设备和开放式架构，高效的仿真建模和仿真运行控制环境，多种接口功能和模型开发工具，运算能力和运行监控特性强。国内实时仿真平台在架构标准、计算能力、实时性能、建模环境、通用性和可靠性等方面落后于国外水平；在并行分布实时仿真多层架构、仿真系统组网、数据库管理等方面与国外水平相当。国内初步形成了具有自主知识产权支撑平台，与军事需求融合不够，技术创新性不足、平台应用深度研究有待提高。具体表现如下。

1）国内实时仿真平台的服务对象主要面向单飞行器系统，初步建立具备自主知识产权的、通用语言一体化仿真建模系统环境与实时仿真运行支撑平台，但在分布式以及多体协同方面正在研发原型系统，并没有形成成熟产品；国外实时仿真平台重视通用架构标准，建立了多混杂实体协同系统半实物框架以及工业级分布式架构的实时仿真平台。

2）开放式架构标准方面。国外实时仿真平台重视通用架构标准，大都采用开放式架构，建立了多混杂实体协同系统半实物框架，通用性好，产业化程度高；国内通用实时仿真平台尤其是在通用架构标准程度低，导致平台的集成度、标准化水平、易用性和产业化水平低。

3）分布式以及多体协同方面。国内针对多实体系统 / 集群等复杂飞行器系统的协同建模、实时并行仿真算法与调度、实时仿真系统评估方法基础理论研究等方面与国外技术水平基本相当，初步形成了原型系统，但技术创新不足，应用深度不够。国外主要是通过采用开放式架构，有成熟产品。

4）计算能力方面。国外高性能计算板卡能力略高于国内。

5）并行仿真方面。在并行分布实时仿真多层架构、仿真系统组网、数据库管理等方面与国外水平相当。

6）在高效能仿真平台技术研究方面，国内创新地提出了面向高端仿真用户和海量用户群（两类用户）、虚拟 / 构造 / 实装（三类）的高效仿真平台架构，实现了高计算能力、高效 / 低延迟的同步通信网络能力、多学科异构系统的协同运行等仿真支撑能力，形成"人工智能 +"时代的新一代仿真支撑平台。国外目前缺乏针对大规模体系 / 装备仿真特点的软硬件系统支持，相关工具的研究缺乏系统性，实际的应用验证尚未开展。

7）在互操作和重用程度方面，国内实时仿真平台的智能化、集成度、标准化水平、可靠性、易用性及产业化水平较低，且技术不开放，互操作性和资源重用性低，存在操作困难、二次开发周期长、成本高等问题；国外仿真产品集成度和成熟度高。

国内仿真机软件环境采用通用程序语言（比如 C，C++）开发，没有形成成熟的完备的建模仿真软件开发环境产品；且现有的仿真建模工具存在建模开发门槛高、智能化程度不高导致建模工作开展困难，且模型间耦合度大、模型与仿真平台紧密绑定、无法完全实现模型的快速自适应组装和平台间模型的重用等问题。国外形成了功能完备、性能丰富的系列化产品，如 ADSim、MatLAB/Simulink/ RTW 等[6]。

在自主可控方面。国内仿真机和软件具有一定的自主可控水平，但核心芯片和软件环境还没有达到完全自主可控。国内仿真计算机与软件没有达到完全可控。且已有自主研发的实时仿真支撑工具存在通用程度低，运行效率和可靠性不高等问题，且与之配套的第三方工具不足，产品化推广前景受到极大制约。具体体现如下。

1）国内实时仿真机的操作系统自主可控程度低。国外主要采用的操作系统主要有 Windows、VxWorks、Unix 、Linux、QNX、WinCE 等；国内主要采用 Windows、Linux、Unix 等，国防科大 YH-SUPE 采用麒麟操作系统，在通用性、可靠性方面有待进一步提高[7]。

2）仿真机的计算以及实时网络板卡的核心芯片自主可控程度低。如国外实时光纤板卡主要采用 VMIC 和 GE 公司的光纤板卡，国内主要采用 VMIC 和 FB2125G，其中 FB2125G 是北京机电工程研究中心自主可控的知识产权，但是其中部分板卡芯片不是完全自主可控。

3）国内仿真机软件环境的自主可控程度低。仿真软件开发环境方面，国外经过了长期的积累，形成了功能完备、性能丰富的系列化产品，如 ADSim、MatLAB/Simulink/RTW 等；国内仿真机软件环境采用通用程序语言（比如 C，C++）开发，没有形成成熟的完备的建模仿真软件开发环境产品；同时也初步实现了与 MatLAB-Simulink 的集成，但其软件的功能 / 扩充性 / 丰富性等方面仍然与国际产品相比存在差距，从而也限制了产品的应用推广，总之基本上没有自主的仿真机软件环境。

四、本专业我国发展趋势及对策

（一）仿真计算机和软件发展趋势

1. 仿真计算机发展趋势

综观实时仿真计算机的发展现状，其主要特点表现在以下几个方面。

1）开放的体系结构的发展趋势。开放的体系体系结构需求基于这些情况应运而生：一是如何利用多家软硬件产品，来扩展、丰富实时仿真支撑平台的功能，达到博采众长，提升仿真机的生命力的目的，需要基于通用计算机、高性能计算机的开放式体系结构支撑；二是如何满足复杂大型系统的多体协同、网格式、集群式实时仿真需求，需要通过面向服务的开放式体系结构支撑，提供各个部分之间的互操作性，具备分布式、网络化实时仿真能力。

2）分布式、网络化的发展趋势。未来的仿真对象日益复杂化，不再为单个物理对象，可能是分布在不同楼宇、不同楼层、不同房间的多体物理对象，要求未来实时仿真支撑平台须具有对多体物理对象的分布式处理能力，形成面向高逼真度强实时多任务协同平台、面向多领域融合的跨域/异构联合仿真平台，具备分布式、网络化的实时仿真能力；随着计算机和网络技术的发展和成熟，特别是云计算、基于服务的网络技术的出现，实时仿真支撑平台与网络的互联，使其成为仿真云，成为计算机网络的共享资源，将大大扩大仿真应用范围。

3）自主可控发展趋势。自主可控发展趋势，是全面提升仿真学科对高新武器研制支撑作用的根本保证。复杂装备实时仿真平台的发展与高性能计算技术、实时通信技术、智能接口处理技术紧密相关，但这些技术的制高点长期为美国、德国等技术先进国家所控制。由于自主知识产权的平台研发起步晚，关键技术成熟度等级较低，使得国内广泛使用的实时仿真平台及软件开发环境、高速网络通信等大多都采用国外商用系统，使得我国武器装备研制的安全面临重大威胁。特别是"棱镜门事件"以及"勒索病毒""比特币病毒"等带给我们的启示，实现实时仿真平台的"自主可控"将是武器装备研制安全的可靠保障。自主可控具体体现在两个方面：一是产品技术上的安全性、可靠性和智能化；二是产品研发上掌握核心技术，主导产业发展的自主性。

4）智能化发展趋势。随着技术的发展和仿真应用的深入，被研究对象（如装备）的智能化程度会越来越高。知识库和专家系统在未来实时仿真支撑平台的应用需求中也会越来越明显。实时仿真支撑平台需要不断积累知识，需要在遇到复杂的情况下能代替专家做出决策。这将使仿真的效果越来越好，逐渐达到与实际情况完全吻合。事实上，仍以数值计算和数据处理为主的现代仿真计算机将不能适应各个领域对仿真学科所提出的要求。未来的实时仿真支撑平台应该是高效处理数值计算、数据、知识的智能化、一体化、交互式的建模/仿真硬软件系统。仿真研究工作的开展也必将呼唤智能化程度更高的实时仿真支撑平台。大量信息的采集、分辨、融合和处理以及有目的地分发都要求未来的实时仿真支撑平台向智能化的方向发展。随着人工智能技术的发展，仿真软件的智能化程度必将越来越高。

5）高效计算能力方向发展。被仿真系统的控制复杂程度提高及快速性需要实时仿真平台具有更强的实时性，且控制算法日益复杂需要实时仿真平台具备较强的计算能力。并行计算、高性能计算、边缘计算以及量子计算技术的发展，为高效计算能力的提高增加了多种途径。其中高性能计算及高性能计算机是近年来多国竞争的焦点。2017年，美、英、日等国聚焦量子计算，开展了多项研发活动。高性能计算的不断突破，发现和利用高性能计算软硬件发展趋势，以提高研发能力，降低时间成本。比如先锋中心特别关注新型高性能计算体系架构、软件、网络和系统方法，以及开发或更新原有软件的方法，加速推进仿真应用在作战理论及新概念验证、武器装备研发与试验等领域的应用与实践。

2. 仿真计算机软件发展趋势

综观仿真计算机软件的发展现状，其主要特点表现在以下几个方面。

1）向可继承、可重用和可移植的方向发展。为满足装备的通用化、系列化、可扩展化的发展要求，要求装备的仿真软件也具有通用化、系列化和可扩展的特点，即向着可继承、可重用和可移植方向发展。仿真软件的发展目标一直是不断提高其面向问题、面向用户的模型描述能力，改善它对模型建立、实验、分析、设计和检验的功能，提高它的数值计算能力、数据处理能力和输入 / 输出特性。未来的实时仿真支撑平台呼唤更加开放的体系结构，这种开放不仅体现在硬件上，更为重要的是体现在仿真软件需要放弃传统的设计思想上。传统的仿真软件设计与一般的程序设计一样，是以过程为中心的，这种设计思路必然导致程序结构和应用领域的结构差异大。面向过程的程序设计方法的核心是关键的数据结构，如果一个或多个数据结构发生变化，将涉及许多函数和过程，甚至是整个软件系统的崩溃。而面向对象的程序设计方法提供了一套全新的开发软件的思想方法，它吸收了结构化程序设计的优点，并用“对象 + 消息”的程序设计模式取代了“数据结构 + 算法”的模式。随着面向对象设计技术的成熟，仿真软件的结构将更加开放，设计将更加灵活、自由，将朝着可互操作性更强、可重用性更高的趋势发展。

2）向功能全面、智能化方向发展。仿真软件已呈现建模、仿真运行、数据分析、试验管理等多功能一体化集成的特点。如：MathWorks 公司的 MATLAB/Simulink 软件是优秀的控制系统计算机辅助分析设计软件包，具有典型的图形交互式模型输入和优良的 Simulink 环境。该软件除了用于传统交互式编程之外，还为矩阵运算、数据处理、图形绘制以及 Windows 编程等提供了便利工具，特别值得一提的是，MATLAB 是一个集自动控制理论、数理统计、信号处理、时间序列分析、动态系统建模等于一体的大集成仿真软件。另外，随着人工智能技术的发展，特别是 Agent 技术和 Multi-Agent 技术的发展，仿真软件的智能化程度必将越来越高。

3）向大交叉、大融合与自主可控的方向发展。目前，仿真软件从简单的程序设计技术、编译技术、传统的数值计算技术的结合，发展到面向对象技术、软件工程技术、分布计算技术、Web 技术、嵌入式软件技术、VR 技术及人工智能技术的大融合，并正朝着各有关学科的大交叉、大融合方向发展，这种发展趋势必然使原先没有能力研究的复杂系统以多层次、不同角度清晰地呈现在我们面前，为我们揭示复杂系统更深刻、更深层次的机理提供有力的手段。另外，打破国外仿真软件的技术垄断，发展我国自主可控、具有自主知识产权的仿真软件开发、集成环境、各个领域专用仿真软件，也是未来仿真软件发展一项刻不容缓的任务。

（二）仿真计算机和软件对策

1. 积极发展新一代开放实时仿真平台体系结构

研发基于服务化的拟态实时仿真平台体系结构：在全寿命周期仿真过程中，仿真需求始终处于不断发展变化过程中，仿真系统需要随着不断变化的仿真需求快速的更新和重构，因此需要借助面向服务的思想，建立面向服务的柔性化仿真平台体系结构，有效提高仿真系统的应变能力，实现不同系统和网络的松耦合集成。

研发开放的仿真系统体系架构，提高互操作性：开放的仿真系统体系架构一方面要能融合软硬件产品，来扩展、丰富实时仿真支撑平台的功能，达到博采众长，提升仿真机的生命力的目的；另一方面要能构建一个满足多体协同 / 集群等复杂装备系统仿真的软件开发、集成和互操作的总体技术框架，将地理上分布、可操作、可重用、可组合的资源集成在一起，满足复杂装备分布式、网络化实时仿真需求。

2. 重视基础创新研究，推动仿真平台工具能力跨越式发展

加强人工智能云 / 边缘计算研究："云 + 边缘"是一种基于泛在网络、服务化、网络化的高性能智能仿真新模式。它以应用领域的需求为背景，基于云计算理念，融合发展了现有网络化建模与仿真学科，引入边缘计算等新兴信息计算，开展基于智慧云仿真 / 边缘仿真模式的仿真资源 / 能力接入。云计算、物联网、面向服务、智能科学、高效能计算、大数据等新兴信息技术和应用领域专业技术三类技术，将各类仿真资源和能力虚拟化、服务化，构成智能仿真资源和能力的服务云池，并进行协调优化的管理和经营，使用户通过网络、终端及云仿真平台就能随时按需获取（高性能仿真）资源与能力服务，以完成其智能仿真全生命周期的各类活动。

加快量子计算方向的研究，推动计算能力根本改变：传统计算机仿真可能无法解决智能仿真中的数据库搜索 NP 问题，而量子计算机仿真轻松完成加速搜索。因此，量子计算机仿真将是未来智能化仿真学科突破的核心技术。传统计算机无法计算出来的数学模型，量子计算机却可以用超级计算速度和高精度来实现求解，为解决科学研究和工程实际应用难题问题提供了有力的工具，因此，可以利用量子计算机仿真创造一个与客观物理世界一致的虚拟世界，解决在持续研究虚拟环境可信度以及虚拟模型的精确性、完整性中，遇到计算与信息呈现的实时性瓶颈问题。

加快高效能并行仿真引擎技术研究，提升仿真平台计算能力：高效能仿真支撑平台的仿真引擎主要是针对复杂系统仿真的特点和需求，充分挖掘仿真系统的并行性在软件平台方面进行针对性设计和实现，解决高效能仿真引擎的高并发、高吞吐、高并行、高可靠性以及高效调用并行算法库等方面的技术挑战。为充分利用超级并行 CPU+GPU 计算环境来加速新型人工智能系统仿真问题求解，加快研究高效能并行仿真方法，包括大规模仿真问题的作业级并行方法、仿真系统内成员间的任务级并行方法、联邦成员内部的模型级并行方法和基于复杂模型解算的线程级并行方法。

3. 坚持自主可控，推动国内仿真产业的形成和健康发展

仿真平台与仿真体系结构紧密相关，国外体系结构与仿真平台不能完全适用于我国国情军情，另外国外军事组织的相关平台软件并不对组织外发布。因此，发展符合我国国情军情的仿真平台工具环境，为仿真系统建设服务，自主可控尤为重要，需要重点加强，同时，加速仿真平台工具环境的产品化进程，促进仿真学科的产业化、规模化。尤其是在关系国防安全的装备仿真领域，必须大力开展具有自有知识产权的关键部件、核心实时操作系统、高速实时光纤网络、高精度实时系统、智能接口处理系统等平台所需的关键技术研发，打破长期以来该领域被国外技术垄断的局面，更为有力地支撑新型装备的论证和研制、试验过程。同时以现有的国产化实时仿真计算机和仿真软件集成开发环境为起点，从国家和军队层面设立高性能仿真机、多体协同 / 集群实时仿真平台等研究项目，给予仿真机体系结构、基于模型的复杂系统虚拟工程框架、服务化仿真建模方法、仿真服务虚拟化等方面稳定、充足与该项目硬件投入相匹配的资金和人力支持，突破基于多智能体 / 基于控制的复杂系统仿真实时仿真支撑平台体系架构、基于 Web/ 网格 / 云计算 / 并行计算的拟态仿真机体系结构等关键技术，形成具有自主知识产权、能替代国内同类型产品的高性能实时仿真机或实时仿真平台，在航空、航天、电子、电力等国家核心产业领域实现广泛应用[8]。

4. 提升仿真计算机和软件的智能化水平

加快人工智能芯片的研发，布局超高运算市场。人工智能是目前研究的焦点，而为人工智能芯片是有效发挥人工智能的关键之一。人工智能芯片研发的核心在于芯片架构以及“感知 – 传输 – 处理 / 执行”全流程逻辑的研发：短期内以异构计算（多类型组合方式）为主，来加速各类应用算法的落地；中期侧重发展自重构、自学习、自适应的芯片，来支持算法的演进和类人（类脑）的自然智能；长期朝着“通用人工智能芯片”的方面发展。“通用人工智能芯片”是指能够支持和加速通用人工智能计算的芯片，能够让系统通过学习和训练，准确高效地处理任意智能主体（例如，人）能够处理的任务，其面临通用性（算法和架构）和实现复杂度两个主要难点。

加快大数据、深度学习为核心的人工智能技术研究，提升仿真的智能化水平。大数据分析处理关键能力对未来作战的影响主要体现在提高军事信息处理质量和深度，解决战场信息高速处理的瓶颈问题，使数据驱动辅助决策向数据驱动监视转变，同时推动作战体系从信息化向智能化的整体转变。深度学习作为智能技术重点，在不同军兵种进行规划布局，多方面促进其发展和应用，主要集中在挖掘其中有价值情报，支撑决策制定；二是利用深度学习提高人机交互能力；三是利用深度学习分析网电、电子战的进攻模式，提高应对能力。

5. 不断完善仿真计算机与软件相关标准规范，促进仿真平台工具的共享重用与互操作

美军有三个重点方向，有效促进了仿真平台工具的互操作。一是虚实结合的仿真体系结构标准规范；二是基础数据标准规范，值得重视的有综合环境数据表示与接口规范（SEDRIS）、大气与海洋的数据系统（TAOS）和合成场景生成模型（SSGM）等；三是建立可共享的仿真资源库，美国国防部已经建立了仿真资源网站作为仿真资源库的入口，包括美国陆军、海军、空军等建模与仿真管理机关建立了 10 个仿真资源库子结点，不同结点之间能够彼此访问共享仿真资源信息，为仿真资源共享和重用提供了重要技术支撑。

参考文献

[1] 李兴玮，曹娟. 仿真计算机的过去、现在和未来［J］. 系统仿真学报，2009，21（11）：108–111.

[2] 王恒霖，曹建国. 仿真系统的设计与应用［M］. 北京：科学出版社，2003.

[3] 姚益平. 面向大规模体系仿真的高性能仿真计算机系统［J］. 系统仿真学报，2011，21（8）：1617–1623.

[4] 刘金，周振浩，孔文华，等. 一体化实时仿真平台技术的发展与展望［J］. 中国系统仿真学会专刊，2013，6.

[5] Dufour Christian，Abourida Simon，Belanger Jean. Hardware in-the-loop Simulation of power drives with RT-LAB［J］. Proceedings of the International Conference on Power Electronics and Drive Systems，2005，2：1646–1651.

[6] 程进，刘金. 半实物仿真学科基础及应用实践［M］. 北京：中国宇航出版社，2019.

[7] 中国航天科工集团第二研究院二零八所，北京仿真中心. 世界国防科技年度发展报告（2018）：军用建模仿真领域发展报告［M］. 北京：国防工业出版社，2019.

[8] 中国航天科工集团第二研究院二零八所，北京仿真中心. 世界国防科技年度发展报告（2017）：军用建模仿真领域发展报告［M］. 北京：国防工业出版社，2018.

[9] 中国航天科工集团第二研究院二零八所，北京仿真中心. 世界国防科技年度发展报告（2016）：军用建模仿真领域发展报告［M］. 北京：国防工业出版社，2017.

[10] 张淼. 基于麒麟操作系统的实时仿真平台关键技术研究［D］. 国防科学技术大学，2017.

[11] 吴文波. 并行分布实时仿真平台任务调度技术研究［D］. 国防科学技术大学，2015.

撰稿人：耿化品　张　克　刘　金　周莉莉　佟佳慧　史　航　沈　超　郭卓峰

离散事件系统建模与仿真

一、引言

离散事件系统（discrete event system，DES）指的是在离散时刻发生的随机事件驱动下，状态呈现不连续跃变的系统。离散事件系统建模与仿真主要针对的就是这样一类系统。离散事件系统建模与仿真的特点，系统状态变量是用离散变化过程描述的，且仿真过程由离散事件驱动，当随机事件发生时，系统状态将发生变化并推进仿真向前进行。

离散事件系统建模与仿真是由计算机科学、管理科学、现代数学、系统科学和人工智能等学科相结合而形成的新兴交叉学科，它以系统理论、形式化理论、随机过程理论、统计理论以及最优化理论为基础，借助计算机和仿真软件对实际系统建立仿真模型并进行动态试验研究，通过对仿真模型输出的分析来评估实际系统的行为和性能，对于辅助工程技术和管理领域中的系统设计和决策具有重要作用。在工业生产、交通运输、商业服务、企业管理、军事作战、社区管理、医疗管理、金融流通等各行各业的管理中，无不包含离散性随机动态变化过程，许多系统从本质上说，都属于随机离散动态系统。离散事件系统建模与仿真在分析这类问题时具有明显优势，能够使领域专家或者管理者避开抽象的数学模型，充分发挥其领域知识的优势来描述和分析系统的运行过程，通过实验思考的方法获得问题的满意解或者最优解。

近年来，伴随着基于云计算和大数据科学、智能仿真、分布交互仿真、虚拟现实及3D可视化仿真、量子系统建模与仿真等技术的兴起和发展，离散事件系统仿真通过与这些相关技术在理论和方式上的交融，取得了更大的发展，具有巨大的应用潜力。并在先进制造系统建模与仿真、航天及军事仿真、交通运输仿真、现代物流与供应链管理建模与仿真、（工业、农业、医疗、体育、教育等）行业仿真、社会经济系统仿真、应急管理系统仿真等领域产生很多新的应用，取得了较显著的效果。

二、本专业我国的发展现状

（一）基本理论与技术现状

DES 的显著特点是对 M&S 提出了特定的要求，针对 DES 的仿真应用，下面将从系统建模和仿真优化两个方面展开综述研究。

（1）DES 建模技术

模型是对建模目标的概念化表示，建模就是系统模型的构建过程[1]。建模技术是仿真学科的基础，两者是同步发展的。复杂系统对快速建模和模型重用提出了更高要求，对此研究人员在系统控制结构、智能建模和数据驱动建模等方面进行了大量研究。

系统控制结构：控制结构不仅决定了系统模型的适用性，而且直接决定了仿真运行的效率和质量。DES 在功能和结构组织及其管理模式上具有一定的纵向层次特性，基于该事实，学者对 DES 的递阶控制结构进行了研究[2]。随着企业联盟等大型、复杂、集成系统的发展，出现了分布式仿真应用，为此学者又提出了高层体系结构（HLA）。HLA 与其他建模技术有较强的融合性，能够将面向对象和网格技术应用至 HLA 建模体系，扩展出更为复杂、可重用的互操作系统。

智能建模：常用的智能建模方法，如 Petri 网和多智能体[3]，能够有效协调系统通信、分解系统功能，分析系统性能。

数据驱动建模：为适应动态建模的需求，建模方法与仿真应用的集成是必然趋势。仿真只是一个开放性平台，其数据主要来源于外部，数据驱动建模（Data-Driven Modeling，DDM）实际是系统的数据集成方法，其目的是实现模型自动生成，并驱动仿真运行[4]。在 DDM 模型开发中，应将模型构件进行标准化封装，用户模型则按照模块化组装的形式在外界数据的驱动下自动生成。

（2）序贯仿真

国内在这一领域最具代表性的成果是提出了在管理领域具有创新特色的基于虚拟现实仿真的序贯决策理论和方法[5]，为物流、信息流和资金流等复杂流程构成的企业管理系统提供了新的管理决策模式和支持手段。

在理论研究方面，通过分析仿真环境下决策行为的特点，提出一种 3W+N 序贯决策模式（when、where、what 与 number of replications），建立了仿真过程中动态决策时点和地点的设置原则与方法；通过分析基于仿真的序贯决策过程中决策序列的解空间，证明了决策序列的优化属于 NP 完全问题；利于现代启发式方法给出最优决策序列的求解方法；在决策理论和对策论基础上建立了一种旨在随机应变解决问题的决策理论和方法，该方法非常适合序贯决策模式；提出一种通用的半构造式方法，将传统的决策 – 目标值空间中的求解过程扩展到系统状态 – 决策 – 目标值空间，并利用智能算法同时解决了策略值与策略结构问题。

在系统设计与应用方面，建立了基于 Vega 等三维软件平台的虚拟现实环境，并开发了针对运输问题、生产计划与控制问题、商业设施内部布局等管理决策问题的序贯决策模型。特别是在 20 世纪 90 年代以来，将离散事件仿真学科用在天地往返运载系统方案的评估与选择中，并进行了空间站工程大系统费用与进度及其风险分析的仿真研究，为我国航天事业做出了贡献。

（3）稀有事件仿真

稀有事件是一种发生概率小但后果严重的事件，如大地震、大坝倒塌。由于稀有事件的特殊性质，经典概率估计的方法受到较大限制，而仿真以其独特的建模形式和强大的随机问题处理能力在这一领域显示出了不可替代的作用。在仿真过程中，稀有事件出现的概率很小，为获得足够多的样本点供仿真输出分析，需要耗费大量的时间，因而对稀有事件仿真而言，如何提高仿真效率是一个至关重要的问题，对各种抽样方法的研究成为一个重要研究热点。国内近年来在这一领域的主要成果包括以下几个方面[6]。

1）针对基于极小化方差的重要抽样方法所存在的不足，提出了一种利用指数变换构造重要抽样分布类的重要抽样方法。采用指数变换构造重要抽样分布类，得到重要抽样估计量，再通过极小化重要抽样估计量的方差来确定相关参数，进而找到最优重要抽样分布函数，从而得到稀有事件的概率估计。

2）提出了一种基于期望的重要抽样方法。通过极小化重要抽样密度函数与最优重要抽样密度函数之比的期望与 1 之间的距离，寻找重要抽样密度函数，进而得到稀有事件的概率估计。

3）提出了一种基于似然比构成的鞅的重要抽样方法，通过判断随机过程是否为鞅来寻找最优重要抽样密度函数，从而对稀有事件进行仿真。

（4）DES 仿真优化技术

建模旨在分析系统运行逻辑，重建系统仿真结构，仿真则对模型正确性加以检验，并对其运行效果加以优化。仿真是一种模拟试验方法，为获得优或近优解，需要进行反复试验，并采用搜索算法对控制参数和仿真结果进行优化评估。仿真与优化相结合的方法是解决 DES 等复杂系统参数和性能多目标优化问题的重要途径[7]。在这一方面，目前已有大量研究，并在 DES 中得到广泛应用。

（二）离散系统仿真技术与应用现状

离散事件系统建模与仿真的应用发展很快，已渗透到不同层面的各个领域。微观层面如通过对大规模集成电路的仿真模拟以验证其可靠性，通过对基因、细胞等的生物化学物质进行仿真研究以分析其机理；宏观层面如通过对政策实施的仿真分析为宏观战略决策提供依据，使用离散事件系统仿真学科对政治、经济和社会环境问题进行研究等。

在各应用领域中，最为活跃的包括复杂管理系统（如生产制造系统、物流与交通系统、服务系统）分析、优化设计与决策、供应链管理、大型工程项目管理与风险管理、事件管理以及近年越来越受到重视的经济与金融管理等。

1. 生产企业管理领域的离散事件系统建模与仿真现状

企业管理领域是国内离散事件系统建模与仿真研究最为活跃的分支，近年来，涌现出一大批研究成果，在包括生产、物流、存储、组织、管理等一系列领域得到广泛应用。

（1）生产制造管理

针对车间作业排序问题的固有复杂性和目标函数难于解析求解等特点，研究建立了一种优化与仿真集成的系统框架，并提出相应的建模求解思路。此外，还有大量对各类不同生产系统（如 Flow Shop、Job Shop、柔性制造系统）建立仿真模型并加以分析的案例研究，包括在某大型航空制造企业生产排程的应用，以及在某大型航天制造企业生产流程分析中的应用等，通过研究，有效提高了排产效率，并通过对设备空闲时间的管理，增强了其抵抗干扰和处理应急事件的能力[7-8]。针对企业产品促销问题，研究建立了辅助企业促销组合决策 Arena 仿真系统，对于帮助决策人制定科学的营销策略具有十分重要的意义，从而有效提高了企业销售业绩。

（2）企业物流管理

通过对现代生产物流系统的离散事件仿真，可以了解物料运输、存储等过程的各种统计、动态性能。典型应用包括生产物流系统的重构与改造。在生产物流系统的重构研究方面，提出了基于时间的任务队列方法而建立的面向可重构生产系统的物流仿真平台，在物流资源重构和调度策略重构的基础上实时分析各种物流方案的性能，为生产物流重构提供了有效的解决途径。

车间物流改造方面，实现了采用 Petri 网或面向对象方法对车间物流进行离散事件系统建模，利用三维可视化仿真软件完成从系统模型到仿真模型的构建，直观地通过仿真画面和仿真后得到的数据图表等形式发现并分析车间物流系统中存在的问题，进而对车间物流系统进行改造。

（3）库存管理

在这方面，现已发展了如何应用离散事件仿真学科确定企业最优经济订货批量；确定仓库的选址、布局和容量；确定各种运输与装卸设备的数量、分配规则及货物配送方案等问题的方法，以及解决客户需求量和再订货提前期都存在大量随机性的复杂订货决策问题等。

离散事件系统建模与仿真学科不仅可以动态模拟入库、出库、库存以及各种设施和资源的使用情况，避免资金、人力和时间的浪费，最重要的是，它可以为库存管理提供有效的科学依据，使企业根据需要正确的掌握入库、出库的时机和数量，合理规则和安排仓库及各类设施、资源，实现库存成本最小化。

（4）供应链管理

代表性成果之一是通过研究不确定性条件下供应链管理的仿真决策与对策理论，建立供应链决策与对策的仿真模型，提出在供应链仿真运行期间的实时动态决策与对策方法[9]。在多阶段供应链仿真建模理论与方法方面，建立了基于多 Agent 的仿真模型结构，可模拟供应链中的物流、信息流和资金流，从而达到优化供应链结构以及提供决策支持的目的[10]。在供应链存储方面，建立了随机需求下的多阶段、多产品、多分销商的仿真优化模型，最终得出最佳存储策略。在供应链市场进入问题研究方面，通过研究基于主体仿真的进化博弈理论 . 提出基于进化博弈的有限理性学习机制与方法。以上成果为供应链重构、协调、优化提供了理论和实验依据。

2. 交通运输领域离散事件系统建模与仿真现状

交通系统是一个由人、车、路、环境组成的复杂离散事件系统。该系统规模庞大、结构复杂，很难用解析法求得结果，因此，一般用计算机仿真学科进行系统分析和设计。相关应用领域主要包括以下几方面。

（1）在交通运输工程理论研究中的应用

目前，以计算机仿真作为辅助工具，利用其可重复性、可延续性模拟多种交通方式载运工具运行状况，进行交通运行特性和通行能力研究，研究交通运输流在不同运行环境下的演变规律，已成为交通流理论研究的一个发展方向，并在国内已得到相应的应用，近年来该领域研究已有某种交通方式，如城市道路交通流，向城市道路、轨道交通等综合运输方式的综合交通流理论研究发展[11]。

（2）在交通运输基础设施规划设计评价分析中的应用

制订交通基础设施的规划设计方案时往往需要考虑设计方案的功能效果、能否保证运营需要等，采用仿真学科构建的可视化平台可以供设计者在计算机中观看、检查所设计交通基础设施的实际效果，及时发现设计方案的缺陷和局限性，并进行修改或调整[12-13]。

（3）在交通运输管理控制中的应用

通过交通仿真学科可以将分析各种设施设备条件和运营组织方式对运输能力和效率的影响。比如国内学者研究了压缩高铁车站列车的发车间隔措施[14-15]。运用元胞传输模型，构建考虑道路、列车、人流流动特征的仿真模型，模拟交通系统的运行状态，由此验证多种交通管控规则对交通流秩序的影响[16]。

（4）在交通运输安全分析中的应用

在完成交通基础设施的几何设计和交通组织设计后，通过仿真建模与技术检查交通运输设施各个部分的交通隐患，从而保证载运工具和人员通行安全，比如指导我国复兴号 350km/h 新型动车组列车的设计，运行组织的联调联试，运用 Anylogic 软件研究地铁运营突发事故风险等。

（5）在交通新技术和新设想测试中的应用

通过交通仿真建模可以提供一个有效的、直观的仿真试验环境，各种新的交通技术和设想都可用仿真学科进行试验[17]。在智能交通系统、车联网、智联网、高速铁路、机场、港口、自动驾驶载运工具的设计和功能验证等方面发挥了重要的作用[18-19]。近年来，在大规模无人自动驾驶载运工具群控仿真、艰险山区或高原铁路如川藏铁路、青藏铁路新技术和运营方案的仿真测试应用方面均表现了良好的效果。

二、本专业国内外发展比较

近年来，随着系统科学、管理科学和信息技术的突飞猛进，离散事件系统建模与仿真学科也在不断发展与完善，形成了一些新的前沿与热点，具体体现在以下几方面。

（一）离散事件系统建模与仿真国内外对比

M&S 以其独特的魅力吸引了众多学者的关注，随着计算机、网络和软件技术的发展，该技术业已逐渐趋于完善，当然在不断丰富自身理论和应用体系的同时，其内涵和外延也在不断地扩展。

1. 柔性快速建模与仿真

DES 行业广泛，实际应用中，首先要注重 M&S 解决问题的范围和能力。建模与仿真优化是一个有机整体，国内外在强调优化算法稳健性的同时也增加考虑仿真模型的通用性和可重用性，就仿真模型而言，应该提高模型的模块化程度，针对不同问题采用“即插即用”的方式快速构建仿真模型。仿真优化方面，国内外在提高优化算法稳健性的同时，也比较关注提高优化算法的参数化、模块化程度和可定制特性。综合运用各种建模方法以提高仿真模型的模块化程度，近年来，国内在适合于并发、流程性模型的 Petri 网与适合于自主、协同特性模型的 Multi-Agent 建模技术的融合方面有一些研究成果，这为柔性建模打下基础。数据驱动的建模与仿真学科是系统集成技术的实际应用，国内对仿真系统与其他信息系统的结合的研究有了不少进展，这有助于加强人们对建模和仿真方法通用化、仿真算法优化等方面的认识，也将从另一个层面推进制造系统建模与仿真的研究，提升建模与仿真在制造系统中的地位。数据是建模与仿真的驱动源，它直接服务于柔性、快速、自动建模与仿真的开发、运行和评估过程，数据驱动方法能够保证模型构建时数据源的唯一性和模型运行中数据的一致性，国内在数据驱动仿真方法方面的跟踪研究较多，与国外同行比较在原创性方面还需加强。

2. 过程与全局仿真优化

传统仿真只能给出预测结果，无法对仿真过程和结果给出精确的解释。DES 的仿真过程控制离不开对生产调度的研究，仿真控制方法也是模拟实际生产过程控制进行经验或规则调度，并在此基础上采用调度算法，对控制过程进行优化。而越来越多的企业开始采用多品种小批量的生产模式，单一规则应用于所有产品类型显然是不合时宜的。因此，近些年，国内外在面向具体产品和要求，都开发了特定的仿真规则和调度算法，并以参数化的方式实现对生产过程的监控和调整，在这些研究中，国内在特定领域的专门化研究中取得一些国际先进的研究成果，比如对应铁路物流园区作业过程的仿真，国内学者建立了考虑车场灵活布局、联运模式复杂、多货物功能区的物流中心作业仿真模型，构建了铁路物流中心实时调度仿真框架，建立多种协同调度优化模型，设计基于 ADMM 的对偶分解算法，实现不同作业区、多种车辆与装卸设备间的高效协同调度，设计并开发了相应仿真系统，实际应用效果良好[18-19]。

全局优化方面，针对实验次数多、数据量大，需耗费较多人力和时间，仿真的应用效率和可信度不高等问题，采用人工智能（AI）技术对系统进行求解优化已成发展趋势。仿真系统可以充分吸取 AI 技术中专家系统面向对象的建模能力和面向目标的推理能力，解决常规方法难以求解的问题，给出专家水平的结论，目前国内学者在航空航天、城市综合交通管控、军事作战仿真等领域都取得不少国际先进的研究成果。

3. 动态在线仿真

传统的仿真系统在解决一些复杂多变、实时性要求很高的决策问题时遇到了很大的挑战。大部分仿真模型都建立在静态和确定的环境下，没有考虑动态性和不确定性，仿真与全局调度控制系统间缺乏实时的信息流动，一方面，仿真系统不能实时从控制系统中获得实时信息来驱动仿真的运行，从而使得仿真的真实可信性受到影响；另一方面，仿真评估的结果又难以实时传给调度决策人员。近年来，国内外发展趋势是把仿真学科推到生产第一线，形成在线仿真。由于在线仿真需要建立精细、实时、全物理过程对象的在线仿真模型，同步采集仿真对象实时运行的数据和仿真对象操控状态的数据，目前这方面国内在航空航天、智能交通、先进制造、军事仿真等领域都有不少国际先进的研究成果。运行环境使在线仿真模型与生产系统同步运行，通过实时跟踪系统运行、安全运行预警预报，为过程控制优化和管理优化提供决策数据。在线仿真系统需要与生产管理系统进行集成，从生产管理系统获得实时的任务、工艺等信息；根据实时仿真数据，对当前生产计划进行评估与分析，并实施动态调度；后将仿真结果反馈给生产管理系统。近年来，国内 DES 调度仿真在动态在线仿真方面有不少的典型实例，如城市智能交通管控在线仿真等，在仿真管控规模、大规模调度决策及仿真时效性等核心性能指标方面，已接近发达国家类似仿真系统。

4. 资源能力约束建模与仿真

离散制造企业资源能力有限，其生产和运作受有限资源的约束，其生产目标实现是一个复杂约束条件下的多目标优化问题，在 M&S 研究中如果刻意简化或回避这些问题，必然导致“仿而不真”，也势必产生难以令人信服的结果。20 世纪 90 年代以来，国内外在生产仿真优化研究中都加强了对资源约束的分析，除了设备数量、设备能力、工人数、运输能力、缓冲区容量等基本约束外，又增加了实际生产中遇到的其他资源约束，例如，并行工艺、工艺交叉、机加与装配混合生产、批处理设备建模，等等。特别需要指出的是，考虑常规约束的系统模型不能很好地适应新的约束，所以，近年来国内学者在能力约束模型的构建中，也更多地考虑柔性建模与仿真的要求，以提高仿真的应用广度和深度，和国际同行研究相比处于并跑水平。

（二）典型行业及领域离散事件仿真技术的国内外发展比较

由于离散系统仿真学科涉及的行业和领域众多，仅以交通运输行业交通运输规划与管理领域为例，对典型行业国内外离散仿真学科及相关仿真软件系统现状做一分析[20-23]。

1. 国外交通规划与管理领域的微观仿真软件

（1）道路交通规划与管理领域的微观仿真软件

Cube 软件。Cube 软件是美国 Citilabs 公司开发的一套交通模拟与规划软件系统。该软件中的 Cube Dynasim 是一套先进的微观交通仿真软件；可直接与 Cube Voyager 等宏观模型衔接，并以真实、美观的二维及三维动画显示结果。Dyansim 从微观角度对交通系统进行最详尽的分析，例如交通走廊分析，转向间隔分析，十字路口信号控制分析，高速公路出入交叉区分析，重型卡车分析，等等。当道路的设计，控制，交通需求，或者土地的使用发生变化时，利用 Cube Dynasim 可以快速直观地反映这些变化对交通网络的运作所带来的影响。

Paramics 软件。由英国 Quadstone Limited 公司开发，该软件分为 5 个主要模块，分别是建模工具 Modeller、处理工具 Processor、分析工具 Analyser、编程工具 Programmer 和监视工具 Monitor，软件在 Windows 上运行需要加装 Hummingbird Exceed 和 Exceed 3D 软件，用于理解、模拟和分析实际的道路交通状况。Paramics 集成了仿真、可视化、交互式路网绘制、自适应信号控制、在线仿真数据统计分析、跟驰、交通控制策略评价、交互式仿真参数调整等功能，Paramics 能模拟复杂的交通信号控制、匝道控制、与可变速度标志相连的探测器、VMS 和 CMS、路径诱导与 SCATS 的并行仿真等。

Aimsun 软件。由西班牙 TSS 公司开发，Aimsun 主要包括路网编辑器 TEDI、微观仿真器 Aimsun2、三维仿真显示模块 Aimsun 3D、外部程序接口 Getram Extensions、特定的外部程序接口 Interface 以及一个存放路网的数据库等几个部分，该软件在 Windows 平台上运行需要加装 x-Win32 软件。

Vissim 软件。Vissim 软件由德国 PTV 公司开发，包括仿真模块 Vissim 和模拟信号控制模块 Vehicle Actuated Programming（VAP）两部分，可直接安装在 Windows 上，该软件是一种微观的、以时间为参照、以交通行为模型为基础的仿真系统，主要用于城市和郊区交通的模拟仿真中。它可以模拟轨道和道路公共交通、自行车交通和行人交通，由仿真获得的交通特征数据可以评估不同的选择方案。

Corsim 软件。Corsim 由美国 ITT Industries 开发，它综合了用于高速公路仿真的 Fresim 模型和用于城市道路仿真的 Netsim 模型，当前 Corsim 集成在 Tsis 软件包中，Corsim 能够模拟定周期的交通控制和匝道控制、感应式和协调的信号控制、随交通量变化的匝道控制、交通事件等。优点：该软件模型完备，功能强大，更重要的是它具有极度的开放性，几乎所有的模型参数都可以由用户自行设定，具有很好的二次开发平台作用。缺点：Corism 对 ITS 模拟的支持是最弱的。

TransModeler 软件。TransModeler 由美国 Caliper 公司开发，TransModeler 将交通仿真模型和 GIS 有机结合起来，路网等空间数据存储与管理完全采用 GIS 数据处理方式，并且可通过数据库管理系统来管理路网等空间数据。此外，TransModeler 可在 GIS 图形界面上微观显示车辆运行状况及详细交通状况。优点：TransModeler 实现了微观仿真、准微观仿真和宏观仿真的无缝集成，可依据网络范围和仿真解析度选择合适的仿真模型。

SimTraffic 软件。该软件是由美国 TrafficWare 公司开发的软件。最初是为交通建模和信号优化配时而开发的软件。随着技术的发展，SimTraffic 增加了对高速公路、匝道和环形交叉口的建模功能，逐渐发展成为一个功能全面的微观交通仿真系统。

MITSimLab/MITSim 软件。由美国麻省理工学院开发。主要模块包括微观交通仿真模型 MITSim 和交通分配仿真模型 TMS。其中 TMS 还包含一个准微观仿真模型 MesoTS。TMS 通过 MesoTS 预测交通网络状况，产生路线引导和信号控制策略，并可将 MITSim 输出的仿真结果作为输入，为路线引导和信号控制策略提供数据服务。各种微观仿真软件性能比较如表 1~ 表 3 所示。

表 1　微观交通仿真系统交通设施描述和表现形式的比较

比较项目	仿真软件							
	Cube	Paramics	Aimsun	Vissim	Corsim	Trans Modeler	SimTraffic	MIT SimLab
路网描述	较精细	精细	精细	精细	较精细	精细	粗糙	精细
信号描述	较精细	精细	精细	精细	较精细	精细	精细	较精细
专用车道	较精细	精细	较精细	精细	较精细	精细	无	较精细
公交、汽车停车点	粗糙	精细	精细	精细	较精细	精细	无	较精细
3D 仿真	无	有	无	有	无	无	无	无

表 2 微观交通仿真系统的车辆行为模型比较

比较项目	仿真软件							
	Cube	Paramics	Aimsun	Vissim	Corsim	Trans Modeler	SimTraffic	MIT SimLab
车辆跟驰、换道及间距接受模型	有	有	有	有	有	有	有	有
交叉口转弯运动模型	弱	有	有	有	弱	有	有	有
车辆排队以及排队消散模型	有	有	有	有	有	有	有	有
交叉口左转影响模型	有	有	有	有	有	有	有	无
路口车辆行人相互影响模型	有	有	有	有	有	有	有	无
转弯速度影响模型	不详	无	无	有	无	有	有	有
车辆转弯灯信号影响模型	不详	无	无	无	无	有	无	无
可变驾驶员反应时间	无	有	有	无	无	有	无	无

表 3 微观交通仿真系统扩展功能比较

比较项目	仿真软件							
	Cube	Paramics	Aimsun	Vissim	Corsim	Trans Modeler	SimTraffic	MIT SimLab
交通事件管制	有	有	有	有	有	有	无	有
匝道控制	有	有	有	有	有	有	无	有
公交优先	有	有	有	有	实现困难	有	无	无
动态交通分配	无	有	有	有	实现困难	有	无	有
动态路线导行	无	有	有	实现困难	无	有	无	有
VMS	无	有	有	实现困难	实现困难	有	无	有
交通堵塞影响模型	有	有	有	有	无	有	无	无

（2）轨道交通仿真软件发展

OpenTrack 软件。源于 20 世纪 90 年代中期瑞士联邦研究院（Swiss Federal Institute of Technology）的科研项目。广泛应用于以下轨道交通工程领域：铁路网络基础设施的需求分析与规划；线路和车站的运营能力分析、列车牵引分析；构建列车时刻表并分析其适应性和鲁棒性；多种信号系统分析，如离散阻塞系统和移动闭塞系统等；系统故障和延迟模拟分析。

RailSys 软件。是由德国汉诺威大学（University of Hannover）和德国铁路管理咨询公司（RMCon）共同研发的基于路网的铁路运输微观模拟仿真系统。该系统能够微观模拟至单个列车对某一股道的占用情况，可用于路网能力分析，新型信号安全技术研究和列车运行图的评价等。对分析变化的运输需求对现有铁路运输系统的影响、基础设施的改扩建、信号系统的安全及可用性评价、列车时刻表的制定和优化等起到重要的辅助决策作用。

STRESI 仿真程序。由于其应用范围仅限于复线的轨道线路，故使用相对较少。但对于其特定的应用范围（复线），该程序能得出可靠的计算结果。该程序由德国亚琛的 RWTH 技术大学开发，内容包括：设备数据录入，列车数据录入，行驶时间和占用时间计算，仿真计算，输出等。

RailPlan 软件。是由德国 VIT 公司开发的一个基于列车牵引计算的仿真软件，它可以根据线路基础数据和列车牵引数据来模拟列车的运行。软件包括列车延误分析，列车时刻表可靠性量化分析，非正常运行下运输能力的计算等功能。

RailPlanTM 软件。是一个基于线路与车站基础数据的运输组织仿真系统，它通过分析列车延误的概率和数量来测试出由于列车之间的相互作用而传递所造成的延误情况，从而对列车开行方案的可靠性进行分析。

列车运行计算系统（GTMS）。是由北京交通大学与香港理工大学合作开发，能够提供各种条件下系统相关指标的自动计算，为工程咨询人员提供铁路工程项目新建或改造过程中的多方案比选结果，机车运行操作方案的优化，列车运行过程动态演示等。

（3）航空仿真软件

Ansot Simplorer 软件。是美国 Ansoft 公司研发的一个功能强大的跨学科多领域的高性能系统仿真软件，适合于进行电机、电力电子装置及系统、交直流传动、电源、电力系统、汽车部件、汽车电子与系统、航空、航天、船舶装置与控制系统、军事装备仿真。优点：可以非常方便地利用 Ansoft Maxwell 软件，C/C++ 等编程语言建立模型，该软件具有图形及数值结果分析，Excel 兼容表格处理蒙特卡洛分析，趋势分析，连续逼近，极端分析，单纯形法，遗传算法优化设计，强大的原理图功能。缺点：对于规划与运营方面的支持不足。

MITSimlab 软件。MITSimlab 是以 WINDOWS 窗口、菜单对话框的图形方式为界面风格的综合性仿真软件。可以仿真飞行控制系统，Simlab 以其功能将软件结构分成四大组成部分：仿真模型库及其管理、仿真算法库及其管理、实验框架库及其管理和实验数据库及其管理。

（4）行人仿真软件

Legion 软件。由英国 Legion Limited 公司开发，Legion 人流模拟软件目前被业内认为是最有效的行人仿真与分析工具，广泛用于地铁车站、奥运场馆、机场和大型活动等人流聚集区域的步行人流模拟。Legion 软件采用元胞自动机模型，由 Model builder、Simulator 和 Analyser3 个模块组成，能够仿真行人步行运动，并考虑到行人相互间的作用和周围环境中的障碍物之间的作用。每位行人被模拟成一个二维实体。优点：该软件可以输出人流密度、步行时间、疏散时间、步行速度、排队长度等数据，可输出行人活动区域内的人流密度分布和最大密度的持续时间分布，空间利用率等直观图形，支持图形、数据、图表的输出，并可以被车辆微观仿真软件 Aimsun 软件读取，实现行车与车辆的混合仿真。缺点：不能二次开发。

STEPS 软件。该软件是由英国的 MottMacDonald 公司研发，也是采用基于实体的方法和元胞自动机模型，该软件提供了两种运行模式，正常模式和疏散模式。优点：该软件支持在 AutoCAD（DXF 格式）底图的基础上创造空间模型，提供 CSV 格式的输出文件，提供交互式三维可视化图形输出。缺点：不能二次开发。

SimWalk 软件。由瑞士公司研发的软件主要包括绘图模块 Simdraw 和仿真与分析模块 SimWalk。它采用基于主体的技术，每一个主体代表一个具体特定目的地、步行速度和避免拥挤的行人。优点：支持在 AutoCAD（DXF 格式）底图的基础上创建步行空间，提供四种显示模式，即主体显示（行人显示为圆点）、迹线显示（显示行人的迹线和速度）、密度显示（显示服务水平）、负荷度显示（显示区域为行人的累积利用情况），提供多种文本拥挤图形的统计输出。缺点：不能二次开发。

AnyLogic 软件，由俄罗斯研发的该软件由基础仿真平台和企业库组成，行人仿真主要依靠行人库实现，核心算法是社会力模型。该软件的行人仿真模型包括环境建立、创建行为流程图、运行仿真和结果分析几个步骤。特点：可以输出动画和行人数目、平均密度、停留时间等统计数据。该软件还具有开放式的体系结构，支持二次开发。

2. 国内外交通运输规划与管理领域仿真软件的对比分析

我国交通规划与管理领域微观仿真软件研发从 20 世纪 80 年代以来取得长足的发展，国内学者提出大量仿真模型并开发相应仿真软件解决交通规划与管理中的实际问题，以“交运之星”等为代表的规划软件在我国城市规划与管理实践中得以应用并不断完善，少数仿真软件的部分功能已接近国际先进水平，比如清华大学吴建平教授建立了基于模糊数学理论的微观交通仿真模型“FLOWSIM”，2007 年成功将 FLOWSIM 应用到北京奥运交通管理预案研究和交通组织优化设计。2010 年又提出“动态交通仿真”的概念，并于 2013 年开发完成基于 FLOWSIM 的“城市动态交通仿真平台”。作为 2014 年教育部全国首批建设了 100 个国家级虚拟仿真实验教学中心之一，北京交通大学构建了面向综合交通仿真运用的海量、多源、异构基础大数据平台，“全过程、半实物、虚拟现实”的铁路规划设计运营一体化仿真实验平台，基于大数据的道路交通规划、设计、管控与运营评价仿真实验平台。2018 年东南大学承担了国家重点研发计划“综合交通运输与智能交通”专项计划的城市多模式交通供需平衡机理与仿真系统（2018YFB1600900）项目，项目预期将形成支撑城市多模式交通网络供需平衡分析 – 协同规划设计 – 系统主动调控的理论方法体系，开发城市多模式交通网络仿真分析软件与系统平台，具备城市土地利用、交通需求、交通调控等多要素融合仿真分析功能，分析网络节点数不少于 10000 个，计算时间不大于 1 分钟，并形成相关自主知识产权。

目前，我国仿真软件的研发与国外相比存在的主要问题如下。

1）对交通仿真构架及仿真模型的基础理论研究尽管有大量的成果，但这些仿真模型的正确性缺乏国内实践数据的检验，特别是模型参数标定方面，基础工作相对薄弱，但国内缺乏体制与机制推动做参数标定这一尽管重要但又费时费力的工作。

2）在仿真软件工具研发方面，在国内众多高校、研究机构和企业的共同努力下，已经出行一批具有自主知识产权的雏形，但很多软件追踪国外技术较多，缺乏自身特点，此外，对于可供市场广泛使用的、系列性基础核心微观交通仿真软件还比较缺乏，某些关键技术还未解决，还需要加大研发力度，重点攻关突破。

3）在仿真软件核心技术研究方面，技术的发展趋势长期由国外开发商或研究机构主导，国内研究领域系统性不强，研究力量分散，有的在可视化方面研究较强但交通功能性很弱，有的注重功能性开发但软件交互性和表现形式很差，理论研究与软件开发脱节，很难与国外同类产品形成竞争，目前国内仿真市场95%仍为国外软件垄断。

4）产学研合作脱节，高校与研究机构开发的具有较新理论和方法的仿真系统雏形，未能与应用部门很好结合，科研成果转化率低，这不仅需要产学研各方积极合作，也需要有关部门在该领域的引导与安排，促进成果的转化与实用化。

四、本专业我国发展趋势及对策

（一）持续推动离散事件系统仿真理论和技术创新

深入研究和发展DES建模、序贯仿真、管理系统建模等理论与技术，改进完善混合异构层次化仿真、动态语义表示方法，及模型与数据混合驱动的智能化仿真等建模技术，研究发展新一代的体现离散系统仿真特色的智能建模仿真学科。基于通用性建模、领域特定建模和领域特定元建模方法三个阶段的发展基础，进一步实现复杂网络和基于多Agent的建模仿真方法相结合，发展架构牵引等为代表的系统仿真建模方法。

（1）可视化及动画技术

可视化能够为特定的仿真模型的有效性以及仿真学科的一般原理的交流提供桥梁，可以检验和证实模型，以确定模型是否反映了构建者的意图或者是否反映了系统的客观实际；便于观察系统的动态行为；有助于岗位的培训。系统仿真是一项技术难度较高的系统分析工作，可视化方法在仿真中的应用，能够提供友好的用户界面，可以促进仿真系统的建模输入及输出过程。

（2）并行离散事件仿真

应用传统的事件表原理来仿真大的复杂系统，运行效率可能会很低，在这种情况下，应该采用并行离散事件仿真方法，它将仿真模型表达为一个由相互通信的实体构成的有向图。随着计算机并行处理技术、网络技术及分布式操作系统的成熟，它的设计思想必将移植到系统仿真上来，为解决大的离散仿真系统如通信系统、交通系统等提供可靠的方案。

（3）面向对象的仿真

采用面向对象的建模方法，即认为客观系统是由各种相互作用的对象组成，它符合人们的思维方式，同时它又具备面向对象软件的数据封存、继承性和多态性等特点，因而使仿真建模更加直观、自然，也使这类仿真软件具有很好的模块性、可重用性、可维护性和灵活性。

（4）一体化建模与仿真环境

采用一体化建模与仿真环境，可以对仿真中涉及的各种资源如模型、算法、实验框架，以及行为数据等进行统一有效的管理，能灵活地拼合仿真模型、设置仿真实验，并对实验结果进行分析处理等。

（二）推进自主知识产权的离散事件系统仿真专业软件研发

近年来，计算机技术突飞猛进，特别是随着 CPU 运行速度的大幅提高，存储器容量的增加，以及网络技术、计算机图形图像技术、多媒体技术、软件工程、系统工程、自动控制、人工智能等技术的发展，仿真软件在深度与广度上也随之发展。基于典型行业和领域专业仿真软件的发展现状，并结合我国情况来看，离散系统专业仿真学科将在技术与应用层面不断得以更新，与最新的相关技术及应用新需要不断融合，关键技术在重点领域不断深化应用，为此，未来的优先发展领域应该包含以下方面。

生产制造、管理系统、交通行业、军事作战等行为微观机理研究。基于生产制造、人员、设备为中心的行为快速建模的仿真学科，研究流程、行为与各种环境、管理和控制手段的交互关系，构造更具解释机制的流程和行为模型；

主要仿真模型参数标定，通过国家或行业层面的引导与支持，系统规划与安排相关仿真参数的测试与校验工作，制定国家或行业领域的基础参数标准；

仿真装备及支撑环境研究。融合最新技术的支撑环境软件及设备，包括针对高性能仿真计算机特点的高效软件支撑环境研发，针对不同用途、产品的基础通用硬件研发等；

微观仿真的行业应用。关键技术在重点与热点领域的应用包括智能制造、互联网、虚拟企业管理、综合运输系统、军事等领域，进一步创新应用开发与推广；

通过政策诱导，促进加强高校、科研机构及相关企业在仿真软件领域的合作，研发出具有行业国际水准的商业仿真软件系统。

参考文献

[1] Yang XL, Feng YC. Solving sequential decision making problems under virtual reality simulation system [J].

Proceedings of 2001 Winter Simulation Conference（WSC'2001），Arlington，USA，2001：905-912.
[2] 周泓，邱月，吴学静. 基于重要抽样技术的稀有事件仿真方法 . 系统仿真学报，2007，19（18）：4107-4110.
[3] 胡斌，胡晓琳. 管理系统模拟［M］. 北京：科学出版社，2017.
[4] 胡斌，朱侯，赵旭. 员工心理活动的突变与模拟模型［M］. 北京：清华大学出版社，2014.
[5] 胡斌，蒋国银. 管理系统的集成模拟原理与应用［M］. 北京：高等教育出版社，2010.
[6] 胡斌，周明. 管理系统模拟［M］. 北京：清华大学出版社，2008.
[7] 王志平，王众托. 超网络理论及其应用［M］. 北京：科学出版社，2008.
[8] 王飞，司光亚，荣明，等. 武器装备体系的异质超网络模型［J］. 系统工程与电子技术，2015，37（9）：2052-2060.
[9] 胡晓峰，贺筱媛，饶德虎. 基于复杂网络的体系作战协同能力分析方法研究［J］. 复杂系统与复杂性科学，2015，12（2）：9-17.
[10] 徐建国，李孟军，姜江，等. 预警作战体系超网络建模及结构分析［J］. 系统工程与电子技术，2018，40（5）.
[11] 刘忠，刘俊杰，程光权. 基于超网络的作战体系建模方法［J］. 指挥控制与仿真，2013，35（3）：1-5.
[12] 朱涛，常国岑，施笑安. 基于复杂网络的作战系统结构研究［J］. 火力与指挥控制，2008，33（s1）：136-137.
[13] 石福丽，朱一凡. 基于超网络理论的军事通信网络复杂性度量方法［J］. 通信学报，2011，32（12）：51-59.
[14] 李涛，杨秀月，郭齐胜. 基于探索性计算实验的信息化武器装备体系优化方法［J］. 装甲兵工程学院学报，2008，22（1）：5-9.
[15] 毛昭军，蔡业泉，李云芝. 武器装备体系优化方法研究［J］. 装备指挥技术学院学报,2007,18(2)：9-13.
[16] 李英华，申之明，李伟. 武器装备体系研究的方法论［J］. 军事运筹与系统工程，2004，1（1）：17-20.
[17] 姚雯，陈小前，黄奕勇，等. 分离模块航天器不确定性多学科设计优化［J］. 国防科技大学学报，2011，35（5）：9-16.
[18] 叶国青，姜江，陈森. 武器装备体系设计问题求解框架与优化方法［J］. 系统工程与电子技术，2012，34（11）：2256-2263.
[19] 赵青松，程赟，鲁延京，等. 面向演化的体系结构设计与优化研究 [C]// 经济全球化与系统工程：中国系统工程学会第 16 届学术年会 .
[20] 谭东风，张辉. 随机交战的无标度网络［C］// 2006 全国复杂网络学术会议 .
[21] He S，Zhou K，Liu J. Survey on Microcosmic Simulation Research in the Field of Rail Planning and Management[C]// International Symposium on Modeling and Simulation of Complex Management Systems（ISMSCS-2013）.
[22] Shiwei HE，Jie LIU. Present and Future Development of Microcosmic Simulation Software in the Field of Transportation，Planning and Management［C］. Proceedings of the 13th Chinese Conference on System Simulation Technology & Application, SSTA'2011, Scientific Research Publishing, Huangshan, China, August 3-7, 2011，1088-1094.
[23] 胡明伟，史其信. 行人交通仿真模型与相关软件的对比分析［J］. 交通信息与安全，2009，24（7）：122-127.

撰稿人：何世伟　胡　斌　朱一凡　李　雄　景　云

复杂系统建模与仿真

一、复杂系统建模方法

（一）复杂系统

从复杂性科学的发展历程来看，复杂性科学是多学科交叉发展，不同学科融合的结果，具有不同学科背景的学者针对各自不同的研究对象，给出了不同的复杂性定义。例如，钱学森院士对复杂性的看法是复杂性是开放的复杂巨系统的动力学特性。他把复杂巨系统中的复杂性概括为：系统的子系统间可以有各种方式的通信；子系统的种类多，各有其定性模型；各子系统中的知识表达不同，以各种方式获取知识；系统中子系统的结构随着系统的演变会有变化，所以系统的结构是不断改变的。而遗传算法的提出者 J. Holland 则强调系统的复杂性是由个体的适应性造成的，它会在环境的影响下改变自身的结构与行为方式，并且由此产生分化、分工，以至整个系统状态的变更。J. Casti 把复杂性定义为意外（surprise），表现为固有模式的失效，他把复杂性科学称为关于意外的科学。迄今，学术界对于复杂性还没有形成一个精确的科学定义。根据郝柏林院士的研究成果：在美国国会图书馆 1975 年至 1999 年 2 月 15 日的入藏书目中，标题里含复杂性（complexity）一词的就有 489 种，其中涉及算法复杂性、计算复杂性、生物复杂性、生态复杂性、演化复杂性、发育复杂性、语法复杂性，乃至经济复杂性、社会复杂性，凡此种种。

可以看出，多样性和差异性是复杂性固有的内涵，只接受特定意义下的复杂性，实质上就否定了复杂性本身。但复杂性定义的多样性无疑会增加不同学科之间交流的困难，不利于多学科交叉与融合。本文为了便于开展下面的讨论，给出了复杂性的如下定义复杂性是由系统中大量具有层次结构的多种成分在没有集中控制的情况下，通过非线性的相互作用在系统整体上表现出来的更高层次、更加协调的有序性，是系统的内在属性。

而复杂系统是相对于简单系统比较而言的概念，复杂性属性是它区别于简单系统的根本属性。由于具有不同学科背景的学者对复杂性的理解各不相同，目前国内外存在复杂系统的多种不同定义。下面仅从系统学、复杂系统具有的特性以及计算科学的角度来定义或者理解复杂系统：

从系统学的角度概括起来，可以把复杂系统界定为具有大量交互成分组成，其内部关联复杂、不确定，总体行为具有非线性，即不能通过对系统的局部特性的理解，来描述和解释整个系统特性的系统。需要指出的是，非线性系统科学不属于复杂性科学范畴，而复杂系统一般都是非线性系统，复杂性不仅意味着非线性，还意味着大量的具有许多自由度的元素；

在不能给复杂系统严格、统一定义的情况下，也可以通过指出复杂系统具有的一些重要特点来界定复杂系统，探讨复杂系统与简单系统之间的区别。在复杂系统变化无常的活动背后，呈现出某种不定的秩序，其中，演化（evolution）、涌现（emergence）、自组织（self-organization）、自适应（adaptation）、自相似（self-similarity）被认为是复杂系统的共同特征。此外，复杂系统还具有一些重要的特点，例如，大规模、非线性、不确定性、关联特性、主动性、复杂的层次结构、不平衡性、动力学特性、不可积性、不可逆性，等等，这里不一一赘述。现实的复杂系统往往具有上述的多个甚至全部特征，但仅仅具有上述诸多特点中某一个特点的系统不是复杂系统；

从计算科学的角度看，复杂系统指的是具有不可计算特性的系统。因此，可以用形式化的规则系统对系统进行精确描述的为简单系统，而复杂系统只能用形式化的规则系统进行近似描述，然后通过计算机仿真的方法研究其复杂性。由于描述复杂系统的规则中存在着大量的随机变量，根据这些规则无法预先知道系统的特性。

（二）复杂系统建模的理论基础

复杂系统建模的理论基础是复杂性理论。经过几十年的发展，人们已经积累了丰富的关于复杂系统的经验，然而这些经验的积累尚未被上升到一个一般理论的高度。目前复杂性理论主要有三大流派，即以美国圣塔菲研究所为代表的复杂适应系统（complex adaptive system，CAS）理论、欧洲学者提出的远离平衡态的自组织理论，以及中国学者提出的开放的复杂巨系统理论。

CAS 理论的核心思想是“适应性造就复杂性”，适应性主体（adaptive agent）是该理论的最基本概念，简称为主体。所谓适应性，就是指它能够与环境以及其他主体进行资源和信息等的交流，来“学习”和“积累经验”，并且根据学到的经验改变自身的结构和行为方式。整个系统的分化、多样性的出现和新层次的产生等演化过程都是在这个基础上出现的。CAS 理论在研究方法上强调以计算机仿真为主要的研究方法，具有鲜明的可操作性，已经在许多重要领域中得到应用。

自组织理论是 20 世纪 60 年代末期开始建立并发展起来的一种系统理论。它的研究对象主要是复杂自组织系统（生命系统、社会系统）的形成和发展机制问题，即在一定条件下，系统是如何自动地由无序走向有序，由低级有序走向高级有序的。它主要有三个部分组成即耗散结构理论、协同学笔、突变论。

以著名科学家钱学森为首的我国学者则在20世纪90年代初期提出了开放的复杂巨系统理论，其基本观点是对于自然界和人类社会中一些极其复杂的事物，从系统学的观点来看，可以用开放的复杂巨系统来描述，解决这类问题的方法是从定性到定量综合集成研讨厅体系。迄今，综合集成的方法论已取得了许多卓有成效的成果。

此外，混沌边缘理论、预期理性及有限理性理论等从不同的领域和角度解释复杂性的形成原因。

二、复杂系统仿真方法

（一）系统动力学仿真

1. 系统动力学的起源

系统动力学（system dynamics）的出现始于1956年，由麻省理工学院斯隆管理学院的Jay W Forrester教授创立。在系统动力学建立的初期，其主要应用于工业企业管理，处理生产和雇员情况的波动、市场股票与市场增长的不确定性问题。1985年Forrester教授在《哈佛商业评论》(*Harvard Business Review*）上发表系统动力学的奠基之作*Industrial Dynamics：a Major Breakthrough for Decision Makers*[1]。1961年出版的《工业动力学》(*Industrial Dynamics*）是系统动力学理论与方法的经典论著[2]。1968年Forrester教授发表了《系统原理》(*Principles of systems*)，重点讲述了在系统中产生动态行为的基本原理以及系统结构和动态行为的概念[3]。《系统原理》书中所讨论的原理在系统的分析、决策和预测中具有普遍性和广泛的实用性。接下来Forrester教授又从宏观层次研究了城市的兴衰问题，并与1969年出版了《城市动力学》(*Urban Dynamics*)[4]。N. J. Mass对城市动力学模型进行了扩充，于1974年出版了《对城市动力学阐释》第一卷［*Readings in Urban Dynamics*（Vol. Ⅰ.)］[5]；W. W. Schroeder等对城市动力学模型进行了更深入的扩展与研究，于1975年出版了《对城市动力学阐释》·第二卷［*Readings in Urban Dynamics*(Vol. Ⅱ.)］[6]；L. E. Alfeld等利用更简明的方法以城市模型为例讲授了系统动力学的建模方法，并于1976年出版了《城市动力学导论》(*Introduction to Urban Dynamics*)[7]。

2. 系统动力学的基本概念

系统动力学与其他科学方法的区别在于，它着眼于系统的内部结构，关注系统内部组成要素，认为要素之间的因果关系和相互作用形成的反馈机制是系统行为变化的本质，正是由于非线性因素的作用，高阶次、复杂时变系统往往变现出反直观的、千态万状的动力学特征。系统动力学的目的就是要理解一个系统的基本结构，才能理解系统运作的机制。从宏观结构到微观结构，从要素之间的环状关系、连锁作用到时间延迟特性，系统动力学可以分析系统整体展现出的属性，获得一个系统的工作原理或者产生一项决策结果的本质原因。

系统动力学把系统的运动假想成流体的运动，运动中存在节点和影响因素，即系统动力学理论中含有两个重要的变量，分别是存量和流量。存量是某种流在一段时间内的累计量，代表了系统在某一时刻的状态，流量是某种流的流动速率，是单位时间内的存量。例如可以将装备保障体系的库存物流等抽象成一个系统，那么这个组织中可能存在订单流、人员流、钱流、设备流、物料流和咨询流，这六种流总结归纳了组织运作中的基本结构，存量既可以是可见的存货水平、人员数、设备数量等，也可以是虚拟的，如认知水平、利率大小等。实际系统多是时间延迟的，例如组织中不论是有形的生产、运输和传递，还是无形的决策判断过程，都连接了同一种流的不同存量状态，决定了存量变化的快慢，存量的变化又依靠流量随时间的积分实现，因此存量和流量之间的关系是多个微分方程。系统中的存量、流量和各种因素（辅助变量）组成因果反馈的环，互相影响，环环相扣，反映了系统的组成要素之间错综复杂的关系。

系统：一个由相互作用、相互区别的单元或要素有机地连接在一起的，为了完成某种功能的集合。

反馈：系统内同一单元或同一子模块的输出与输入之间的关系。对整个系统而言，“反馈”则指系统输出与来自外部环境的输入之间的关系。

因果关系图：因果关系图是系统动力学模型的基础，是对系统内部关系的真实写照，可以说明系统的边界和内部要素，包括正因果关系和负因果关系，因果箭头将系统要素连接成因果链，多个因果链构成了因果（反馈）回路。

流图：表示反馈回路中的各存量和各流量相互联系形式及反馈系统中各回路之间互连关系的图示模型，它反映出系统的四个基本要素——信息、存量、流量和流（实物流、信息流），其中存量（level）和流量（flow）是基本变量，整个流图的基本思想是反馈控制。

存量：也被称为状态变量或水平变量，代表了实物的积累，表示了某个系统变量在某个时刻的状况，它是流入率和流出率的净差额，必须由流量的作用才能从某一个数值状态改变到另一个数值状态。流量也称为变化率或速度变量，随着时间的推移，使存量增加或减少，它表示了某个存量变化的快慢。

系统动力学方程：系统流图中的每一个存量都需要一个微分方程，表示物质、能量或信息流的明确的数量关系，微分方程如下所示。其中 x 是存量，p 是一组参数，f 是非线性的向量函数。由于向量 x 及其他参数是前一时刻值的函数，所以该公式是含时滞的方程。一个系统动力学模型就是一系列非线性的微分方程组。

$$\frac{\mathrm{d}}{\mathrm{d}t}x(t)=f(x,\ p)$$

3. 国外系统动力学研究现状

从 1972 年开始，Forrester 教授所领导的 MIT 的系统动力学小组，在数十家企业、本国和外国政府的资助之下，完成了一个方程数量达4000个的全国系统动力学模型。该模型把美国的经济社会问题作为一个整体进行研究，解开了一些在经济方面长期存在的疑团。

从此以后，系统动力学的应用范围逐渐扩大，几乎遍及社会的各个领域。

（1）项目管理领域

传统的项目管理方法假定项目能够按照项目开始时编制的最优计划进行，但是往往忽略了返工的影响，导致对时间和成本的低估。然而由于项目的独特性，与之相关的各种信息是随着项目的展开不断完备的，因而在实际项目中返工常常不可避免，其影响也是不能够忽视的。但是这种影响往往是非线性的，在传统的网络图中难以表达，并且超出了项目管理者脑力所能达到的理解范围[8]。系统动力学提供了一种自上而下的从战略层面的描述项目进展、估计项目时间、成本风险的方法。这种方法将项目视为一个整体，而不是一系列任务的简单组合。并能有效的描述项目中返工等回路和任务间的非线性关系，有助于项目管理者理解项目过程对项目表现的影响，从而从宏观上对项目进行估计和把我。系统动力学在项目管理领域典型的研究成果是T. K. Abdel-Hamid等于1991年出版的《软件项目动力学：一种综合方法》（*Software Project Dynamics*：*an Integrated Approach*）[9]，并且次成果获得了1994年的J. W. Forrester奖。

（2）学习型组织领域

20世纪90年代初，麻省理工学院的博士生P. M. Senge在Forrester对企业设计理念的基础上，出版了《第五条准则：学习型组织的艺术和实务》（*The Fifth Discipline*：*The Art and Practice of the Learning Organization*）[10]。由于Senge的贡献，他于1992年获得了世界企业学会的开拓者奖。从书中可以看到Senge从系统的、整体的角度，运用系统动力学的方法和工具，对学习型组织的特点和构建方法做了比较全面的论述。学习型组织的灵魂是系统思考，以系统思考为核心和共同脑力模型、共同前景、团队学习、个人进取的五条准则相互融会贯通，成为建立学习型组织的基本方法[11]。

（3）物流与供应链领域

Forrester在20世纪60年代对于生产库存与销售波动问题的研究被认为是供应链研究的经典，即牛鞭效应。1987年Sterman对啤酒分销的反馈回路、非先行性、时间延迟、管理行为绩效进行了分析[12]，并且获得了1988年的J. W. Forrester奖。90年代起研究成果较多[13-14]。相应的研究机构有英国Cardiff大学的物流系统动力学小组、意大利Palermo大学的CUSA系统动力学小组等。供应链的高效取决于物流与信息流的协调，系统动力学中的物质流、信息流的概念非常有利于描述供应链问题，因此在供应链动态模拟分析与诊断、协调、优化与决策研究中是一种非常有效的方法。

（4）公司战略领域

1980年，L. M. James出版了《公司战略计划与政策设计：系统动力学的视角》（*Corporate Planning and Policy Design*：*A System Dynamics Approach*）[15]。2002年伦敦商

学院的 K. W. Warren 出版了《竞争战略动力学》(*Competitive Strategy Dynamics*)[16]，并且获得了 2005 年度的 J. W. Forrester 奖。2007 年 J. Morecroft 出版了《企业战略动态学》(*Strategic Modeling and Business Dynamics：A Feedback Systems Approach*)[17]。2008 年 K. W. Warren 出版了《战略管理动力学》(*Strategic Management Dynamics*)[18]。

4. 国内系统动力学研究现状

20 世纪 70 年代末，系统动力学引入中国，杨通谊、王其藩、许庆瑞和陶在朴、胡玉奎等专家学者是系统动力学在国内普及的先驱和积极倡导者。系统动力学在中国的这几十年里得到了飞跃发展，在 20 世纪 80 年代即已广泛传播，研究者最多时有 2000 多人。1986 年我国成立了国内系统动力学学会筹委会，1990 年正式成立了国际系统动力学学会中国分会，1993 年正式成立了中国系统工程学会系统动力学专业委员会。

在应用领域，特别是在可持续发展领域，宋世涛、魏一鸣和范英给出了一个较全面的综述[19]，洪佩军、陈思根和张列平应用系统动力学对企业过程改进的困境进行分析，支出企业过程改进的成败根源所在和避免过程改进进入困境的基本原则[20]。

在理论领域，王其藩[21-22]、贾仁安和丁荣华[23]的著作反映了我国系统动力学研究的主要成果。贾仁安和丁荣华从系统基本的因果关系出发，利用图论的相关理论和方法，根据基本要素的因果关系研究整个系统的结构，构建系统存量流量图，是系统动力学建模方法研究的重要内容。应用图论分析方法给出了系统动力学存量流量图的极大出树及反馈回路计算方法，得到了另一种系统动力学规范化的建模方法，有利于系统动力学建模与反馈分析。胡玉奎[24]、程进[25]等提出了利用遗传算法研究系统结构的变化，即利用遗传算法构造出一些初始解。模型将不断适应环境的变化，按照优胜劣汰的原则，老模型不断向新模型传递信息，新模型在生物进化过程中不断发育而成，实现组织结构的进化。

（二）多智能体建模与仿真

1. 多智能体建模与仿真概念和特点

多智能体建模与仿真（multi-agent-based modeling and simulation，ABMS）起源于人工智能中的分布式人工智能（distributed AI）[26]。尽管智能体（agent）在很多领域（如计算机科学和人工智能）都有研究，但是截至目前没有让各领域都接受的确切的定义。本文所指的智能体是自治的个体，能够根据所得到的信息进行推理，能够和其他个体通信、互相协调、相互协作，从而完成某一特定的任务。在这个过程中，根据自己不同的角色和功能，每一个智能体都可以有自己的目标。

基于智能体建模的基本思想来源于两个基本的推动力：智能和交互。人们将智能体作为系统的基本抽象单位，必要的时候可赋予智能体一定的智能，然后在多个智能体之间设置具体的交互方式，从而得到相应系统的模型。这样智能体、智能和交互便是基于智能体建模思想中最基本也是最重要的内容。

智能体是一个自治的计算实体，它可以通过感应器（物理的或软件的）来感知环境，并通过效应器作用于环境。所谓计算实体，是指它是以程序的形式物理地存在于并运行于某种计算设备上；所谓自治，是指它在一定的程度可以控制自己的行为，并可在没有人或其他系统的干预下采取某种行动。为了满足系统的设计目标，智能体将追求相应的子目标并执行相应的任务，通常这些子目标和任务可能是互为补充的，也可能是相互冲突的。

一般来说多智能体仿真研究两个层面的问题：一个是宏观层面的问题，包括智能体之间的通信、协调、协作以及任务的分解和分配等方面机制、协议和策略的研究；另一个是微观层面的问题，包括智能体自身的动力学、推理和行动等方面的研究[27-28]。Nwana 根据智能体的可移动性、对环境的反应类型、属性、功能与应用等方面进行了比较详细的分类，并且对各种不同的智能体进行了全面的综述[27]。

传统系统仿真方法中的建模，其侧重点是采用演绎推理方法建立系统模型，然后进行实验和分析，这显然具有工程技术的特点；而在复杂系统的建模中，其侧重点是解决如何采用归纳推理方法建立系统的形式化模型，即系统的抽象表示以获得对客观世界和自然现象的深刻认识，这是面向科学的。国内外的研究表明，已有的基于还原论的传统建模方式并不能很好地刻画复杂系统，而采用 ABMS 方法，通过对复杂系统中的基本元素及其之间的交互关系的建模，可以将复杂系统的微观行为和宏观“涌现”现象有机地联系起来，这是一种本体论方法。本体论方法不排斥分析，分析的目的不是把元素孤立起来，而是充分暴露元素之间的关联与相互作用，从而达到从整体上把握系统的目的，是一种自顶向下分析、自底向上综合的有效建模方式。

目前，ABMS 方法学是最具有活力、有所突破的仿真方法学。Agent 的理论与技术为复杂系统的建模与仿真实现提供了一条崭新的途径。复杂系统由大量相互交互的个体组成，个体之间的交互和个体的行为是系统之所以复杂的原因。ABMS 是研究大量个体或 Agent 之间的交互以及它们的交互所展现的宏观尺度行为的一种方法，该方法将复杂系统中各个仿真实体用 Agent 的方式 / 思想自底向上对整个系统进行建模，试图通过对 Agent 的行为及其之间的交互关系、社会性进行刻画，来描述复杂系统的行为。这种建模仿真学科，在建模的灵活性、层次性和直观性方面较传统的建模技术都有明显的优势，很适合于对诸如生态系统、经济系统以及人类组织等系统的建模与仿真。通过从个体到整体、从微观到宏观来研究复杂系统的复杂性，从而克服了复杂系统难于自上而下建立传统的数学分析模型的困难，有利于研究复杂系统具有的涌现性（emergence）、非线性和复杂的关联性等特点。Agent 的思想在各个领域研究非常广泛，以至 Agent 已经从一种具体的技术方案中超脱而出，成为一种思维方式，成为一种用于复杂系统建模与仿真的方法论。

2. 基于 Agent 的建模与仿真的应用研究现状

目前，基于 Agent 的建模与仿真在很多学科领域得到应用，包括社会领域、经济领域、人工生命、地理与生态领域、工业过程和军事领域等，但大部分研究还处于初级阶段，属于实验室中的“思想实验”，具有学术研究的性质，离真正的实际复杂系统的仿真分析与控制还有一定距离，但这些关于复杂系统的 ABMS 的研究与探索，正在使实际应用成为可能。

（1）社会领域

社会领域是 ABMS 应用最为广泛和活跃的领域之一，其研究的重点是人类系统的涌现行为与自组织，而 ABMS 是最适合于捕捉这些现象的方法学，这一点得到很多社会科学家的共识。社会系统中的“人”与 ABMs 中的 Agent 具有本质相似性，“人”被抽象成一个具有自主决策、学习、记忆以及协调、组织能力的 Agnet，Agnet 因此可能需要采用神经网络、进化计算或者其他学习技巧来描述“人”的学习与自适应能力。

社会领域中的 ABMs 研究应用包括：流（flow），如交通流（traffic）、紧急情况下的人员撤退（evacuation）以及消费群流动管理（customer flow management）；组织形成（organization）及政治交互等。

例如，洛斯阿莫斯国家实验室开发了一个基于 Agent 模型的软件包——交通分析仿真系统 TRANSIMS。该软件通过创建一个虚拟城市环境，可对其中的人及其日常活动（上下班、购物与娱乐等）以及交通工具在交通网络中的运动进行建模与仿真，通过个体交通工具之间的交互来观察实际的交通流的动态特性，进而评估整个城市的交通系统的性能，并可估计由于交通工具尾气排放产生的空气污染等情况。该软件目前被用来仿真波特兰市（Portland）的交通状况，仿真案例中包括 120000 条交通链路、150 万个个体 Agent。类似的研究还包括圣塔菲研究所的 C. Barrett 对阿尔布开克市的交通和环境状况的仿真，Bryan Raney 等人对瑞士国内的交通问题的研究。

另外，Axtell 和 Epstein 开发了一个基于 Agent 模型的仿真软件 ResortScape，可用于对停车场的管理及决策；Bilge 等人开发了基于 Agent 模型的软件 SIMSTORE，用于超市的管理与监控，并实际运用到英国的几家超市的运行管理中。

（2）经济领域

经济领域是 ABMS 应用较为广泛的一个领域。美国 Sandia 国家实验室的研究人员开发了一种基于 Agent 的美国经济仿真模型 Aspen，它融合了 Sandia 实验室的进化学习和并行计算的最新技术，与传统的经济模型相比有许多明显优势，在一个单一的、一致的计算环境中模拟经济，允许变化的法律、规则和政策的影响，例如更详细地对货币政策、税法和贸易政策做出模型研究，允许对经济中的不同部门进行单独分析或者与其他部门一起综合分析，以便更好地理解整个经济进程，同时还对经济中的基本决策部门的行为进行了准确模拟，例如居民、银行、公司和政策。Aspen 以个人、居民和企业等微观单位作为描述和模拟对象，以分析政策对微观单位的影响及引起的宏观效果。通过对特征变量的统计、分析、推断、综合，可以得到政策变化对微观个体的影响，进而得到宏观以及各层次的政策实施效果。Sandia 国家实验室目前已完成了简单市场经济的一个原形模型（美国经济的简单仿真），并致力于一个更详细的模型，同时完成了一个过渡经济的仿真模型（过渡经济仿真）。

另外，圣塔菲研究所 Arthur 领导的 Bios 小组开发的虚拟股市，已成功地运用到 NASDAQ 股市的仿真中。基于 Agent 的 NASDAQ 仿真模型成功地将 Agent 的建模思想与神经网络、加强学习等人工智能技术结合起来，股市中的 Agent 通过采用不同的策略，从简单的到复杂的策略来进行交互。通过 Agent 间的交互，来表现整个股市的动态行为。

（3）军事作战对抗领域

军事领域是 ABMS 应用的一个新领域。军事对抗、陆战系统是一个复杂适应系统，具有复杂适应系统的主要特征，这一点得到研究人员的共识，因而可用 ABMS 来研究军事对抗等战场行为。现有的研究成果表明 ABMS 具有强大的生命力，比当前的基于兰切斯特方程的作战模型更有效，它为人们提供了很好的模拟战场的手段。

美国国防部口（DoD）希望能在未来的战场中能够具有对信息的实时全方位获取能力，为了能使 C4SIR 真正有用，必须采用先进的实时分布建模与仿真工具，而复杂性科学可以帮助 C4SIR 的开发。作为复杂性科学方法论的 ABMS 方法，自然成了 DoD 的先进建模与仿真方法论。DoD 关于 ABMS 的应用包括：美国海军作战开发司令部 MCCDC 开发的 ISAAC、EINSTein（和 Swarrior）；美国陆军情报与安全司令部 INSCOM 开发的 ACME 以及海军战场开发司令部 NWDC 与 Argonne 国家实验室的复杂适应系统仿真中心 CCASS 合作开发的 TSUNAMI。

另外，澳大利亚 ADFA 开发了 RABBLE，与 ISAAC 不同的是，RABBLE 采用 MAS 结构，增加了学习机制，使仿真群体行为利于决策。澳大利亚的 AOD（air operations division）开发的 SWARMM 和 Battle Model，可对空战中的飞行员、战斗机管理者、传感器管理者、空战防御指挥官以及地勤人员进行 Agent 建模。军事领域关于 ABMS 的研究还有 Jeffrey 基于 Agent 的模型对军事作战概念的研究，Silvia Coradeschi 设计与实现了空战（特别是超视距作战）仿真的智能 Agent 软件模型 TACSI（TACtical Simulation）。

三、复杂系统仿真平台

随着 Agent 研究的不断推进，目前国际上已经开发出多种 Agent 仿真平台。其中有对某领域针对性较强典型平台，如 Opemcss 平台，它能进行复杂的交通系统仿真。Madkit 平台，它能够对复杂供应链进行仿真。还有 James 平台，用于 Agent 间的多协商仿真[29]。这些平台的通用性较差，只在特定领域具有较强的仿真能力。通用 Agent 仿真平台方面，比较代表性和使用广泛的平台有 JADE 平台、Netlogo 平台、Swarm 平台、REPAST 平台、MASON 平台、AnyLogic 平台等。

（一）JADE 平台的起源及发展

JADE（java agent development framework）是一种提供基本中间层功能的软件平台，它

遵循 FIPA 规则，可以开发标准的 Agent 程序，完成多 Agent 之间的交互和仿真[30-35]。FIPA 建成于 1996 年，主要目的是规范 Agent 技术的相关标准，提高 Agent 的可用性[36]。JADE 的起源是为了验证 FIPA 规范集，由意大利 Telecom 公司于 1998 年发起，并不断发展成为 JADE 平台。平台的研究重点为 Agent 软件开发的简单及可用特性。平台于 2000 年开放其源码，成为免费的开源平台。JADE 最大的优点是使用 Java 语言进行 Agent 抽象编程，使得 JADE 具有 JAVA 语言的灵活性，以及可移植性强，维护性高的特点。

JADE 能够完成 Agent 的所有基本服务，如 Agent 的生命周期管理、Agent 的可移动性、Agent 的白黄页服务、Agent 的信息传输以及 Agent 的安全管理。JADE 平台中，各 Agent 间采用异步模式进行通信，每个 Agent 都有自己唯一的 ID 以及各自的消息队列用于消息收发，其消息收发并不去要确定各自的位置。JADE 平台未提供模型仿真的可视化窗口，需要自行开发。近年来 JADE 被越来越多的应用于各类 Agent 仿真开发中。

（二）Netlogo 平台的起源及发展

Netlogo 平台起源于 1999 年，最初由 Un Wilensky 提出，最终由连接学习和计算机建模中心（CCL）进行持续维护和更新[37-38]。Netlogo 是一个商用可编程建模环境，内部源码不对外开放，主要的应用于自然和社会的变化仿真，尤其适合对复杂系统进行仿真。Netlogo 使用扩展的 Logo 语言进行编程，内部附带多种经典 Agent 仿真模型库以及可视化界面，提供 2D 和 3D 两种可视化界面，因此编程和使用较为容易，广泛应用于课堂教学，社会心理学等领域。Netlogo 将 Agent 分为三种，能够在世界中移动的 turtles Agent，即普通 Agent；不能移动的 patches Agent，负责将世界分为二维的网格，用于进行 Agent 位置标定；observer Agent，负责执行命令，对其余 Agent 进行监控和处理。其 Agent 间的通信均由 observer Agent 负责。Netlogo 并没有提供仿真时间变量，对仿真过程的推进通过重复执行程序模块进行。

（三）Swarm 平台的起源及发展

Swarm 平台是最早进行 Agent 仿真建模的平台，由美国圣塔菲研究所发起[39-43]。它也是最先提出要开发标准框架结构的平台。Swarm 可在诸如 Windows 和 Linux 等多种系统中运行和开发。平台的研究初衷是为 Agent 仿真的研究者提供现成工具包，提高模型的构建效率。平台主要有两个特点，其一为将模型的运行和结果观测分离，其结果观测在平台的虚拟实验室中进行。其二为平台属于层次结构，其 Agent 和模型可能分布在不同的层。Swarm 平台开发的模型包含有 Agent，环境和 Agent 的行为时序表，其模型的推进由行为时序表控制。Swarm 平台的数据有自己的结构和内存，通过管理数据和内存可实现 Agent 之间的交互。Swarm 平台使用 Object C 语言进行开发，因此其维护性和支持性较差。平台广泛应用于经济、社会、自然等交叉学科领域。

（四）REPAST 平台的起源及发展

REPAST 平台由芝加哥大学和阿贡国家实验室共同开发，后续的维护和更新由 ROAD（repast organization for architecture and development）负责[44]。平台支持 Java、C# 和 Python 语言。其软件架构和 Swarm 平台相近，主要应用于社会学科领域，有社会学科模型开发的专业工具。平台提供有一些简单的模型库、类库以及遗传和回归等算法，可使用接口进行模型开发，并且能够显示 Agent 的模拟数据。

（五）MASON 平台的起源及发展

MASON 平台由乔治梅森大学研制，使用 Java 语言进行编程，主要用于基于 Agent 的离散事件仿真[45]。MASON 主要的特点是执行速度快，使用灵活并提供有图形化接口，可进行 2D 及 3D 可视化显示。由于 MASON 平台的软件较小，只能够进行量级较轻的模型仿真。

（六）AnyLogic 平台的起源及发展

AnyLogic 平台由 XJ Technologies 公司开发，主要用于复杂系统、Agent 及系统动力学仿真[46]，平台除基础仿真部分外还包含有企业库。AnyLogic 平台支持 Java 和 UML-RT 语言进行开发，也可使用微分方程来搭建模型。其专业库包覆盖领域较广，包括物流、交通和城市规划等方方面面。AnyLogic 平台是首个使用 UML 语言进行仿真的平台，也是仅有支持混合状态机语言来开发仿真的商用软件。AnyLogic 平台有完备的可视化窗口，可清晰直观地对仿真过程进行观测。

（七）各仿真平台的比较

针对模型的空间环境方面，除了 JADE 和 Swarm 平台仅支持二维空间环境外，其余平台可支持 2D 和 3D 两种空间环境；算法方面，Netlogo 平台暂不支持复杂算法，Swarm，Repast 平台支持遗传算法，神经网络算法和其他 Java 计算包等。Mason 平台支持进化算法和其他 Java 计算包。AnyLogic 和 JADE 平台支持任何基于 Java 语言的算法；图形及数据可视化方面，除 JADE 平台外，其他平台均配置有可视化显示模块；性能方面，Mason、Repast 和 Swarm 平台为框架类库平台，其中 Mason 平台的发展较为不成熟，Swarm 平台的发展较为成熟。Swarm 平台为单机平台，其移植性较低，对复杂情况的仿真性能较差。Repast 平台与 Swarm 平台相似，适用于复杂件和规模较小的仿真，并且它的组织构成和设计不能自行改进。Netlogo 和 AnyLogic 均为商用软件，需要支付一定的费用才能获得全部功能，用其进行平台开发不具有自主产权。JADE 平台为开源平台，并且可分布在不同的主机中，使用较为灵活，可移植性强。综上所述，这些应用广泛的 Agent 仿真平台均存在一定的局限性，应用多少存在不方便之处。对于平台在群智能仿真方面的研究还不够深入，需要提高平台的通用性和扩展性。

四、复杂系统仿真的发展趋势与对策

（一）国内复杂系统仿真研究中的薄弱环节

当前，国内在复杂系统仿真研究中，尚存在许多薄弱环节，具体体现在：

国内复杂系统理论体系的研究尚处于初步发展的阶段。复杂系统理论体系研究尚不深入，从而大大增加了对复杂系统的建模与仿真的难度，制约了复杂系统仿真的发展。

复杂系统仿真可信度的研究尚较薄弱。仿真可信度是仿真系统的性能评估的最重要指标之一。因为仿真可信度能否达到要求，直接关系到仿真系统应用的成败。国外在仿真系统可信度评估方面研究时间较长。我国在这方面与国际水平相比有较大的差距。而可信度评估方面研究的不足反过来又影响了仿真系统的应用。虽然国内在仿真系统可信度评估方面进行了大量研究工作，但是这些工作大多是针对具体仿真系统的研究成果，缺乏对其进行科学归纳和整理，尚未形成系统的仿真系统可信度评估理论和方法[47]。

复杂系统仿真概念模型（CSSCM）描述了复杂系统的组成和行为，用来指导仿真系统的开发和评估。CSSCM 对于复杂系统仿真的设计、开发和评估具有重要的意义和作用。国内对于 CSSCM 的研究还处于探索阶段，和国外具有较大的差距，要达到实际应用还有很多的工作要做。

（二）未来发展复杂系统建模与仿真对策

1. 复杂系统仿真可信度的研究

可信度（概念、结构、信息的可信度）保证是系统建模与仿真的生命线。如何才能使得复杂系统仿真的可信度得到提高？复杂系统仿真可信度本身的理论体系如何建立？VV&A 如何应用于复杂系统仿真？这些问题都是亟待解决的难题，也是关系复杂系统仿真是否真正有效进行的关键[47]。

2. 复杂系统建模与仿真方法的研究

复杂系统建模与仿真方法是复杂系统仿真领域的核心问题。重点如下：

在不了解整个复杂系统机理的情况下，在行为一级进行仿真，如何能获得较充分的测试数据，以及怎样保证这些数据的可信。

现有的复杂系统建模与仿真方法主要都是针对某一特定领域的复杂系统问题，不同领域的复杂系统，有其不同的特点，这意味着需要对不同的仿真方法进行研究。

如何对多学科的复杂系统建模仿真方法进行总结，研究具有普适性的一般复杂系统建模与仿真方法，特别是结合 Agent 建模的自适应特点与复杂网络理论的演化特点描述而进行的复杂系统建模研究[47]。

3. 从系统科学角度出发的开放复杂巨系统的仿真研究

在中国，钱学森等提出的“从定性到定量的综合集成方法”和“从定性到定量的综合集成研讨厅体系”的开放复杂巨系统研究方法，在方法论上给出了一个研究和解决复杂系统问题的有效途径，对于开放复杂巨系统的仿真研究将会产生重要影响。从系统科学的角度出发，对复杂开放巨系统仿真进行研究，对其的深入了解、实践，并适当地把现有的其他建模仿真方法合理地融入其中，建立相应的建模与仿真软件平台是推动复杂系统仿真研究极为重要的一个方面，是一个极具有价值的研究课题[47]。

参考文献

[1] Forrester J W. Industrial dynamics：a major breakthrough for decision makers［J］. Harvard business review，1958，36（4）：37-66.

[2] Forrester J W. Industrial dynamics［M］. MIT press Cambridge，1961.

[3] Forrester J W. Principles of Systems［M］. Wright-Allen Press，Cambridge.

[4] Forrester J W，Karnopp D C . Urban Dynamics［J］. Journal of Dynamic Systems Measurement & Control，1971，93（2）.

[5] Mass N J. Readings in urban dynamics［M］. Wright-Allen Press.

[6] Schroeder W W. Alfeld，Readings in Urban Dynamics［M］. Wright-Allen，1975.

[7] LE Alfeld, AK Graham. Introduction to urban dynamics［J］. 1976.

[8] Rodrigues A. The role of system dynamics in project management［J］. International Journal of Project Management，1996，14（4）：213-220.

[9] Abdel-Hamid T. Madnick.Software project dynamics：an integrated approach［M］. Prentice-Hall，1991.

[10] Senge P M. The fifth discipline：The art and practice of the learning organization［M］. New York：Currency Doubleday，1994.

[11] P M Senge. The fifth discipline fieldbook［M］. Random House LLC，2014.

[12] J.D.Sterman. Modeling managerial behavior：Misperceptions of feedback in a dynamic decision making experiment［J］. Management science，1989，35（3）：321-339.

[13] Disney S.M. The impact of vendor managed inventory on transport operations［J］. Transportation Research Part E：Logistics and Transportation Review，2003，39（5）：363-380.

[14] Crespo Marquez A C. Operational and financial effectiveness of e-collaboration tools in supply chain integration［J］. European Journal of Operational Research，2004，159（2）：348-363.

[15] J.M.Lyneis. Corporate planning and policy design：A system dynamics approach［M］. Mit Press Cambridge.

[16] Warren，Kim. Competitive Strategy Dynamics［J］. Rencana Strategis，2002.

[17] John D.W. Morecroft. Strategic Modelling and Business Dynamics: A Feedback Systems Approach，Second［M］. 2015.

[18] K.Warren. Strategic management dynamics. 2008：John Wiley & Sons.

[19] 宋世涛，魏一鸣，范英. 中国可持续发展问题的系统动力学研究进展［J］. 中国人口资源与环境，2004. 14（2）：42-48.

[20] 洪佩军，陈思根. 企业过程改进成败原因的系统动力学分析［J］. 系统工程，1999，17（2）：46-50.

［21］王其藩．系统动力学［M］．北京：清华大学出版社，1994.
［22］王其藩．高级系统动力学［M］．北京：清华大学出版社，1995.
［23］丁荣华，贾仁安．系统动力学—反馈动态性复杂分析［M］．北京：高等教育出版社，2002.
［24］胡玉奎，韩天羹．系统动力学模型的进化［M］．系统工程理论与实践，17（10）：132–136.
［25］程进，王华伟，何祖玉．基于遗传算法的系统动力学仿真模型研究［J］．系统工程，2002.
［26］B.Chaib–Draa.Trends in distributed artificial intelligence［J］．Artificial Intelligence Review，1992，6（1）：35–66.
［27］H.S.Nwana.Software agents：An overview［J］．The knowledge engineering review，1996，11（03）：205–244.
［28］Wooldridge M.The Gaia methodology for agent–oriented analysis and design［J］．Autonomous Agents and Multi–Agent Systems，2000，3（3）：285–312.
［29］倪建军．基于多 Agent 复杂系统仿真平台研究［J］．计算机仿真 .2007.12：283–286.
［30］Fabio Bellifemine，Giovanni Caire，Tiziana Trucco，Giovanni Rimassa，Roland Mungenast. JADE ADMINISTRATOR'S，GUIDE. http：//jade.tilab.com.
［31］Fabio Bellifemine，Giovanni Caire，Tiziana Trucco，Giovanni Rimassa. JADE PROGRAMMER'S，GUIDE. http：//jade.tilab.com.
［32］Giovanni Caire. JADE TUTORIAL JADE PROGRAMMING FOR BEGINNERS. http：//jade.tilab.com.
［33］abio Bellifemine，Giovanni Caire，Dominic Greenwood. Developing Multi–Agent Systems with JADE［M］．John Wiley & Sons Ltd，The Atrium，Southern Gate，Chichester，West Sussex PO19 8SQ，England，2007，29–75.
［34］李薇，张凤鸣．基于 MaSE 和 JADE 的智能会议系统研究与设计［J］．计算机工程与设计 2007，28（6）：1447–1452.
［35］李斌，尹朝万．基于 JADE 的企业商务智能服务代理平台［J］．计算机工程，2008，34（5）：280–282.
［36］Fabio Bellifemine，Giobanni Caire，Dominic Greenwood. 基于 JADE 的多 Agent 系统开发［M］．北京：国防工业出版社，2013.
［37］Richard M Fujimoto. Parallel and Distributed Simulation Systems［M］．USA：John Wiley & Sons Inc，2000.
［38］Ian Foster. Designing and Building Parallel Programs：Concepts and Tools for Parallel Software Engineering［M］．USA：Addison–Wesley，1995.
［39］Fang G，Kwok N M，Ha Q P. Swarm interaction–based simulation of occupant evacuation［C］．Paciia：2008 Pacific–Asia Workshop on Computational.
［40］乔海泉．并行仿真引擎及其相关技术研究［D］．国防科学技术大学，2006.
［41］Richard M Fujimoto. Parallel discrete event simulation［J］．Communications of the ACM（S0001–0782），1990，33（10）：30–53.
［42］Kalyan S Perumalla. Micro–Kernel for Parallel/ Distributed Simulation Systems［C］// .Proceedings of the Workshop on Principles of Advanced and Distributed Simulation，2005. USA：PADS，2005：59–68.
［43］Jeffrey S Steinman，Jennifer Park，Bruce "Wally" Walter，Nathan Delane. A Proposed Open System Architecture for Modeling and Simulation［C］．Simulation Interoperability Workshop，07F–SIW–044，2007. USA：SIW，2007.
［44］Jeffrey S Steinman，Douglas R Hardy. Evolution of the Standard Simulation Architecture［C］．Simulation Interoperabiliy Workshop，04S–SIW–100，2004，USA：SIW，2004.
［45］Sean Luke. MASON：A New Multi–Agent Simulation Toolkit. Department of Computer Science and Center for Social Complexity，George Mason University［EB/OL］．（2007–06）. http：//cs.gmu.edu/_eclab/projects/mason/.
［46］S Luke，G C Balan. MASON：a Java multi–agent simulation library［C］．Proceedings of Agent 2003 Conference on Challenges in Social Simulation，2003.
［47］中国系统仿真学会. 2009—2010仿真科学与技术学科发展报告［M］. 北京：中国科学技术出版社，2010,4.

撰稿人：范文慧　寇　力　马　也　延渊渊　王丽萍

智能仿真优化与调度

一、引言

基于深度学习的新一代人工智能技术必须将算力、算法和数据有机结合，才能形成“算力为基、数据为本、算法为王”的新一代智能应用体系。当前，信息共享和数据上云如火如荼，奠定了我国海量数据和巨大市场应用的规模优势，尤其在移动互联网、大数据、超级计算等新技术的驱动下，人工智能呈现出深度学习、跨界融合、人机协同、群智开放等新特征。基于云计算架构的平台建设和数据整合应用的大数据中心项目，只是单纯解决了人工智能的算力和数据问题，忽略了智能算法训练和算法专家参与，终究难以建成真正意义上“以知识为中心”的智能化平台。

智能仿真优化与调度专业坚持“调度是问题，优化是目标，仿真是手段，智能是技术”的理念，针对国防、工业、交通、农业等诸多领域中不断涌现出的大型复杂问题，通过分析、模拟自然系统的智能行为和机制，构造相应的学习与优化模型，并借助先进的计算工具设计高效的智能优化方法，智能优化方法的出现极大地丰富了最优化技术，也为那些用传统优化技术难以处理的大型复杂优化问题提供了切实可行的解决方案。

二、本专业我国的发展现状

（一）智能优化：群体智能算法理论

群体智能的核心思想就是，由若干个简单的个体组成的群体，通过成员之间的相互合作表现出较为复杂的功能，在缺少局部信息和模型的情况下，仍能够完成复杂问题的求解。群体智能算法只需目标函数的输出值，而无须其梯度信息，对待求解问题是否连续并无要求，这使得该类算法既适应具有连续性的数值优化，也适应离散性的组合优化。传统的群体智能算法大多是基于模型的方法，为了提高算法的适应性，这些算法往往为“黑盒算法”，在求解或优化的过程中忽视了对问题的特性的利用。图 1 给出了传统群体智能的 Sense–Think–Act 模型。在这个模型中，感知（sense）指获取特定解的求解数值，思考（think）指对解的质量进行判定，是否得到满意解，如果不满足，采用何种策略进入下一次迭代，行动（act）指利用设定模型生成新的解。这种模型仅利用了反馈信息，缺乏对已有求解数据的分析过程，模型难以随着问题和求解状态进行更新。数据驱动的群体智能优化算法，利用优化过程中学习的问题数据信息，从黑盒算法变为“灰盒算法”，可以更有针对性地求解复杂优化问题。群体智能算法由于实现简单、不受目标函数和搜索空间的制约得到了广泛的关注。自 20 世纪 60 年代以来，国内外学者对群体智能算法进行了深入的研究，通过对生物群体的进化以及某种生物群体行为的模拟提出了多种群体智能算法[1–12]。

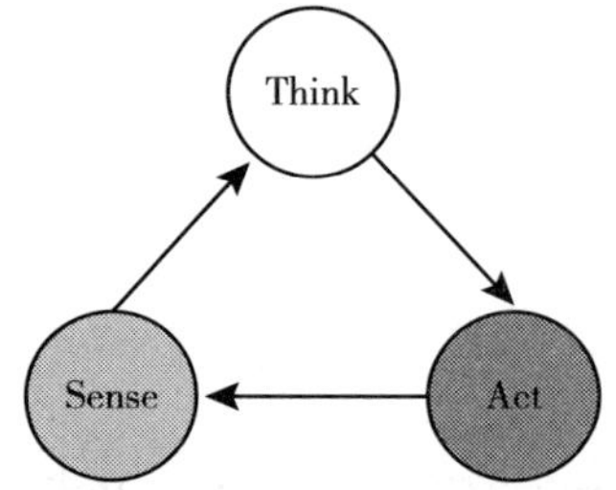

图 1　典型群体智能的 Sense–Think–Act 模型

头脑风暴优化（brain storm optimization，BSO）算法是群体智能优化算法的一个典型代表。这类算法的特点是将群体智能优化方法和数据挖掘 / 数据分析的方法进行了融合，以数据分析的方法为基础去选择相对较好的解。通过对待求解问题大量解的数据进行分析，根据待求解问题特征与算法优化过程中生成解集合的分布情况，建立待求解问题解的结构（landscape），在待求解问题与算法的关联基础上，更好地求解问题。BSO 算法通过聚类 / 分类方法分析解集合构成，基于解的分布生成新解，经过迭代求解，具有求解过程不依赖数学模型的特点。目前，这类算法得到了大量的理论研究，并广泛地应用于求解实际优化问题。

当然基于“无免费午餐理论（no free lunch theorems）”，不存在一个优化算法在所有问题上优于其他算法。很多学者也注重结合机器学习里面的相关方法进行智能优化算法设计研究，如基于集成学习策略的智能优化算法研究，即将不同类型的算法在一个框架下集成应用，提高算法在不同类型问题上的适用性。

（二）智能优化：动态智能优化理论

实际生产生活中的诸多优化问题，不但存在多个相互矛盾的优化目标，而且受多种因素的影响，目标函数或（和）约束条件会随着运行条件或环境的迁移而发生动态变化。由此，问题的 Pareto 最优解集也不再是固定的，呈现出多样的动态变化特性。为快速跟踪变化的 Pareto 最优解集，动态多目标进化优化方法核心关注两类问题：其一是有效检测动态环境的变化及其变化类型；其二是保持良好的种群多样性，从而兼顾最优解集的收敛性和分布性[13]。为解决上述问题，研究人员提出了跟踪最优解的方法和寻找鲁棒最优解的方法。前者的核心思想是：当优化问题发生动态变化时，重新触发寻优过程，以尽可能小的计算代价，高效追踪动态变化后优化问题的真实 Pareto 最优解集。在该思想框架下，围绕环境探测、预测机制、多种群优化、保持多样性等核心问题，引入各类智能优化方法，形成了诸多动态多目标进化优化方法[14]。然而，该类方法在求解动态多目标优化问题时，往往会遇到动态变化时机检测难、进化求解过程耗时和解的切换代价高昂等难题。与之不同，寻找动态优化问题的鲁棒 Pareto 最优解集，旨在使该最优解集在当前环境下具有最优收敛性能，同时还能以一定的满意程度，逼近未来多个相邻动态环境下优化问题的真实最优解集，从而减少频繁切换带来的寻优代价和切换代价。鉴于动态多目标优化问题的复杂性，国内学者从如下几个方面开展了相关研究。

1）研究了动态多目标优化问题中决策变量的时间依赖性。在动态多目标优化问题中，决策变量与目标函数之间存在不同的映射关系，可能只有部分决策变量是存在时间依赖性的。基于此，从数据关联性角度，判别决策变量的时间依赖性，将其划分为时间依赖和时间无关变量，分别采用不同子种群协同优化；并在问题发生变化时[15]，分别采用差分预测和柯西变异，预测在新环境下的初始种群，从而优化计算资源配置，提高资源利用效率。进一步针对时变区间参数动态多目标优化问题，提出基于区间相似度的动态区间多目标协同进化优化方法[16]。该方法的核心在于：基于区间相似度，判定了决策变量与区间参数的相关性；基于此，将决策变量划分为参数依赖和参数无关两类；采用数据驱动的环境参数变化程度判定机制，基于问题变化程度自适应调整步长，生成不同决策变量在下一时刻的初始种群。

2）研究了数据驱动的动态多目标进化优化预测机制。预测策略可以充分利用动态优化过程中已有环境下获得的 Pareto 最优解集，结合机器学习方法，估计未来环境下的优势进化方向，生成有利于进化收敛的初始种群。基于上述思路，采用聚类策略，通过对 Pareto 最优解集进行类别划分，确定不同的预测方向；进而，构建基于 Pareto 最优解集的时间序列，从多方向预测新环境下的进化方向，产生含有与变化幅度相关扰动的新位置，生成初始种群[17]。基于上述研究，深入考虑优化问题的变化类型，提出基于多模型预测的动态多目标进化优化方法。选择角解和中心点作为关键点，通过相邻两个时刻 Pareto 最优解集的关键点位置变化，判断 Pareto 最优解集的变化类型（定义为平移、旋转、复合和其他 4 种）[18]；进而，根据变化类型，选择不同的预测模型，生成预测解集。

3）研究了动态多目标鲁棒进化优化方法。鲁棒 Pareto 最优解旨在多个相邻动态环境下，以令人满意的收敛性，逼近每个动态优化问题的真实 Pareto 最优解。基于此，提出用于度量 Pareto 解收敛性和鲁棒性的新型性能指标：基于生存时间的时间鲁棒性和基于平均适应度的性能鲁棒性[19]；进而，将动态多目标优化问题转化为含有约束的多目标优化问题，分别采用 MOEA/D 和新型头脑风暴多目标优化方法，寻优获得鲁棒 Pareto 解，并深入分析时间窗和鲁棒阈值两个关键参数对鲁棒解的影响程度[20]。鲁棒 Pareto 解在未来环境下的适应性依赖于其在该环境下与真实 Pareto 解集的逼近程度。基于此，引入预测机制和集成学习策略，提出融合多种预测模型的集成预测动态多目标鲁棒进化优化方法，以提高预测精度。该方法分别采用平均权重、0–1 权重和自适应权重，集成 MA、SES、AR 3 种预测模型[21]。

4）研究了数据驱动的动态偏好跟踪机制。在实际工程优化问题中，工程技术人员更关注于最优 Pareto 解集中，符合设计或运行需求的一个或多个最优解。基于此，结合煤矿掘进过程中的锚护网络优化设计这一实际问题，提出设计人员动态偏好的检测与实时跟踪机制[22]。锚护网络用于保障巷道的稳定性，通过顶底板移近量和两帮移近量度量其支护有效程度。然而，锚护网络结构和上述评价指标之间很难建立显式函数关系，因此，采用代理模型构建二者的关联关系，并结合工程人员当前偏好，给出基于偏好的代理模型更新机制[23]。设计过程中，随着巷道围岩环境的变化，工程人员对支护有效性和施工成本等目标的偏好程度会发生变化。所提动态偏好检测机制可以尽快捕捉其偏好变化，并获得有效进化区域，提高进化资源利用率。部分研究成果已应用于解决动态车辆路径规划[24]、软件工程项目调度、群智感知任务分配[25]和证券投资组合等实际动态优化问题。特别是，结合煤矿应用实际场景，先后应用于解决煤矿无线传感器网络布局优化、多机器人救援、锚护网络结构优化和巷道断面成型轨迹规划等问题。

（三）仿真优化：近似模型辅助的智能算法

仿真优化[26]又称为近似模型辅助的优化，如图 2 所示。以计算机辅助的仿真优化设计为例，在设计优化中，首先通过实验设计对实际工程问题进行仿真采样获取较少的数据点，其次使用近似模型，也被称为元模型或代理模型，对这些数据建立一个简单的数学模型，代替复杂耗时的有限元分析，最后以近似模型为基础进行在线采样，实现对耗时问题的优化设计。

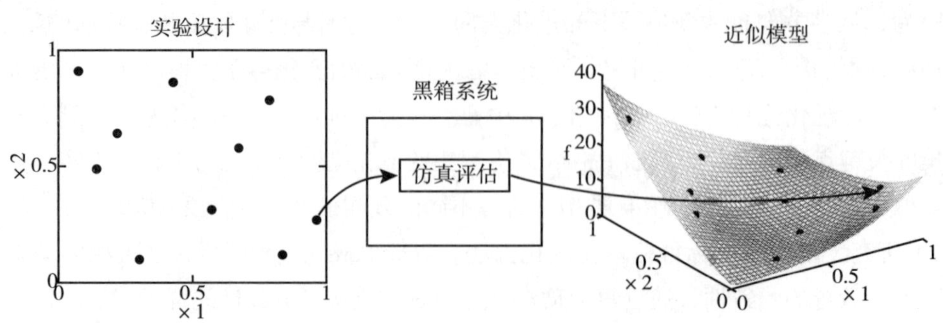

图 2 数据驱动的近似模型方法

仿真优化大致可以分为两类。第一类是首先对设计优化问题建立一个准确的近似模型，其次使用最优化算法对构建的近似模型进行寻优。第二类是以最优点为导向的近似模型智能采样优化方法，它是根据优化过程中最优点的变化并结合近似模型的预测信息来调整采样方向，从而更快地找到优化问题的最优解。

尽管这些近似模型辅助的设计优化方法已经得到了很好的工程应用，但是在解决高维问题的设计优化中依然存在很大的挑战[27]。为了更好地求解高维昂贵设计优化问题，学者们提出了一种定量模型评估和分析工具，称为高维模型表达（HDMR），用于模拟高维的输入输出系统。Sobol 对基本的 HDMR 理论演化得到一种切点式 HDMR 模型（Cut-HDMR）。由于该模型具有很好的数学结构，目前被广泛地研究并结合传统近似模型方法对高维问题进行精确建模。例如 Shan 和 Wang 将 RBF 模型与 Cut-HDMR 结合用于近似高维黑箱问题[28]。Tang 等人结合 kriging 和 Cut-HDMR 提出了 kriging-HDMR 高维模型表达并用于弹性钢的设计优化中。Cai 等人在 Cut-HDMR 结构下引入了多可信度建模，从而极大地提升了高维问题的建模效率[29-31]。在他们的研究中，这些高维建模方法通过与传统的近似模型方法进行比较，显示出了很高的建模效率。

（四）仿真优化：智能建模理论方法

随着计算机技术的发展，网络安全越来越引起人们的重视。面对恶意代码变种及数量剧增的情况，传统检测方式检测能力较弱，需要一种更加高效准确的模型。本团队利用高维多目标优化算法结合机理建模和数据建模方法构建恶意代码预测分类模型，以构建更加合理的恶意代码预测分类模型。无线传感网络是作为物联网的重要组成部分，是决定物联网等产业的能否健康发展重要因素之一，在煤矿坑道、原始森林以及室内传感器定位时都发挥着重要作用。然而，传统的定位算法存在很多不足之处，因此需要对定位模型进行优化从而提升其定位精度。本团队针对现有定位算法的缺陷，通过理论及实验分析，逐步提出了更为精确的高维多目标定位模型。

1）恶意代码模型检测模型的仿真研究。恶意代码数据集存在的不平衡问题对于神经网络检测模型的性能有很大的影响，比如产生过拟合等问题，使得训练好的模型鲁棒性和普适性较差。为了处理不平衡的问题，将智能优化方法和恶意代码神经网络检测模型相结合，对模型的输入进行优化。①将模型准确率作为目标函数，利用单目标蝙蝠算法对不平衡的数据集进行抽样，迭代得到新的输入数据集，有效提高了模型的准确率；②在单目标的基础上，根据神经网络结构特性，以召回率和误报率作为两个目标，提出使用多目标算法 NSGA-Ⅱ来优化检测模型，从多个方面评价检测模型的性能，使得模型更加合理；③考虑到数据集的稀疏性，利用生成对抗网络对数据集进行数据增强。并且利用高维多目标优化算法 NSGA-Ⅲ优化输入模型的数据集，进一步提高了模型的鲁棒性和准确率。

2）无线传感网络定位模型的仿真研究。关于优化无线传感网络中传感器节点的定位问题，包括二维平面以及三维空间中不同网络拓扑中传感器节点的定位问题。①针对传统单目标定位模型中仅考虑局部定位信息的缺陷，我们引入了全局定位信息的度量，即理论估计距离作为第二个目标，构建了两个目标的 DV-Hop 定位模型；②针对传感器节点的误差分布特性，引入了高斯误差扰动，并将其作为第三个目标进行定位；③针对传统权值设置的问题，我们对传感器节点的误差进行了理论分析，构建了基于误差导向的权值模型，并将其作为第四个目标，构建了高维多目标 DV-Hop 定位模型。

（五）典型应用：车间调度

车间调度问题是组合优化中的一类重要问题，在钢铁冶金、机械制造、医疗管理等行业有着广泛应用。由于一般的车间调度问题都是 NP 困难的，针于大规模问题，利用启发式算法在多项式时间内快速求得可行解是目前工业界普遍的做法。但是，如何从理论的角度来评价算法性能的优劣却成为当前学术界公认的难题。

问题模型方面，有学者针对带有学习效应的调度问题模型提出了加工可中断定义，为算法设计以及构造下界提供了理论保障。针对双目标调度问题模型，提出了采用非线性目标函数对机器效率与在制品库存两个指标进行同时优化，避免了双目标线性化的不足。

在算法设计方面看，有学者，以分支定界算法为基础，基于单机调度最优性质，为分支节点设计了非序列相关下界。采用分支定界算法得到的上界作为初始种群，提升初始解质量加快寻优速度；引入了基于多点插入的交叉策略，加大扰动范围避免陷入局部最优。特别地，采用直线排列方式对柔性开放车间调度问题中的可行排序进行编码，首次将离散差分进化算法用于求解该问题。

在理论分析方面，有学者针对带有释放时间的流水车间极小化完工时间 k（$k \geqslant 2$）次方和问题，证明了基于 SPT 规则的近似算法具有渐近最优性。针对带有学习效应（线性学习函数、幂学习函数和指数学习函数）的流水车间调度问题，证明了基于 SPT 规则的近似算法具有渐近最优性。针对开放车间极小化最大完工时间问题，证明了旋转调度（rotation scheduling）规则具有渐近最优性。针对带有释放时间的开放车间极小化最大完工时间问题，证明了稠密调度（dense scheduling）规则具有渐近最优性。针对开放车间极小化完工时间 k（$k \geqslant 1$）次方和问题，提出了 SPTB 启发式，并证明了该算法具有渐近最优性。针对柔性开放车间极小化最大完工时间问题，证明了广义稠密调度（GDS）规则具有渐近最优性。

（六）典型应用：物流调度

对于企业而言，对其物流系统进行集成式的优化目的是将其生产运作过程中所需的物资经过筹措、运输、包装、加工、仓储、供应等环节，最终送达各节点最终被消耗使用。在此过程中，其物流的流向、流量及其精确性、预见性，不仅对企业各部门工作效率及物流控制水平会产生决定性影响，还起着支持和保障企业生产运营的作用。因此，如何刻画复杂物流系统的运作过程，设计相应的算法对其仿真求解，这是本成果面临的挑战。

1）物流系统中的库存仿真与集成优化。库存控制是复杂物流系统集成优化中的关键问题。因此，在过去的实践中为了得到库存系统的最优参数，经常需要展开多次相应的仿真实验。而如果仅仅运用经验对库存模型的参数进行设置，则可能出现由于参数设定人员对库存问题的认知不足而导致的初始解与最优解可能会存在较大差异等方面的问题。因此，有学者研究将遗传算法和库存仿真程序相结合，针对物流系统中库存问题的实际特征，构建了与其对应的改进型遗传算法来优化库存系统控制参数的设定[31]。

2）物流系统中选址和路径优化的集成优化。物流设施选址和车辆路径安排不仅是物流系统优化中的两个关键问题，且两者之间存在相互依赖的关系，应该根据这种关系来相应地进行综合优化与管理物流活动。现有相关研究中的物流选址与资源配置往往依赖传统经验并采用人工安排的方式，从而导致资源无法充分利用，运行成本过高，无法满足企业在运营过程中的现实需求。因此，有学者对企业实际生产进行实地调研的基础上，研究多级物流网络集成优化模型与算法，最后对相关实际问题进行仿真分析，验证模型和算法的正确性[33-34]。

3）具有组合性质的多种物资的集成调度。由于企业在生产过程中部分物资具有明显的组合关系，即必须按照一定的比例和数量同时运达才能发挥应有的作用；这些实际需求导致了企业物流中物资运输的难度。有学者构建了具有组合性质的多种物资集成调度的数学模型，采用知识型蚁群算法求解具有组合性质的物资运输问题[36-37]。

（七）典型应用：车辆调度

车辆调度问题（vehicle routing problem，VRP）又称车辆路径问题是经典的 NP 难题，在现实的生产和生活中，物流配送、快递外卖、飞机铁路以及公交的调度问题等，都可以抽象为车辆调度问题。围绕车辆调度的建模与优化，国内学者在问题模型、优化算法、参数预处理等方面开展了相关研究。

1）基于多元协同的智能优化算法研究。有学者研究了粒子群算法、人工蜂群算法等多种智能优化算法在车辆调度问题中的应用，从种群协同、算子协同、算法协同、理论协同等多个角度，对智能优化算法进行改进，提高算法的优化质量和效率，如图 3 所示。

2）从集成创新的视角研究车辆调度问题。考虑实际应用场景，学者们研究拓展了车辆调度问题的模型，建立了开放式、有装载约束、带去送货等多种车辆调度模型。从集成调度的视角，研究了选址库存路径问题、越库调度、现场服务调度问题、O2O 即时配送调度问题。在理论层面，对 VRP 问题可行解进行分析。针对问题特征，提出了实数编码、矩阵编码等多种编码方法；结合邻域知识，设计搜索策略和优化算子。

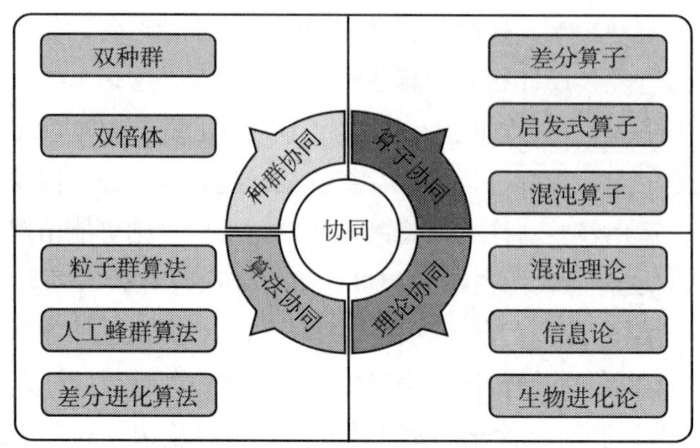

图 3　基于多元协同的智能优化算法研究

3）数据驱动的 O2O 订单调度参数预处理方法。有学者根据 O2O 即时配送的需求特征，提出宽度 & 深度神经网络与 LSTM 神经网络混合的方法，挖掘分析商家、骑手、用户画像与实时的订单信息，对订单调度的关键参数进行预测。有学者根据 O2O 订单调度的特征，提出基于密度峰值聚类算法（DPC）的订单分批聚类方法。针对基本 DPC 算法参数需要人工选择的问题，基于基尼指数思想，提出了自适应 DPC 算法。对聚类后的订单进行调度，优化效果远优于聚类之前。

数据驱动的智能调度方法在实际生产生活中有广泛的应用场景。调度参数预处理方法不仅可以用于外卖配送的时间预测，还可以用于公交行驶时间、快递配送时间、仓库拣选时间等方面的预测。车辆调度问题不仅用于物流系统，在医疗看护、现场调度服务（如上门安装维修）等场景都可以应用，有非常丰富的应用领域。

三、本专业国内外发展比较

（一）智能优化方面

智能优化算法作为人工智能的核心，其发展水平历来受到人们的关注。从算法的来源来说，可以分为两大部分：一种为模拟自然界各种生物的群体行为，另一种为对人类大脑和行为的模拟。受自然界生物群体行为的启发，国内外学者提出了多种群体智能优化算法，并表现出了非常强大的优化能力。这些算法主要包括：1975 年美国密歇根大学的 Holland 提出的遗传算法（genetic algorithm，GA），1992 年意大利学者 M. Dorigo 等人提出的蚁群算法（ant colony optimization，ACO），1995 年 Storn 和 Price 提出的差分进化算法（differential evolution，DE），1995 年美国 Eberhart 和 Kennedy 提出的粒子群算法（particle swarm optimization，PSO），2002 年中国学者李晓磊等人提出的人工鱼群算法（artificial fish swarm，AFs），2002 年 K. M. Passin 提出的细菌觅食优化算法（bacterial foraging optimization algorithm，BOA），2003 年美国亚利桑那大学 Eusuff 等人提出的混洗蛙跳算法（shuffled frog-leaping algorithm，SFLA），2005 年土耳其埃尔吉耶斯大学 Karaboga 提出的人工蜂群算法（artificial bee colony，ABC），2005 年印度学者 Krish-nanand 和 Ghose 提出的萤火虫算法（firefly algorithm，FA），2006 年伊朗德黑兰大学 Mehrabian 等人提出的入侵杂草算法（invasive weed optimization，IWO），2009 年英国剑桥大学学者 Yang 和 Deb 提出的布谷鸟算法（cuckoo search，CS），2010 年英国剑桥大学学者 Yang 提出的蝙蝠算法（bat algorithm，BA）等。

此外，将优化算法与数据分析方法相结合是群体智能研究的一个趋势。在数据分析方法分析算法求解过程的研究中，南方科技大学的唐珂教授对演化算法的历史拓扑形态数据进行了分析，可以更好地求解多模态优化问题；通过分析学习优秀解的可能区域，提高了分布估计算法（estimation of distribution algorithm）的求解效率。我国台湾中正大学的 Chuan-Kang Ting 教授将数据分析应用到遗传算法中去分析解的不同维度间的关联情况。英国 萨里大学的 Yaochu Jin 教授提出了基于数据驱动的代理辅助多目标演化优化算法，对数据驱动的演化算法进行了总结，介绍了对于在线数据和离线数据的不同处理方式、对于大规模数据和小数据的利用模式。西班牙和英国的学者将演化算法应用于离线数据，从而为智能建筑生成模糊控制器。

同时，数据分析也被融合在优化算法中用于求解不同类型的优化问题，例如基于聚类方法的多种群算法用于求解动态优化问题，利用协同进化动态粒子群优化算法求解大规模问题。中国科学技术大学的罗文坚教授将代理辅助演化框架应用于数据驱动的动态优化问题。在数据驱动的群体智能优化算法方面，北京航空航天大学的段海滨教授将头脑风暴优化算法应用到了飞行器设计和无人机控制领域，华南理工大学的詹志辉教授等研究者对头脑风暴优化算法进行了改进和理论分析。此外，浙江大学、吉林大学、兰州大学等高校的多位研究者也都对这类优化算法进行了研究，将其应用到不同领域，如金融数据分析等。

集成智能优化方法是集成能力互补的搜索策略来提升算法搜索能力，这一思想长期受到研究者的广泛关注。在集成智能优化算法中，集成差分进化算法由于其处理复杂优化问题的简单性和效率，并在集成突变策略设计、杂交以及种群多样性控制等方面已经进行了大量研究，是目前最流行的集成智能优化算法之一。

（二）仿真优化方面

仿真优化又称为近似模型辅助的优化，大致可以分为两类。第一类是首先对设计优化问题建立一个准确的近似模型，其次使用最优化算法对构建的近似模型进行寻优。第二类是以最优点为导向的近似模型智能采样优化方法，它是根据优化过程中最优点的变化并结合近似模型的预测信息来调整采样方向，从而更快地找到优化问题的最优解。

常用的近似模型包括响应面模型（response surface methodology，RSM）、克里金模型（Kriging）、径向基函数（radial basis function，RBF）、支持向量回归（support vector regression，SVR）及移动最小二乘法（moving least squares，MLS）等。尽管这些近似模型在工程中得到了广泛的应用，但是对于一个未知的工程问题，很难确定哪一种模型是最合适的。为了提高建模稳定性，学者们提出了聚合模型，即对每个近似模型合理的分配权重系数然后进行加权求和组成新的近似模型。Goel 等人提出了一种启发式的基于广义均方交叉验证误差的聚合模型权重计算方法。Acar 和 Rais-Rohani 通过最小化交叉验证误差模型得到各近似模型的最优权重，从而获得最优的聚合模型。此外，工程设计通常只有有限的高可信度仿真实验设计点可用于建模。于是有学者提出采用多可信度模型（也被称为变可信度模型）建模。通常在多可信度建模中，一个低可信度模型可以通过一些高低可信度样本点的标度调整得到一个近似的高可信度近似模型。常用的标度方法包括乘法标度，加法标度和混合标度方法。特别的，学者还使用近似模型作为标度方法。Kim 等人使用 ANN（artificial neural network）近似模型去构建一个近似的低可信度模型并且使用二阶乘法标度方法进行多可信度建模并用于成型工艺的设计优化中。Sun 等人使用最小二乘近似模型（MLS）去构建近似的低可信度模型并使用响应面标度方法进行多可信度建模并用于板料成形设计优化中。Han 等人使用了一个梯度增强的 kriging 模型去构建近似的低可信度模型并使用一个低阶的响应面标度方法进行多可信度建模。Zheng 等人使用 RBF 近似模型去构建近似的低可信度模型并提出了一种结合线性乘法标度和 kriging 模型的混合标度方法进行多可信度建模。此外，学者们提出了基于高斯过程的协克里金模型（co-kriging），该模型可以对高低可信度样本点进行一次建模。

（三）典型应用方面

以应用需求为驱动，智能优化算法被广泛应用于各种各样的调度问题中，取得了一系列成果[38-42]。在应用方面，由于欧美发达的生产与生活方式，应用领域十分广泛，并且有很鲜明的特色。如周期性的车辆调度问题，在国外一个很重要的应用场景就是给家庭用户配送取暖用的燃油。类似的还有医疗家庭看护调度、Dial-a-Ride 问题等。这些问题在国内的应用场景比较匮乏，因此研究的很少。同时，国外也有大量的商业化车辆调度软件，如美国 ESRI 公司的 Arclogistics 系统、Roadnet 科技公司的 Roadnet5000 系统、Routesmart 科技公司的 Routesmart 系统、Optrak 软件公司的 Optrak 系统、IBM 的 VSPX 系统、美孚的 HPCAD 系统，日本富士通的 VSS 系统等。

相比与国外，国内车辆调度问题的研究起步比较晚，西南交通大学的郭耀煌教授团队是国内最早研究该问题的。相当长的时间内，由于我国物流产业的不发达，该问题一直未受关注。直到 2000 年以后，随着物流行业的迅猛发展，尤其是网络购物在中国的爆发，物流配送越来越与我们的生产生活密不可分，车辆调度问题在国内快速发展。在问题的模型方面，逐渐从对国外的跟踪研究演变为对我国实际应用场景的问题研究，如快递配送、生鲜配送、逆向物流配送、O2O配送等。在算法方面，国内学者更青睐于智能优化算法，遗传算法、粒子群算法、蚁群算法等研究的很多。在应用方面，目前国内电商巨头和快递企业，都开发有自己的配送系统，如美团的外卖配送，目前每天可以支撑4000万量级的订单。但是中小型企业很多还没有自己的车辆调度系统，或者采用现成的软件。但由于与企业实际场景的差异，应用效果一般。

尽管国内外对车辆调度方法的研究已取得了很多成果，但在企业实际运用中仍存在一些问题，主要表现在以下几个方面：①现实中企业车辆配送面临的优化目标、约束条件众多，且不确定性因素很多。现有的大量简化模型或者仅考虑一个或几个因素的模型，与真实情况有较大差距。②单纯考虑从车辆调度，忽略装载、越库、选址、库存等环节，很难保证配送系统整体最优。因此，集成优化调度问题是未来研究的趋势。③在优化算法方面，精确算法无法求解大规模问题，启发式算法求解质量有待提高，智能优化算法计算耗时。充分利用历史数据，发现其中的知识，构造基于知识驱动的优化算法是今后研究的重点。

同时，软件项目调度问题作为资源受限项目调度的典型代表。随着项目调度问题的细分，以及项目调度问题规模的日趋大型化和复杂化，原有的项目调度方法已经无法满足现有问题的需要。软件工程项目调度的核心是给出各个任务执行时间的安排，以及对现有开发人员在各个任务中投入工作量的分配。由于每个项目所能调度的软件开发人员是有限的，且研发人员的技能水平不是一成不变的，会随着完成任务量发生动态变化；同时，调度任务也存在工作量需求变化等不确定性，因此，需要对人力这一特殊有限资源在合理的时间进行使用和调度，保证软件项目有序地开展，满足顾客的定制化需求、降低软件开发成本、提高软件开发质量、缩短软件开发时间，并应对软件开发过程中的意外事件。

四、本专业我国发展趋势及对策

（一）智能优化

智能优化算法发展至今已有几十年，其理论的研究和探讨还在不断深入，应用领域也在不断拓宽，显示其广泛的用途和强大的生命力。从发展的角度看，智能计算将不仅只是功能模仿，更重要的是使得研究对象与实际存在具有相同的特性，这将是一个全新的研究理念，也是一个漫长的研究过程。随着人工智能理论的不断深入研究，还将有更多更新的算法被挖掘，新概念、新理论、新方法、新技术不断涌现。单从算法角度来看，主要深入研究和探讨的主要是以下几个方面。

1. 寻求更好的群智能算法

群体智能优化算法虽然得到了广泛的研究和应用，亟须深化现有算法的理论研究，比如在算法收敛性、算法涉及的参数设定等方面，同时拓展新的算法领域，积极寻找新的理论基础。目前的群智能仍然处在快速的发展时期，新算法新思路也会相继出现，对于生物的观察发现有待深入，尤其是对于高等生物的观察发现较少，从中获得的知识还只是初级阶段。一方面，总结已经成功使用的群智能算法的特点，将其优点结合，从而形成一个比较统一的方法，加强算法的易用性研究，并将算法的参数自适应调整，再打包发布成应用程序，为从事非算法研究且有相关计算要求的个人和行业提供便捷的算法服务；另一方面，人们应当更加深入地了解生命的发展机理，从神奇的大自然中获得灵感，不仅从蚂蚁、蜜蜂、鱼、鸟、野草等获得算法的灵感，动物群体的捕食、争斗、繁殖等行为也将是群智能研究的重点。

2. 对现有的群智能方法进行改进

在改进现有算法的同时，不断地将不同算法进行融合，取长补短，提高算法的数学理论基础分析。群智能重点关注方向是个体的更新策略。个体的更新要兼顾全局和局部的搜索特性，搜索步长的选取是改进的重点。首先需要使得搜索具有全局性，能够搜索到整个解空间，其次需要加强局部搜索能力，快速获得最优解。一般的方法是采用变步长的方式和随机生成新个体两种方式。目前的变步长的方法引入了模拟退火算法，混沌算法等与群智能算法结合，一般情况下，线性和非线性的变步长方式也是比较实用的简便方式之一。

3. 加强算法的应用研究

在研究算法理论的同时，将算法广泛应用于不同行业优化设计，并在实际运用中发现问题和不足，并提出解决方法。群智能算法是一种启发式优化算法，是一种应用型的方法，加强算法的应用研究是算法发展的关键。对于现有的群智能算法，应用和影响最广的还是蚁群算法和粒子群算法，这两种算法也是最具有代表性的，应用也是最广的，其他智能算法虽然也有所应用，但是影响力相对较小。目前，这些算法不仅需要解决普通的无约束优化问题，也需要解决有约束的优化问题，实际问题往往是有约束问题，约束处理方式是一个算法能够应用的基本问题。除此之外，算法还需要解决离散优化问题。尤其是与实际工程相结合，并针对具体的问题进行算法的改进优化，使得其更加适合工程实际需求。

总之，智能优化算法还有大量的工作要做，例如具备普遍意义的数学理论分析还显得不足，还有很多潜在的符合算法的理论没有被发现。目前的群智能算法还停留在初级阶段，其智能性仅仅体现在对生物群体的模拟之上，距离真正意义上的智能还有很长的路要走。优化算法始终是人们不断探寻的方法之一，相信经过广大学者的不断研究，一定能够创造出与自然界一样精彩的群智能优化算法。

（二）仿真优化

尽管这些近似模型辅助的设计优化方法已经得到了很好的工程应用，但是在解决高维问题的设计优化中依然存在很大的挑战。从对当前的近似模型辅助的优化方法研究中可以看出，大部分的测试及应用问题的维度都要低于16。这些方法不适合于求解高维优化问题的原因可以归结于“维度魔咒”难题，即随着设计问题维度的增加，建立一个满足精度要求的近似模型所需的时间成本将会成指数级增长。近似模型不能在使用有限的样本点下对优化问题进行准确的近似，从而影响这些近似模型辅助的优化方法对高维问题的优化效率。总体上，我们需要考虑如下角度的应对策略。

1）实现仿真优化智能建模方法的通用性。机理建模和数据建模是常见的两类建模方法，虽然各自有各自的应用领域，但如能将其有效的集成，则能大大拓展建模方法的通用性。仿真优化智能建模方法不仅可以利用机理建立目标，而且可以利用数据建立目标，此外，仿真优化智能建模方法可以逐步对所建立的高维多目标模型进一步细化，不断增加新的目标，从而可以提高模型的模块化程度，针对不同问题采用“即插即用”的方式快速构建仿真模型。

2）实现仿真优化决策的多样性。仿真优化的应用目标是为用户提供一个辅助决策支持工具，而实际工程设计问题一般比较复杂，涉及因素较多，完全依靠单目标进行决策很难考虑周全，随着人工智能技术的发展，高维多目标决策方式给决策人员提供了多个决策方案，可以可决策方面提供更大的自由度。

3）实现仿真优化的集成化。仿真优化涉及的技术方方面面，而国内外学者集中于对仿真优化的单点技术研究，对于如何根据不同问题选择适当的优化算法，如何利用领域知识提高算法效率等研究很少，势必影响仿真优化在工程领域中的应用和推广，因此从集成的角度去研究、开发仿真优化系统是重要的发展方向。

（三）典型应用

在车辆调度应用方面，预计2020年我国城配市场规模将达到1万亿元以上，面对如此广阔的市场，很多企业都投入重金打造自己的配送系统，车辆调度作为其中的核心环节备受关注。美团、京东、顺丰等在配送方面的持续投入，使得国内在该问题的应用研究方面位于世界前列。国内理论界对该问题的研究已经逐渐摆脱对国外研究的追随，而是针对我国的实际应用场景开展研究。在问题模型方面，随着外卖、跑腿等业务的兴起，即时配送问题逐渐引起关注。预计2020年会有2000亿元的市场规模，该问题具有海量数据、时效性高、动态不确定等特征，十分难以解决。同时，生鲜配送、无人家配送、逆向物流配送都是未来重要的研究领域。此外，集成调度是未来重要的研究方向。人们越来越意识到，仅对车辆调度对配送效率的提升有限，必须将车辆调度问题涉及的上下游环节统一考虑，集成调度才能大幅提升配送系统的性能。在算法方面，数据、模型与知识融合的优化求解方法是今后的研究趋势。随着大数据、移动互联网等技术的普及，大量的历史路径数据中蕴含了丰富的调度知识，如何发现挖掘这些知识，应用于调度的建模与求解，是值得深入研究的课题。在应用方面，十分必要开发基于云平台的可定制化车辆调度优化软件。

国内的大企业有资金投入，为自己量身定制系统。而广大的中小企业由于资金、数据等方面匮乏，在智能化和信息化方面还比较落后，提供基于云计算的调度服务，是未来解决中小企业调度难题的出路。

在软件项目调度方面，现有研究中构建的软件调度模型也较为单一，算法性能还有很多不足。赵娜提出一种基于 SDDM 建模的软件项目优化方法，以模糊集来描述人员的工作能力，并在优化的过程中综合考虑了人员配置的均衡度。柳春锋讨论了实际工程项目调度中需要考虑的员工技能、员工工作效率、项目超时成本等因素，分析了单技能员工、多技能员工分别在同质效率和异质效率情况下，对项目调度最终结果造成的影响，并根据实际的项目调度情况，给出了员工薪资动态变化的描述。张力基于遗传算法，对软件开发过程中的人力和物资进行规划，采用权重系数加权方式构建包含成本和项目总工期的综合目标函数。葛羽嘉建立了基于任务和时间轴的软件项目调度模型，但人员的学习能力等动态因素的引入，不可避免地使计算的复杂度提高。任守纲阐述了人力资源在软件项目调度中的重要性，并提出一种对人员技能的新型度量方式。郭一楠考虑到人员学习、遗忘效应，建立了人员技能的动态模型，深入分析了其对调度结果的影响。考虑到实际的软件项目调度问题中，一些特殊资源的需求量、人员的技能效率往往无法用数字准确描述，张翔提出了一种模糊软件项目调度算法，通过采用模糊数来对任务的工期进行描述，并使用遗传算法，获得最优软件项目调度方案。针对存在不确定因素的软件项目调度问题，申晓宁考虑软件项目调度问题中 4 类动态事件，采用包括预调度和重调度的元启发式算法对动态事件进行处理。郭一楠考虑到动态事件发生时，软件编制人员与修复软件的强关联性，引入鲁棒性作为评价调度方案优劣的新型目标。支春强阐述了顾客需求不明对软件开发进程的影响。

综上所述，针对该类调度问题特点，研究者应选择合适的算法，设计高效合理的个体编码，以期为软件项目管理实践提供科学的决策方案。对于项目管理者，还应进一步建立更加合理的人员评价指标。

参考文献

[1] 王凌. 智能优化算法及其应用 [M]. 北京：清华大学出版社，2001.

[2] 王凌，郑大钟. Meta-heuristic 算法研究进展 [J]. 控制与决策，2000，15（3）：257-262.

[3] 程适，王锐，伍国华 . 群体智能优化算法 [J]. 郑州大学学报（工学版）.2018，39（6）：1-2.

[4] 王凌，郑晓龙. 果蝇优化算法研究进展 [J]. 控制理论与应用，2017，34（5）：557-563.

[5] 王圣尧，王凌，方晨. 分布估计算法研究进展 [J]. 控制与决策，2012，27（7）：961-966，974.

[6] 王凌，沈婧楠，王圣尧. 协同进化算法研究进展 [J]. 控制与决策，2015，30（2）：193-202.

[7] 潘全科，王凌，高亮. 离散微粒群优化算法的研究进展 [J]. 控制与决策，2009，24（10）：1441-1449.

[8] 王凌. 量子进化算法研究进展 [J]. 控制与决策，2008，23 (12)：1321-1326.

[9] 王凌，何锲，金以慧. 智能约束处理技术综述 [J]. 化工自动化及仪表，2008，35 (1)：1-7.

[10] 刘波，王凌，金以慧. 差分进化算法研究进展 [J]. 控制与决策，2007，22 (7)：721-729.

[11] 刘波，王凌，金以慧，黄德先. 微粒群优化算法研究进展 [J]. 化工自动化及仪表，2005, 32 (3)：1-7.

[12] 王凌，郑大钟，李清生. 混沌优化方法的研究进展 [J]. 计算技术与自动化，2001，20 (1)：1-5.

[13] Branke J. Evolutionary optimization in dynamic environments [M]. Kluwer Academic Pub，2002.

[14] Yang S，Yao X. Evolutionary computation for dynamic optimization problems [M]. Springer-Verlag Berlin Heidelberg，2013，490：85-104.

[15] Xu B，Zhang Y，Gong D W. Environment Sensitivity-based Cooperative Co-evolutionary Algorithms for Dynamic Multi-objective Optimization[J]. IEEE/ACM transactions on computational biology and bioinformatics，2018.15(6)：1877-1890.

[16] Gong D W，Xu B，Zhang Y. A similarity-based cooperative co-evolutionary algorithm for dynamic interval multi-objective optimization problems [J]. IEEE Transactions on Evolutionary Computation，2020，24 (1)：142-156.

[17] Rong M，Gong D，Pedrycz W，et al. A Multimodel Prediction Method for Dynamic Multiobjective Evolutionary Optimization [J]. IEEE Transactions on Evolutionary Computation, 2020, 24(2):290-304.

[18] Rong M，Gong D W，Zhang Y. Multidirectional Prediction Approach for Dynamic Multiobjective Optimization Problems [J]. IEEE Transactions on Cybernetics，2019，49 (9)：3362-3374.

[19] 陈美蓉，郭一楠，杨振，等. 一类新型动态多目标鲁棒进化优化方法 [J]. 自动化学报 .2017，43 (11)：2014-2032.

[20] Guo Y N，Yang H，Chen M R. Grid-based Dynamic Robust Multi-objective Brain Storm Optimization Algorithm [J]. Soft Computing，2019.

[21] Guo Y N，Yang H，Chen M R. Ensemble Prediction-based Dynamic Robust Multi-objective Optimization Methods [J]. Swarm and evolutionary computation. 2019，48：156 - 171.

[22] Guo Y N. Novel Interactive Preference-based Multi-objective Evolutionary Optimization for Bolt Supporting Networks [J]. IEEE Transactions on Evolutionary Computation，2019 (4)：750-764.

[23] Zhou C，Gong D，Guo Y N，et al. A Preference-based Method of Updating the Surrogate Model by Broad Learning and Its Application [C]// 2019 IEEE Congress on Evolutionary Computation (CEC). IEEE，2019.

[24] Guo Y N. Robust Dynamic Multi-objective Vehicle Routing Optimization Method [J]. IEEE/ACM transactions on computational biology and bioinformatics，2018，15 (6)：1891-1903.

[25] Ji J，Guo Y，Gong D，et al. MOEA/D-based participant selection method for crowdsensing with social awareness [J]. Applied Soft Computing，2019，87：105981.

[26] 王凌，张亮，郑大钟. 仿真优化研究进展 [J]. 控制与决策，2003，18 (3)：257-262, 271.

[27] Simpson T W. Approximation methods in multidisciplinary analysis and optimization：a panel discussion [J]. Structural and multidisciplinary optimization，2004，27 (5)：302-313.

[28] Shan S. Survey of modeling and optimization strategies to solve high-dimensional design problems with computationally-expensive black-box functions [J]. Structural and multidisciplinary optimization，2010，41 (2)：219-241.

[29] Cai X.An enhanced RBF-HDMR integrated with an adaptive sampling method for approximating high dimensional problems in engineering design [J]. Structural and Multidisciplinary Optimization，2016，53 (6)：1209-1229.

[30] Cai X.Metamodeling for high dimensional design problems by multi-fidelity simulations [J]. Structural and Multidisciplinary Optimization，2017，56 (1)：151-166.

[31] Cai X.Efficient generalized surrogate-assisted evolutionary algorithm for high-dimensional expensive problems [J]. IEEE Transactions on Evolutionary Computation，2019，early access.

［32］赵川，揭海华，王珏. 基于反馈控制的牛鞭效应自补偿对多级库存系统的影响［J］. 系统工程理论与实践，2018，38（07）：1750–1758.
［33］庞燕，罗华丽，邢立宁. 车辆路径优化问题及求解方法研究综述［J］. 控制理论与应用，2019（10）：1574–1584.
［34］唐亮，赫超，靖可. 随机订单干扰下考虑合并决策的供应链网络调度研究［J］. 中国管理科学，2019，（4）：82–99.
［35］殷脂，叶春明. 多配送中心物流配送车辆调度问题的分层算法模型［J］. 系统管理学报，2014，23（4）：602–606.
［36］严珍珍，陈英武，邢立宁. 基于改进蚁群算法设计的敏捷卫星调度方法［J］. 系统工程理论与实践，2014，34（3）：793–801.
［37］张涛，田文馨，张玥杰. 带车辆行程约束的 VRPSPD 问题的改进蚁群算法［J］. 系统工程理论与实践，2008，28（1）：132–140.
［38］王凌，王晶晶，吴楚格. 绿色车间调度优化研究进展［J］. 控制与决策，2018，33（3）：385–391.
［39］王凌，邓瑾，王圣尧. 分布式车间调度优化算法研究综述［J］. 控制与决策，2016，31（1）：1–11.
［40］王凌，郑环宇，郑晓龙. 不确定资源受限项目调度研究综述［J］. 控制与决策，2014，29（4）：577–584.
［41］王凌，周刚，许烨. 混合流水线调度研究进展［J］. 化工自动化及仪表，2011，38（1）：1–8.
［42］方晨，王凌. 资源约束项目调度研究综述［J］. 控制与决策，2010，25（5）：641–650，656.

撰稿人：王 锐 邢立宁 崔志华 郭一楠 任 腾 李新宇 程 适 伍国华 王改革 吴 斌 白丹宇 王 峰 龚文引 巩敦卫 高 亮 王 凌

仿真技术应用

一、引言

仿真学科是在控制科学、系统科学、计算机科学等学科中孕育发展，并在各行各业的实际应用中成长，已经成为人类认识与改造客观世界的重要方法手段，在一些关系国家实力和安全的国防及国民经济等关键领域，如航空航天、信息、生物、材料、能源、先进制造、农业、教育、军事、交通、医学等领域，发挥着不可或缺的作用[1-5]。经过近一个世纪的发展，仿真科学与技术已形成独立的知识体系，包括由仿真建模理论、仿真系统理论和仿真应用理论构成的理论体系；由系统、模型、计算机和应用领域专业知识综合而成的知识基础；由基于相似原理的仿真建模，基于整体论的网络化、智能化、协同化、普适化的仿真系统设计和全系统、全寿命周期、全方位的仿真应用与管理思想综合而成的方法论。

近年来，结合计算机、通信和人工智能技术的发展，仿真科学与技术呈现出许多新的趋势。如在国防和军工领域仿真科学与技术的助推作用明显，已广泛用于武器研究、作战指挥、军事训练等，尤其在我国飞行器设计相关领域的发展取得了令世界瞩目的成就。和平年代部队的多兵种的协同作战、作战指挥等能力的提升仿真系统是其重要的平台支撑，作战指挥仿真服务于作战指挥分析或作战指挥训练的虚拟环境，通过满足作战指挥分析和训练需求来实现价值。智能机器人系统是目前人工智能领域呼之欲出的最有代表性的研究对象，仿真学科可以为机器人的各个功能模块的设计提供经济安全、灵活多变的实验环境，已经成为智能机器人设计和理论研究的必备方法之一。电动化和智能化是当今汽车行业的两个重要的发展方向。而在电动汽车的影响下，电动智能汽车逐渐成为汽车领域研究的一大热点，仿真技术对于电动汽车能源系统的设计与制造发挥着至关重要的作用。作为系统仿真的结果展示与人机接口的重要内容，系统仿真可视化得到快速发展并广泛应用，系统仿真可视化包括：科学可视化、数据可视化、信息可视化以及知识可视化。随着智能化及智慧化发展的需要，针对模拟对象的过程建模、行为描述和属性表达的全方位的知识获取，已成必须[1-5]。本报告聚焦仿真技术应用的最新前沿热点，从飞行器设计仿真、武器装备系统仿真、作战指挥仿真、机器人仿真、能源系统建模与仿真、计算机视觉系统仿真、仿真可视化七个方面分析和比较了国内外最新的研究热点、前沿和趋势，希望为今后仿真技术应用的发展提供一些新的思路和借鉴。

二、本专业我国的发展现状

（一）飞行器设计仿真

飞行器包括航空器、航天器和火箭导弹等，其复杂的内部系统（控制、推进、结构等）与复杂的外部环境相互作用下的运动规律及伴随发生的各种现象、设计理论与方法等展现和验证系统仿真已成为必备的支撑技术[6-11]。航空仿真不仅能用于新型号飞行器的方案论证、任务规划、工程设计、生产制造、学科研究、战术研究，还可用于故障诊断、飞行训练、维护与管理等。我国在飞行器设计相关领域的发展取得了令世界瞩目的成就。军用飞机方面，运 –20 首批列装空军，歼 –20 飞机、歼 –31 飞机持续试飞，飞豹、歼 –10、歼 –11、轰 –6 等原有机型持续改进，换装了新一代的武器和机载设备，作战能力得到进一步提高；民用飞机方面取得的成就更是璀璨，ARJ21–700 飞机首次载客飞行成功，C919 首飞 79 分钟后安全着陆，我国自主研制大型水陆两栖飞机 AG600 总装下线，无人机方面也取得较大进展[6-11]。

（二）武器装备系统仿真

在当今世界科技飞速发展的背景下，大量科技成果不断应用于战场，各种新式武器更是层出不穷，主要得益于电子信息技术的发展，仿真已成为高科技产品从决策、论证、设计、试验、训练到更新等全生命周期各个阶段不可缺少的技术手段，是一种可控制的，无破坏性、耗费小并允许多次重复的试验手段，已经成为武器装备研制与试验中的先导技术、校验技术和分析技术[12-13]。采用仿真学科使武器系统靶场实验次数减少了30%~60%，研制费用节省了 10%~40%，研制周期缩短了 30%~40%。火炮武器系统的仿真正是传统武器与先进技术结合的产物，主要包括火炮武器系统仿真学科、火炮武器系统试验仿真学科、火炮武器系统模拟训练仿真学科、火炮武器系统演示仿真学科、火炮武器系统数字靶场仿真学科、基于 VR 的火炮武器系统维修仿真学科等。分布式交互仿真学科实现了在大量仿真资源基础上实现建立大规模的复杂系统的目的。

（三）作战指挥仿真

作战指挥仿真学科是对作战指挥活动即对作战方案、作战计划、作战指挥活动分析评估类的仿真，也包括对指挥员、指挥机关进行作战指挥模拟训练类仿真，如兵棋推演、战役指挥训练仿真等[14-21]。作战指挥仿真方向的技术发展与系统建设与我军的军改关联紧密，体现的基本特征是：背景联合化、模型体系化、环境综合化、系统集成化、平台通用化、设计一体化、数据标准化，军民融合稳步推进，并继续向深度发展。我国国防系统的作战指挥仿真立足于自主开发，根据仿真实践和需求的驱动，所建立的许多系统所构设的环境几乎与美军并无二致。在军民融合大方针的引领下，我军作战指挥仿真学科应用学科的建设发展迎来重大机遇，迎来作战指挥仿真、特别是联合作战指挥仿真的科学春天，焕发出勃勃生机。

（四）机器人仿真

智能机器人系统集多模态人机交互、环境感知、运动控制、空间定位和导航等多种技术领域于一身，是多学科交叉融合的综合高度复杂的系统。仿真学科可以为机器人的各个功能模块的设计提供经济安全、灵活多变的实验环境，已经成为智能机器人设计和理论研究的必备方法之一[22-29]。我国在智能机器人仿真相关领域已经取得了诸多成就。清华大学开发的 THROBSM 机器人仿真系统可以实现单机械手和双机械手系统的运动学、轨迹规划、动力学、控制及力传感器的仿真，并具有仿真语言及环境建模、三维示教、线框和实体图示的能力。上海交通大学开发的 ROSIDY 系统是一套通用化工业机器人图形仿真软件，其图形功能和通用性具有很强的实用价值，是机器人设计、分析和制造的有力工具。清华大学崔培莲和孙增圻开发的 PCROBSM 微机机器人仿真系统是一个适用于 IBM-PC 及其兼容机的机器人仿真系统，该系统功能齐全，可以对机器人的运动学、轨迹规划、动力学、控制算法、力传感器和典型任务等进行仿真。北京工业大学开发的刚柔耦合机器人仿真系统通过中性文件结合 LMS Virtual. Lab 和 ANSYS，实现刚柔耦合机器人系统的仿真分析，具有适应性广、计算稳定的优点[22-29]。

（五）能源系统仿真

作为解决全球能源危机和环境污染的重要手段，我国于 21 世纪初将新能源汽车研究项目列入国家“863”重大科技课题。随着储能技术的发展，动力能源系统建模与仿真学科也成为近年来研究的热点[30-40]。在电池机理建模与仿真方面，中国科学院院士清华大学欧阳明高教授团队通过自下而上的方法分析了动力锂电池的负极、正极和全电池的衰降机理，并从材料、电极、电池和系统四个层级逐一分析了改善锂离子电池寿命的方法和手段，对于指导锂离子电池的设计和生产具有重要的意义。在电池热模拟与充电方法方面，重庆大学胡晓松教授团队研究了低温充电对电池容量、内阻、输出功率的影响，从宏观和微观尺度总结了低温对电动汽车锂离子电池的影响以及动力电池低温预热过程中涉及的热学问题。在电池故障诊断方面，北京理工大学熊瑞教授团队研究了外部短路故障对电池热行为影响规律，建立了电池短路三维热模型用于模拟电池温度分布。在电池系统物理建模与状态估计方面，中国科学技术大学陈宗海教授团队提出了电池系统多模型融合表达框架，并构建了基于贝叶斯理论的参数与状态联合估计方法。武汉大学何怡刚教授团队提出了基于 CPSO-RVM 的锂电池剩余寿命预测方法。伴随着 5G 技术的发展，未来的电池管理正逐步走向全面的信息化、智能化、网联化[30, 40]。

（六）计算机视觉系统仿真

计算机视觉的研究目标是使计算机具备人类的视觉能力，能看懂图像内容、理解动态场景，期望计算机能自动提取图像、视频等视觉数据中蕴含的层次化语义概念及多语义概念间的时空关联等[41-46]。根据对视觉信息的处理，可将其分为底层视觉计算、中层视觉计算和高层视觉计算。早期底层视觉研究手工设计特征，这些特征以人的先验知识为驱动，建立数学模型，然后场景千变万化，很难设计出适应所有场景的数学模型。但随着深度学习的发展，深度神经网络开始用于底层特征的学习，并逐渐代替手工特征，得到的特征表征能力与鲁棒性更强。南开大学研究团队将场景的多层级、多尺度信息进行融合来代替传统的边缘检测算法，解决了复杂场景图像的边缘提取问题。中层视觉计算在底层特征上引入几何结构、时域对应等信息，搭建起底层视觉和高层视觉之间的桥梁，并采用整体性模型实现多任务多层次输出，如目标分割、显著性检测以及目标跟踪等。高层视觉计算问题致力于获取能够直接被接受且理解的语义知识，其输出更加接近于人类对周围环境的感知层次，其中，物体识别和场景分类、人脸识别等视觉任务的算法性能有极大提升，部分研究成果已经开始走出实验室。现如今很多智能手机或者安检口都配备了人脸识别功能，将识别出的人脸身份与数据库信息进行匹配从而做出决策。中科院计算所副所长陈熙霖领导的团队作为中科视拓（北京）科技有限公司的核心团队，提出了 SeeteFace 人脸识别；另外，近几年快速发展的 VR 技术具有很强的真实感和交互性，广泛用于游戏、教育、文物古迹、医疗、工业仿真等领域，2019 年江西卫视春晚更是重推出了 5G+360° 8K VR 看春晚；清华大学国家光盘工程研究中心所做的“布达拉宫”采用了 QuickTime 技术，实现大全景 VR 系统；浙江大学 CAD & CG 国家重点实验室开发了一套桌面型虚拟建筑环境实时漫游系统；AR 技术被应用于教育领域，在多个学科教学中取得了较好效果，增加了兴趣性、智能性及自主性等。我国计算机视觉市场格局依旧以“四小龙”商汤、依图、旷视、云从科技为主，除此之外，还包括北京深醒科技、扩博智能、云天励飞、阿里云、腾讯云和百度云等公司。计算机视觉在图像匹配、面部识别和生物识别、无人驾驶、医学诊断、法律和秩序以及制造业等领域的应用越来越广泛，在安防领域相对比较成熟，如安防监控，并且随着 5G 的来临，计算机视觉技术将会有更大的发展空间。

（七）仿真可视化

可视化技术使复杂的科学计算数据及数据中所隐含的重要信息通过图形和图像的形

式直观交互地展示出来，其应用领域已经拓展到科学研究、工程、军事、医学、经济等各个领域[47-53]。清华大学与国家气象中心共同研究的"三维气象动态图像系统"将大量的气象信息转化为相应动态的三维图像信息。浙江大学工程与科学计算研究中心在几何网格自动生成技术以及分布式的可视化等方面作出了突出的成绩。北京航空航天大学虚拟实现与可视化新技术研究室的分布式虚拟环境，可以提供实时三维动态数据库、虚拟现实演示环境，用于飞行训练的虚拟现实系统、虚拟现实应用系统的开发平台等；清华大学国家光盘工程研究中心所做的"布达拉宫"采用了 QuickTime 技术，实现大全景 VR 系统；浙江大学 CAD&CG 国家重点实验室开发了一套桌面型虚拟建筑环境实时漫游系统；武汉理工大学使用虚拟现实技术进行机械虚拟制造，包括虚拟布局、虚拟装配和产品原型快速生成等。2017 年 5 月，由秦始皇帝陵博物院独家授权、百度百科打造的秦始皇兵马俑数字博物馆正式上线，成为世界八大奇迹中首个采用百亿级像素进行网络展出的历史景观，突破现场观看的视角限制，观众可以 360 度"触摸"兵马俑的每个细节，享受到超越现场参观的视觉体验。

（八）微电网系统仿真

对可再生能源的广泛利用是解决能源危机和环境问题的重要手段。然而再生能源存在的随机性、间歇性和不可控等特点，为其转化、利用带来了巨大的挑战。通过储能技术与可再生能源的集成应用与协同增效，结合信息科学和控制科学中的建模、估计与管理方法，形成容纳可再生能源电力的"发—输—配—储—用"一体化的微电网，是提升可再生能源渗透率、利用率及电网友好性的有效手段[54-62]。得益于在电力系统技术领域的领先，目前国内微电网系统仿真学科处于先进水平。天津大学王成山教授团队在微电网与分布式能源的建模仿真、并网运行和示范应用方面开展了大量的研究工作，尤其是在微电网与城市大电网的交互方面取得了瞩目的成绩。华北电力大学韩民晓教授在微电网系统的电力电子器件仿真与下垂控制、负荷预测与能量管理方面成果颇丰，并在中丹合作的示范项目中取得了较好的应用效果。该团队在微电网的分层控制中提出了基于 I–V 曲线的下垂控制方法取得了较好的实用效果。合肥工业大学团队光伏工程研究中心在微电网逆变电源系统建模、DC/DC 变换技术、可再生能源仿真与利用等研究领域均取得了较好的研究成果，并在与阳关电源等业内龙头企业的合作中实现了成果落地和产业化。

三、本专业国内外发展比较

（一）飞行器设计仿真

近年来，我国在有人机的新机型研制方面已经取得了有目共睹的进步，与欧美先进国家相比，我国的隐身战斗机、大型运输机、大型客机、无人作战飞机和长航时无人机等实现了从无到有的跨越。尽管如此，我国的飞行器技术水平尚处在追赶世界先进水平的途中，相较于各类飞行器技术发展的新方向、新趋势，我国有很大发展空间。目前，欧美先进航空企业，尤其是波音、空客等公司在飞机设计中的很多业务领域都采用了 VR 技术。用 VR 技术虚拟设计波音 747 获得成功，是近年来引起科技界瞩目的一件大事。波音 747 飞机有 300 多万个零件组成，这些零件以及飞机的整体设计在一个由数百台工作站的 VR 环境系统上进行。设计师戴上头盔显示器，就能穿行于这个虚拟的“飞机”中，去审视“飞机”的各项设计。在波音 777 和空客 A380 的设计过程中，以 VR 为代表的新一代数字化先进设计技术将整体项目进度和飞机研制成本缩短、降低了将近一半。NASA（美国国家航空与宇宙航行局）的“好奇号”火星探测器一直在火星表面工作着，我们也能从探测器处接收到足够多的火星照片。NASA 将 Oculus Rift 虚拟现实眼镜（或者头戴式设备）与 Virtuix Omni 虚拟现实滑步机结合到一起创造了新的模拟器，让人们从感官上了解在火星上漫步是怎样的感觉。从整体水平来看，国内在 VR 研究方面刚刚起步，与国外相比，存在很大差距。

（二）武器装备系统仿真

以美国为首的西方发达国家在军用仿真领域拥有先进的微电子技术、精密加工技术、传感技术和先进的材料技术以及与这些技术相配套的工业实体，为仿真计算机和仿真设备的研究与发展提供了优越的条件。国外从事仿真学科研究开发和设备生产的大小公司日益增多，仿真学科已形成高技术产业渗入国防和国民经济的各个领域。在武器装备研制方面，美国各军兵种及各大军火公司均建有自己的大型仿真试验室，特别是美国各大军兵种，都建有种类齐全的半实物仿真试验室，可以进行单一装备和多种装备的综合性能仿真试验与作战仿真试验。如陆军红石兵工厂，建有红外、毫米波、射频、红外成像等多种制导体制的综合仿真试验室，可以满足陆军装备各种制导武器的半实物仿真需要。美国还通过分布式仿真网络，将各大仿真中心与作战指挥中心、军事基地等连接起来，可以进行实时的武器装备作战半实物仿真，进行战术演练，评价武器系统的作战能力。在武器系统仿真方面，美国陆军高级仿真中心的武器系统仿真设施包括三个屏蔽室中的全尺寸武器系统地面设备，能够实现设备之间的互联，并能与其他设备互联。借助于大量半实物仿真学科并将武器系统仿真应用到战场仿真中去，能够对性能指标、控制策略和体系以及不同武器系统之间的互操作性进行模拟研究，并能对多目标、多武器系统环境下的各种武器进行详细的性能评估。

（三）作战指挥仿真

国外作战指挥仿真研究与应用，以美国最具代表性。这里以美军为例，研究、分析、对比国内外作战指挥仿真发展现状与进展。美军作战指挥仿真的发展，也走过不少弯路。

最初，各军种、兵种各自为战、互不相涉、独立开发，导致 20 世纪 90 年代初美军的作战指挥仿真系统不仅各军种“烟囱”林立，甚至各兵种系统也是“蜂拥”而出，彼此没有共同的接口和规范，不能互联。后来，在美国国防部建模与仿真办公室（DMSO）以及之后的建模与仿真协调办公室（M&SCO）的统一管理、组织、协调下，先后推出以 ALSP、DIS、HLA 为代表的建模与仿真标准，统一规范国防部范围内的建模与仿真研发和应用，逐步实现各军种系统的集成和标准化，走上互联互通互操作发展之路。各军种兵种建模仿真系统“烟囱”林立的局面逐渐消失不见，功能单一的系统被集成、一体化，各军种系统逐渐融合和互联，最后，仅仅只需实现完成集成后的少数几个功能更加综合一体的系统（如 JTLS、JCATS、WARSIM、ONESAF、CATT、JLCTC 等）的互联互通即可完成多军种、兵种的一体化联合作战指挥仿真训练。当前，这一集成过程将被统一到 JLVC2020 框架下实施。美军未来联合作战指挥建模仿真，“云”化、服务化（SaaS、MSaaS）、模块化、一体化将是其主要发展趋向。我军的作战指挥仿真早期基本上是立足于自主开发，从系统发展速度、规模上，应该说与美军几乎走过相同的路线。

（四）机器人仿真

近年来，我国在智能机器人仿真系统研制方面已经取得了有目共睹的成就，针对多种不同任务机器人仿真系统实现了从无到有的跨越。尽管如此，机器人仿真系统的研究开发国内起步相对较晚，系统开发工程量巨大，而研究多在大学和研究所内进行，存在资金不足、开发人员较少等问题，造成目前缺少成熟的商品化软件。相比之下，欧美等一些发达国家对机器人仿真相关技术的研究起步较早，取得了一系列较为先进的成果。例如，美国 MDI 公司开发的机械系统动力学自动分析软件 ADAMS，它使用交互式图形环境，能够灵活方便地进行运动学、动力学、静力学分析，得到速度、加速度、位移曲线。专业的仿真软件 ADAMS 不仅能够直接观察机器人的运动，还能求出机器人的工作空间以及工作性能曲线。法国 Dassault Systeme 公司开发的 DELMIA 软件提供完整的 3D 数字化设计、制造和数字化生产的解决方案，在机器人应用仿真方面一直处于世界领先地位。美国 MathWorks 公司开发的 MATLAB 是一款功能强大的数值计算软件，其包含的 Robotics-toolbox 工具箱可用于机器人仿真，除了基础的运动学、动力学分析外，该工具箱还支持多种移动机器人功能，包括路径规划、定位、SLAM 等。目前，来自欧美等发达国家的机器人仿真软件仍占主流地位，支撑着业界机器人研究的发展。虽然我国起步相对较晚，但也获得了一定的成果，相信在不久的将来会实现从追赶到超越。

（五）能源系统仿真

由于国家在新能源领域政策的有效引导和资源的大力投入，我国清洁能源汽车的发展正在实现弯道超车。无论在产业界还是在学术界，清洁能源汽车的研究和国外相比，各有千秋。具体到新能源汽车动力电池系统的仿真研究方面，也是各具特色。在仿真建模和算法方面，我国的大学和研究机构，如清华大学、北京理工大学、中国科学技术大学、上海交通大学、西安交通大学、武汉理工大学等，密切联系国内电池生产商和整车企业，在电池系统的建模、仿真和状态估计方法研究方面和国外研究齐头并进，在某些技术方面居于领先地位，如电池荷电状态的估计策略等。而在仿真平台方面，基于不同建模机理和不同尺度，国外已有许多电池模拟系统，例如，DOYLE 公司的 DualFoil、德国弗劳恩霍夫工业数学研究所开发的锂电池模拟软件 BEST 美国可再生能源实验室在 Matlab 和 Simulink 软件环境下开发的高级车辆仿真软件 ADVISOR，此外 COMSOL Multiphysics 作为一款多物理场耦合分析软件，电池与燃料电池是软件的其中一个模块，专为进行各种电池与燃料电池问题的模拟而设计。而国内在这方面尚无成熟的替代产品，有待于通过进一步的产学研结合进行弥补和赶超。

（六）计算机视觉系统仿真

在底层视觉方面，国外大部分基于图像局部线索或结合语义信息指导底层搜索，而南开大学的边缘提取工作直接对整幅图进行操作，其方法对该领域具有相当的指导意义。对于场景几何重建、场景光流与运动估计的研究工作，国内较为欠缺，以 KITTI 数据集为评测基准的算法排名中，国内研究机构的研究成果比例极小。在中层视觉计算方面，对于显著性检测的研究，国内研究机构具国际一流的科研实力，但在基础理论研究方面仍少有建树；在目标跟踪方面，国内起步较晚，但随着国家大量资源的投入和初创公司的兴起，国内研究实力在逐步增强。在高层视觉计算方面，越来越多的优秀深度网络模型由国内机构与国外合作完成，极大推动图像识别研究进展的工作。另外，国内机构之间的合作和交流也进一步激活和带动了国内视觉领域的研究热度，并开始取得成效，例如，在 2016 年 ImageNet 大规模物体识别挑战赛中，国内研究机构和视觉领域的创业公司分别包揽了全部项目的冠军，这充分说明国内的研究在该领域已经接近甚至达到国际先进水平。从整体来看，与国际先进水平相比，国内研究水平有了很大提高，与其差距在不断缩小，部分研究方向上实现了并跑甚至领跑，但大多数顶尖研究成果仍然出自国外研究团队，属于我国本土研究团队的原创性、开拓性工作较少。

（七）仿真可视化

现阶段，国内外学者对于知识的可视化研究主要集中在两个方向：①对知识表示基础理论的研究；②针对知识可视化具体实现方式和工具的研究。在具体领域应用研究中，国外比较重视信息可视化方法、模型、技术及系统的应用性研究，广泛涉及生物信息、医学信息、数字图书馆、信息与知识管理、信息检索、情报监测与分析、遗传基因、地理导航、环境与艺术设计、建筑设计、城市规划、企业管理、软件与系统工程设计、人工智能、土地勘测、环境与气象监测、太空观测、科研管理、学术评价等众多行业或专业领域。在网络可视化研究方面，比较关注各类网络（如社会关系网络、科研合作网络、生物与神经网络、通信网络、自组织映射网络、知识网络等）可视化与结构分析、网络数据挖掘与可视化、网络空间可视化或设计、网络信息资源可视化、网络信息检索可视化、网络可视化与分析系统或平台设计开发等研究。我国可视化技术的水平和国外还有一定的差距，特别是在制造领域上普及应用还有差距，与实际制造生产缺乏紧密的耦合性。

四、本专业我国发展趋势及对策

仿真科学与技术已成为人类认识与改造客观世界的重要方法手段，在关系国家实力和安全的国防及国民经济等关键领域，如航空航天、信息、生物、材料、能源、先进制造、农业、教育、军事、交通、医学等领域，发挥着不可或缺的作用。从应用领域的不同需求出发看，仿真基本思想和方法的理论和规范是其重要的研究内容，包括定量仿真、定性仿真的理论和方法；人在环、实物在环仿真的理论和方法；集中式仿真和分布交互式仿真方法；复杂系统仿真方法以及智能仿真方法；智能仿真及人工生命仿真方法等。从应用的表现来看，仿真可视化作为一种信息展示、传播、互动以及分析的手段，在信息展示、传播等领域应用更为广泛，对可视化的研究与应用也不断深化，并表现出交互式、多维性、多功能化、智能化、个性化和大数据化的发展趋势。在国防和军工领域，要重点推进分布协同仿真学科的发展和应用，并通过发展分布协同仿真把综合仿真系统的开发和运行协调起来，从而为体系仿真的发展奠定基础。

面向应用需求的模型技术，以构建模块化组装建模技术为重点，强调建模方法多元化，表现构件的组合化、重用和虚拟化、应用多样化，以实现基于元件库的模型组装技术。对于仿真实用系统开发方法，可视化仿真系统越来越复杂，功能在不断地增强，研究并设计可重用性高、集成度高、可扩展性好的系统开发方法，是当前探索的一个新方向。其目标是要建立结构灵活、冗余性好、可重用性高和可重组性高、开发方便、周期短的可视化软件系统。通过仿真系统进行抽象，再建立动态实体、静态实体、实体关联关系等基于 XML 技术的元模型，并利用这些元模型建立仿真系统。随着信息化和人工智能技术的发展、大数据技术的应用，实现数据驱动的知识表达和可视化展现是仿真系统应用的必然，随着大数据时代的到来，海量数据的筛选与表达成为信息可视化需要解决的一个关键问题，必须紧密结合信息可视化和数据挖掘技术，运用数据挖掘的方法和手段，对数据分析的过程及结果进行可视化展现，让用户可以方便高效的操作海量数据，以发现隐含信息，从而引导出新的预见和更高效的决策。

参考文献

[1] 李伯虎，柴旭东，张霖，等. 面向新型人工智能系统的建模与仿真学科初步研究［J］. 系统仿真学报，2018，30（2）：349-362.

[2] 张霖，周龙飞. 制造中的建模仿真学科［J］. 系统仿真学报，2018，30（6）：1997-2012.

[3] 王子才. 仿真学科发展及应用［J］. 中国工程科学，2003，5（2）：40-44.

[4] Baloch A A，Shaikh P H，Shaikh F，et al. Simulation tools application for artificial lighting in buildings［J］. Renewable and Sustainable Energy Reviews，2018，82：3007-3026.

[5] Wang K，Jiang S，Ma X，et al. Numerical simulation and application study on a remote emergency rescue system during a belt fire in coal mines［J］. Natural Hazards，2016，84（2）：1463-1485.

[6] 景博，徐光跃，黄以锋，等. 军用飞机 PHM 技术进展分析及问题研究［J］. 电子测量与仪器学报 . 2017，31（2）：161-169.

[7] 毛建国，马粮，陈明浩. 小型航空活塞发动机混合动力系统仿真与控制策略研究［J］. 重庆理工大学学报（自然科学），2018，3.

[8] 王娟，樊智勇，沈江玮. 民航飞机平视指引系统仿真平台的设计与实现［J］. 实验技术与管理，2019（4）：32.

[9] 崔嘉，贺静，刘奇，等. 无人机 PHM 系统体系结构设计研究［J］. 计算机测量与控制. 2016（6）：133-135，154.

[10] 傅博，赵月琴，奚国权. 空空导弹投放信号中断故障容错设计与 PHM 实现［J］. 测控技术，2016（8）：45-47，51.

[11] 朱斌，陈龙，强弢，等. 美军 F-35 战斗机 PHM 体系结构分析［J］. 计算机测量与控制,2015,（1）：1-3，7.

[12] 李玉萍，毛少杰，居真奇，等. 装备体系分析仿真平台研究［J］. 系统仿真学报，2019，31（11）：2374.

[13] 闫杰，符文星，张凯，等. 武器系统仿真学科发展综述［J］. 系统仿真学报，2019，31（9）：1775.

[14] 孙黎阳，楚威，毛少杰，等. 面向 C4ISR 系统决策支持的平行仿真框架［J］. 指挥信息系统与技术 . 2015，6（3）：56-61.

[15] 王飞跃. 指控 5.0：平行时代的智能指挥与控制体系［J］. 指挥与控制学报，2015，1（1）：107-120.

[16] 杨光，胡习霜. 海军兵棋演习系统研究［J］. 指挥控制与仿真，2016，38（4）：96-101.

[17] 王洪军，郑世明，张永亮. 陆军指挥训练信息系统需求分析［J］. 指挥控制与仿真，2016，38（4）：22-27.

[18] 毛少杰，周芳，楚威，等. 面向指挥决策支持的平行仿真系统研究［J］. 指挥与控制学报，2016，2（4）：315-321.

[19] 程恺，陈刚，张品，等. 作战计划生成方法研究现状与展望［J］. 计算机科学，2016，43（12）：9-23.

[20] 朱杰，游雄，夏青. 基于认知的战场地理环境仿真对象数据模型［J］. 系统仿真学报，2019，31（6）：1070-1084.

[21] 张宇，柳少军，刘洋. 面向兵棋推演的 HPF 行为动力学模型仿真实现与模型改进［J］. 指挥与控制学报，2016，2（2）：148-151.

[22] 俞文伟，邓建一. 一个 ROSIDY 通用化工业机器人图形仿真软件［J］. 机器人，1993，15（1）：25-29.

[23] 崔培莲，孙增圻. 微机机器人仿真系统 PCROBSM［J］. 机器人，1995，01：25-31.

[24] 张启彬，王鹏，陈宗海. 基于速度空间的移动机器人同时避障和轨迹跟踪方法［J］. 控制与决策，2017，

32（2）：358-362.

［25］陈晏，余跃庆，苏丽颖，等. 基于 LMS Virtual. Lab 和 ANSYS 的刚柔耦合机器人仿真系统［J］. 轻工机械，2007，01：46-49.

［26］Zhang Q，Wang P，Chen Z. An improved particle filter for mobile robot localization based on particle swarm optimization［J］. Expert Systems with Applications，2019，135：181-193.

［27］Zhang Q，Wang P，Chen Z. Mobile robot pose estimation by qualitative scan matching with 2d range scans［J］. Journal of Intelligent & Fuzzy Systems，2019，36（4）：3235-3247.

［28］朱华炳，张娟，宋孝炳. 基于 ADAMS 的工业机器人运动学分析和仿真［J］. 机械设计与制造，2013，5：204-206.

［29］衣勇，宋雪萍. 机器人仿真研究的现状与发展趋势［J］. 机械工程师，2009，7：63-65.

［30］Ren D，Hsu H，Li R，et al. A comparative investigation of aging effects on thermal runaway behavior of lithium-ion batteries［J］. eTransportation，2019，2：100034.

［31］Hu X，Zheng Y，Howey D A，et al. Battery warm-up methodologies at subzero temperatures for automotive applications：Recent advances and perspectives［J］. Progress in Energy and Combustion Science，2020，77：100806.

［32］熊瑞，马骕骁，杨瑞鑫，等. 动力电池外部短路故障热 - 力影响与分析［J］. 机械工程学报，2019，55（2）：115-125.

［33］陈宗海，钟良，何耀，等. 基于充电方式的锂电池 SOC 校准和估计方法［J］. 控制与决策，2014，29（6）：1148-1152.

［34］张朝龙，何怡刚，袁莉芬. 基于 CPSO-RVM 的锂电池剩余寿命预测方法［J］. 系统仿真学报，2018，30（5）：1935-1940.

［35］Yang X，Liu D. Renewable power system simulation and endurance analysis for stratospheric airships［J］. Renewable Energy，2017，113：1070-1076.

［36］Chen Z，Sun H，Dong G，et al. Particle filter-based state-of-charge estimation and remaining-dischargeable-time prediction method for lithium-ion batteries［J］. Journal of Power Sources，2019，414：158-166.

［37］Wang Y，Sun Z，Chen Z. Energy management strategy for battery/supercapacitor/fuel cell hybrid source vehicles based on finite state machine［J］. Applied Energy，2019，254：113707.

［38］Liu X，Chen Z，Zhang C，et al. A novel temperature-compensated model for power Li-ion batteries with dual-particle-filter state of charge estimation［J］. Applied Energy，2014，123：263-272.

［39］Wang Y，Tian J，Chen Z，et al. Model based insulation fault diagnosis for lithium-ion battery pack in electric vehicles［J］. Measurement，2019，131：443-451.

［40］Wang Y，Zhang C，Chen Z. A method for joint estimation of state-of-charge and available energy of LiFePO4 batteries［J］. Applied Energy，2014，135：81-87.

［41］Liu Y，Cheng M M，Hu X，et al. Richer convolutional features for edge detection［C］//Proceedings of the IEEE conference on computer vision and pattern recognition. 2017：3000-3009.

［42］Premebida C，Faria D R，Nunes U. Dynamic bayesian network for semantic place classification in mobile robotics［J］. Autonomous Robots，2017，41（5）：1161-1172.

［43］王越，瞿少成，陈青松. 基于人脸识别技术的社区智能门禁系统的实现［J］. 电子测量技术，2018，41（16）：70-73.

［44］鲍华，赵宇宙，张陈斌，等. 基于自适应分块表观模型的视觉目标跟踪［J］. 控制与决策，2016，31（3）：448-452.

［45］常昕，陈晓冬，张佳琛，等. 基于激光雷达和相机信息融合的目标检测及跟踪［J］. 光电工程，2019，46（7）：180420.

［46］陆文利，王淳，赵春芝. 增强现实（AR）技术在高校基础实验教学中的应用［J］. 实验室科学，2018，21（2）：164-166.
［47］徐永顺，潘伟. 简析信息可视化［J］. 现代工业经济和信息化，2016（10）：93-94.
［48］孙雨生，仇蓉蓉，闵颖. 国内信息可视化研究进展［J］. 计算机与数字工程，2014（6）：1028-1037.
［49］刘真，吴向阳，郑秋华. 动态网络可视化与可视分析综述［J］. 计算机辅助设计与图形学学报，2016（5）：693-701.
［50］黄彦浩，陈为，汪飞，等. 电力系统仿真数据可视分析架构研究［J］. 中国电机工程学报，2017，1.
［51］兰影铎. 面向云制造的可视化关键技术研究［D］. 东北大学，2014.
［52］魏晓峰. 国际信息可视化研究进展计量学分析［J］. 情报科学，2014（7）：92-98.
［53］康凤举，华翔，李宏宏，等. 可视化仿真学科发展综述［J］. 系统仿真学报，2009（9）：5310-5313.
［54］王成山，武震，李鹏. 微电网关键技术研究［J］. 电工技术学报，2014，29（2）：1-12.
［55］王成山，武震，李鹏. 分布式电能存储技术的应用前景与挑战［J］. 电力系统自动化，2014，38（16）：1-8，73.
［56］王成山，洪博文，郭力. 不同场景下的光蓄微电网调度策略［J］. 电网技术，2013，37（7）：1775-1782.
［57］朱永强，张泉，刘康，等. 交直流混合微电网互联变流器新型控制策略［J］. 电力建设，2019，40（11）：48-54.
［58］谢文强，韩民晓，严稳利，等. 考虑恒功率负荷特性的直流微电网分级稳定控制策略［J］. 电工技术学报，2019，34（16）：3430-3443.
［59］翟冬玲，韩民晓，马骏鹏，等. 连接低惯量系统的 VSC-MTDC 的自适应下垂控制［J］. 电力自动化设备，2019，39（2）：128-134.
［60］肖华锋，王晓标，张兴，等. 非隔离光伏并网逆变技术的现状与展望［J］. 中国电机工程学报，2020，40（4）：1038-1054，1397.
［61］李光辉，王伟胜，张兴，等. 考虑机侧模型的直驱风电机组序阻抗建模及分析［J］. 中国电机工程学报，2019，39（21）：6200-6212.
［62］徐华电，苏建徽，施永，等. 具有同步发电机特性的储能型光伏并网发电系统研究［J］. 控制理论与应用，2018，35（7）：1021-1028.

撰稿人：陈宗海　汪玉洁　张陈斌　武　骥　林名强

航空航天系统仿真

一、引言

随着计算机技术、信息技术等相关技术的发展与进步，建模与仿真的应用范围得到了极大的扩展，从单机、单系统仿真到多机、多系统仿真再到异地分布仿真，直至今天的云仿真、大数据仿真、人工智能仿真，仿真的能力与规模逐渐加大，仿真研究的对象日趋复杂化，仿真支撑环境趋于异构化，建模与仿真学科面临更多的机遇与挑战。

航空航天系统仿真是仿真技术与航空航天工程相结合的产物，是仿真学科与技术的一个重要分支。2018—2019 年，在强烈的应用需求牵引和前沿技术快速发展的推动下，航空航天系统仿真得到快速发展，尤其是建模仿真理论与方法创新发展取得重要进展，并在装备技术发展、新型作战概念验证与实战演习及训练、采办、保障等方面广泛应用，全面支持航空航天系统及产品研制、试验鉴定评估、试验与训练等向数字化、智能化的方向发展。

二、航空航天应用的仿真技术体系

（一）航空航天应用的仿真技术体系

1. 初步形成适应航空航天应用需求的仿真技术体系

伴随“网络化、虚拟化、智能化、协同化、普适化、服务化”的仿真学科发展趋势[1-2]，瞄准新航空航天应用变革下武器装备体系发展建设需求，在对国内外仿真学科发展现状进行深入分析的基础上，归纳出仿真学科发展的内在规律，从仿真总体技术、仿真方法与建模技术[3-4]、仿真平台技术[5-11]、仿真应用工程技术四大领域进一步明确了仿真学科体系，可为武器装备发展全系统、全生命周期和管理的全方位活动中共用的仿真理论方法建立、仿真平台工具开发和示范性的仿真系统建设以及未来我国航空航天系统仿真技术的持续发展提供指导。

2. 建立了不同应用领域下的仿真系统体系结构

针对装备体系论证、建设、运用、评估的应用需求，适应未来武器装备及作战样式体系化、仿真技术服务化发展趋势，建立了装备体系联合试验模型综合集成框架、面向服务的大型复杂系统嵌入式仿真体系架构、仿真模型工程知识体系及生命周期框架，为快速形成联合仿真能力提供支撑。

（二）人工智能、微波光子等新技术推动仿真技术发展

1. 人工智能、VR/AR 等新技术与半实物仿真相结合

基于人工智能的复杂场景建模仿真能力对满足半实物仿真验证需求日益重要：随着导弹武器评估向着对抗环境下作战性能与效能一体化评估发展需求[12-15]，基于对抗响应的复杂场景环境对象的不确定性及复杂性进一步提升。由于复杂目标场景对象的不确定性及复杂性，建模仿真过程本身需要预测成分，而大数据、深度学习挖掘技术、类脑技术在预测方面表现很强优势。情境依赖信息处理能力是实现通用人工智能的必备能力之一。

基于 VR/AR 技术的目标模拟系统进一步提升制导控制仿真探测“沉浸式”感知水平。近年来，虚拟 / 增强现实（VR/AR）等新兴技术的推动下，仿真理论推陈出新，仿真能力不断提升，仿真学科的军事应用持续深化，为各国现阶段的军事转型提供了强力支撑。借鉴虚拟现实技术途径，建立沉浸式光学场景仿真新途径，可极大节约仿真设备成本，有效解决多波段分口径复合成等技术瓶颈问题，通过构建高沉浸式虚实融合的感知环境，有效提升虚实结合战场环境下武器装备性能鉴定评估水平。

“嵌入式”复杂场景图像生成技术有效解决多弹协同制导控制系统仿真的时序匹配问题：仿真链路的时间特性是影响仿真精度的关键因素，特别是多弹协同制导控制系统仿真对多通道复杂场景生成时序匹配提出更高要求。图像生成过程中场景计算渲染及数据传输严格同步可控问题，实现光学动态场景模拟低稳延时输出，降低光学场景生成传输的时间延时对制导控制半实物仿真精度的影响。

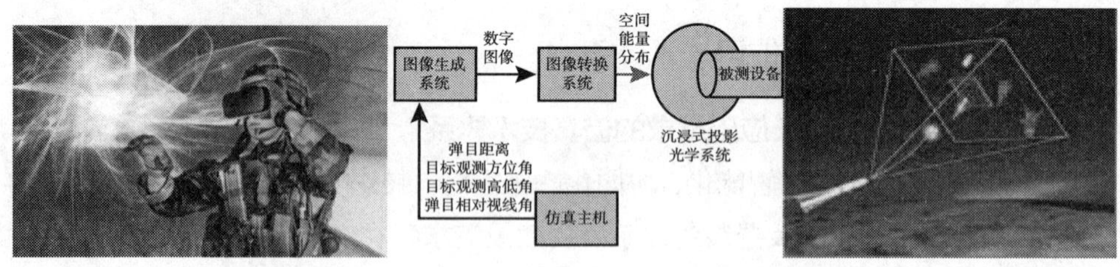

图 1　沉浸式光学目标场景仿真系统原理示意

2. 微波光子、左手材料等新技术促进射频仿真技术跨代发展

2019 年，随着微波光子、左右手材料等新技术新材料研究不断取得突破，其在射频仿真学科领域的应用逐渐被重视，对提高射频电子元器件性能，发展全频段，通用化射频

仿真学科提供了新的技术途径。

微波光子技术发展促进射频仿真技术向全频段、通用化方向发展。在 2019 全国微波光子雷达技术研讨会上有专家指出，我国在微波光子技术领域已取得较大进展，可实现雷达、通信等电子领域的跨代发展。

意大利电信联盟光子网络实验室承研了全数字雷达（Phodir）项目（图 2）。该项目基于锁模激光器产生两组光频梳作为雷达系统的相参基准，雷达波形生成与光采样的采样脉冲均依靠双光梳拍频并调制产生，最终验证了全光架构在雷达系统中的可行性。

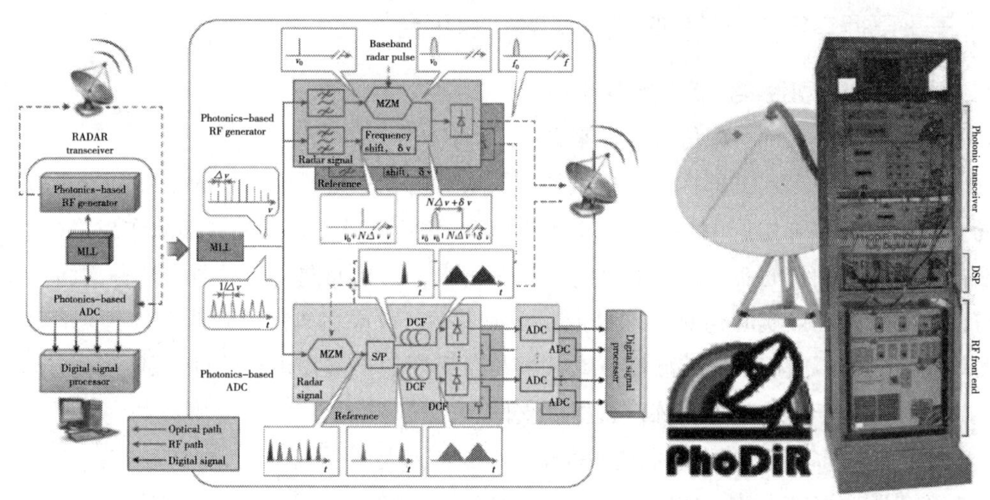

图 2　Phodir 系统结构框图与实物照片

微波光子技术推动射频制导控制半实物仿真技术的发展：基于微波光子的射频半实物仿真系统可利用微波光子技术已实现的成果，在传统射频半实物仿真系统的主要部件或分系统上，完全或部分代替原来的电学分系统，通过将微波信号转换到光学域上，采用光学方法完成电子信息系统中信号的产生、发射、接收、检测等处理过程，以便充分利用微波光子技术在半实物仿真系统组件的重量、体积、带宽、抗电磁干扰等方面的优势，全面提升射频半实物仿真系统的全频段、通用化、大带宽、多功能性能。

3. 核心器件取得突破，逐步缩小与国外先进水平差距

2019 年，国产电阻阵列芯片，MEMS 黑体微腔阵列转换芯片等国产红外场景转换器件的研制取得突破，大大提升了我国光学复杂场景模拟能力。

国产 512 × 512 电阻阵列芯片研制成功：上海技术物理研究所经过多年攻关，成功研制出第二代复合薄膜 512 × 512 电阻阵列。采用复合薄膜辐射体结构，占空比相比第一代 256 × 256 器件有所提高；高速片上选址电路和各种缓冲电路，提升超大尺寸芯片的帧频性能；最高帧频 200Hz，最高模拟等效黑体温度中波红外波段可达 550K，长波红外波段可达 450K，坏元率小于 0.15%。

此外第三代高架桥复合薄膜 256×56 电阻阵列芯片工艺和初测已完成，即将开展后续封装和性能测试；高架桥式复合薄膜辐射体结构，占空比显著高于第二代所有电阻阵，并可根据需要灵活设计，预期可实现等效黑体温度 1000K 以上。

MEMS 红外黑体微腔阵列转换芯片：北京理工大学李卓教授团队突破关键技术，研制出新一代 MEMS 红外黑体微腔阵列转换芯片，分辨率可达 1K×1K，辐射光谱范围可以涵盖短波红外，中波红外，长波红外，刷新帧频大于 100Hz，采用光致发热原理，用于真空低温环境有其独特的技术优势。

（三）已拥有自主可控的实时、高效仿真平台

1. 建立了自主可控实时仿真支撑平台

（1）复杂装备系统实施仿真支撑平台

航天科工集团三院三部在现有单武器装备实时仿真平台研究成果的基础上，面向复杂战场对抗环境下多弹协同制导、无人机蜂群编队飞行控制、多飞行器编队作战飞行控制、智能自主导航等系统的实时仿真验证与评估等需求，构建面向复杂装备全任务剖面仿真验证与评估需求的高效实时仿真支撑平台。实现了平台成果在典型导弹武器、有人 / 无人飞行器等领域的推广应用，支持新型复杂武器装备研制的半实物仿真验证、战场对抗环境适应性评估，为基于实装装备训练仿真提供支撑。

（2）远距离多节点协同实时仿真平台

对于远距离多节点协同实时仿真平台，高精度的时间和频率基准是实现多实验室、多设备协同测试和工作的基础[16, 17]。基于现代光纤通信网络中广泛使用的光纤具有传输损耗低、受外界环境影响小、可长期连续运行、分布广泛等特性，全球范围内许多大学和研究机构都在从事高精度光纤频率传输方面的研究。清华大学通过 80km 商用光纤链路实现了 9.1GHz 的微波频率传输。

2. 研制了高效能仿真平台

提出了面向高端仿真用户和海量用户群（两类用户）、虚拟 / 构造 / 实装（三类）的高效仿真平台架构，集成了大数据和人工智能仿真专件，实现了高计算能力、高效 / 低延迟的同步通信网络能力、高性能 / 高容量 / 高可伸缩性的并行 I/O 系统、友好的开发环境、多学科异构系统的协同运行、高可靠低成本等仿真支撑能力，形成“人工智能 +”时代的新一代仿真支撑平台。

3. 研制了试验训练一体化仿真平台

以信息化条件下联合作战试验与跨地域分布式训练应用为背景，突破联合试验支撑环境体系结构、基于 LVC 的仿真系统集成、约束条件下 LVC 仿真实时互操作、复杂试验训练资源描述及服务化技术、试验训练一体化仿真系统综合管理等关键技术，形成自主可控的试验训练一体化仿真支撑平台（以下简称“仿真平台”），可支撑开展异地的联合训练

与训练，已经开始在装备研制、装备能力评估试验和模拟训练项目开展应用。

4. 研制了装备体系对抗仿真平台

围绕复杂环境下武器装备体系顶层设计、重大装备战技术指标验证与优化、基于体系对抗仿真的作战方案分析评估等研究需求[18]，研制了系列化装备体系对抗仿真平台及工具集，已应用于各类装备作战问题研究等，有效支撑了武器装备体系结构优化、配系部署、重大装备战技指标论证和联合作战分析等。

（四）VV&A 评估技术不断完善

1. 不断完善仿真置信度评估方法理论

针对现有仿真可信度评估模型存在的语义不严谨、普适性不强、描述能力不足等问题[19]，借鉴一般系统论的思想，从实体域、属性域和行为域对仿真系统可信度的影响因素进行分析与描述，进而建立了仿真可信度的形式化评估模型。在此基础上，提出了一种新的仿真可信度评估方法，并分析了其在实际使用过程中所需的若干关键算法。

针对现有的仿真时序数据相似性度量主要面向单维时序数据中存在适用对象不明确、性能不适宜等问题，提出了仿真单维时序数据相似性度量方法和仿真多维时序数据相似性度量方法。根据变量的测量尺度对单维时序数据进行了分类，并针对每类单维时序数据分别构造了满足其性能需求的相似性度量。有效解决变量类型不同、关联方式各异的仿真多维时序数据的相似性度量问题。

针对不同特点的可信度指标综合问题，北京航空航天大学提出了三种仿真可信度指标综合方法，解决了不同特点的可信度指标综合问题。在仿真可信度评估过程中，需要对反映仿真系统不同侧面的可信度指标进行综合，以获得仿真系统的整体可信度。其间经常遇到指标权重信息不完全、指标权重信息完全但不一致、不同指标之间非独立等情况。针对上述三种情况，结合 AHP 理论与模糊测度理论，分别提出了相应的仿真可信度指标综合方法，解决了专家权重分配、综合判断矩阵一致性分析、指标间关系描述等难点。这三项研究成果各有所长，互为补充，均是实用性很强的定性定量相结合的综合方法。

2. 研究 VV&A 技术在复杂化、智能化、网络化动态仿真中应用

哈尔滨工业大学针对复杂化、智能化、网络化动态仿真结果验证问题，提出了灰色关联分析法，给出了几种典型的灰色关联度模型的概念、适用条件及各自的优缺点。并在此基础上提出了一种改进的灰色关联度模型，并加以证明，该模型能综合体现出时间序列间距离、斜率、加速度的差异对灰色关联度的影响，计算结果也更加合理。通过利用不同的灰色关联度模型对同一个应用实例进行分析，根据分析结果总结归纳了几种灰色关联度模型的特点，突出了改进的灰色关联度模型的优势；通过研究灰色关联分析在模型验证中的应用，给出了一种灰色关联分析结果至仿真可信度转换的一种方法，这个方法可以解决一些实际问题。

三、本专业国内外发展比较

近两年，国外航空航天技术在创新性系统仿真理论与方法、计算技术与仿真技术结合、仿真技术在产品研制全生命周期的应用，以及仿真技术对军演、军事训练等方面有长足进步。与之相比，我国在这些方面存在差距，应尽快弥补。

（一）创新性系统建模仿真理论与方法

近年来，随着美国陆军“多域作战”、空军“作战云”、海军“分布式作战”DARPA“马赛克战”等新型作战概念的产生与发展，使得装备体系设计与构建方式发生重大变革，通过创新系统仿真理论方法的研究方法和手段[20-29]，以全面支撑武器装备研制和军事作战训练全面数字化、智能化的发展需求，积极探索复杂系统仿真建模新概念，推动仿真体系结构的创新优化发展，高性能仿真计算、人工智能等颠覆性技术不断激发仿真新潜能，我国在创新系统建模仿真理论与方法研究上，虽然开展部分研究，但与国外相比，存在明显不足。

1. 国外正在探索复杂系统建模与仿真新概念

随着以美国为代表的发达国家新型作战概念的产生与发展，日益增加和快速变化的复杂系统建模仿真需求驱动军方加快探索复杂系统建模与仿真新概念的演示验证。

美国陆军2019年重点关注战备、现代化和改革，其优先事项包括合成训练环境（STE）、现代化的作战训练中心（CTC）、持续性网络训练环境（PCTE）、医学建模仿真等，以支持“多域作战”概念的发展。

美国空军8月宣称下一代空中优势（NGAD）将开展更多的建模与仿真工作，以支持美国空军快速试验新概念或技术，并花费更少的时间和成本来构建和测试物理模型。美国空军研究实验室10月发布“空中优势技术”跨部门公告，关注的12个技术领域之一就是建模、仿真与分析，以开发或改进建模、仿真及分析等领域技术与方法，快速有效评估空中优势概念。

美国海军信息战系统司令部10月宣布已完成其首个数字孪生模型的搭建。其研发流程从“设计-建造-测试”改为“模型-分析-构建”，可在硬件系统交付之前利用系统数字模型进行测试、评估系统性能。

DARPA提出的“马赛克战”支撑项目中大多数都依托建模仿真学科进行测试、验证，如体系综合技术与试验（SoSITE）、拒止环境下协同作战（CODE）、分布式作战管理（DBM）、对抗环境中的弹性同步规划与评估（RSPACE）、驾驶舱机组成员自动化系统（ALIAS）、进攻型使能集群战术（OFFSET）、空战演进项目（ACE）、远征城市环境适应性作战测试平台原型（PROTEUS）等；在马赛克试验方面，也寻求集成技术和方法来实现各种模拟与仿真和试验环境的互操作。DARPA 于 8 月发布信息征询书，寻求可直接由物理现象描述生成多物理场建模仿真代码的新方法，解决复杂系统的建模仿真问题。

2. 国外已突破数学、计算与设计等前沿理论

2019 年 6 月，DARPA 建立虚拟智能处理项目，旨在通过建立新的数学模型，生成高效、强大的人工智能算法，其可以用很少的例子学习新概念，并能够指导新型硬件（未来可支持人工智能算法的硬件）的开发。并于 8 月启动“自然计算机”项目，重点关注模型和概念，以破解经典模型无法解决的计算问题。例如，高超声速飞行仿真模型、大规模分布式传感和控制材料、鲁棒网络优化和分析。美国情报高级研究计划局 6 月寻求对高性能计算体系结构与应用程序的建模和仿真技术进行改进。为支持美国海军“分布式作战”，美国海军 9 月开发边缘云的云计算环境，以增强海军作战人员的敏捷性和响应能力。为了加速美国计算领域的快速发展，白宫科学技术政策办公室（OSTP）11 月发布了美国国家战略计算计划（NSCI）的更新。英国政府 7 月资助建模仿真中心牵头实施航空航天工业高阶计算流体力学（CFD）技术开发项目。该中心将结合其最先进的计算基础设施和先进的模拟知识和专业知识，将独立评估、测试新开发的计算流体力学方法。2019 年 3 月，俄罗斯“时代”军事创新科技城数据中心主要解决科技城试验室数学过程建模的问题。

3. 国外正稳步推进基于人工智能的建模能力建设

2019 年，在智能化建模仿真理论、方法、平台和应用方面取得诸多进展，促进以人工智能为典型特点的新一代建模仿真技术的快速发展和应用。基于人工智能的建模能力建设将推动仿真学科在环境复杂、博弈对抗强、信息不完整、边界不确定的现代化战争研究中的应用，为未来作战能力快速生成服务。

2019 年 1 月，DARPA 启动了以知识为导向的人工智能推理模式（KAIROS）项目，旨在创建一种基于模型的人工智能能力，对复杂事件进行上下文和时间推理和预测。该项目一旦取得成功突破将对复杂系统建模仿真能力带来巨大的飞跃。DARPA 建造的世界上最大的射频仿真试验环境“斗兽场”（Colosseum），则是推动 5G+ 人工智能 + 仿真方面迈进的关键一步。

法国经济和财政部 7 月与达索航空、泰雷兹、雷诺、道达尔等 8 家法国军工行业巨头签署了一份关于军工业人工智能的宣言，承诺推动用于设计、仿真、开发、测试和后勤的人工智能。

俄罗斯 10 月发布《俄罗斯 2030 年前国家人工智能发展战略》，主要任务包括：优先支持模拟生物决策系统的算法，包括蜂（蚁）群分布式集群系统，自主学习及算法，复杂任务的自主分解及解决方案；提高人工智能发展所需硬件的可用性，开展神经计算系统架构基础研究等。

4. 国外已重点推进仿真可信度评估和仿真模型验证方面的研究

近年来，随着面向服务的仿真/云仿真等新的仿真架构的出现，如复杂装备体系仿真、

大气环流仿真、基于虚拟现实 / 增强现实的仿真等通常会产生仿真大数据，面向仿真大数据的模型验证将涉及大量的数据检索、处理和分析，对智能化、自动化的仿真模型验证提出了挑战。信息技术的快速发展也为仿真结果验证技术带来了机遇，人工智能、机器学习、数据挖掘等领域的相关方法技术为复杂仿真模型验证技术提供了解决途径。未来复杂仿真模型验证的研究方向包括：对采用云仿真 / 面向服务仿真平台构建的仿真模型进行快速验证；仿真大数据的仿真模型进行验证和评估；应用人工智能、机器学习等相关技术提高仿真大数据验证与分析的效率和智能化水平；解决仿真结果验证中存在的参考数据缺乏问题等。2019 年 5 月，新成立的美国空军科学研究办公室卓越中心（AFOSR CoE）聚焦利用建模仿真发展对抗环境下的可靠自主性技术。该卓越中心将通过应用建模仿真、动力学、数学、控制论、信息论、通信和计算机科学的各种工具集来实现信息运用的可用性、完整性和有效性。

（二）先进计算技术发展已推动仿真支撑技术

各国不断发展量子计算、边缘计算、雾计算等高性能仿真计算方法，以进一步提高仿真计算的速度和仿真结果的精度水平。

1. 全球量子计算技术研发竞争白热化

当前全球各国正在争夺量子技术优势，预计 2020 年全球对量子能力的投资将达到 130 亿美元。2019 年 1 月，IBM 公司公开了全球首台独立的商用量子计算集成系统 IBM Q System One；9 月，推出第 14 代量子计算机系统，其核心部分的基本数据处理元件搭载了 53 个量子比特，该系统于 10 月投入商用。谷歌 9 月称已经实现“量子霸权”，IBM 公司 10 月则宣称在量子计算领域取得突破。美国空军研究实验室 8 月宣布加入 IBM 量子计算网络（IBM Q Network）社区，成为其中一个 IBM 量子计算网络中心。欧洲空客公司面向全球宣布举办“空客量子计算挑战赛”，以利用量子计算这种新型计算能力，为飞机全生命周期的复杂优化和模型化提供解决方案。英特尔公司于 9 月发布了世界最快的超级学术计算机 Frontera，该系统将为研究人员提供前所未有的计算和人工智能能力，用于宇宙理解、医学治疗、能源和军事等方面需求。美国陆军研究实验室 7 月表示在量子研究领域实现了一个新的里程碑，提高了量子模拟和量子计算的能力，旨在存储和处理海量数据，为士兵在战场上提供战术优势。美国国家科学基金会 7 月表示将推动量子飞跃挑战研究所项目，通过投资研究机构来推动量子技术计算、通信、传感和模拟领域四大领域的发展。美国洛斯阿莫斯国家实验室 9 月称采用 D-Wave Systems 公司开发的下一代量子计算机“Advantage”。

2. 边缘计算为仿真提供新平台

2019 年，Technica 公司为美国陆军研发人工智能的雾计算平台（smart frog），在联网的情况下训练机器学习算法，在战场上可融合各种来源的数据并在不连接云的情况下进行离线处理，从而让士兵在断网区域应用人工智能能力，提供快速应对周围环境的有效方案；美国ManTech公司推出了新型雾计算技术平台“安全战术边缘平台”（STEP），为部队提供实时的情报收集、存储、计算和仿真分析能力，以更高效作出决策。ManTech公司在该平台中运用了零信任模型，美国军方已对其产生较大兴趣。

3. 高性能仿真计算继续优化发展

为解决当前计算能力对仿真测试环境开发限制，DARPA启动了“数字射频战场仿真器”（DRBE）项目，创建一种新的“实时－高性能计算”（RT-HPC）模式，有效平衡计算效率和超低延迟之间的关系，以支持高逼真度射频环境仿真。该项目将探索设计和开发能够满足“实时－高性能计算”需求的新型计算架构和特定领域的硬件加速器，以及相关的工具、规范和接口等系统需求。美国能源部8月与克雷公司签订价值6亿美元的新合同，采办第三台E级（亿亿次级）超级计算机，部署在劳伦斯利弗莫尔国家实验室，用于美国核武器库存维护，其先进的建模、仿真和人工智能能力有助于推动美国在能源和国家安全方面的竞争优势。澳大利亚政府11月开始建造“下一代高性能计算中心”，旨在建立集中化、网络化的超级计算能力，以支持澳大利亚国防军的先进研究、开发、建模和实验并为国防科学技术集团和澳大利亚国防组织提供进行“高逼真度建模和仿真”能力。《俄罗斯2030年前国家人工智能发展战略》主要任务中就有建立和发展高性能数据处理中心的发展战略[29-37]。

（三）仿真技术应用为武器装备全生命周期活动带来变革

以2018年《国防部数字工程战略》的公布为标志，2019年美军装备发展数字化转型正驶入快车道，其背后原因并非简单地追求技术创新升级，而是面对多重挑战作出的必然选择。为应对新兴技术竞争带来的不确定性国家安全挑战，面对全球广泛存在的不确定性，美军需要发展适应性强、具备创新和竞争力的新武器装备，应用数字孪生、数字主线等先进建模仿真技术加速推进新武器系统研究、开发、测试、验证等活动，而这一趋势或将随着各种挑战因素的进一步增加和快速变化而全面提速。同时，将先进建模与仿真手段与军事物联网、云计算、机器学习以及装备、系统和流程自动化全面深度融合，改进生产运作流程，为生产制造执行系统提供协同层平台，以便所有利益相关者共同开展建模、仿真、评估、集成和协作。这一趋势也为武器装备全生命周期活动带来深刻变革。

1. 在武器攻防对抗中深化应用

2019年5月，美国防部导弹防御局开发并演示基于物理的跨域闭环仿真和基于合作模型的实验，以实验和评价“一体化的发射前和发射后”（ILROL）概念。8月，授出弹道导弹防御系统建模仿真框架和工具（MASC-F）合同，实现将每个弹道导弹防御系统程序要素组件的实际硬件和构造模型集成到一个有效系统中，以评估部署的和概念性的弹道导弹防御系统体系结构，应对现实环境中的各种威胁。2019年7月，美国空军研究实验室寻求开发定向能武器作战模拟系统，以更好地探索高能激光、粒子束等定向能武器的作战效能。2019 年 2 月，美国海军航空系统司令部研究将展开式箔条系统集成到 GQM-163A 狼超声速目标飞行器，旨在支持多级超声速导弹威胁的仿真。诺斯罗普·格鲁曼公司 5 月为美国空军提供 8 套先进的电子战仿真和训练系统——联合威胁发射器（JTE），为空勤人员训练提供地空导弹和防空火炮威胁的高逼真度复制，并探索“进一步增强威胁环境”仿真方案。

2. 为试验验证新的作战能力提供有效支撑

2019 年 1 月，美国海军电子战仿真器研发试验鉴定项目旨在开发并测试应对当前和未来威胁的电子干扰与自防御系统技术，尤其是应用于 EA-18G“咆哮者”电子战飞机和 F-35“联合攻击机”的电子战仿真学科。

2019 年 2 月，美国陆军通用红外对抗（CIRCM）项目在导弹武器效应设施的闭环硬件在环仿真（半实物）试验、导弹仿真器、紫外和红外“环境杂波”飞行试验测试中通过美国国防部测试评估，为美国军用直升机和固定翼飞机装备提供下一代红外制导导弹防御系统。分布式孔径红外对抗（DAIRCM）系统完成了 HH-60G 和 MH-60 直升机的初步测试，并完成导弹预警（数字系统模型）的验证和确认。美国空军对复杂环境自主测试系统（TACE）成功进行首次自主飞行试验。

3. 数字孪生与数字工程实践加速仿真技术推广与应用

数字孪生对虚实结合的仿真模式具有极大的推进作用。2019 年 4 月，美国海军海上系统司令部实施的船厂基础设施优化计划（SIOP）中，将创建四个“数字孪生”美国海军船厂以帮助改造这些设施。美国海军 5 月在舰上虚拟实验室中应用数字孪生技术，在 DDG 82“拉森号”上与现有 AN/SQQ-89A（V）15 声呐结合，对作战环境下潜艇和武器的传感能力进行了评估。DDG 116“托马斯·哈德纳号”利用被称为“虚拟宙斯盾”系统的数字孪生体，演示了发射“标准”2 导弹拦截目标的能力。美国海军信息战系统司令部 10 月完成了第一个数字孪生系统体系数字模型，将于 2020 财年安装在亚伯拉罕·林肯号（CVN 72）航空母舰上。

2019 年 9 月，俄罗斯联合发动机制造集团和萨拉托夫工程中心将虚拟现实技术融入发动机研制，通过整合虚拟现实、基于物联网的传感器系统、云计算来改进“数字孪生”技术，以减少推出产品所需时间，降低开发和批量生产的成本以及运营成本。“数字孪生”已用于地对空导弹 146、PD-14 发动机，未来的大推力发动机 PD-35，海上燃气涡轮发动机和苏 -57 战斗机发动机的设计、制造和应用。

4. 先进仿真技术助推武器装备保障转型

随着工业 4.0 持续推动数字化转型发展，人工智能与仿真的深度融合可以通过武器装备状态智能预测模型精准地预测装备需要维修的最佳时间，避免意外故障造成的巨大风险。美国国防部国防创新试验小组于 2019 年中发布的报告显示，该技术在 E-3 哨兵预警机和 C-5 星系战斗机定期维修外，预测到需维护的概率分别为 28% 和 32%。目前，美国国防部国防创新试验小组正致力于将该技术推广至 F-16 战鹰和 F-35 闪电 II 战斗机等。如果美国国防部在所有飞机平台上扩展并实施这一原型，那么每年可节省约 30 亿至 50 亿美元的维护费用。

2019 年 2 月，美军在航空装备采办的方案论证、研制生产、维修保障等阶段建立数字工程，以支撑航空装备全寿命周期数字工程转型。美国空军创新中心 3 月在战机健康管理项目中表示，下一阶段将建立 F-16 和 C-5 等战机的数字孪生，结合深度学习方法在仿真系统中对飞机进行实时的故障诊断，更为准确、及时地进行飞机的维修预测。

虚拟维修训练（VMT）技术已广泛应用于世界各国军队维修训练，逐渐成为新武器平台全生命周期中不可或缺的一部分。2019 年 6 月，美国空军在基斯勒空军基地进行了首次虚拟现实培训以指导学生进行机场维护，使学生获得“亲临现场”的学习体验。洛克希德·马丁公司面向 Apache AH-64 传感器系统维修推出了最新版本的 RELY3D，其利用商业游戏技术将训练转换成高级可视化模块，维修人员利用 RELY3D 工具进行训练，时间缩短了 60%，提高了维修效率。贝尔公司正在开发联合多角色技术演示验证机 V-280 Valor 虚拟维修训练软件，能够在全生命周期内快速更新维修训练课程，对快速掌握维修程序、顺利完成维修任务起到积极作用。加拿大皇家海军与 Kognitiv Spark 公司合作，希望利用增强现实技术改善海军舰艇的维护和维修，在其软件解决方案中采用包括 3D 仿真、人工智能、物联网数据和增强现实等多种先进建模仿真学科。

（四）仿真技术已实现助力军事训练与作战能力的不断升级

2019 年，各国将先进建模仿真学科与人工智能、云计算、大数据、5G 等新兴技术深度融合，积极探索仿真未来复杂战场、设计部队构建、作战训练与演练等的有效方案。美国陆军“多域作战”、空军“作战云”、海军“分布式作战”DARPA“马赛克战”等新型作战概念的演示验证；英国国防部《国防创新优先事项》优先事项之一仿真未来复杂战场；北约“使用仿真更好地为战争开发、计划、作战和评估提供决策信息”；等等，无不验证了仿真对未来作战能力的支撑。而《预测到 2027 年的全球军事训练和仿真市场》报告中预计该市场将从 92.8 亿美元增长到 196.5 亿美元，重点关注仿真器、LVC 训练、增强 / 虚拟现实技术在训练中的应用。也从一个侧面反映了仿真全面渗透进未来作战与训练。

1. 支持军演能力升级

借助体系对抗仿真系统和网络化仿真手段广泛开展军事演习，能够有效优化联合训练效率，提高战役战术联合训练水平，推动参演人员联合意识提升和作战能力发展。2019 年，各国军事演习普遍采用作战仿真学科，对参演部队进行检验、对抗、评估，在作战效能提升方面发挥了关键作用。美国 19-1“红旗”军演模拟大国竞争对抗冲突；“2019 海军高技术演习”（ANTX West 2019）应用仿真场景探索了一系列新技术应用，以帮助信息战与传统作战样式融合；“联合作战评估 19”（WA 19）演习，通过计算机仿真进行密切跟踪，仿真工作涵盖陆、海、空、天、网五大作战域，演习期间采用的战略、战术和行动均被复制到仿真器中，以评估作战行动所产生的潜在结果；“北方利刃”联合训练演习，参与方包括所有美国军兵种、政府机构以及海外基地的虚拟参与者，并应用了诺斯罗普·格鲁曼公司战场机载通信的 LVC 训练系统；“网络夺旗 19-1”演习，首次使用了“持续网络培训环境”（PCTE）帮助参演人员进行演习准备工作；两次“太空旗帜”演习（SF19-1、SF19-2），在基于实物的建模仿真环境中进行演习操作。全球最大规模的网络安全演习北约“锁盾 -2019”实战演习中仿真模拟大规模网络攻防行为。美国空军 1 月宣布将建造两座联合仿真环境（JSE）设施，以满足第五代及以上的飞机和系统技战术训练和作战试验任务需求。美国陆军 7 月计划在肯塔基州诺克斯堡建造一个新的数字空地一体化靶场（DAGIR），旨在让地面机动部队和攻击航空兵部队在同一个战场空间内进行协同作战演习。该靶场将配备完全计算机化的训练设施，以支持地面与空中任务的协作演习。

2. 虚拟 / 增强 / 混合现实技术促使仿真训练水平跨越式提升

2019 年，以虚拟 / 增强 / 混合现实技术（VR/AR/MR）为代表的扩展现实技术（XR）和人机交互技术在构建逼真的虚拟战场环境、改善模拟训练效果、增强指挥和控制能力、提高作战人员战场检索、协作和决策水平。未来战场是陆、海、空、天、电多维一体的数字化战场，增强现实技术虚实融合、人机交互的特点，对于军事应用具有得天独厚的优势，其军事应用前景广阔。

增强战场环境显示：2019 年 5 月，Varjo 技术公司开发了 XR-1 型新头显，推动了增强现实技术向“硬增强现实”（Hard AR）的发展。4 月，美国陆军采购 10 万套一体化视觉增强系统（IVAS），其核心是增强现实技术。美国海军测试了可重构战术级人在回路训练增强现实（TRACER）系统，为士兵提供了逼真、动态、参与性强且难预测的训练场景。5 月，英国陆军与波希米亚交互仿真公司（BISim）签订合同来开发虚拟现实陆上训练（VRLT）试点项目，以增强未来英国陆军训练。6 月，俄罗斯电子公司在“军队 -2019”论坛上展示了首批军用虚拟现实眼镜，采用了增强现实和混合现实技术，构建了统一的虚拟战场空间，支撑部队训练。一体化视觉增强系统（IVAS）的集成的视觉增强系统 11 月进行测试，IVAS 护目镜将支持士兵看到叠加在真实地形上的模拟图像。美国陆军的合成训练环境（STE）项目将仿真扩展和分发到营和连级，增强了模拟密集城市环境和任何其他类型的未来战场进行建模的能力，以提升训练系统的速度、质量和能力。

与 5G 融合变革国防训练环境：5G 技术的应用将促进虚拟现实、增强现实的发展，这对新时代仿真发展更是如虎添翼，大大提升仿真交互性、沉浸感。美军积极推动基于 5G 的仿真应用试点，并于 10 月宣布在四大领域加速 5G 技术的应用。同时，云计算和 5G 等无线传输技术的发展将有助于实现广泛的网络化、网络安全的合成训练环境，这预示着前所未有的规模进行大规模的 LVC 实兵训练成为可能。韩国移动运营商 SK 电信和韩国军事学院合作，开发基于5G的虚拟现实射击训练和增强现实指挥训练等军事用途项目。

3. LVC仿真支撑能力不断升级

通过LVC集成技术将实装、仿真器、虚拟数字系统整合在一起，构建更加逼真、更加复杂的训练和仿真任务环境，能更好地模拟未来战争，应对未来陆、海、空、天、网络联合作战的各种挑战。美国国防部长期以来在建模和仿真领域的最终目标是一体化LVC训练，以快速集成模型和开展仿真，形成有效的LVC环境，在军事训练、作战试验、战术协同、制订作战计划和评估作战等方面深化应用。2019年2月，美国空军复杂环境自主测试系统（TACE）进行了自治监督和LVC互操作两项功能测试，重点是模拟实体与实况飞机交互的能力。4月，柯林斯航空航天系统公司与爱荷华州大学作战人员性能实验室合作演示安全的实况空对空飞行任务（SLAAM），展示快速采用安全的LVC空战训练解决方案，证明LVC使能训练系统是实用的、成熟的并且可在当今市场上可推广使用的。8月，美国立方体全球防务公司和作战空间仿真公司联合开发LVC训练解决方案，将现代空战环境（MACE）整合到立方体公司的空中和地面训练产品中，以满足军方日益增长的在现实和复杂战场环境中训练的需求。

四、本专业我国发展趋势及对策

（一）智能化服务化建模仿真与可信度评估技术

随着新时期武器装备及作战样式的快速发展，体系化、智能化等战争态势日益明显，仿真系统呈现服务化、协同化、普适化、智能化的发展态势。军兵种研究院、试训基地、作战部队、军事院校、国防工业部门根据实际应用需求，积累了大量的仿真数据，构建了大量仿真模型、仿真系统，对武器装备发展提供了巨大的支撑作用。在新的仿真体系架构及新的作战战略下，对复杂装备仿真服务化、智能化、可信度提出了全新的技术需求和更高的应用需求。因此，急需以仿真即服务为发展理念，构建统一的军用仿真工程化标准体系、数据交互和管理运行机制、高置信度的智能博弈对抗装备/作战行为仿真模型以及复杂仿真可信度智能评估工具系统，支撑我军装备体系发展与部队战斗力生成，推进我军面向未来战争的作战体系与装备体系跨越式发展。

（二）先进制导控制复杂物理效应仿真学科

随着未来战争形态加速向智能化战争演变，“作战行动自主化、作战平台无人化、作战指挥智能化、作战编组集群化、作战网络云联化”的特征明显，武器装备/平台呈现“远程精确化、智能化、集群化”发展趋势，飞行速度更高、工作谱段更加丰富、信息维度更多、复合体制变化多样、协同组网规模增大，以支持其不同作战空间使命任务的完成，对武器装备/平台研制的半实物仿真学科发展带来了新的需求，迫切需要解决复杂光/

电 / 磁 / 声 / 重力 / 气候等场景 / 环境及物理效应模拟的置信度不高、电子信息装备 / 系统模拟的逼真度不高、武器装备 / 平台集群协同仿真支撑力度不足、复杂战场环境下武器装备适应性不足等制约武器装备研制的瓶颈难题。

（三）新一代人工智能引领下的仿真支撑平台技术

新型人工智能系统的发展对现有系统建模理论与方法、仿真支撑平台技术以及仿真系统应用工程技术既带来了机遇也提出了新的挑战，急需融合新一代人工智能模型方法、核心器件、高端设备和基础软件技术，解决复杂仿真系统数据体量巨大、数据产生速度快、数据种类多、数据价值密度低，以及嵌入式仿真系统信息处理时敏性要求高、多源数据深度处理等问题，实现高计算能力、高效 / 低延迟的同步通信网络能力、高性能 / 高容量 / 高可伸缩性的并行 I/O 系统、友好的开发环境、多学科异构系统的协同运行、高可靠低成本等仿真支撑能力，形成“人工智能 +”时代的新一代仿真支撑平台。

（四）作战 / 装备体系对抗仿真与评估技术

面对深刻变化的国际战略格局、复杂严峻的国家安全形势和日益繁重的军事斗争准备任务，“体系主导，联合作战”成为统领全军装备体系建设的指导原则。成体系建设作战能力，将是推动新装备发展的重要模式。面向未来威胁，装备体系如何设计才能发挥最大作战效能，装备的作战性能是否满足能力要求，战场要素不确定条件下采取何种战术战法、如何开展实战化训练，仿真为这些问题的解决提供了“更好、更快、更经济”的手段和条件[38]，为作战部队、武器装备、战场建设的统筹发展提供科学遵循，支撑未来武器装备发展方案论证、作战能力量化考核、实际战斗能力快速生成、综合保障能力统筹建设等。

参考文献

[1] 刘延斌，金光. 半实物仿真学科的发展现状［J］. 光机电信息，2003（1）：27–32.

[2] 喻梦霞，李曦，吕飞. 关于射频目标跟踪半实物仿真系统设计［J］. 计算机仿真，2016（5）：100–104.

[3] 张国强，刘小荷，蒋方婷，等. 反导体系试训一体化环境开发集成方法研究［J］. 系统仿真学报，2016，28（4）：898–906.

[4] 卿杜政，李伯虎，孙磊. 基于组件的一体化建模仿真环境（CISE）研究［J］. 系统仿真学报，2008（04）：900–904.

[5] 柴娟芳，潘洪涛，邓磊. 海面多路径效应对旋转弹被动测角的影响［J］. 制导与引信，2016，37（01）：14–19.

[6] 赵红云. 雷达制导半实物仿真系统可信度分析［J］. 舰船电子工程，2015，35（4）：90–92.

[7] 李卓，徐锐，王欣. 激光成像雷达目标回波信号模拟器装置［P］. 中国：CN201620269942.4，2016.08.17.

[8] 蔡武. 宽带雷达目标的模拟系统的设计与实现 [D]. 南京：南京航空航天大学，2015.

[9] 施佳刚. 基于 GPU 的前视成像半实物仿真系统设计与实现 [D]. 西安电子科技大学，2015.

[10] 赵世明，孙致月. 雷达/红外双模复合制导并行仿真系统设计 [J]. 系统仿真学报，2016，28（05）：1094-1099.

[11] 叶建森，施蕊，田义. 激光目标回波模拟器时域特性研究 [J]. 红外与激光工程，2015，44（02）：471-476.

[12] 赵严冰，陈正宁. 单脉冲雷达导引头角度跟踪环路半实物仿真 [J]. 现代防御技术，2014，42（06）：146-152+172.

[13] 崔新风，张德锋，武忠国. 雷达侦察装备注入式半实物仿真试验方法研究 [J]. 舰船电子对抗，2013，36（06）：73-77.

[14] 李昕. 运动目标模拟器控制器程序设计与实现 [D]. 大连：大连理工大学，2013.

[15] 杨庆，张建强. 基于直接信号注入的反舰导弹攻防对抗仿真系统 [J]. 舰船电子工程，2013，33（09）：8.

[16] 张兴利. 雷达型导弹制导系统半实物仿真目标模拟器设计 [J]. 四川兵工学报，2012，33（01）：47-49.

[17] 张崇斌，白云，龙振国. 导引头目标模拟器设计与实现 [J]. 火力与指挥控制，2012，37（10）：165-168.

[18] 杨海粟，磨国瑞，张江华. 雷达导引头 DBS 回波信号模拟器设计 [J]. 现代电子技术，2012，35（09）：13-15.

[19] 何志华，何峰，黄海风. 干涉 SAR 目标回波信号模拟器的设计与实现 [J]. 国防科技大学学报，2011，33（05）：140-144.

[20] 顾振杰，赵严冰. 反舰导弹仿真试验中的电磁环境生成技术研究 [J]. 飞航导弹，2011（8）：45-48+65.

[21] 胡浩. 复杂雷达信号环境等效射频仿真研究 [C]. 第 13 届中国系统仿真学科及其应用学术年会论文集，2011：314-316.

[22] Huang Hao，Pan Minghai，Lu Zhijun. Hardware-in-the-loop simulation technology of wide-band radar targets based on scattering center model [J]. Chinese Journal of Aeronautics，2015，28（05）：1476-1484.

[23] Todić，Ivana，and Vladimir Kuzmanović. Hardware in the loop simulation for homing missiles [J]. Materials Today：Proceedings 12，2019：514-520.

[24] Daikui，Meng. Simulation of control and guidance system for the spinning missile [J]. Systems Engineering and Electronics，Journal of，1994.

[25] Alsaraj A，Stuffle G. Investigation of hardware-in-loop simulation（HILS）for guidance system [C] // 2015 IEEE Advanced Information Technology，Electronic and Automation Control Conference（IAEAC）. IEEE，2015.

[26] Wei Z，Hou-Jun S，Xin L. Hardware-in-the-Loop simulation and testing system for Millimeter-Wave seeker [C] // International Conference on Microwave & Millimeter Wave Technology. IEEE，2008.

[27] Yu J S，Hao W S，Wan J Q，et al. Hardware-in-the-loop simulation of infrared seeker based on direct signal injection [J]. Acta Armamentarii，2006.

[28] Mobley S B. U.S. Army Missile Command dual-mode millimeter wave/infrared simulator development [J]. Proceedings of SPIE - The International Society for Optical Engineering，1996，2741：316-331.

[29] Massie M A. Wideband infrared scene projector（WISP）[J]. 1995.

[30] Yu J，Xu B，Hao W，et al. Research on target scene generation for hardware-in-the-loop simulation of four-element infrared seeker [C]. Society of Photo-optical Instrumentation Engineers. Society of Photo-Optical Instrumentation Engineers（SPIE）Conference Series，2006.

[31] Qi Z，Yuanchun F，Ning C，et al. A New Modeling of Radar Target and Implementation of Radar Target HWIL Simulation System [C] // International Conference Information Computing & Automation. 2015.

[32] Zhao Q，Fei Y，Chen N，et al. A new modeling of radar target based on multi-scattering centers and

implementation of radar target HWIL simulation system [C]. Internatal Conference on Microwave & Millimeter Wave Technology. IEEE，2008.

[33] Zhou X，Fang Y，Youli W U. Simulation of computer HWIL simulation for ARM control and guide system [J]. Computer Engineering & Applications，2007，43 (21)：184–185.

[34] Gardiner J D . Real–Time Hardware–in–the–Loop Testing with Common Simulation Framework [C] // Dod Hpcmp Users Group Conference. IEEE Computer Society，2008.

[35] 郑毅. PD 雷达的数字仿真与测试 [J]. 国外电子测量技术，2003 (04)：14–16+35.

[36] 张宇龙. 航电全任务数字仿真系统架构设计与验证 [D]. 电子科技大学，2015.

[37] 周颖，赵峰，罗佳. 基于半实物 / 数字仿真的相控阵雷达抗干扰性能评估 [J]. 航天电子对抗，2005 (4)：25–28+57.

[38] 赵晶，刘义，来庆福. 反舰导弹攻防对抗仿真系统 [J]. 系统仿真学报，2012，24 (10)：2108–2112+2130.

撰稿人：卿杜政　杨　凯　马　静　尹思瑶　王晔成

生命系统建模与仿真

一、引言

什么是生命科学？生命科学是研究生命现象的科学。既研究各种生命活动的现象和本质，又研究生物之间、生物与环境之间的相互关系，以及生命科学原理和技术在人类经济、社会活动中的应用。生命活动就是生物体内所发生的各种各样的生物化学反应，如消化、呼吸作用、糖原的合成、DNA 的复制，蛋白质的合成等。生命系统分为八个层次，从小到大分别是：细胞、组织、器官、系统、个体、种群（群落）、生态系统、生物圈。最小的或说最简单的生命系统就是细胞，种群和群落有时可看作一个层次，同时当然也可以说生物圈、社会是大的生态系统。任何事物只要是符合上面的任何一个范围就可以说它是一个生命系统，所以，生命系统不仅指生物系统，也指包括生物系统和社会系统在内的所有生命系统。

生命系统建模仿真涉及生命系统的建模、辨识、分析，以及进一步的控制与应用。生命系统建模仿真学科是在信息科学、系统科学、生命科学、心理学和中西医学等多学科广泛交叉的基础上形成的[1]。采用物理、数学、化学、力学、生物等学科的方法从多层次、多水平、多途径开展交叉综合研究，揭示生物信息及其传递的机理与过程，描述和解释生命活动规律，是生命科学中前沿科学问题[2]。

生命系统建模仿真利用了高通量测试技术和先进的计算机硬件、软件算法和数学方法，代表着生命科学与生物学的整合研究思路与方向[3]。它是多学科的交叉，要求大量的数据、信息、知识，提出各种互作类型的简化网络概念，并建立模型进行模拟分析，从大量模型中提炼出可预测的模型，用于指导实验和理解生命系统的过程，最终实现系统理解基因型到表型的过程机理。受生命系统启发的建模仿真学科由于其极强的适应性，在信息和工程领域都受到广泛重视，在医学研究和智能控制学科方面都有极大的发展。

二、我国本专业近几年的发展现状

（一）基础研究

1. 基因研究

蛋白质和核酸是两类主要的生物大分子，它们的化学结构与立体结构的研究在 50 年代都取得了重大进展。在蛋白质方面，例如 β－螺旋结构的提出、测定胰岛素的化学结构以及肌红蛋白和血红蛋白的立体结构。核酸方面，DNA 双螺旋模型的提出打开了生物遗传奥秘的大门。根据双螺旋结构，完满地解释了 DNA 的自我复制，在后来的发展中又阐明了转录与转译的机理，提出了中心法则并破译出遗传密码。

1973 年重组 DNA 获得成功，从此开创了基因工程。自 1977 年以后，用这一技术先后成功地制造了生长激素释放抑制激素、胰岛素、干扰素、生长激素等。1982 年用基因工程生产的人胰岛素因获得美国、英国、联邦德国、瑞士等国政府批准出售而正式工业化。人类基因组序列图的完成，标志着生命科学真正进入了“基因组时代”。基因组学在面世以来的短短几年里，已从根本上改变了我们对生命、包括人类自己的认识，改变了生命科学的观念以及研究策略、规模与方法，已成为生命科学源头创新的基础和生物技术创新的共享手段[4]。

我国一直非常重视基因科学研究，从“九五”开始就有计划地系统支持基因科学研究。“973”计划在 1998 年第一批中就设立了“疾病基因组学理论和技术体系的建立”项目，近 10 年来先后支持了一批与基因功能研究紧密相关的重大项目；“863”计划从“九五”末期开始资助人类基因组 1% 测序；“十五”期间科技部设立了“功能基因组和生物芯片”重大专项[5-11]。

2. 数字人体

“数字化虚拟人体”还是较新的学术名词，有必要说明其科学含义及其历史概况。数字化可视人体作为生命系统建模仿真的重点研究方向，根据人体解剖学研究的全部数据通过建模仿真综合构成一系列数字化三维图像，而且可以虚拟地进行人体的一切生理活动，可用于进行医学教学、模拟临床手术和放射治疗等。美国的可视人计划（VHP）已经取得显著的效益，并且向虚拟物理人和虚拟生理人研究领域深入发展。人体的可视化、虚拟化和可控化，是生命科学与信息科学相结合的前沿性科技领域，其深奥的理论有待探索，广泛的用途有待开发，对医学有更重大的意义。北京 2001 年第 174 次香山科学会议，揭开了我国数字化虚拟人体研究的序幕。第三军医大学 2002 年 10 月 23 日宣布，中国首例“数字化可视人体”研究已经完成，并向国内外公布这套“中国可视人”数据集。这一成果为中国乃至整个东方人提供了一部目前最为系统、完整和细致的人体结构基本数据和图像资料，也使中国成为继美国和韩国之后第三个拥有可视化人体数据集的国家人体可视化研究是 20 世纪后期兴起的一项信息技术和医学学科互相交叉、综合发展起来的世界前沿性研究领域，是将成千上万个人体断面数据信息在计算机里整合、重建成人体的三维立体结构图像。华中科技大学研究团队近年来主要研究基于数字人体的生理建模与仿真，以高分辨中国数字人体解剖结构数据为基础，获取人体局部器官结构和功能信息，建立人体结构和生理功能数据库。第三军医大学正在开展关于人体切片数据集已经构建的 5 个数据集的后续的图形图像处理和虚拟现实技术等工作。2018 年，浦发银行在上海召开“你好未来”数字人概念发布会，在业内首次提出虚拟“数字人”创新理念，与百度、中国移动宣布正式启动“数字人”合作计划。浦发银行将在为用户提供 API 无界开放金融服务的基础上，运用智能技术为金融服务赋予智能化、人性化的新内涵，让用户获得超预期的全新体验[12-14]。

（二）医学研究

生命科学研究不但依赖物理、化学知识，也依靠后者提供的仪器，如光学和电子显微镜、蛋白质电泳仪、超速离心机、X- 射线仪、核磁共振分光计、正电子发射断层扫描仪等，举不胜举。生命科学学科也是由各个学科汇聚而来，学科间的交叉渗透造成了许多前景无限的生长点与新兴学科。

1. 人体组织建模仿真

人体的基本组织有上皮组织、结缔组织、肌肉组织、神经组织四种。由许多组织构成能行使一定功能的器官，如脑、心、肺、胃、肠等均为器官[15]。人体的器官组成了八大系统，包括排泄、免疫、神经、内分泌和生殖系统等。每个系统各器官的活动相互配合、协调统一，才能顺利完成各项生理活动。由于各种原因造成的损伤使人体不能正常自由活动，很多科研工作者致力于人体组织的建模与仿真[16]。

（1）人脑建模

随着人脑成像技术的发展，脑成像在脑科学和神经科学，神经外科等研究中具有越来越重要的地位。为对从个体人脑数据到人群中脑数据进行形态和功能的分析、比较，迫切需要研究数学方法和有效的计算手段，计算解剖学这一学科应运而生。针对人脑数据的计算神经解剖学重点研究的内容包括人脑图谱的建模、形变模型、结构和功能的映射分析等几大问题的数学和计算方法。研究方向主要集中在计算神经解剖学中的若干个重要问题，即人脑图像中的结构和解剖标记点的提取、基于弹性模型的人脑形变配准技术、人脑皮层图像的解剖分块方法和可编程 GPU（图形处理器）技术在数字脑可视化和图像快速处理中的应用[17-18]。

（2）心脏建模

现代计算机能力以及数学建模的高速发展为把心脏生理学的各个部分结合起来研究提供了条件。强大的计算机能力意味着可将单个细胞系统的电生理模型、机械收缩模型和生物化学模型集成到二维和三维，最终是整个心脏的器官模型里，而且为了在宏观上研究心脏各个部分间复杂的相互作用，这样的集成研究是非常必要的。心脏建模仿真的最终目标是精确预测整个器官在正常和病理条件下的行为，如心肌缺血或者折返心律失常等。心脏的三维图像在医学图像分析和处理领域得到了快速的发展，很多学者在心脏建模不断发展的基础上提出了不同的方法来分析心脏形体和参数[17-18]。

（3）人体软组织建模

人体软组织弹性模型是指用于软组织形变建模的形变模型。随着生物力学的发展和计算机运算速度的提高，物理形变模型得到了很大的发展，先后出现了质量 - 弹簧模型和有限元模型。下面对质量 - 弹簧模型的精确性和添加了生物力学特性的有限元模型进行讨论。质量 - 弹簧模型是从离散物体模型出发考虑的，常规的质量 - 弹簧模型求解方法是欧拉迭代方法。有限元模型是运用有限元方法的连续模型，运用有限元模型的建模思想和运用有限元模型进行形变计算的 5 个基本步骤，并运用有限元模型对实验物体做形变模拟。同时，为了让有限元模型更加真实逼真的模拟物体真实的形变，将软组织的两个生物力学特性，准不可压缩性和各向异性，添加到模型中去分析[19-21]。

（4）人体骨骼建模

在医学领域实施计算机仿真学科，是降低治疗风险、避免医患冲突、预言治疗效果的重要手段。人类骨骼重要性不仅仅体现在表面上，也是人类最为重要的生理功能部位，具有典型代表性的一些手术治疗就有畸形矫正、整容美容、口腔修复、骨瘤切除等，这些治疗对患者恢复正常的生理功能和容貌至关重要。因此，术前规划和术后评估成为一个重要的研究方向，计算机仿真则为其提供了不可缺少的技术手段。人体三维数字化建模，是人体医学仿真的基础。模型重建的数据来源主要有系列切片图像、系列 CT 扫描图像和系列 MRI 扫描图像[22-25]。

（5）免疫系统建模

在计算机中仿真免疫系统为免疫学家提供了测试免疫学理论的新方法。与生物组织和试管中的实验相对，计算机仿真容易设计和分析，成本较低。虽然计算机仿真不能提供免疫系统运行机制的确定性知识，但可以测试理论并使人们对免疫系统的各组成部分如何一起工作有更深刻的认识；更重要的是，通过对免疫系统的仿真研究，对研究复杂系统和智能系统以及提出新的智能方法有重要指导意义，因此来自不同研究领域的科学家开始仿真免疫系统研究。免疫系统建模与仿真方法大致分为两种，一种是以微分方程、算法或代码形式实现的计算模型，另一种是根据描述实体及其相互作用规则的逻辑阐述的概念模型。前者通常是模拟复杂系统时更受欢迎的方式，但可能含有非线性和时间延迟，简化后的方程与实际系统往往差别很大。当最终目标是理解系统的全局动力学时，如免疫系统中局部规则的特征导致复杂性能的形成原因，就需要求助于概念模型例如细胞自动机[26-28]。

2. 医学成像

医学电磁成像技术是医学成像技术的一个新方向，它的基本原理是根据人体内不同组织在不同的生理、病理状态下具有不同的电阻/电导率，采用各种方法给人体施加小的安全驱动电流或电压，利用驱动电流或电压在人体的测量响应信息，借助电磁场建模与仿真方法重建人体内部的电阻率分布或其变化的图像。建模与仿真学科不仅在成像方法的研究和成像仪器的研制阶段发挥前期可行性探索的重要作用外，同时与逆问题密切相关的重建算法更是成像系统不可分割的重要组成部分。各种类型的电磁成像涉及的数学物理方程既有共性，又有各自不同的特点，相应的建模方法需要有针对性的处理，其中例如 ACEIT 涉及与电压相关的 Laplace 方程正反问题、ICEIT 涉及虚部电压的 Poisson 方程、MDEIT 涉及的正问题为电压相关的积分方程和与磁场相关的毕沙拉定律、逆问题涉及第一类 Fredholm 方程、MIT 正问题涉及矢量磁位和标量电位的双旋度涡流场方程、逆问题涉及滤波反投影算法等。MREIT 涉及的正问题与 ACEIT 相同，逆问题涉及点点量测的磁场获取电导率的算法，而磁声成像方法涉及的电磁场正问题与 MIT 相同，此外，还包含电磁场方程、固体力学纳维方程和声压方程的耦合[29]。

3. 医学诊断

随着医学诊断和治疗模式的改变，放射诊断模式也发生了巨大变化，主要体现在计算机辅助检测（compute aided detection，CAD）系统的应用上。近几年 CAD 系统已成为医学影像和放射诊断学的一个研究热点，在北美放射学会、美国医学物理学家协会、国际光学工程学会学术年会等一些重大会议上，发表了大量的相关研究报道。CAD 系统最初仅用于病灶筛查，研究对象仅限于乳腺和胸部 X 线平片，随着计算机及信息影像技术的飞速发展，研究对象已涉及结肠、脑、肝、肾以及血管和骨骼系统，并用于各种不同病变的检测和诊断[30-32]。

4. 手术导航

所谓手术导航（image guided surgery，IGS）是指以 CT、MRI 等医学图像信息为基础，通过建立人体三维几何或物理模型模拟病人位置信息，使用高精度定位系统跟踪病人和手术器械的位置关系的一项技术。在手术过程中，利用计算机实时模拟，对手术过程进行监控，从而达到准确切除、提高手术质量、减少术中创伤的目的。手术导航系统的临床应用始于神经外科。因为神经外科手术极具复杂性，借助手术导航技术可以实现术中的准确定位，对于避免脑部功能区或重要血管的损伤、减少患者痛苦、提高手术质量等具有十分重要的临床意义。国内从事的手术导航研究方向主要集中在高精度人体几何模型的建立与显示、计算机虚拟手术、开颅后脑组织变形理论探讨、空间位置配准等基础理论方面。深圳安科公司于 2001 年开发出 ASA-610V 神经外科导航系统，由影像工作站、激光定位仪及其相关软件组成，该系统虽然为我国首台手术导航系统，但无论从精度上还是整体技术水平上，与国际先进水平相比还有一定差距[33]。

（三）智能应用

1. 仿生研究

仿生研究可以通过研究和利用生命有机体的分子和结构来改进现有的一些结构和工艺，目的是使人造装置和材料具有某些生物的独特性能[34]。其研究工作大部分是跨学科的，它不但涉及基础学科如物理、化学和生物学，还涉及一些专用学科如材料科学、电子工程学和计算机科学[35]。

仿生制造在发达国家已初具规模，在国内已有多所大学和研究所开展了相关研究工作。清华大学、第四军医大学等采用喷射方法，将生物材料在低温环境下堆积成形，制成多孔大段人工骨的细胞载体框架，并进行了动物试验，结果表明框架能有效地降解；上海大学和上海第九人民医院也正在进行基于快速成型技术的仿生组织制造方法的研究。西安交通大学先进制造技术研究所与第四军医大学合作，在生物制造工程领域进行了深入的理论探索和实践研究。可以预料，在未来几年内，人体主要器官，如骨骼、皮肤、肝脏、肾脏等的组织工程诱导成形技术难关将逐步被攻克，这将使众多由于疾病、衰老、事故、战争等导致的器官缺损的完全治愈成为可能[36]。

2. 控制应用

机器学习通常用于数据挖掘中的有关模式匹配和模式发现。机器学习包含了一系列用于统计，生物模拟，适应控制理论，心理学和人工智能的方法[37]。应用于生物信息学中的机器学习技术有归纳逻辑程序、遗传算法、神经网络、统计方法、贝叶斯方法、决策树和隐马尔可夫模型等。归纳逻辑程序利用一组规则或启发方法来归类数据，遗传算法是基于进化和遗传原理，其中最适应环境约束条件的特定功能或定义将保留到下一代，而其他功能则被消除。

神经网络通过学习输入和输出模式间的关系来归类新的模式和对数据作出趋势推断。神经网络近来越来越受到人们的关注，因为它为解决大复杂度问题提供了一种相对来说比较有效的简单方法。神经网络可以很容易地解决具有上百个参数的问题（当然实际生物体中存在的神经网络要比我们这里所说的程序模拟的神经网络要复杂得多）。神经网络常用于两类问题：分类和回归。统计方法通常被用于特征提取、分类或聚类。贝叶斯方法可以给出最小化误差的最优解决方法，可用于分类和预测。决策树又称为判定树，是运用于分类的一种树结构。决策树提供了一种展示类似在什么条件下会得到什么值这类规则的方法。数据挖掘中决策树是一种经常要用到的技术，可以用于分析数据，同样也可以用来作预测。隐性马尔可夫模型是一个统计模型，它通过建立一个系统可能出现的有限状态序列，使用统计的方式来表示每一个可能的状态间跳转的转移概率，借此来描述一个复杂的系统。在正常的马尔可夫模型中，状态对于观察者来说是直接可见的，这样状态变迁概率便是全部的参数。而在隐马尔可夫模型中，状态并不是直接可见的，但受状态影响的某些变量则是可见的[38-39]。

三、本专业国内外发展比较

生物技术是21世纪的战略技术，有分析预测，到2100年生物技术将成为推动世界经济增长的主要技术动力，生物技术已经成为各国科学研究和政府支持的热点，这些领域主要有以基因组学研究（包括结构基因组和功能基因组）、生物信息学、生物芯片、干细胞技术为重点的基础前沿研究和以生物医药（保健技术）为重点的应用研究[40–41]。

（一）国外重点领域的发展态势

人类基因组计划的完成和即将到来的后基因组时代，不仅使我们能够了解疾病发生的机制，从根本着手，更加人性化地诊疗疑难杂症，而且将对开发人类自身的潜能做出贡献，包括延长人的寿命，提高人的身体素质和生命的效率，揭开人类大脑思维的奥秘等[42, 43]；生物技术产业的发展，也将促进农作物的品种改良，提高农作物防病虫害的能力，同时为人类提供质量稳定、供应稳定、价格稳定、营养丰富的农产品；正在开展的环境生物技术的应用，将在治理环境污染，改善人类生活环境方面起着不可替代的作用[44]；此外，生物可更新能源将为人类解决能源危机提优化选择的方案。随着SNPs、蛋白组学、糖生物学等功能基因组学的发展，以及转基因技术、干细胞技术、克隆技术等，特别是生物芯片技术，生物信息科学，生物大分子的功能研究，高密度发酵技术和蛋白质复性技术的发展，等等[45]，生物技术产业已展现出了更加光明的前景，由此带来的经济效益和人们生活健康水准的提高是不可估量的。

出现的一批影响未来的重大技术：人类基因组学/蛋白质组学、干细胞技术与组织工程、生物信息学、转基因技术、克隆技术、生物芯片/蛋白芯片/组织芯片、基因治疗与细胞治疗、反义核酸技术、单抗技术等，对现代生命科学及生物技术产业产生了巨大的影响；生物技术产业格局从治病为主向治病、保健、提高生活质量的健康产业过渡；跨国公司平均R&D投入与销售收入的比例已经超过10%，创新型重磅产品不断涌现，美国大的生物技术公司兼并重组愈演愈烈，大企业越来越大，协作型竞争已经成为当今生物技术产业的主流；世界生物制药业格局发生了剧烈变化，全球市场排名的前五强中四席是重组的结果，二十强的市场集中度高达67.8%；小型企业走向专业化道路，在生物制药行业尤其明显。如Amgen公司、Genentech公司、Celera公司、Isis公司等分别成为基因工程药物、大规模基因组测序与生物信息学、反义核酸药物等领域的典范。

（二）国内优势

1. 基础研究方面

2000年6月26日，人类有史以来第一个基因组草图终于绘制完成，我国科学家参与并高质量地完成了人类基因组工作草图绘制百分之一的测序任务表明中国科学家有能力起跻身国际科学前沿，并作出重要贡献。基于几代科学家的卓越贡献和当代学者的不懈努力，我国在结构基因组和功能基因组研究，生物芯片，神经科学，干细胞技术，生物医药技术等领域具有一定的积累优势。

CNS 是生命系统中代表国际最高水平的《细胞》《自然》和《科学》三本期刊，我们可以从顶级期刊论文发表情况看我国生命系统研究的优势领域。

2018 年,《自然》杂志同期刊发表浙江大学胡海岚团队的两篇研究长文，文章揭示了快速抗抑郁分子的作用机制，推进了人类关于抑郁症发病机理的认知，并为研发新型抗抑郁药物提供了多个崭新的分子靶点。近年来，科学界发现“氯胺酮”对抑郁症有着良好的治疗效果。低剂量的氯胺酮能在一小时内，对 70% 以上的难治性抑郁症患者起到治疗作用。胡海岚团队通过对这一作用机制的研究发现，大脑外侧缰核的簇状放电会引发抑郁症。

2018 年，来自上海科技大学 iHuman 研究所的研究团队联合美国北卡莱罗纳大学教堂山分校的研究人员在《细胞》杂志上发表了题为 *5-HT2C Receptor Structures Reveal the Structural Basis of GPCR Polypharmacology* 的研究论文，解析了与肥胖、精神类疾病密切相关靶点——五羟色胺 2C 受体（human serotonin 2C receptor，5-HT2C）的三维精细结构，并以此为线索，揭示了人体细胞信号转导中的“重要成员”——G 蛋白偶联受体（GPCR）家族多重药理学的分子机制[46]。

中国科学院神经科学研究所孙强研究员率领以博士后刘真为主的团队，经过五年的不懈努力，终于在克隆技术方面取得新的重大突破：在国际上首次实现了非人灵长类动物的体细胞克隆。2018 年 1 月 25 日，国际生物学顶尖学术期刊《细胞》以封面文章在线发表了此项成果。世界首个体细胞克隆猴“中中”于 2017 年 11 月 27 日在中国科学院神经科学研究所、脑科学与智能技术卓越创新中心的非人灵长类平台诞生。一周后的 12 月 5 日，第二个体细胞克隆猴“华华”诞生。

2019 年，中国科学院深圳先进技术研究院周晖晖，中山大学项鹏，华南农业大学杨世华及美国麻省理工学院冯国平共同通讯在《自然》在线发表题为 *Atypical behaviour and connectivity in SHANK3-mutant macaques* 的研究论文，该研究使用 CRISPR–Cas9 技术介导的 SHANK3- 突变体猕猴模型的创建，同时得到了 F1 代。该模型首次在非人类灵长类动物重现了自闭症谱系障碍（Phelan–McDermid 综合征），对于进一步研究自闭症谱系障碍的分子机制打下了坚实的基础[47]。

2019 年中国科学院青藏高原研究所陈发虎，兰州大学张东菊及德国马普演化人类学研究所 Jean–Jacques Hublin 共同通讯在《自然》在线发表题为 *A late Middle Pleistocene Denisovan mandible from the Tibetan Plateau* 的研究论文，该研究分析了甘肃夏河县新发现的古人类下颌骨化石，可以确定其为青藏高原的丹尼索瓦人，建议命名为夏河丹尼索瓦人，简称夏河人。结果发现，该化石目前是除阿尔泰山地区丹尼索瓦洞以外发现的首例丹尼索瓦人化石，也是青藏高原发现的最早人类活动证据（距今 16 万年前）。该研究为进一步探讨丹尼索瓦人的体质形态特征及其在东亚地区的分布、青藏高原早期人类活动历史及其对高海拔环境适应等问题提供了关键证据[48]。

2019 年，中国科学院生物化学与细胞生物学研究所陈玲玲，中国科学院－马普学会计算生物学伙伴研究所杨力和上海交通大学医学院附属仁济医院沈南共同通讯在《细胞》在线发表题为 *Structure and Degradation of Circular RNAs Regulate PKR Activation in Innate Immunity* 的研究论文，该研究首次发现环形 RNA 在细胞受病毒感染时被核糖核酸酶 RNase L 降解的过程，并解析了环形 RNA 形成 16–26 bp 的双链 RNA 茎环结构，并以此为基础结合天然免疫因子 PKR 的特性[49]。深入研究发现，在正常细胞状态下，环形 RNA 通过结合 PKR 并抑制其活性，避免了 PKR 过度激活引起免疫反应；而当细胞被病毒感染时，环形 RNA 被 RNase L 快速降解进而释放 PKR 参与细胞的天然免疫炎症反应。进一步通过对系统性红斑狼疮病人来源的外周血单核细胞分析表明，在病人体内环形 RNA 普遍低表达且 PKR 异常激活；而增加环形 RNA 则可以显著抑制病人来源外周血单核细胞和 T 细胞中的 PKR 及其下游免疫信号通路的过度激活。这些发现不仅首次揭示了环形 RNA 的降解途径及其特殊二级结构特征，并发现环形 RNA 发挥天然免疫炎症反应调控的全新功能。相关研究进展为环形 RNA 代谢和功能研究奠定了重要基础，也为炎症性自身免疫病系统性红斑狼疮的发病机制提出了环形 RNA 参与的新型机制。

2. 应用研究方面

在生物芯片研发方面，天津生物芯片技术有限公司作为国家科技部专项资助的全国 5 个生物芯片研发基地之一，已经成为国内致力于微生物检测生物芯片研发的产业化基地，并在微生物检测生物芯片和基因组学领域处于国际领先水平。其自主研发的微生物特异分子标识筛选技术也居世界前列。

在生物特性识别技术方面，中国位居世界领先水平，由清华大学电子工程系自主研发的“TH–ID 多模生物特征身份认证系统”在北京面世，构建了基于统一数据库的人脸、笔迹、签字、虹膜四种生物特征的识别认证系统，能够进行融合模式的选择，进行各种可能的模式融合，标志着中国生物特征识别技术已经达到了世界领先水平。

在仿生学方面，目前已经成为高新科技领域一门崭新学科，在军事、医学、工业、建筑业、通信、信息产业和科学研究等众多领域得到广泛应用。北京航空航天大学从 1999 年开始研制仿生机器鱼，进行了新型水动力布局的游动稳定性研究，成功获得了成果并不断改进其性能，并将其用于郑成功古战船遗址的水下考古探测。哈尔滨工程大学攻克了水中微型机器人的核心技术——离子聚合物 ICPF 的制作工艺，成功研制出生物型驱动器，奠定了水下微型仿生机器人的研究开发基础。

在生物信息学方面，生物信息学是一门新兴学科，可以从基因组和蛋白组相关数据库中提取海量数据，从而系统、全面地揭示肿瘤等疾病的发生、发展的规律。山东大学使用生物信息学技术探寻口腔鳞状细胞癌发生、发展过程中的关键因子，阐明其在口腔鳞状细胞癌发生发展中的作用机制，有助于发现新的口腔鳞状细胞癌诊断的标志物和治疗靶点，为口腔鳞状细胞癌的早期诊断、预后的判断以及治疗靶点的开发提供理论基础。该学科发展时间不长，因此在该领域我国与发达国家之间的差距并不很大，目前我国在生物信息学研究方面已处于世界前列[51]。

在医疗研究方面，上海大学的杨帮华采用 MATLAB 与 VC++ 混合编程的方法开发了基于脑机接口的脑卒中康复训练系统。脑机接口即大脑 - 计算机交互接口的简称，它是一种新的通信和控制方式。该系统通过解码脑电信号能够实时、准确的分析出患者的运动意图，进而控制康复外设从视、听、触觉给予反馈，实现患者的主动康复[52]。系统具有界面人性化、算法模块化、在线识别率高的特点，对基于 BCI 的应用开发具有借鉴意义。

在图像融合、图像分割、空间坐标准确提取与跟踪、面—面配准、假体数据库的建立等方面，复旦大学通过对相关内容的研究与跟踪，达到缩短与国际领先水平差距的目的，同时，在脑组织变形机理与校正、高精度几何建模、手术方案模拟、导航精度等方面具有创新之处，均达到国际领先水平。

（三）与国外的主要差距

以心脏建模为例，单个细胞的模型涉及的问题已经非常复杂，整个器官模型的复杂性就可想而知了。实际上，在任何情况下所有的模型都是真实生物体的部分反映。很可能没有一个模型可以做各个层次上的事情。即使计算机技术的进一步发展，我们也可以预见，建立在基因或者亚细胞层次上的整个器官方方面面的详细模型也几乎是不可能的，因为涉及的信息太多。心脏复合模型的构建面临许多问题，包括来自社会伦理、科学技术方面的挑战。社会上，由于心脏建模涉及众多的学科，没有哪个研究机构可以独立完成，因此需要许多来自不同大学、不同国家的感兴趣的小组的共同参与，存在着协作和分工的问题、不同小组的数据和模型的管理问题、软件的维护问题等；科学上，存在数据的收集和验证问题、来自不同小组的模型的相互作用的系统分析问题等；技术上，面临软件危机问题、模型的开发环境和工具问题、元数据的形式和传输编码问题等。尽管面临诸多问题和挑战，心脏复合模型无疑是今后心脏建模仿真研究领域的必然发展趋势。反过来讲，也只有存在诸多问题和挑战才使得心脏建模仿真研究极富生命力和那样的吸引人。Cardiome 计划已为我们做出了很好的榜样，Cardiome 仿真研究对教学、药物发现、医疗设备开发的潜力巨大，对单纯的生理意义理解也是非常重要的。我国为什么不去制订一个自己的 Cardiome 计划呢？

再例如，在骨科导航研究中存在以下问题亟待解决：首先，骨科手术中体位的变化直接影响导航精度，这就要求患者在手术中尽量保持某一特殊体位，而骨科手术的特点之一又是术中体位变化较多。为解决这一问题，现有的导航系统必须在术中反复校正配准关系，以确保其准确性，从而导致手术时间延长。其次，传统导航中需要经过术前 CT、MRI 扫描、几何建模、注册配准等过程，术前准备时间过长，不适合骨科急诊病人。最后，骨科手术涉及范围较广，现在骨科导航的兼容性还不能满足临床需求。

整体而言，中国的生物技术与国际整体水平相比仍存在着较大的差距，集中表现在以下几个方面。

1. 多数领域的研究缺乏前瞻性，关键领域研究不够深入

从以上重点领域看，上海生物技术多数领域的研究缺乏前瞻性，主要的有生物芯片领域和功能基因组研究领域。上海在这些关键领域的研究由于缺乏前瞻性、战略性，直接的后果是缺乏必要的理论，技术以及人才储备。如此一来，想在后期的技术领先，产业进步发展取得突破或者领先国际，后发制人，是非常困难的[53]，这样很可能的局面是这些关键技术领域还是处于一种缺乏技术原创力的落后发展状态，一直摆脱不了技术落后，被动跟踪和受制于人的局面，必然失去技术和市场优势。例如生物芯片领域对蛋白质芯片、芯片实验室的研究不够，而这两种芯片在科研，临床以及产业化方面都具有相当广阔的前景，近年来一直是国际上的攻关重点；对于三大种类的生物芯片，上海仅涉及最早发展起来的基因芯片，而对更加具有技术应用前景的芯片实验室和蛋白质芯片的研究却不足。

2. 自主创新能力不足，新技术新产品开发不活跃

除了个别领域，如干细胞、基因组研究的小部分领域之外，在相关理论体系建设，新技术探索开发方面的自主创新能力非常不足。在学科发展，领域技术中的原创性，具有国际影响力的成果还很少整体研究依然没摆脱步人后尘的状态。在部分具有产业化潜力的技术领域，新产品的开发不活跃，整个产品线基本以仿制为主，缺乏打入国际市场的实力。如生物芯片领域，在专利储备方面，整个上海比不上国外的一家公司，不但数量上如此，质量上同样如此，生物芯片核心专利几乎全为国外所垄断，由于缺乏原创性技术，因此对整个芯片技术的掌握基本停留在测试和分析技术的应用改进方面，技术储备多样性不足，自然导致技术单一、产品单一、未来竞争优势无从谈起。

3. 新技术、新理念的采用不力，技术装备大大落后

“工欲善其事，必先利其器”，研究中是否广泛采用新技术、新理念对研究的水平和成果的质量具有决定性意义，从我们的研究来看，由于资金、信息渠道、实力等各种原因，上海生物技术领域不少研究在采用新技术、新理念方面做得不够，多数研究采用的都是某领域内起步最早的，当前已有被新技术替代之势的技术，如生物信息数据的计算技术等；而一些产业化技术项目则存在技术装备落后的问题，这样的实际情况对研究水平，成果质量和产业发展速度带来了不利的影响，并且将造成与国际水平差距的日益拉大，势必导致从科研到产业整体上缺乏竞争力。

4. 数据共享基础设施不完善，缺少有效的信息服务平台

随着结构与功能基因组学、糖生物学、药物基因组学等研究的不断深入，生物技术的发展已经步入了自己的"信息化发展时期"，生物信息学应运而生。这一发展阶段的特征之一就是海量数据的模式化存储，快速检索查阅，规模化分析计算，相应数据库的建设与开放维护是必须做好的第一步工作。然而，我们在这方面的研究和积累工作迄今为止尚差强人意。在信息服务平台建设方面，相比美英日等国已经建立了国际权威的数据库系统和动态开放的数据发布，检索机制的发展态势，上海已经落后了很多，目前还没有功能强大的人类基因组信息标注系统及全面完善的信息处理服务平台。这种研究基础设施的不完善必然导致后续研究的脱节和基础缺乏。

四、本专业发展趋势及对策

（一）本专业前沿领域与发展趋势

随着在完整基因组、功能基因组、生物大分子相互作用及基因调控网络等方面大量数据的积累和基本研究规律的深入，生命科学正处在用统一的理论框架和先进的实验方法来探讨数据间的复杂关系，向定量生命科学发展的重要阶段。采用物理、数学、化学、力学、生物等学科的方法从多层次、多水平、多途径开展交叉综合研究，在分子水平上揭示生物信息及其传递的机理与过程，描述和解释生命活动规律，已成生命科学中的前沿科学问题。21 世纪是生物经济时代，生物技术在医疗保健、农业、环保、轻化工、食品等重要领域对改善人类健康与生存环境、提高农牧业和工业产量与质量都开始发挥越来越重要的作用。生物技术已经成为现代科技研究和开发的重点。在发达国家，生物技术已经成为一个新的经济增长点，其增长速度是在 25%~30%，是整个经济增长平均数的 8~10 倍。中国生物医药 15 年大致增长了 100 倍。在生物技术领域，中国已列出 10 大领域、35 类关键技术，力争培育 1000 多家大型企业，以实现生物经济强国战略。未来中国将重点发展新兴疫苗、小分子药、新兴中药、高产优质农作物、生物农药、生物制药业、生物能源、环境生物技术。同时，扩大生物技术产业链，发展生物材料[54, 55]。

（二）国内生命系统建模仿真领域发展策略

根据国家中长期科学和技术发展规划纲要的总体部署，国家自然科学基金委公布的近五年的发展规划中涉及的主要科学问题包括：非编码 RNA 的功能、蛋白质结构功能模拟与预测，生物大分子相互作用网络动力学及系统生物学，脂类分子与结构蛋白分子自组装体系，分子马达生物医学功能的物理、化学和力学性质，系统整合生物学理论与方法，从动态和整体的角度研究细胞信号通路间的相互作用（crosstalk）、信号转导的反馈调控和信号转导网络，定量与整合研究复杂疾病的发生过程，生命信息系统建模与模拟，建立定量研究生命活动的新理论、新技术和新方法[56]。

在数字人体技术方面，目前的当务之急是建立和制定出适合我国国情的数字虚拟人数据集，对人体重要结构进行更加深入的研究，创建人体三维模型，在此基础上建立全国数据共享模式，构建多学科的科学写作和攻关研究，以加强数字人在包括医学、经济、民生在内的更多领域上应用性的开发研究。

在生物信息学方面，关键在于对不同种类、不同组学的数据进行整体的研究，挖掘其内部联系，可使用新的数学模型和算法对现有数据进行进一步整合，运用高性能计算机对生物体系展开分析与讨论，最终建立网络化生命系统数据模式。

在脑科学方面，随着各种神经成像技术和神经信息处理手段的不断丰富，脑科学研究由认识大脑的结构和功能部件转向认识更为深入的神经功能和系统性机理，重点在于深入研究认识大脑重要脑区神经网络联结的构造、运作方式和机制，最终达到形成人类大脑联结图的最终目标。

在生命系统建模与仿真基础上发展的医学研究方面，发展更加精密的医学成像技术是一个重点，结合计算机辅助系统的应用，可以更好地协助疾病检测与诊断，同时运用数字人体技术建立结构模型进行手术模拟和医学教育同样存在很大的意义。随着生命系统建模技术的发展，基于神经网络的数据处理分析技术越来越成熟，公民大健康和大数据平台成为各国的发展目标。

参考文献

［1］Totoki Y，Suemitsu H，Matsuo T. Nonlinear dynamics estimation of CAM plants using slow manifolds. Proceedings of the SICE Annual Conference 2008：1877–1882.

［2］陈竺．中国生命科学的现状与展望．http://www.china.com.cn/zhuanti2005/txt/2004–03/23/content_5521943.htm.

［3］费敏锐，狄铁娟，刘曾荣．植物代谢系统的建模与仿真研究综述［J］．中国计算机学会通讯，2009（9）.

［4］鲍新华．生物工程［M］．北京：化学工业出版社，2008.

［5］仵毅．致死基因动物建模新方法——二细胞基因敲除建模研究致死基因表型及功能［C］// 中华口腔医学会口腔生物医学专业委员会．2019 第九次全国口腔生物医学学术年会论文汇编．中华口腔医学会口腔生物医学专业委员会：中华口腔医学会，2019：248.

［6］Qian Li，Zhou Qin，Qingnan Wang，et al. Applications of Genome Editing Technology in Animal Disease Modeling and Gene Therapy［J］. Computational and Structural Biotechnology Journal，2019，17.

［7］庞倩，陈晶，王小红，等．基于噬菌体展示技术抗黄曲霉毒素 B1 单链抗体的筛选及其蛋白结构分析［J］．中国生物工程杂志，2018，38（12）：41–48.

［8］程津培．我国基因科学研究创新成果和基因科学未来发展趋势．www.rmzxb.com.cn，2008–03–17.

［9］岳桂东，高强，罗龙海，等．高通量测序技术在动植物研究领域中的应用［J］．中国科学：生命科学，2012，42（02）：107–124.

［10］李国治，邓卫东．基因组测序技术及其应用研究进展［J］．安徽农业科学，2018，46（22）：20–22+25.

［11］徐久成，黄方舟，穆辉宇，等．基于 PCA 和信息增益的肿瘤特征基因选择方法［J］．河南师范大学学报（自然科学版），2018，46（02）：104–110+2.

［12］王宏伟，周前祥．虚拟人体系统建模应用综述 //2007 中国控制与决策学术年会论文集，2007：345–347.

[13] 徐草草，杨启明，尹福成．基于数字人模型的生物体快速反演模型建立与实验验证［J］．计算机与数字工程，2018，46（10）：2098–2101.

[14] 孔令鸿．浦发银行与百度、中国移动联合发布“数字人”合作计划［J］．金融经济，2019（11）：32–33.

[15] Fouliard，Sylvain，Benhamida，Sonia; Lenuzza，Natacha; Xavier，Françoise. Modeling and simulation of cell populations interaction. Mathematical and Computer Modelling. 2009（49）：2104–2108.

[16] 陈玲．基因振子多细胞系统的建模与分析［D］．江西师范大学，2019.

[17] 肖鹏飞，黄芳，李显良．基于快速建立四面体网格的有限元心脏建模．计算机仿真 . 2008（25）：223–227.

[18] 白祥云．心脏窦房结缺血的多尺度建模与仿真研究［D］．哈尔滨工业大学，2019.

[19] Cavicchi，A.; Gambarotta，L.; Massab ò ，R. Computational modeling of reconstructive surgery：The effects of the natural tension on skin wrinkling. Finite Elements in Analysis and Design. 2009（45）：519–529.

[20] 赵瑞影．面向虚拟手术的软组织建模技术与碰撞检测算法研究［D］．沈阳工业大学，2019.

[21] 朱卓，李宏胜．虚拟手术中人体软组织超黏弹性建模及穿刺仿真［J］．应用力学学报，2019，36（02）：304–309+503.

[22] 张晨，宋国瑞，刘子歌．膝关节骨性关节炎动物建模研究进展［J］．医学综述，2019，25（07）：1332–1337.

[23] 孙剑，李克平．行人运动建模及仿真研究综述［J］．计算机仿真，2008，25（12）：12–16.

[24] 宋磊，李严兵，王平山，等．数字仿真学科在手术治疗骶髂关节损伤中的相关研究 . 中国临床解剖学杂志 . 2008（25）：243–246.

[25] 崔红杰．基于功能性电刺激的人体膝关节轨迹控制研究［D］．哈尔滨工业大学，2019.

[26] 王陈．基于 Event–B 形式化方法的免疫系统模型研究［D］．扬州大学，2019.

[27] 莫宏伟，郭茂祖，毕晓君．人类免疫系统仿真与建模研究综述［J］．计算机仿真，2008（01）：11–15+39.

[28] 吴军．基于埃博拉病毒药理学的免疫系统建模与计算分析［D］．东华大学，2017.

[29] Kim，Youngjun; Lee，Kunwoo; Kim，Wontae. Image–based 3D torso body modeling – 3D female body modeling for breast surgery simulation. GRAPP 2008 – Proceedings of the 3rd International Conference on Computer Graphics Theory and Applications. 2008：92–98.

[30] 徐岩，马大庆．计算机辅助检测在医学影像领域的应用进展．中华放射学杂志，2007，41（11）.

[31] 王旭霞．基于联合模型的认知功能和社会功能对阿尔茨海默病风险预测研究［D］．山西医科大学，2019.

[32] 梁森．基于机器学习的多元辅助肿瘤诊断相关研究［D］．吉林大学，2019.

[33] Laura Alemany，Enrique Peiro，Carolina Arnau，David Garcia，Laurent Poughon，Jean–François Cornet，Claude–Gilles Dussap，Olivier Gerbi，Brigitte Lamaze，Christophe Lasseur，Francesc Godia. Continuous controlled long–term operation and modeling of a closed loop connecting an air–lift photobioreactor and an animal compartment for the development of a life support system［J］．Biochemical Engineering Journal，2019，151.

[34] Zhou，Chao; Tan，Min; Cao，Zhiqiang; Wang，Shuo et al. Kinematic modeling of a bio–inspired robotic fish. Proceedings – IEEE International Conference on Robotics and Automation. 2008：695–699.

[35] 胡天江，沈林成，李非．仿生波动长鳍运动学建模及算法研究．控制理论与应用，2009（26）：1–7.

[36] 李恒宇，罗均，夏冰玉．机器人仿生双眼的运动控制系统建模与仿真．电子机械工程．2008（24）：60–64.

[37] Schäfer Benjamin Josef，Sonnweber–Ribic Petra，Ul Hassan Hamad，Hartmaier Alexander. Micromechanical Modelling of the Influence of Strain Ratio on Fatigue Crack Initiation in a Martensitic Steel–A Comparison of Different Fatigue Indicator Parameters.［J］．Materials（Basel，Switzerland），2019，12（18）.

[38] 李晓芳，尹福成．基于遗传算法的自适应图像分割技术研究［J］．计算机与数字工程，2019，47（04）：

930–932+1000.

[39] 刘翼群．生命探测雷达信号处理算法研究［D］．西安电子科技大学，2019.

[40] 国家自然科学基金委员会．http://www.nsfc.gov.cn．

[41] Peng Wang，Robert X. Gao. Prognostic Modeling of Performance Degradation in Energy Storage by Lithium–ion Batteries［J］． Procedia Manufacturing，2019，34.

[42] Life Science Research–Bacteriology; Recent Findings from Newcastle University Provide New Insights into Bacteriology（Regulating，measuring and modelling the viscoelasticity of bacterial biofilms）［J］． Biotech Week，2019.

[43] Zhuming Bi，Krishna Meruva. Modeling and prediction of fatigue life of robotic components in intelligent manufacturing［J］． Journal of Intelligent Manufacturing，2019，30（7）.

[44] Life Science Research – Molecular Modeling; Data on Molecular Modeling Reported by Researchers at Northeast Normal University（Theoretical study on the mechanisms of the decomposition of nitrate esters and the stabilization of aromatic amines）［J］． Biotech Week，2019.

[45] 沈琦，郭志华，李德祥，文铁桥，陈付学．麝香水溶物对大鼠神经干细胞的生长、分化和电转染率的影响．中国应用生理学杂志，2008（1）.

[46] Peng Yao，McCorvy John D，Harpsoe Kasper，et al. 5–HT2C Receptor Structures Reveal the Structural Basis of GPCR Polypharmacology .Cell，2018.

[47] Zhou Yang，Sharma Jitendra，Ke Qiong，et al. Atypical behaviour and connectivity in SHANK3–mutant macaques. Nature，2019.

[48] Chen Fahu，Welker Frido，Shen Chuan–Chou，et al. A late Middle Pleistocene Denisovan mandible from the Tibetan Plateau. Nature，2019.

[49] Liu Chu–Xiao，Li Xiang，Nan Fang，et al. Structure and Degradation of Circular RNAs Regulate PKR Activation in Innate Immunity. Cell，2019.

[50] 郝文文，张贝，任一帆，等．鸡 StAR 基因非同义单核苷酸多态性的生物信息学分析［J］．河北科技师范学院学报，2019，33（03）：1–8.

[51] 来怡君，陈红，章印红，等．苯丙氨酸羟化酶基因突变的生物信息学分析［J］. 重庆医学,2019,48（24）：4238–4241.

[52] 杨帮华，李博．基于脑机接口的康复训练系统［J］．系统仿真学报，2019，31（02）：174–180.

[53] 上海科技发展研究中心．生物科技领域上海与国际整体水平差距分析及发展对策．科技发展研究，2005，8（63）.

[54] 牛大鹏，王福利，何大阔，等．诺西肽分批发酵过程混合建模．系统仿真学报，2009（21）：3084–3087.

[55] 陈洛南，王勇，费敏锐，刘曾荣．从理工科视角探索系统生物学．《科技导报》，2007（10）.

[56] 国家自然科学基金委员会生命科学部．国家自然科学基金委生命科学部“十一五”学科发展战略和优先发展领域。生命科学 2007，19（4）.

撰稿人：费敏锐　马世伟　彭　晨　孙　鑫　孙　庆
聂生东　余安胜　范慧敏　程武山

电力系统建模与仿真

一、引言

近年来，随着输配电网规模的不断扩大，新能源、新设备的不断加入以及信息化、智能化与自动化水平的不断提高，电力系统已经日益变得复杂，如何在电力系统规模与复杂度持续攀升的背景下提升仿真的准确性、快速性、灵活性是其中的关键问题。为解决这一问题，国内外专家学者不断引入先进的计算机、通信以及数学方法，构建更加完善的电力系统仿真模型体系，提出更高精度与效率仿真计算方法，研制使用更加灵活、交互性更强、智能化水平更高的各类仿真系统。本报告回顾了近年来电力系统建模、仿真方法、仿真系统等方面的最新研究进展，对比分析了本专业国内外研究现状及发展趋势，最后对该专业的应用前景进行展望。

二、电力系统仿真最新研究进展

（一）技术进展

1. 电力系统建模方面

近年来我国电力系统经历了高速的发展[1-3]。电源方面，越来越多的大型风电、光伏等新能源基地开始投入运行；输电方面，交直流网络不断发展，形成了超高压、特高压远距离大容量输电网架；配用电方面，越来越多的新型负荷和分布式发电设备接入电网。电力系统所发生的变化，既是受到控制技术、通信技术、电力电子技术等工程技术高速发展推动的结果，也是适应旺盛的能源需求、严峻的环保形势等社会经济重大需求而产生的结果。

由于经济发展、科技创新、智能电网、绿色能源等因素的综合作用，可以预期电力系统将会持续高速发展。电力系统的变化对其未来高效安全运行将造成怎样的影响，目前还缺乏全面深入的研究，而针对电力系统的新背景建立合适的模型是进行相应研究的基础。

（1）电力系统建模的新背景

1）电力电子化电网。诞生于20世纪50年代的电力电子技术，最初应用于整流拖动、电化学工业、直流输电领域。随着电力电子技术的快速发展，目前已渗透到用电的方方面面，如交通方面的各种变频拖动、电动火车、电动汽车；照明方面的各种节能灯、LED灯；电子电器方面的各种变频空调、开关电源等。用电总量中经过电力电子装置变换和调节的比例是衡量用电水平的重要指标。相关统计指出，这个指标目前在全球范围内已经超过40%，未来几年预计可达到80%，在我国这个趋势也十分明显。另外有专业机构预测，全球未来将有95%以上的电能要经过电力电子技术的处理后才能使用。

与此同时，电力电子技术已经应用于电力系统的主要环节。在发电侧，有越来越多的大型风电或光伏电场，而电力电子技术是这些非常规电源接入系统的手段；在输电网中，有越来越多的高压直流输电（包括柔性直流输电）、灵活交流输电、无功补偿器等；在配用电侧，除了前述各种采用电力电子技术接入或者控制的负荷，还有越来越多的分布式新能源发电装置等[4-6]。

2）随机性波动。虽然电力系统中时刻存在随机性，但以往由于随机性尚未成为影响电力系统安全运行的重要因素，理论分析方法与高速计算手段相对欠缺，致使传统电力系统的研究以确定性为主。而随着可再生新电源和电动汽车等大量接入，随机性问题逐渐成为电力系统中突出的、共性的、基础的问题。

3）智能化电网。随着智能电网研究的不断发展，电力系统的智能化程度越来越高，这主要是通过控制来实现的。对于传统的电力系统，输电网中只有少量的补偿设备，而负荷设备通常也不具备控制能力，因此通常都认为发电机是整个系统的关键控制设备。但是目前情况发生了较大变化。

首先，输配电网络中可控设备越来越多。包括各种直流输电系统、柔性直流输电系统、串联补偿器、并联补偿器、UPFC等。这些设备将改变传统电网不可控的特性，因而对潮流控制、安全控制等方面产生重大的影响。

其次，负荷设备具备了一定的可控性。例如变频拖动设备及新型照明设备可以自主地调节自身所消耗的功率，一定程度上与电网电压等运行变量无关；越来越多的负荷具备自动脱扣及重启功能；负荷侧的分布式发电设备本身就有很强的自我控制能力。可见，参与电力系统运行控制的设备越来越多，体现了一种多元化的趋势。

最后，控制系统具有多元混合特征。传统的电力系统运行控制主要是围绕发电机进行的，而未来的电力系统控制主体众多，控制目标也更多样化。在信息技术的支持下，各个控制主体相互协调，可以更好地完成相应的运行目标。例如大电网、分布式发电与负荷需求之间的互动与无缝结合；电网故障后在各个控制器的协调作用下自动恢复等。所以，电力系统控制将更多呈现连续与离散相结合、慢速与快速相结合、单目标与多目标相结合的混合特征。

（2）电力系统建模的新思路

1）总体等效建模。按照建模用途，可以分为两个方面[7-9]：①用于研究建模对象本身，这需要构建其内部非常详细的模型。比如，要分析风电场内部各机组的低电压穿越问题，就需要详细描述各风电机组、风电场集电网络等；②用于研究电力系统问题，这时如果采用上述详细模型，将会对电力系统计算带来巨大困难，既无必要也无可能。从电力系统角度来看，只要反映建模对象对电力系统的影响就可以了。所以，只需要从总体上构建建模对象外特性的等效简化模型。比如，将风电场等效为一台或者两台风电机组。

2）在线分布建模。传统上由于测量技术、建模技术的限制，均是先进行测量，再根据数据离线辨识参数。随着测量技术、建模技术的发展，可以逐步做到在线的、分布的建模。

“在线”是指在线测量数据、在线辨识参数。“分布”是指“横向分区、纵向分层”。在横向上，可以基于时变电流注入方法进行分区域建模，既可充分利用中小扰动数据，又可有效隔离区域之间模型误差的交互影响。在纵向上，可以按照电网分层运行模式建立各自的模型，然后拼接为电力系统整体模型。在线分布式建模期望能够实现“即测—即辨—即用”的目标，需要做到速度快、精度高。

3）时频混合建模。目前，电力系统计算分析中大多数采用时域模型，但由于电力系统的随机性，采用时域模型所得到的时域曲线显得纷繁缭乱，而采用频域模型所得到的频域曲线则能够更清晰地描述随机性的规律和特征。因此，在电力系统研究中不仅需要时域模型，更要重视频域模型，两者之间经常需要转换。当然，需要注意的是频域模型只适用于线性系统，也就是适用于小扰动下的电力系统。

电力系统中的随机扰动可以描述为随机过程，目前大都假设随机过程为高斯分布的白噪声，这是由于高斯分布理论得到了较大的发展，可以为研究者提供一系列方便的分析工具。但实际的随机过程往往并非理想的高斯分布或者白噪声，所以自然希望采用实际随机特性，这需要通过对历年积累数据进行统计，并结合实际提出合理的简化假定。

4）多时间尺度建模。电力系统是一个复杂的大规模非线性系统，含有大量不同时间常数的变量，有些变量具有快变特征而有些变量则具有慢变特征。因此电力系统是一个多时间尺度系统，从机电暂态过程的角度来看，它可以分为快变（电磁暂态）、正常速率（机电暂态）及慢变（中长期动态）3 组变量，因而电力系统至少是多时间尺度动态系统。

电力系统的动态过程是一个连续的过程，并不是截然分开的。暂态过程对中长期过程有影响，中长期过程对后续新的暂态过程也有作用，它们之间往往是密不可分的。因此，在进行电力系统仿真建模时，需要考虑电力系统的复杂性和多时间尺度特性，将电力系统的机电暂态过程、中期动态过程和长期动态过程有机地统一起来，进行多时间尺度、全过程动态的电力系统建模仿真。

2. 电力系统仿真方法方面

（1）电力系统数字仿真

电力系统数字仿真是根据电力系统中的元件和系统结构建立系统的仿真模型，并利用模型进行计算和试验，以得出系统在某段时间内的工作状态。根据电力系统中元件的时间尺度不同，一般可分为电磁暂态仿真及机电暂态仿真（又称稳定性仿真）。电磁暂态过程主要是指各元件中电场、磁场以及相应的电压和电流的动态过程，所涉及的时间过程通常是微妙至数秒之间。电磁暂态仿真的目的主要是计算分析故障和操作后可能出现的暂态过电压和过电流，作为电力设备设计的依据，判断已有设备是否能安全运行，研究相应的限制和保护措施。此外，在研究新型保护装置动作原理、故障点探测原理、电磁干扰等问题时，也需要分析电磁暂态过程。机电暂态仿真则主要是用于研究电力系统遭受到扰动后的机电暂态过程，所关注的时间范围通常为几秒至几十秒。通过仿真结果来分析系统的暂态稳定性，从而可校验系统的稳定性能，对事故的严重性进行分析和排序，并可为稳定控制措施的制定提供依据。

由于电力系统数字仿真具有不受原型系统规模和结构复杂性的限制，能保证被研究、试验系统的安全性，并具有良好的经济性、方便性等优点，已被越来越多的科技人员所关注，并已在研究、试验、培训等多方面获得广泛应用。

1）电力系统数字仿真积分算法。数值积分算法是高性能仿真分析最重要的环节。电力系统动态仿真的经典积分算法主要包括：欧拉方法及其变形、梯形积分方法及其变形、Runge-Kutta 法、线性多步法等，新型积分算法包括 Taylor 级数法、矩阵指数法、配点法等。经典算法中，梯形积分法应用最为广泛；而新型积分算法由于具备高阶精度和良好的数值稳定性，可以为电力系统高性能动态仿真计算提供参考。

隐式梯形积分法在电力系统数字仿真软件中被广泛采用，由于它具有数值稳定性好、可采用大步长，并可通过联立求解同步发电机的微分方程和网络的代数方程来消除接口误差等优点。但联立求解非线性方程系采用牛顿迭代法（Newton's Iterative Method-NIM），要求每次迭代都对雅可比矩阵三角分解，因而费时较多，采用奇异摄动技术进行电力系统动态仿真，每步计算只要求对网络方程而不是对整个系统方程三角分解一次，因而可提高仿真计算速度。

2）含分布式电源 / 微电网的复杂电力系统仿真。随着智能电网的发展，分布式电源渗透率逐渐增大。针对含分布式电源 / 微电网的复杂电力系统，协调和优化 DG 输出功率与传统机组出力之间的关系，有功优化潮流分析和无功优化潮流分析是两个较典型的问题。有功优化潮流分析可采用机会约束规划形式的有功优化模型，设计一种基于随机模拟技术的遗传算法，通过随机模拟技术将含有随机变量的不确定性问题转为确定性的求解方法。无功优化分析可采用蒙特卡罗方法来确定 DG 的不同输出状态，以有功能耗费用、SVC 安装费用和柴油发电机无功生产费用为目标函数。

（2）电力系统数模混合仿真

数模混合仿真结合了动态物理模拟仿真和实时数字仿真的优点，是进行复杂电力系统研究分析的有效手段。在数模混合仿真系统中，模拟仿真用物理器件对真实系统的行为进行仿真，被仿真系统和仿真系统之间的关系必须满足相似定理。模拟部分包括动模发电机组，或者是 HVDC 换流器或 FACTS 装置（包括快速的晶闸管和 GTO 器件、换流变压器、直流电抗器等）的原型模拟仿真器[10-12]。数字部分包括其他发电机、其他 HVDC 换流器和 FACTS 装置及其控制保护系统以及复杂的交流系统部分（详细的发电机模型、传输线模型、变压器模型、互感器模型和负荷模型等）。被测试的实际控制和保护系统与发电机组或者原型模拟仿真器相连进行实时测试。实时数字仿真系统和模拟仿真器（包括发电机组和原型电力电子装置）分别作为两个子系统，通过数模混合实时接口将两个子系统结合起来做实时仿真，从而扩展了实时仿真研究的范围。因此，如果能够为两个仿真子系统形成统一协调的边界条件，并通过以 A/D 和 D/A 转换为核心的接口技术完成物理量与数字量的转换，那么完全可以利用物理方法和数值方法联合模拟一个真实系统[13]。数模混合仿真系统结构如图 3 所示。

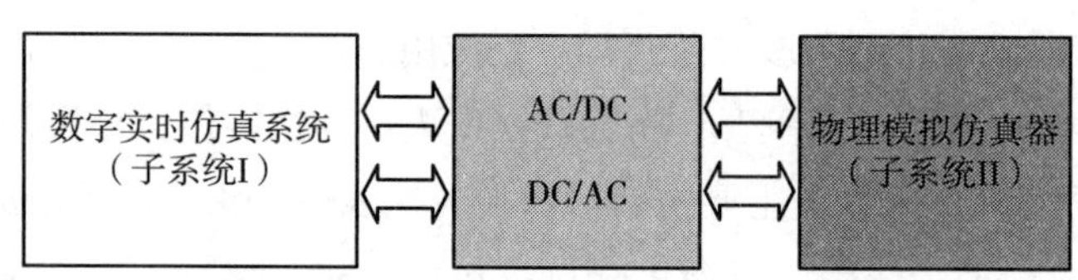

图 3　数模混合实时仿真系统的结构简图

接口算法是保证其闭环稳定性和仿真精确性的关键。数模混合实时仿真接口技术是基于替代定理的，替代定理的内容是：如果将一条支路或电路的某一部分以单端口网络的形式从电路中取出，且同时已知其端口电流，则被取出的部分可以用相应的电流源来替代而并不改变电路其余部分的状态；如果将一条支路或电路的某一部分以单端口网络的形式从电路中取出，且同时已知其端口电压，则被取出部分可以用相应的电压源来替代而并不改变电路其余部分的状态。因此，仿真子系统的边界条件可以在仅已知端口电流或电压的情况下由动态刷新的电流源或电压源代替。实际上，节点电压在数字仿真中是直接存在的[14]。在每一步长内，数字仿真计算出来的电压、电流值保持不变，直到下一步长才更新。

国内外多个研究机构都对数模混合仿真学科展开研究，并建立了相应实验室。许多已发表的文献利用数模混合仿真对二次设备如继电保护，直流控制系统等进行测试。仿真时接口交互的为信号量，因此这一类仿真被称为信号系统混合仿真 SSHS（signal system hybrid simulation）。而对于一次设备的数字物理混合仿真，由于接口交互的为电网功率，这一类仿真属于能量系统混合仿真 PSHS（power system hybrid simulation），此时的接口也被称为功率连接接口[15]。对于混合仿真的接口算法，国内外已进行大量研究，其中以 RTDS 公司为代表，目前的研究大多是基于较成熟的电磁暂态实时仿真装置如 RTDS、HYPERSIM、ADPSS 等[16]。

（3）电网信息物理系统仿真

电力系统是信息物理系统（CPS）应用的重要领域之一，近年来国内外学者针对 CPS 与电力系统的结合做了大量的研究工作。形成了初步的仿真方法。

信息通信系统的信息流中对于特定的信息可以指定接受者，并调度其传送路径。然而在电力系统的能量流中同一电网中电源的注入功率与用电设备的消耗功率之间在任何时间断面上都是平衡的。电功率在电网中的流动则服从基尔霍夫定律，即每一个电气节点上的输入与输出在任意时刻平衡，没有缓冲、存储或滞后的可能。因而，复合系统中存在时间同步性、两个系统结构的异构性元件组成和动态响应的差异性。电力系统动态行为在时间上是连续的可用一组微分代数方程来表示，通常这类微分代数方程组只能通过数值方法求解，因此电力系统仿真工具采用离散时步对系统当前状态进行相对精确的估计。而信息通信系统本身就是离散系统，因此可采用离散状态模型对网络在离散参数和离散事件下进行描述而将复杂的通信过程转化为具体的事件队列。近年来，为了联合两种类型的仿真方法，具有两类解决方案：联立仿真方案；混合仿真方案。

1）联立仿真方案。在单一仿真工具电力系统仿真工具或通信系统仿真工具中建立一个复杂的电力和信息通信复合系统模型，优势在于两个系统模型在同一个仿真工具中运行，处于同一时间域，不需要额外的时间同步工作。文献［17］提出了采用 OMNeT++ 的联立仿真方案。该方案将 MATLAB 程序模块集成进 OMNeT++，主要针对静态潮流计算问题，适用于需求响应通信相关问题研究。虽然这类方案不需要面对时间同步问题，但无法处理微分代数方程系统复杂的时间连续的动态问题建模及机电特性仿真。

由于联立仿真采用多种不同原理特性的软件以分别实现电力 CPS 的部分功能，需要特定的方法将这些分布式的仿真进程统一在共同的框架之中。根据控制单元的位置与实现方式的不同，联立仿真框架可分为主从式和分布式。主从式是指在两个仿真软件之中，选取其中一个作为主仿真器，负责控制逻辑与同步逻辑的实现，主导整个联合仿真的进程[18]。在分布式仿真方法中，每个软件只负责本模型的仿真功能，而两者之间的交互控制与时间同步，由第三方软件全局协调器负责。

2）混合仿真方案。两个系统的建模工作仍采用其各自的专业仿真软件完成，通过时间同步方法使两个软件能够运行于同一时间域。混合仿真又可以分为非实时混合仿真和实时混合仿真。国外研究主要集中于非实时混合仿真[19]。国内方面，中国电科院、清华大学、东南大学等高校及研究机构在电网 CPS 仿真分析领域主要集中探寻融合机理，削弱互斥影响，将信息流与物理流融合，包括电网物理系统与信息系统融合，电网连续过程与离散过程融合，全景信息采集与灵活应用等[20]。

基于 CPS 融合技术的研究，将其应用于电网中具体可表现在多源信息融合技术与故障诊断系统的结合。信息融合能够为故障诊断提供更多的信息故障诊断类似于多目标跟踪系统且具有不确定性，其特征类似于信息融合系统，利用信息融合技术可有效解决故障诊断问题。电网 CPS 仿真可揭示电力系统与通信系统的耦合方式，验证 CPS 环境下控制算法的有效性与系统的安全性等。从业务角度，其应用范围包括安全监控、网络控制、需求响应等应用场景[21]。

3. 电力仿真系统方面

电力仿真系统一般可以划分为实时仿真工具和非实时仿真工具两大类。电力实时仿真的发展经历了从物理实时仿真、数模混合式实时仿真到全数字实时仿真的 3 个历史阶段[22]，实时仿真工具与物理实物系统时间上保持同步并通过接口能够联合仿真模拟，具有精度高、与物理时钟保持一致性等特点；电力非实时仿真工具借助仿真软件离线输入相关元件参数模拟相关实物运行，仿真简便灵活，与物理时钟不一致。目前典型的非实时仿真工具包括 ATP/EMTP、PSCAD/EMTDC、Digsilent 等，实时仿真工具包括 RTDS、ADPSS、ADN-SIM 等。

（1）电力非实时仿真系统

1）ATP/EMTP。在 20 世纪 60 年代 Dommel 提出电磁暂态仿真算法后，结合贝瑞隆 Bergeron 方法和梯形法，形成了求解暂态过程的一整套算法。最早由 H. W. Dommel 等人开发，后来又在此基础上发展成多个版本的电磁暂态仿真程序（electromagnetic transient program，EMTP）[23-24]。EMTP 是用数值计算方法对电力系统中从数微秒到数秒之间的电磁暂态过程进行仿真模拟，已成为近几十年来电力系统暂态数字仿真的标准工具，ATP/EMTP 程序是目前电磁暂态分析程序使用最为广泛的版本。

2）PSCAD/EMTDC。Dennis Woodford 博士于 1976 年在加拿大曼尼托巴水电局开发完成了 EMTDC 的初版，是一种世界各国广泛使用的电力系统仿真软件[25]。EMTDC 是其仿真计算核心,PSCAD 为 EMTDC（electromagnetic transients including DC）提供图形操作界面。PSCAD/EMTDC 在时间域描述和求解完整的电力系统及其控制的微分方程，典型应用是计算电力系统遭受扰动或参数变化时，电气参数随时间的变化，包括高压直流输电 HVDC 启动、故障或开关操作引起的过电压、交直流系统控制特性等仿真。

3）DIgSILENT/PowerFactory。电力系统电磁机电暂态混合仿真程序 DIgSILENT / PowerFactory 是德国 DIgSILENT GmbH 公司开发的电力系统仿真软件[26]。DIgSILENT/PowerFactory 把几点暂态分析模型与电磁暂态分析模型结合到一起，具有功能强大的特点，不仅包含了其他电力系统仿真软件中的潮流、短路、谐波分析、小干扰稳定分析等分析功能，还具有面向连续运行过程的仿真语音 DSL 和面向程序化过程的编程语音 DPL，并以图形化操作和数据管理技术为支撑，与 SCADA/GIS 之间采用数据交换语言 DOLE，具有风力发电、光伏发电等元件模型，也可由用户自定义各种元件模型[27]。

4）CYME/CYMDIST。CYME 具有强大的分析能力和先进的操作界面，其中的 CYMDIST

是 CYME 中高度集成的配电系统分析和优化工具箱，可对辐射型、环路型、网孔型的三相、两相及单相平衡和非平衡系统进行多种仿真分析[28]，是一套专业的配电网仿真软件系统，功能涵盖了配电网规划、运行分析的多个方面，包括潮流分析、故障分析、网络重构、可靠性分析、N-1 安全分析等。

5）PSASP。电力系统分析综合程序 PSASP 是由中国电力科学研究院有限公司开发的一套历史长久、功能强大、使用方便的电力系统分析程序，具有我国自主知识产权的高度集成和开放的大型软件包[29]。自 1973 年开始开发，1980 年形成早期的机器指令版，1986 年形成大中型机的 Fortran 语言版，1995 年至今的 Windows 版，在全国各省、市的电力规划设计、生产调度运行、科研教育等进行工程应用。主要功能包括潮流、暂态稳定、短路、网损分析、电压稳定、静态安全分析、继电保护整定与仿真等，PSASP 设计了功能强大的用户自定义建模方法，并提供了用户程序接口环境，具有资源共享、使用方便、支撑个性化应用等特点。

（2）电力实时仿真系统

1）RTDS。RTDS 是加拿大 Manitoba 直流研究中心 RTDS 公司研制的产品，其并行处理器采用高速 DSP。核心技术处理器主板和软件均自行开发，可以充分利用 DSP 的硬件资源，但不利于硬件的升级换代，可扩展性较差。RTDS 的基本组成单元为 Rack，Rack 之间通过 660MHz 总线相连。一套 RTDS 装置可以包括几个或几十个 Rack，Rack 越多仿真规模就越大。RTDS 的核心软件是可进行直流研究的电磁暂态计算程序 EMTDC，通过工作站上的 PSCAD 对 RTDS 实施系统构成、运行监控、结果分析等项目。为满足数字化变电站动态实时仿真的需要，RTDS 公司遵循 IEC61850 标准，专门开发了用于 RTDS 的传输采样值报文和 GOOSE 报文的 GTNET 通信卡[30]。国内已有许多单位配置了 RTDS 装置，主要用于继电保护试验和小系统实时仿真。

2）RT-LAB。RT-LAB 是加拿大 Opal-RT 公司开发的半实物仿真器，主要由上位机、目标机及参与仿真的硬件组成，广泛应用于航空航天、武器研制、汽车等各个领域。它将上位机基于 MATLAB/Simulink 所搭建的系统下载到多处理器目标机，并通过 Windows 窗口对目标机的整个运行过程进行实时监控。RT-LAB 引入了一张 FPGA 卡，它能以 10ns 的采样精度记录 PWM 脉冲跳变时刻，将这些带有时间戳的信号引入到仿真模型中，实现外部硬件和仿真模型的同步运行[31]。利用 RT-LAB 可以看展较多试验，如半实物仿真器对风能、太阳能发电设备的控制进行研究。

3）ADPSS。ADPSS 是由中国电力科学研究院有限公司开发的大型电力系统实时仿真系统，其硬件以高速 PC 机网络作为支撑，通过物理接口箱和功率放大器与继电保护装置、安全自动装置、FACTS 控制器、HVDC 控制装置等实际物理设备相连[32]。采用 Linux 操作系统，仿真软件建立在交直流电磁暂态程序 ETSDAC 和电力系统分析综合程序 PSASP 基础之上，可实现大规模复杂交直流电力系统（1000 台发电机、10000 条母线）的机电暂

态实时仿真和机电 – 电磁暂态混合实时仿真。ADPSS 克服了实时仿真规模小、升级扩充困难等缺点，可应用于电力系统规划设计、调度运行、试验研究和设备制造等部门。

4）ADN–SIM。ADN–SIM 是由中国电科院开发的面向配电网的实时仿真工具，采用多核 CPU/FPGA 混合并行架构、高速多通道背板总线技术，支持热插拔式以及跨硬件节点的通信同步，对外采用高带宽高速 AD 转换接口，具备配电网电磁暂态建模、模型分解并行计算、与物理系统实时交互仿真以及仿真曲线回调等功能，能够用于仿真分析电力电子化配电网中的高复杂度、高随机性、分布式电源高渗透率等问题。

（二）电力系统仿真学科进展

中国电科院自从 20 世纪 70 年代以来开展电力系统仿真的研发工作，先后开发了 PSASP、PDS–BPA、ADPSS 等大型仿真系统，近年来开发了电磁 – 机电 – 全过程混合仿真、仿真计算数据平台、配电网数模混合仿真平台等产品。自 2014 年起，中国电科院建立国家电网仿真中心，可实现大规模交直流电网全电磁数字仿真、数模混合仿真。仿真中心通过超算计算系统和云服务平台，为国家电网公司调度、经济运行等提供仿真服务。

清华大学自从 20 世纪 90 年代开始研发暂态仿真、调度员仿真培训等软件。在研究方面，近年来先后突破了基于 GPU 并行加速的 PWM 变流器电磁暂态快速仿真方法、交直流电网电磁暂态建模与并行仿真等关键技术。2016 年对社会开放了云仿真平台 CloudPSS，该平台的核心功能是电磁暂态仿真，具备风机、光伏、微电网等各类模型。2018 年开发了热网仿真模型，初步具备了综合能源和能源互联网的仿真能力。目前 CloudPSS 已经有超过 1000 名用户注册使用了云仿真服务。

天津大学在分布式发电微电网暂态仿真方面做了大量工作，建立了常规配电设备、分布式发电、控制系统等的暂态模型，开发了相关的软件，支撑科技项目及用户的仿真需求。近年来，开展了基于 FPGA 的配电网实时暂态仿真的研究工作，研制了多 FPGA 的有源配电网实时仿真器。

上海交通大学重点在混合仿真接口、大规模交流系统全电磁暂态仿真等方面做了相关的研究工作。在混合仿真接口方面，开发了具备高速率的硬件数据接口，可实现不同仿真对象的数据交换。在南方电网基于通过可逆时域坐标变换实现基于全电磁暂态仿真，该方法可以采用比传统电磁暂态模型采用更大的步长进行仿真，因此可以极大地提高仿真效率。

东南大学在面向高密度分布式电源并网的实时仿真装置研发方面取得了一系列成果，并依托国重项目自主开发了“面向分布式发电集群的实时仿真测试装置”，集成了集群动态等值建模、集群自动变步长仿真加速、集群不对称接入下的配电网三相动态仿真、考虑实时控制的电力信息物理仿真以及面向微网群 / 虚拟电源群调控模式的 CPS 实时仿真等一系列技术，具备全过程实时仿真、CPS 混合实时仿真、硬件在环测试、数模连接测试等功能。

三、国内外研究进展对比分析

如上所述，近年来基于数据驱动的电力系统建模仿真、电力系统云仿真、电力和信息融合系统仿真（CPS 仿真）、能源互联网仿真、数模混合实时仿真、基于多核并行计算的大规模电力系统仿真等技术在国内外都经历了快速发展。对比国内外发展趋势与研究动态，本领域进展主要表现在以下几个方面：

（一）基于数据驱动的电力系统建模

与国际发展同步，现代电力系统无论是运行、检修、规划还是管理均需要参考大量的数据。基于大量的检测统计数据，结合包括神经网络、深度学习、聚类和强化学习等大数据技术，可以在电力系统的各个环节展开建模研究。这包括采用聚类算法对现代大规模分布式发电集群模型进行降阶等值；对电力系统的关键元件进行参数辨识；应用传统神经网络或深度学习技术对风电场发电曲线拟合、对电力系统负荷曲线进行拟合；采用时序深度网络与物理模型配合，对光伏电站集群进行历史数据与物理机理的高精度混合建模；等等。当前国际与国内学者在电力系统发电端、输电环节、配电环节以及负荷端的建模方面均展开了广泛的应用研究，该领域得以快速的发展。

（二）电力系统云仿真

在国际与国内均处于起步阶段。现代智能电网将产生海量信息，如何满足其快速、可靠、安全的计算要求，是电网企业新形势下面临的挑战。云计算的大规模、高弹性计算能力、无限扩展存储能力、数据高安全性以及高性价比等特点，可在电网状态监测、电网仿真、电网规划、智能用电海量信息处理、电力市场交易、电网可视化管理等方面提供强大的计算支撑。云仿真系统包含了海量仿真数据存储管理、大规模分布式并行仿真、仿真平台服务能力集成和构建技术、一体化模型和数据管理等电力系统仿真云化关键技术。云仿真系统要实现基于云计算服务的电力系统仿真计算分析软件开发、测试和应用服务的新模式，具备跨域任务协同调度管理和异地分布式计算资源共享功能，能提高数据维护和仿真分析效率。应用于电网仿真计算分析，大幅提升计算效率，提升计算资源利用率并提高应用开发运维效率。

（三）电力信息物理融合系统仿真（CPS 仿真）

智能电网是电力系统与信息通信系统深度融合的时空多维异构系统，鉴于此，电力信息物理融合仿真学科旨在将电力系统和信息系统仿真一体化进行，从而分析通信故障对电力系统安全稳定运行带来的影响。多种电力信息物理融合仿真方案实现了电力流和信息流的精确模拟；同时，针对不同物理特性的系统，交互接口技术和时间同步技术的发展使得打通不同类型仿真数据（如电力系统状态数据和信息系统包数据）以提高仿真方案的可行性和精确性成为可能。目前，国内的电力信息物理混合仿真学科获得快速发展，已经达到国际前沿。

（四）能源互联网仿真

能源互联网旨在构建以电网为核心的高度连通的综合能源网络，对多种能源形式兼容并蓄，实现全球范围内能源的优化配置与持续发展。能源互联网仿真的关键技术主要包括数据与物理融合的统一建模技术、分布式能源及负荷概率预测技术、场景生成技术、优化运行技术。其中，数据与物理融合统一建模是基础，为能源互联网数据驱动的能源负荷概率预测、多能源的优化运行提供模型支撑；场景生成技术提供诸多能源互联网运行场景，为选择合适的数据驱动方法来解决多能流优化运行提供试验环境。高效利用能源互联网内外部数据，解决传统物理机理方式带来的不精确等难题，有效应对具有源荷不确定性、多能流运行复杂性特征的能源互联网，同时汇聚多能互补、新一代信息通信、人工智能等新技术，实现源网荷储优化运行，提高新能源消纳，支撑能源互联网新业态的扩展。

（五）数模混合实时仿真

电力系统数模混合实时仿真学科及相应仿真平台的发展为电力系统中的一两次设备（如各类变流器等一次设备和测控保护、稳定控制等二次置）的测试试验提供了丰富的电力系统运行场景和工况。当前，各种精准高效的数模转换接口技术层出不穷，有效提高了电力装置仿真试验结果的准确性；面向设备测试的硬件在环实时仿真学科已成为学科下一步的重要方向，尤其是功率硬件在环仿真平台的发展，为设备生产商提供了灵活可靠的测试手段。

（六）基于多核并行计算的大规模电力系统仿真

采用 CPU 多线程数据处理模式和多核 CPU 分布式并行计算能力，使得大规模电力系统精细化仿真任务得以完成；FPGA 在电力电子仿真领域的进一步应用，能够以微秒级仿真步长对高频电力电子开关器件进行精确实时仿真，有力支持了高密度分布式电源接入下复杂电力系统的仿真。随着计算机软硬件技术的飞速发展，基于高性能 CPU 和 FPGA 组合的大规模电力系统仿真仿真技术的研究已成为热点，并陆续出现了多套商业化仿真系统。

四、本专业我国发展趋势及对策

本专业将着眼于面向国家重大需求（如电网大停电事故反演与预警、战争状态或恐怖袭击下的电网攻击与防护、重大事故预警）和重大行业需求（航空航天、石油石化、交通、舰船与海上平台），利用信息化、智能化、大数据和云计算等现代技术，面向多能源互联系统和泛在电力物联网等应用场景，不断创新电力系统仿真学科手与方法，拓展电力系统仿真的应用领域。

未来在电力系统建模方面，形成具备完备的标准化，模块化各类型元件库，创新电力信息物理实时混合仿真和智能仿真的理论方法。在仿真分析方向，采用速度快，收敛性好，鲁棒性好，准确性高的高效仿真方法，着眼于大数据技术、量子计算等建立灵活的仿真数据平台和广域分布式仿真分析平台，采用云存储和标准化技术、先进测量技术、云计算技术和协同计算技术等实现仿真数据的自适调整和对电网的按需灵活自主仿真；实现多时间尺度，多空间尺度的源－网－荷一体电力信息物理系统混合仿真，促进仿真与实际系统的高度吻合性，建立真实电力系统的数字孪生系统，实现电力系统的在线实时仿真，为我国电力系统的智能、安全、可靠和经济运行提供有力的技术支撑。

参考文献

[1] 鞠平．电力系统建模理论与方法［M］．北京：科学出版社，2010.

[2] 鞠平，吴峰，金宇清，等．可再生能源发电系统的建模与控制［M］．北京：科学出版社，2014.

[3] Zhang X P，Rehtanz C，Pal B . Flexible AC Transmission System：Modelling and Control［M］. Springer Berlin Heidelberg，2006.

[4] Ping J U，Chuan Q，Hua H，et al. Research Trends of Power System Modeling Geared to Smart Grid［J］. Automation of Electric Power Systems，2012，36（11）：1-6.

[5] Qi Wang Daniel. Integrated power system modeling and simulation［C］. Electric Ship Technologies Symposium. IEEE，2011.

[6] Milano F E . Power System Modelling and Scripting［M］. Springer Berlin Heidelberg，2010.

[7] 刘东，盛万兴，王云，等．电网信息物理系统的关键技术及其进展［J］．中国电机工程学报，2015，35（14）：3522-3531.

[8] 吕琛，盛万兴，刘科研．基于事件驱动的有源配电网多状态仿真方法［J］．中国电机工程学报，2019，39（16）.

[9] 盛万兴，刘科研，孟晓丽．复杂配电网多时间尺度数模混合仿真系统及其仿真方法［P］．中国专利：CN105932666A，2016-05-18.

[10] 胡涛．交/直流电力系统数模混合仿真接口的研究［D］．北京：中国电力科学研究院，2008.

[11] 朱艺颖，蒋卫平，印永华．电力系统数模混合仿真学科及仿真中心建设［J］．电网技术，2008，22：35-38.

[12] 周俊，郭剑波，朱艺颖，等．特高压交直流电网数模混合实时仿真系统［J］．电力自动化设备，2011，09：18-22.

[13] REN W，STEUER M，BALDWIN T L. Improve the stability and the accuracy of power hardware-in-the-loop simulation by selecting appropriate interface algorithms［J］. IEEE Trans on Industry Applications，2008，44（4）：

1286–1294.

[14] 李承. 电力系统电磁暂态与机电暂态程序的混合仿真研究［D］. 天津：天津大学，2007.

[15] 王立伟. 含静止无功补偿器电力系统机电暂态和电磁暂态混合仿真［D］. 天津：天津大学，2003.

[16] 周俊，郭剑波，郭强. 电力系统功率连接装置接口稳定性问题及其改进措施［J］. 电力自动化设备，2011，08：42–46.

[17] AL-HAMMOURI A T, LIBERATORE V, AL-OMARI H, et al. A co-simulation platform for actuator networks［C］. Proceedings of 2007 ACM Conference on Embedded Networked Sensor Systems，November 4–9，2007，Sydney，Australia.

[18] Liberatore V，Al-Hammouri A. Smart grid communication and co-simulation［C］. Energytech，2011 IEEE. IEEE，2011：1–5.

[19] BARAN M，SREENATH R，MAHAJAN N R. Extending EMTDC/PSCAD for simulating agent-based distributed applications［J］. IEEE Power Engineering Review，2002，22（12）：52–54.

[20] 赵俊华，文福拴，薛禹胜，等. 电力信息物理融合系统的建模分析与控制研究框架［J］. 电力系统自动化，2011，35（16）：1–8.

[21] 汤奕，王琦，倪明. 电力和信息通信系统混合仿真方法综述［J］. 电力系统自动化，2015，39（23）：33–42.

[22] 田芳，黄彦浩，史东宇. 电力系统仿真分析技术的发展趋势［J］. 中国电机工程学报，2014，34（13）：2151–2163.

[23] H.W.Dommel. Digital computer solution of electromagnetic transients in single and multi-phase networks［J］. IEEE Trans on Power System，1969，12（2）：734–741.

[24] H.W.Dommel. Nonlinear and time varying elements in digital simulation of electromagnetic transients［J］. IEEE Trans on Power System，1971，6（04）：2561–2567.

[25] PSCAD/EMTDC，Manitoba HVDC Research Center，http://www.pscad.com.

[26] DIgSILENT/Power System Software & Engineering，https：//www.digsilent.de/en/.

[27] 刘庆，张东英，刘燕华. BPA 电网模型自动导入 DIgSILENT 的研究和开发［J］. 电力系统保护与控制，2014，42（16）：112–117.

[28] 周鑫，田兵，许爱东. 基于 CYMDIST 的配电网运行优化技术及算例分析［J］. 电网与清洁能源，2015，31（02）：91–97.

[29] 糜作维，周遥，王林. 电力系统仿真工具综述［J］. 电气开关，2010，48（04）：8–10+14.

[30] RTDS. https：//www.rtds.com/.

[31] OPAL-RT TECHNOLOGIES. https：//www.opal-rt.com/zh-hans/.

[32] 李升健，于伟城，黄灿英. 电力系统实时数字仿真学科及其应用综述［J］. 江西电力，2012，36（05）：73–76.

撰稿人：刘科研　叶学顺　康田园　詹惠瑜　顾　伟　康忠健

集成微系统建模与仿真

一、引言

集成微系统概念最早由美国 DARPA（国防预先研究局）和美国 Sandia 实验室（SNL）共同提出，被称为“新一代技术革命”。其核心理念是“基于微电子和微纳科学技术，采用新的设计思想、设计方法、制造方法，在微纳尺度上直接从材料出发实现电子学、光子学、MEMS/NEMS、架构、算法的深度融合与异构集成，构成具备传感、处理、执行、通信和能源功能的集成微系统”。它跨越了一般意义上的微电子、微纳技术和分立的微系统技术，解决在物理和材料层面上实现电子学、光子学和微纳机械的交叉融合中的基础科学技术问题，改变传统“材料－器件－组件－系统”的集成模式，实现“直接从材料定制系统”。这项技术打破了传统的“器件－组件－系统”的组成方法和研究模式，可以基于多学科融合实现变革性的新技术，并可望从物理和材料底层解决靠“并联”“备份”等难以解决的系统可靠性难题，也是 More than Moore 后摩尔时代的重要技术途径[1-3]。

由于辐射、温湿度、气氛、应力等环境因素与集成微系统长期相互作用形成独特苛刻的强约束条件，使其微介观参数发生变化并引起宏观性能不可忽视的改变。另外，由于微系统的材料多样性、结构复杂性和信号耦合性，导致电、磁、光、机、热等耦合十分紧密，引发各种多物理兼容性问题。因此，强约束条件下的集成微系统不同于一般的微系统（如 SoC、MEMS、SIP 等），其研究是多尺度、多环境、多场综合问题，材料上包括硅、宽禁带半导体、金属、有机复合材料，尺度上从原子尺度纳米级到微米器件及到毫米以上的微系统级，涉及半导体物理、辐射物理、无线电物理、电子学、光子学、微纳技术、材料科学、热力学等，各种效应的特征时间尺度有非常大的差异，因而整个体系具有多材料、多尺度、多因素、长时间等特点，无法完全利用实验开展研究[4]。因此，准确高效的建模与仿真是掌握集成微系统“微－介－宏观”多尺度物理机制、对其进行性能评估和优化的不可或缺的支持手段和重要的研究内容。

集成微系统的建模与仿真要重点考虑三个方面的约束：①多环境：研究外部环境因素（如辐射、温湿度、气氛等）影响从微观到宏观的集成微系统性能的跨尺度建模和仿真，为具有良好稳定性可靠性的集成微系统提供依据；②多尺度：从微纳层次原子尺度出发研究“材料 - 器件 - 系统”多个尺度多个维度的性质，实现按需从材料直接定制系统，获得先进新颖的系统功能；③多物理场：研究集成微系统内部多个尺度的电磁、热、力、光、声、流等多物理场机理及耦合效应。通过上述工作可以揭示集成微系统微观与宏观相互强约束、强耦合的物理规律，补充实验上的欠缺与限制，有针对性地进行材料改性、不同结构的晶体管等器件设计以及微纳工艺开发定制，在此基础上进一步研制微系统使之具备高可靠性和新颖性。

尽管集成微系统的研究在国内外都取得了长足进步，但满足上述三个要求的建模与仿真仍然存在巨大的挑战，目前还没有成熟的整体解决方案，甚至完全没有合适的模型、算法和软件。其中包含的新的科学技术问题很多是世界级的技术难题。这些问题的解决，对于我们国家集成微系统领域乃至整个电子行业的可靠性和先进性，都有着深远的影响和不可估量的价值。此外，集成微系统的建模与仿真立足于半导体、微电子、量子、微纳技术、材料等领域的交叉融合，其发展也会推动相关的仿真生态环境的跨越发展。本报告将从集成微系统的材料级、器件级、电路与系统级、辐射效应、多物理场等几个方面阐述当前国内外发展情况和存在问题，并且对相关技术的发展趋势和发展对策进行分析。集成微系统跨尺度、多物理、多材料、多场的研究架构，如图 1 所示。

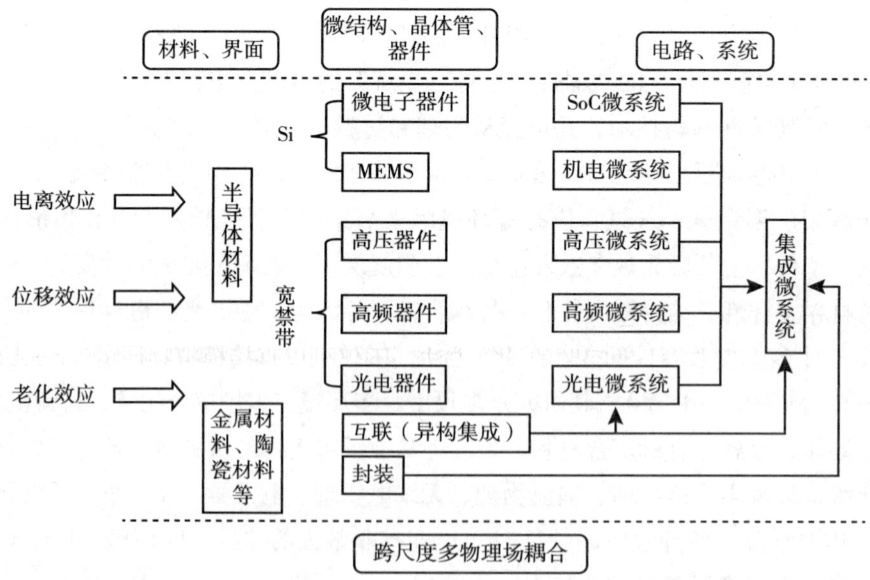

图 1 集成微系统跨尺度、多物理、多材料、多场的研究架构

二、本专业的发展现状

（一）集成微系统的材料级建模与仿真

计算材料学是一门重要的学科，其内涵可以概括为根据材料科学和相关科学的基本原理，通过模型化与计算实现对材料制备、加工、结构、性能和服役表现等参量或过程的定量描述，理解材料结构与性能和功能之间的关系，引导材料发现发明，缩短材料研制周期，降低材料过程成本[5]。在材料的计算和仿真中，必须依靠特定的计算工具。材料的计算工具主要分为几大类：一类是用于计算热力学和扩散的仿真软件，提供了能够计算相含量、相成分以及不同相之间相互作用驱动力的工具，通过热力学数据与形核模型相结合，可实现析出相分布的演化过程计算；一类是用于材料微观结构模拟和材料性能评价的软件，模拟不同环境下相变动力学以及微观结构在二维和三维的演化，基于计算或者试验获得的微观结构数据，从而在微观尺度与宏观尺度之间搭建桥梁；一类是材料工艺仿真软件，模拟不同尺度下不同材料的加工工艺，并且研究工艺过程中的热、力学或者流体力学问题。这里我们主要结合集成微系统需要瞄准第二类材料层级仿真进行简述。

材料在不同环境因素下的微观结构的演化仿真研究，目前的主要方法是第一性原理、分子动力学和蒙特卡洛方法。第一性原理（first principle）根据原子核和电子相互作用的原理及其基本运动规律，运用量子力学，从具体要求出发，经过一系列近似处理后直接求解薛定谔方程得到电子结构，从而获得体系基态的物理和化学性质。目前使用较多的是广义第一性计算，即一切基于量子力学原理的计算，包含了密度泛函理论（DFT）等[6-7]。第一性原理计算可以揭示材料的晶体结构参数和构型进而理解材料微观特性与弹性、电子、声子、热力学的关联，可以计算材料的电子结构理解原子间的成键及离化程度，可以计算材料的力学性能以及表面和界面性质等。此外，第一性原理计算在预测和设计材料方面也发挥了重要的作用。分子动力学（molecular dynamics）是依靠牛顿力学来模拟分子体系的运动，在由分子体系的不同状态构成的系统中抽取样本，从而计算体系的构型积分，并以构型积分的结果为基础进一步计算体系的热力学量和其他宏观性质。它是一种能够解决大量原子组成的系统动力学问题的计算方法，不仅可以直接模拟物质的宏观演变特性，得出与试验结果相符合或相近的计算结果，还可以提供微观结构、粒子运动以及它们和宏观性质关系的明确图像，从而为新的理论和概念的发展提供有力的技术支撑[8]。蒙特卡洛方法（monte carlo）是以概率论和数理统计为理论基础、使用随机数（或伪随机数）解决实际问题的一种随机抽样统计方法，它常用于求解一些带有“随机”性质的实际生活问题和研究一些带有现条件下难以观测的物理量的实验。根据大数定律，要使得随机的独立事件呈现出具有一定规律的统计结果，需要大量地进行重复实验，例如，蒙特卡洛方法常用来分析中子在核反应堆中的传输过程。由于量子力学不确定性原理的制约，只能通过随机抽样、模拟超大数量的中子行为，并使用其统计结果作为核反应的依据[9]。

在上述过程的主要研究对象是器件的氧化层及界面（主要针对硅基材料器件），即非晶热氧化 a-SiO_2，一般含有相对较多的缺陷。这些缺陷对于硅器件的可靠性有关键影响，也是电离、位移、老化等效应协同作用的关键区域。在国内，关于 a-SiO_2 和 a-SiO_2/Si 界面的辐照研究集中于实验和模型方面。材料层级方面理论计算模拟以及仿真与实验相结合的工作相对较少，近年来国内一些单位在这方面取得了较大的进展[10, 11]，采用第一性原理计算方法完成 a-SiO_2/Si 界面主要缺陷 Pb0/Pb1 的物理性质的研究，包括 Pb0/Pb1 的结构、能量、缺陷能级、EPR 参数、电荷转移能级，以及钝化 / 去钝化的反应曲线和反应活化能等，可以计算应力对非晶 a-SiO_2 中氧空位（δ，γ）的电子性质和相关反应的影响。从这个角度来看，支持国内开展针对协同损伤效应材料层级理论计算研究，特别是从事电子结构计算以及相应的分子动力学模拟的研究团队十分必要。可以理解硅基器件在全生命周期中失效的材料层级机理，从而为器件高可靠性设计等提供重要的理论支持。特别这种协同损伤效应的模拟尺度很长、因素复杂，很难开展完备的实验进行研究，因此发展材料层级的仿真学科就更为必要。

（二）集成微系统的器件级建模与仿真

半导体器件是集成电路和微系统中的基本组成单元，集成微系统的器件级建模与仿真主要指晶体管及分立器件的仿真，不仅仅要考虑晶体管或器件在理想状态下的各项性能，还需要包含工艺因素以及前文提到的协同损伤环境作用下晶体管或器件的性能和功能变化。

1. 器件仿真模型

根据不同半导体器件的性质及其要求，可以采用不同的仿真模型及合适的计算方法来计算模拟。模型的分类可从描述的物理规律来分，器件特征尺寸较大时载流子输运过程由漂移 – 扩散理论描述；对于亚微米级器件，载流子运动由波尔兹曼方程描述；纳米级器件中电子具有波粒二相性，其运动规律遵循薛定谔方程量子模型[12]。从是否含时间来分，有含时（瞬态）与稳态模型，从模型维数上分，有一维、二维和三维器件仿真模型等。表 1 概括了一些主要的模型特点和仿真方法。

表 1　半导体器件主要仿真方法分类

物理模型	经典模型	经典模型	经典模型	量子 / 半经典模型	经典或半经典模型
基本模型方程	泊松方程、电流连续性方程	玻尔兹曼方程	麦克斯韦方程组、电流连续性方程等	基于非平衡 Green 函数 /Wigner 函数的量子模型，或薛定谔方程、电流连续性方程	常微分反应方程、泊松方程、电流连续性方程

续表

物理模型	经典模型	经典模型	经典模型	量子 / 半经典模型	经典或半经典模型
含辐照损伤	无	无	无	无	含
含时间演化	瞬态、稳态	瞬态、稳态	瞬态	瞬态、稳态	瞬态、或准稳态
维数	1–3 维	1–3 维	1–3 维	1–2 维	1–3 维
数值离散方法	有限元法、有限差分法	蒙特卡罗法	有限元法、有限差分法	有限元法、有限差分法、谱元法等	ODE 时间离散、有限元法、有限差分法
非线性偏微分方程组求解方法	耦合方法、非耦合方法	粒子模拟方法	耦合方法、非耦合方法	耦合方法、非耦合方法	耦合方法、非耦合方法

MOS 工艺当前已经进入纳米尺度，此时量子效应变得越来越不可忽视，经典模型逐渐变得不再适用，需要量子矫正模型：一类是使用完全基于量子模型的方法，另一类是对经典的漂移扩散模型进行足够的量子修正[13]。第一类方法通常使用基于非平衡 Green 函数或 Wigner 函数的量子模型，它们能够准确完整地描述半导体器件中的量子效应，但是需要大量的计算，而且缺少稳健的算法；第二类方法以 Quantum–Drift–Diffusion 模型以及 Schrodinger–Poisson–Drift–Diffusion 模型为代表，优势在于它能利用现有的经典模型的算法，容易与当今的半导体数值模拟软件相结合。

2. 仿真方法与软件

由于多个物理过程和效应的参与，半导体器件模型一般是一组多物理多尺度强非线性耦合方程组，同时存在尺度跨度大（可达若干个数量级差别）的参数取值范围和各种复杂边界条件，这给模型的理论分析和数值计算都带来巨大挑战。

我国半导体器件仿真研究大都是基于商业和开源软件的应用研究为主体，中国的整个工业仿真软件 CAE（computer aided engineering）自 20 世纪八九十年代伴随着国际仿真领域一同兴起而经历短暂发展后，没有得到合理的持续支持和协调发展，逐渐被国外仿真软件所取代。一些常用的国外商用器件级仿真软件有 Sentaurus、Silvaco、Medici、Tsuprem4、Comsol 等。国内相关专业的高校、研究所和企业几乎都有开展基于这些现有仿真软件的应用研究，从经典到量子器件，从通用器件的电学性能到辐照损伤效应的仿真等都有涉及，但这些应用仿真大多进行的是一维和二维的计算。国内一些研究单位在器件仿真模型和新算法上也开展了一些研究工作，取得若干研究成果。如一些学者发展了针对 Boltzmann 输运方程、量子效应的 Wigner 方程和非平衡 Green 函数方法等的一些技巧和计算方法；一些学者尝试引入一些新的算法如进化计算方法和粒子群优化算法进行器件仿真；针对更加简化的 Poisson–Nernst–Planck（PNP）方程组，还有研究人员在大规模并行、稳定化、快速算法、保正性、流守恒等算法方面有新的发展。仿真软件方面，许多研究机构开发了自研模拟软件或在开源软件基础上开发适于自身研究需要的仿真软件，主要用于某一类器件的仿真，且也以一维模拟为主，很少发展为通用的开源或商用仿真软件。目前，基于国内研制的开源高性能并行自适应有限元程序包 PHG 开发的器件仿真算法和软件能够进行部分半导体器件的三维模拟，可支持高效 MPI 和 OpenMP/OpenACC 混合并行技术，特别是多级 MPI 并行，可高效并行大规模求解漂移扩散模型，可以实现的最大规模模拟已超过前面提到的商业软件[14]。该软件同时也具备对典型辐照损伤以及初步的协同损伤效应的仿真功能。国内企业界有少数专业软件公司研发了或在开源软件基础上二次研发了一些仿真工具，具备一定的定制化仿真软件开发能力，但目前距离代替国外仿真软件还有一定差距[15-16]。

（三）集成微系统的电路与系统级建模与仿真

集成微系统中的电路与系统级仿真是宏观尺度功能级的仿真，通过建模模拟电路中所有器件的电流电压通路的整体结构行为。此外，电路与系统的工艺仿真也具有重要的价值，可以模拟物理和化学过程进而从理论上探索优化工艺参数的途径。

根据仿真的对象，电路仿真可以分为数字电路仿真和模拟电路仿真、数字电路仿真主要是使用硬件描述语言（HDL）在计算机 EDA 环境下编写运行电子器件链接关系的程序。目前的 EDA 厂家对通用或者特殊的元器件都进行了 IP 核进行了建模，因此数字系统的仿真水平越来越高。不同于数字电路，模拟电路因为电路结构样式多性能复杂，对仿真软件的精度、仿真结果的确信度及仿真速度、仿真规模要求很高。当前进入我国并具有广泛影响的 EDA 软件有：EWB、PSPICE、OrCAD、PCAD、Protel、ViewLogic、Mentor、Graphics、Synopsys、LSIlogic、Cadence、MicroSim 等。这些工具都有较强的功能，可以分为电路设计与仿真工具、PCB 设计软件、IC 设计软件、PLD 设计工具及其他 EDA 软件。

机器学习无疑是当今全球发展势头迅猛的热门领域，在各个领域均取得了不俗的成绩。机器学习大师 Mike Jordan 和 Tom Mitchell 认为机器学习是计算机科学和统计学的交叉，同时是人工智能和数据科学的核心。将机器学习、统计学习应用于集成微系统的电路与系统级建模，充分发挥黑盒模型优势，将电路与系统级建模性能进一步提升[17-19]。

（四）集成微系统的辐射效应建模与仿真

当前和未来一段时间国家重大航天工程和装备以高可靠、长寿命、抗辐照为特征，对半导体器件、高性能集成电路和集成微系统提出明确的迫切需求。工作于空间环境的器件、电路与集成系统将不可避免的遭受到范艾伦辐射带、太阳宇宙射线以及银河宇宙射线中多种粒子的辐射影响，是航天器失效的主要原因之一[20]；有些电子学系统在放置和工作时会受到长期低剂量的高能光子辐射、中子辐射的影响。

辐射环境中的质子、中子、α 粒子、电子和重离子等高能粒子、高能光子与半导体器件材料相互作用，在器件中主要诱发单粒子效应、电离剂量率效应、电离总剂量效应和位移损伤效应[21]。仿真模拟技术可利用计算机数值求解与图形处理等工具，实现射线粒子与半导体材料相互作用的粒子输运模拟、器件内部辐射诱发缺陷损伤与载流子变化数值模拟、器件性能退化对电路功能影响的电路模拟，从而完成针对上述辐射效应的评估[22]。

1. 粒子输运模拟

射线粒子与集成微系统中材料的相互作用是研究其辐射效应的基础，粒子输运模拟的蒙特卡罗方法是模拟粒子在材料中微观输运过程的有效方法。常用软件中开源软件 Geant4 具有粒子种类众多、能量范围覆盖广泛、物理过程模型全面，粒子径迹便于可视化观察等特点，SRIM 软件适用于带电粒子在简单结构材料中的输运计算，操作便捷；商业软件 MCNP 则适用于吸收剂量计算[23]。这些软件具备模拟计算能量范围为 250eV– 几个 TeV 的质子、电子、强子、重离子及其次级粒子在不同组分材料中的输运问题，在模拟单粒子效应、位移损伤效应、总剂量效应辐射屏蔽等方面有着非常广泛的应用。根据射线粒子与物质相互作用在时间与空间尺度上的不同，模拟方法与工具主要包括 Geant4 粒子输运模拟、SRIM 物质相互作用模拟、分子动力学方法、动力学蒙特卡罗方法等。目前国内已开展的工作主要包括重离子和质子单粒子翻转率预估、质子和中子单粒子效应研究、重离子径迹特征与核反应次级产物对器件单粒子翻转敏感性的影响、非电离能量沉积与位移损伤等效计算等[24–26]。

2. 电子器件辐射效应 TCAD 模拟

半导体工艺和器件仿真工具（TCAD）可对半导体工艺条件和器件结构进行仿真，它无须通过较长周期和成本高昂的工艺流片实验就可实现器件结构的优化，不断改进并最终获得理想的电学特性，在前文已经有所叙述。将 TCAD 仿真与粒子输运计算相结合的模拟方法有效解决了地面实验成本高、机时少的问题。并且数值仿真能够从载流子运动的微观角度深入揭示半导体器件辐照损伤规律，为抗辐射加固方案提供物理基础，成为目前研究辐射效应的一种实用工具[27]。对半导体器件电学特征进行数值模拟，是在一定器件结构区域内，对上述泊松方程、载流子连续性方程和载流子输运方程进行离散化，再定义载流子浓度和电位所应满足的边界条件，同时考虑电离辐射诱发的载流子生成率和复合率的变化，完成辐射效应的数值模拟。目前主流的商用 TCAD 工具都包含有辐射效应损伤模型，主要包括 γ 射线辐射模型、α 粒子入射模型、重离子入射模型等。γ 射线模型通过定义射线的辐照时间、辐照剂量、或辐照剂量率，在半导体器件内部计算电离辐射引起的电子空穴对变化，实现总剂量效应的模拟。重离子入射模型通过定义重离子的能量或 LET 值、离子径迹的时间和空间分布特征、以及离子入射器件的位置特征，计算单个离子入射诱发的载流子分布变化，实现单粒子效应的数值仿真。此外，还可利用 TCAD 工具中的陷阱缺陷模型和固定电荷模型来仿真位移损伤效应和总剂量效应诱发的辐射损伤缺陷。需要注意的是，辐射效应本身是一种多尺度效应，因此在仿真中的时间尺度是模型和算法需要考虑的另一重要因素[28]。

3. 电路辐射效应仿真

当前主流的电路级辐射效应仿真主要采用的是解析方法，将底层器件（如 BJT、MOSFET 等）描述为一个集约模型，根据器件的工艺特征在集约模型中设定相关参数，再根据前述粒子输运与器件仿真获得的辐射效应信息，设定器件的外加激励，从而计算求取电路辐射响应的输出电流和端电压。这种方法在芯片设计流程中有着广泛的应用，通常用来验证芯片的性能并作为修改设计的依据[29]。随后这种思路被引入辐射效应电路仿真中，将器件级辐射效应嵌入晶体管的 SPICE 模型：首先根据辐照测试数据或器件仿真数据构建考虑了辐射效应的单管模型，然后结合商用工具进行电路仿真，这是目前能够将基础研究与工业化推广结合起来的实用技术。集约模型的电路仿真具有高效快捷的优势，但在物理机制的研究中略显不足，因此，器件 – 电路混合仿真成为一种有效的补充手段。当需要计算的集成电路系统规模较大、结构复杂时，器件 – 电路混合仿真的计算时间将大幅增加，不再适宜评估系统的辐射效应。有的学者提出了一种基于多维查找表的单粒子瞬态耦合注入方法来解决这一问题[30]。

（五）集成微系统的多物理场建模与仿真

集成微系统的设计涉及多个物理学科，如电磁学、半导体、材料力学、传热学、弹性力学、流体力学等，本质上是多物理特性兼容问题，必须考虑多物理场的耦合影响进行协同分析和设计。微系统中常见的耦合分析包括电 – 热耦合、热 – 力耦合、流 – 固耦合、电 – 热 – 力耦合等。从场的角度来看，主要是体现了电磁场、温度场和力场这些物理场之间的耦合，如电场会产生大量焦耳热而使温度上升，而温变的材料属性又会改变电场；热场会引起热应力场，也会通过影响材料参数进一步影响力场的分布[31, 32]。多物理场耦合计算按照求解方法通常分为直接耦合法和间接耦合法。按照多场耦合问题的分析特性，又可将多物理场耦合计算划分为准静态耦合问题和动力学耦合问题。另外，从耦合的空间属性上还可以分为区域耦合计算和边界耦合计算。因此，多物理场耦合问题要比单个物理场复杂得多，往往涉及不同格式数据交互、不同场之间数据的传递、网格匹配等。基于电磁、热、力、光、声、流等多物理场机理及其耦合效应，开发高效准确的多物理场仿真引擎，是设计实现高集成度、高性能、高可靠微系统的前提条件。

三、本专业国内外发展比较

（一）集成微系统的材料级建模仿真

国外从事材料级仿真算法以及仿真软件研发的团队非常多。针对通用的材料层级模拟，美国给予了极高的重视程度。2011 年美国启动超过 1 亿美元的“材料基因组计划”（materials genome initiative），材料计算方法和工具贯串整个材料链，目的是使得材料的发现、性质计算和优化设计的建模仿真更加可靠，实现“按需设计材料”的多尺度、多层次材料计算能力[35]。除材料基因组外，美国DOE主导的“材料和化学计算创新项目(computational materials and chemistry for innovation)”、美国科学基金会主导的“计算纳米技术网络(network for computation nanotechnology)”和“设计材料以彻底改变和规划未来(desigining materials to revolutionize and engineer our future)”等计划与大型项目陆续出台，推动美国的材料计算、设计与实验技术进一步提升。另外，美国非常重视重大需求对材料的研究牵引，比如美国国防部提出的材料研究都是瞄准国家的安全需求而设立，陆军、海军和空军成立的计算材料研究中心以及组建的研究联盟，都是瞄准极端环境下材料的研究，且重点在建模和仿真方面。美国以外，欧盟在第七框架下设置了数目众多的材料设计与仿真项目，特别注重材料从头计算模拟概念和分子模拟等方法及计算工具的开发。日本在材料理论与计算设计方面也投入了大量的人力物力[36]。

在集成微系统与环境相互作用效应的材料级建模与仿真方面，美国SNL实验室是最有实力的研究机构，从20世纪80年代起已经着手开发辐射能量沉积以及辐射输运的仿真软件。90年代以后，SNL在高性能模拟与计算计划(ASC)的支持下开展了系统的高精度数值模拟技术研究，开发了仿真平台RAMSES。RAMSES平台从材料微观尺度出发，进行了全系统多尺度多物理的建模，具有高性能的辐射电学以及电磁场仿真能力，能够预测电学系统在辐照环境中的可靠性与生存能力。

(二)集成微系统的器件级建模与仿真

我国器件级建模仿真学科起步并不晚，但现在的状况是我国工业仿真领域的软件基本被国外产品占据。近年来仿真方面的核心技术重要性日益受到重视，算法和自主软件方面正在快速补课和追赶，某些性能上已取得部分可喜的成果。

1. 仿真方法

器件仿真的核心数值方法遍及有限差分、有限体、有限元、谱方法等主要时/空离散方法及并行实现。有限元方法中就发展了混合有限元、稳定化方法、两网格和多重网格法、控制体有限元、指数基等技巧，这些发展基本由国外主导。国内学者近年对器件的量子模型、DD模型以及进一步简化的PNP模型发展了若干算法，包括有限差分、有限元、谱方法等，具有保能量耗散性、保质量、和/或保正性等部分性质，同时也研究了一些算法的收敛性及误差分析。器件的网格生成也以国外商业软件为主，国内有一定的自研或结合国外开源软件如tetgen等研制的网格生成和优化类工具，可生成具有自适应特征的初始网格。另外，国内计算科学领域在网格自适应划分方面有一些特色成果，但尚未充分运用于器件仿真领域。

2. 仿真软件发展与实现

(1)国外

最早出现的三维器件模拟软件包括1981年IBM公司的FIELDAY、1985年Toshiba公司的 TOPMOST、同年 Hitachi 公司的 CADDETH、1987 年维也纳理工大学的 MINIMOS 版本 5、1989 年 Texas Instruments 的 SIERRA 等。当今，占据了大部分市场份额的商业器件模拟软件是 Silvaco 公司的 ATLAS 以及 Synopsys 公司的 Taurus Medici 和 Sentaurus Device 软件等。其中，ATLAS 于 1997 年推出了 Blaze 3D、TFT 3D 和 Giga 3D 模块，开始全面支持三维数值模拟；Sentaurus Device 的前身 ISE 公司的三维器件模拟器 Desis 于 1993 年推出，现支持二维和三维模拟；Taurus Medici 只支持二维模拟。另外，COMSOL Multiphysics 也是一款多功能的多物理场仿真软件系统，其中也有计算力学、传热、电磁、输运等的模块，可以在一定程度上设计组合模型进行仿真。有关带辐照损伤过程的半导体模拟，有软件包 FLOODS，主要是关于一维电离损伤模拟的。器件层级仿真需要通过连续介质建模和多场多组分多尺度长时大规模微分方程组求解来获得器件的电学、力学、光学响应信息，目前的主流商用软件主要为 TCAD 软件，如 Sentaurus，Silvaco 等，这几个软件主要解决 Si 基器件，对于其他化合物半导体材料器件的仿真能力十分有限。对于多物理场对器件的影响的仿真软件包括 Comsol，但该软件对于器件的光学、电学研究能力仍很不足。此外，这些软件只能考虑尺度较大的器件，对于纳米级器件尤其是以量子效应为主的光电器件的限制尤为明显，且难以处理强场输运问题。

美国研究机构长期发展各类仿真算法及软件，具有非常雄厚的研发实力。如 SNL 实验室发展了一套半导体器件并行模拟器 Charon，主要针对器件瞬态位移损伤的模拟[37]。

国外器件仿真已知并行计算规模最大的是 2009 年美国 SNL 实验室的结果。他们使用 Stabilized FEM 离散漂移扩散模型，使用完全耦合的 Newton 迭代策略，线性方程组使用 GMRES 方法进行求解，并以代数多重网格方法进行预条件，在对一个双极型晶体管的二维器件模拟中，计算规模达到 1 亿自由度，使用了 Cray XT3/4 和 IBM POWER eServer 系统中的 4096 个核。当今主流的商业软件能在共享内存计算机上进行多线程并行计算，但不支持基于分布式内存和消息传递的并行计算模式。最早的基于集群结构的并行三维器件模拟软件是斯坦福大学于 1991 年推出的 STRIDE，在对一个双极型晶体管的三维模拟中，计算规模达到了 490 万网格顶点，软件运行在 512 个 Intel Delta 计算结点中，每个偏压的计算时间大约在 20 分钟。

（2）国内

近些年来，国内超级计算机的发展突飞猛进。随着超算硬件的发展，我国自主开发的高性能计算算法和软件也正在得到重视进步快速。虽然器件仿真软件整体落后，但在某些点上如高性能计算方面已取得部分较好进展。如自主开发的软件已经实现了对真实三维器件的大规模数值模拟，该软件同时也能进行网格一致加密和自适应加密。在对 PN 结的模拟中，网格规模可达近十亿个单元，使用 1024 个进程，每个偏压的计算时间在几分钟内。在对 MOSFET 的模拟中，规模也达到 3 亿个单元，使用 512 个进程，每个偏压的计算时间不到 800 秒。

（三）集成微系统的电路与系统级建模与仿真

等效电路模型的构建需要设计师具有大量电路知识和建模经验，且模型的构建通常仅适用于专用的某种电路，泛化能力较弱，国内外工作者在这方面都在积极探索。密苏里科技大学的 EMC 实验室曾经发表文章，使用简化的 CPM（chip power model）模型、基于物理的等效电路 PDN（power delivery network）模型和小信号 VRM（voltage regulator module）模型的新型系统级功率完整性瞬态分析方法[38]。

为了获取更快的仿真速度，行为级模型开发也备受国内外重视。加州大学曾发表文章，利用 Verilog-A 语言对基于 HV 二极管和可控硅的静电放电保护结构进行了行为级建模[39]。后与国内等联合发表文章使用上述行为级模型来定量分析芯片级的 ESD 放电功能，构建了一种新的电路级 ESD 保护仿真方法[40]。另外使用贝叶斯模型融合通过重用早期数据对模拟和混合信号电路进行大规模性能建模可以实现在 32 nm CMOS 硅工艺的两个电路中实现高达 9 倍的运行时间加速，而不会降低精度[41]。我国科研机构曾提出多变量有理分式回归模型（multivariate rational regression，MRR），应用于半导体建模，利用有理分式表现形式迭代解决最优解问题。另外还有学者开发了基于支持向量机（support vector machine，SVM）的替代模型（surrogate model，SM），应用可行性空间识别和自适应学习方案来降低训练样本数量，从而减少运行时间[42]。可以看到，本专业国内外重点发展方向都较集中且一致，但目前大规模电路仿真时间仍是阻碍电路设计速度的重要因素，国内在专用电路模型开发上还可以走得更远。

在仿真平台方面，除了前文提到的 SPICE、Candence 等商用产品，美国 SNL 实验室早推出了开源的大规模集成电路与微系统并行设计仿真平台 Xyce，可以通过大规模并行计算解决特大电路问题。另外，美国近期宣布的“电子复兴（ERI）”计划中也指出了电路和微系统设计仿真的发展趋势，逐步用机器代替人类来进行越发复杂的芯片、电路与系统设计与仿真。

（四）集成微系统的辐射效应建模与仿真

国外针对微电子器件、集成电路和集成微系统的辐射效应数值仿真工作开展较早。众多研究机构也大力投入仿真工具的研发工作，特别是针对空间环境模拟，有 CREME96、CRR ME-MC、SPACE RADIATION、MRED 等成熟工具。在粒子输运模拟计算方面，欧洲核子研究组织（CERN）组织了来自欧洲、俄罗斯、加拿大、日本和美国的几十个实验室、高校和研究机构的超过 100 名科学家和工程师进行合作，基于 C++ 语言，利用面向对象的程序设计技术开发的开源工具 Geant4，以其强大的功能，可用于模拟太空环境中宇宙射线对飞行器设备的损害，以及研究电离作用对微电子器件的影响。在 TCAD 仿真领域，美国的 Silvaco 公司开发的 Athena 与 Atlas、以及 Synopsys 公司旗下的 Medici、Sentaurus 都包含有强大的微电子集成电路辐射效应损伤模型，成为目前国内外辐射效应研究领域的主流仿真工具。除商业公司外，美国 SNL 实验室是辐射效应方面的代表性的研究机构和研究先驱，前面已经介绍这里不再赘述。

我国针对辐射效应数值仿真的研究工作起步较晚，但近年来越发认识到辐射效应模拟的重要性，重视程度日益增高，已针对大量宇航电子设备涉及的器件与集成电路系统以及多种新型微电子器件的空间辐射效应开展了大量的数值仿真工作，研究成果已达到世界先进水平。近几年国内也开始对集成微系统的长时间电离、位移、老化等协同损伤效应的建模与仿真开展了研究。然而，国内目前针对微集成电路辐射效应的仿真工作主要是利用前述国外主流仿真工具开展，在仿真工具的研发上国内技术水平与国外仍有较大差距，尚未形成功能全面、模型完备的具有自主知识产权的仿真软件。在软件中需要嵌入的关键物理模型也和数据库等也非常欠缺，这些都是我们急需补足的短板。

（五）集成微系统的多物理场建模与仿真

在国内有多家高校团队长期开展多物理场建模仿真相关领域的研究工作，经过多年积累已提出一系列优秀的甚至是国际领先的核心算法，形成了一些具有特色的科研成果。然而，针对近年来蓬勃发展的集成微系统领域，在建模仿真方面所取得的成果并不突出，主要集中在器件级和模块级等局部问题的处理上，尚未形成一体化的系统级仿真建模能力。与此同时，受制于国内高校的科研体制和工作侧重点，与工业界的结合并不紧密，导致实质性成果转化的成功案例并不多见。因此，国内几乎没有可以满足集成微系统仿真建模需求的工业化 EDA 产品。

在国外，美国和欧洲的高校和研究机构更为注重理论技术和方法的实用化，并且与工业界的联系和合作非常紧密，形成了良好的技术生态环境，为集成微系统建模仿真领域的发展提供了有力支撑。目前，欧美国家开发的相关软件在 EDA 工具市场上占据绝大多数的份额，也是国内科研机构乃至企业界使用的主要工具。例如，美国 ANSYS 软件是目前最为常用的多物理仿真平台，具备相对完善的集成微系统的建模仿真能力，能够解决绝大部分的电磁、热、应力分析问题，可以实现全工程化的自动耦合仿真。在欧洲，COMSOL Multiphysics 是瑞典 COMSOL 公司的一款用于建模和仿真物理场问题的通用软件平台。它的多物理场处理功能可将传统单物理场模型扩展为能同时求解耦合物理现象的多物理场模型，同时软件结果可视化功能较为先进，包含多种数据呈现方式。Altair Smart Multiphysics 为解决结构、流体、温度、多体系统、声学、控制、水力学和电磁学等物理现象在内的复杂跨学科和多物理场分析提供了解决方案。此外，CST STUDIO 是法国达索公司旗下的分析软件，包含了电路仿真、高低频电磁场仿真、粒子束仿真、多物理场仿真、PCB 仿真等多种仿真分析工具。该系列软件间能够实现数据共享交换，实现电磁、热场、结构等多物理场耦合分析。除了对电子电路方面的多物理场仿真外，全球知名企业如 ABB、大众汽车公司、哈曼公司等也对传感器、电动机等部件和系统等开发了多物理场仿真平台。IEEE Spectrum 连续三年出版特刊《多物理场仿真》，这证明了多物理场仿真学科不仅仅可以优化产品设计，而且对理解产品性能、引领技术革新具有极为重要的意义。

中国现在也有少数机构提出了多物理场解决方案，比如 QuickField 高效电磁 – 热 – 应力多场耦合分析软件，OOFELIE：：Multiphysics 多物理场强耦合仿真分析软件，ADINA Multiphysics 工业级多物理场仿真软件等。此外，还有 FELAC 多物理场耦合仿真平台、LS-DYNA 多物理场解决方案等。

基于准确高效的建模仿真学科，国内外机构均开展了集成微系统产品的设计平台开发。2014 年，法国 THALES 已初步构建了一套协同设计平台，可实现数字、电磁、电路、热的多专业协同设计，以及从晶体管 – 组件 – 系统的跨层级仿真，开展从器件到系统的协同设计平台技术探索，正逐步走向成熟，有力支撑其微系统协同研发。2016 年，美国 DARPA 在 DAHI 项目中，多个单位基于诺格公司统一的设计平台，完成了化合物半导体器件以及其他新材料和器件与高密度 CMOS 硅基板集成设计并实现制造，实现了通用射频前端系统异构集成，它标志着美国微电子“系统、功能单元、基础工艺”协同设计方法和软件平台已经初步成熟。2018 年，国内首个集成电路与微系统共享共创平台“电科芯云”正式发布。他们在模型化设计、数字样机建模仿真、协同开发流程建设、专业级 IP 库建设标准、系统集成设计工具等方面开展了充分的先期工作，初步建立了一个网络化协同研发平台。基于该平台，将广泛联合国内外科技创新优势力量，联合集团内的优势资源，共同推进协同创新的研发模式发展。但该平台对多物理场、多尺度等复杂过程的仿真能力还需加强。

四、本专业我国发展趋势及对策

（一）集成微系统的材料级建模仿真

目前的计算仿真主要为第一性计算和分子动力学。第一性计算软件主要基于密度泛函 DFT，总体能够计算基态下体系尺度为几百上千个原子，时间尺度在皮秒量级。当考虑多物理环境因素与集成微系统耦合，考虑大缺陷体系、界面计算以及激发态等情况，会大幅增加计算仿真的复杂度和难度，需要计算数十万个乃至更大体系的原子数目、计算秒甚至更长的时间跨度。目前没有任何现有的公开算法和软件能够实现，迫切需要研究新的仿真方法实现大尺度缺陷的高通量准确计算[43-44]。

含氢非晶材料中缺陷的种类将比晶体材料中更加繁多，由于涉及原子成键，无法应用常规的模拟非晶材料的经验势方法。而通常的基于局域密度近似（LDA）和梯度修正近似（GGA）的密度泛函（DFT）方法能较好地给出吸附位和成键能量，但无法准确给出材料的带隙和缺陷的能级，这就需要用到更高阶的泛函近似或多体方法（比如 MBJ 方法、杂化泛函方法或 GW 方法等）。后者虽然精确度高，但是计算量非常大，这就需要发展能够在精度和计算量之间取得平衡的新的仿真算法。另外，非晶材料由于缺乏对称性，缺陷和杂质的反应势能面可能有众多的极小值存在，这需要对相当多的情况进行研究和比较，超级原胞体系的计算量和众多吸附位和可能的反应路径的计算量叠加在一起，也对数值仿真的能力提出了巨大的挑战。

结合集成微系统跨尺度建模仿真的需求，推动具有自主知识产权的材料层级仿真算法、数据库与软件开发。软件等同于基础设施，是有效将数据转化为有用科学认识的重要基础设施，没有自主知识产权的软件就意味着得不到核心的模型和基础数据库。

（二）集成微系统的器件级建模与仿真

半导体器件仿真是国家电子工业体系中不可缺少的一环，也是工业 4.0 中重要组成部分。从芯片产业和集成微系统产业发展趋势来看，器件的三维结构影响越来越明显。因此，对半导体器件模拟的要求也越来越高，一维仿真分析已经难以满足需要，大规模三维器件模拟成为必然的趋势。另外，器件尺寸越来越小达到纳米量级，这就需要发展量子和半经典模型的高效数值仿真方法。我们认为未来集成微系统领域的器件级仿真学科有如下要求：在目标对象上既能处理纳米级的小尺寸器件又能处理多器件大尺寸体系；物理机制上既能计算经典模型又能处理量子效应；方法上注重发展高性能、稳定的二维 / 三维数值模拟算法。

我国的超算技术和人工智能发展迅猛，特别是人工智能尤其是深度神经网络展现出强大的泛化功能。结合这样的背景和器件仿真的特点，我们建议应对策略为：国家政策和发展层面，提高工业级器件仿真的重视程度，仅将其视为通常的 IT 软件或数值计算软件是之前二三十年我国工业仿真软件发展失利的一个因素；技术路线层面，发挥我国超算的优势力量，结合传统仿真计算方法和人工智能将会是符合上述未来趋势，处理复杂器件结构、复杂条件和环境下的器件性能预测的崭新手段，借助这些新成就可以增加仿真领域弯道超车的可能性；中国在仿真学科的基础研究，数值计算方法、物理等方面具有强大的科研团队。应有机结合基础和应用领域的研发力量，推动物理、数学、计算机等相关领域的多学科合作确保仿真学科能够深入、持续发展；由于器件仿真综合了电子学、数学、软件等大量深入知识，又是一个实践性非常强的专业，我国亟须设置和创造合理的人才培养模式与渠道，大力发现和培育具备深厚综合素养的高层次器件仿真专门人才队伍。同时，制定适合仿真软件人才长期发展的激励机制，稳定人才队伍，持续推动我国器件仿真行业的发展，满足国家相关制造业等方面的应用研究需求，努力进入国际先进行列；由于器件仿真与芯片产业的密切关系，仿真学科的发展也需要研究、实验 / 试验及工业生产紧密配合，一体化发展；持续、稳定、有组织的实施科研及产业界的研发经费支持。发展仿真软件是一个漫长、持续的积累过程，但它又区别于通常的学术研究，所以，长期稳定的经费支持是仿真软件研发能够取得实际成效的保障。

（三）集成微系统的电路与系统级建模与仿真

电路设计模块化给专用电路模型开发提供了便利，其中快速仿真领域里，行为级建模也将成为一个大的发展方向。行为级建模除了建模方法尚需根据专用电路持续探索外，还有其他一些问题亟待解决，如生成的行为级模型如何与电路仿真环境相结合是阻碍仿真速度的一大因素。

数模混合仿真一直是电子设计自动化（EDA）领域的一个难点，也是仿真速度缓慢的重要原因。数字电路设计发展迅速，仿真速度远快于模拟电路。模拟信号仿真系统通常以解微分代数方程（DAE）为核心，而以 VHDL 为代表的数字信号仿真系统采用事件驱动的执行机制，仿真流程与方式完全不同。混合信号除手工方式外，平台通常通过耦合方式统一管理仿真器，完成仿真器间信号类型的转换[45]，但这种数模分割、数据交互是相对缓慢的。若可以建立数模混合仿真更为有效的方法，则可以极大促进我国电路与系统级建模与仿真专业发展。模拟电路数字化或者其他方法都是值得探索的方向。

电路及微系统层级的仿真主要采取的方法是 Cadence、Mentors、Simulink、EWB、HFSS 等商用的 EDA 软件，这些软件也几乎难以考虑环境引发的多物理场耦合问题，特别对于高压、高频等新颖微系统的仿真能力还非常有限。仿真过程中还必须准确地模拟部分物理过程长时间的演化规律，同时保证数值模拟的收敛性和长时间稳定性，这些都需要研究新的数值算法。因此，针对集成微系统的电路与系统级建模与仿真，我们要面向长远关注重点和难点问题。

（四）集成微系统的辐射效应建模与仿真

经过几十年的发展我国在半导体器件辐射效应建模仿真方面取得了不少成果，但仍然存在待解决的问题并面临新的挑战。随着先进微电子技术的快速发展，新材料、新结构和新器件的应用为辐射效应建模仿真也带来了新的挑战。同时，辐射效应数值模拟涉及材料学、电子学和物理学的交叉领域，技术难度大，建模和仿真非常复杂，仍有很多问题亟待发展与解决。

粒子输运仿真方面：一方面，随着器件特征尺寸的不断缩小，进入纳米尺度，粒子穿过材料的径迹宽度或能量沉积分布半高宽，甚至可以与单个器件的沟道长度相比拟，但当粒子半径足够小时，解析计算得到的能量沉积并不服从简单的函数关系，需探索并不断完善新型器件模型下的粒子输运物理模型与函数关系；另一方面，随着集成电路新材料的层出不穷，粒子与器件中高 Z 材料、辐射敏感材料等发生核反应并生成次级产物对辐射效应产生影响[46]，造成现有技术下数值仿真的预测结果存在一定偏差，有必要在粒子输运模拟计算中对现有的物理模型进一步完善与发展。

器件辐射效应 TCAD 仿真方面：器件级辐射效应数值模拟对于工程化应用的问题有待发展。对于微电子器件的抗辐照加固设计，器件仿真在优化版图结构和实现加固设计中是关键环节，需要实现加固指标和常态性能后的全局优化，而这通常意味着需要大量的重复迭代与冗长的计算时间，目前尚无法将人工手动分析转化为工程上更加实用的自动化分析。因此实现器件辐射效应 TCAD 仿真与工程化应用的有效融合是未来需要解决的重点问题之一。

多种类型器件的辐射效应仿真方面：随着微电子技术的发展，对新结构、纳米器件的辐射效应研究需求也随之而来。不同材料和不同器件结构的器件应用于不同的辐射环境下其效应也各自不同。例如，不同单管间电荷共享、阱区电势调制导致双极放大电荷收集加剧、多栅结构器件的多结收集等，需要在常规模型基础上进行修正[47]。因此，根据这一发展特征应当不断发展、调整集约模型，建立健全的器件结构和材料的仿真库，是未来辐射效应仿真发展的另一重点。

（五）集成微系统的多物理场建模与仿真

多物理场耦合分析跨越了电磁学、物理电子学、量子力学、热学、弹性力学等，其重要性不言而喻。半导体技术的不断发展一方面使得芯片功能更加丰富，承载的信号传输量、芯片的引脚数不断增加，尺度越来越小且不断引入新的材料体系；另一方面集成度越来越高，多功能、多维度的芯片集成为集成电路乃至微系统，复杂度大大增加。这就意味着在研究当中，需要从基础制造到系统集成整个链条都有合理的布局，实现多物理、多领域的协同研发。另外，不同的算法、不同的软件平台下多个物理场之间数据的传输将会遇到系列问题，极大地限制了多物理场分析的应用。因此，有专家分析未来的发展需求如下。

1. 多物理场仿真工具的开发需求

多物理场仿真的终极目标是提供对真实世界的精确模拟。理论上，复杂的多物理场耦合现象难以用统一的方程描述，因此数值计算上理论上就存在不确定性；而工程上会对模型进行简化，导致求解误差偏大；不同的物理场之间还涉及模型交互，几何兼容，多尺度，交叉学科等各种问题。虽然目前市场上已有几款国外公司开发的多物理场仿真软件，但准确的多物理场耦合分析仍然是未来最具挑战性的工作之一。从国产化的角度来说，我们更需要加快对多物理场仿真算法及软件实现的研究，并且解决特定行业的多物理场仿真关键问题。具有自主知识产权的多物理场仿真分析工具重要的战略意义和广阔的市场前景。

2. 网格的质量优化

在进行微系统的多物理场耦合仿真之前，需根据算法要求，生成高品质网格，这也称为前处理阶段。主要目标是将仿真对象的几何模型划分为网格模型，同时需要完成几何修补、细节特征移除、降维简化等，花费的时间可能占整个仿真设计的 70%~80%。尽管前期人们进行了大量的研究，但对多尺度、三维集成微系统来说，生成高质量的网格仍然是一个重要挑战，动态自适应网格生成技术是目前的研究热点，通过引入智能优化算法，有望在计算资源消耗和仿真精度两方面找到最佳的平衡点。

3. 仿真和硬件关系更加密切

仿真软件对计算机硬件具有重要的依赖性。随着半导体技术依据摩尔定律的不断演进，计算机硬件水平得到了极大改善，该影响同样反馈到仿真软件的计算能力提升上。具有分布式计算、GPU 计算能力的超级计算机、AI 芯片以及未来的量子计算机，都是在用硬件方法加速仿真中的大规模计算，具有非常显著的实施效果。近 10 年来，在“863”等多个国家科技计划的持续支持下，我国在超级计算领域取得了长足发展，为复杂微系统的大规模多物理场仿真分析提供了有力保障。如果几十亿自由度的线性方程组求解能在普通机器上秒级以内完成，将极大促进生产力发展。

4. CAD/CAE/CAM/CAPP 无缝结合

验证测试与仿真融合传统的 CAD/CAE/CAM/CAPP 相互独立，会造成很多问题，比如信息孤岛，数据不兼容，仿真结果无法验证等，甚至出现试验指导仿真的情况。近年来，软件厂商在解决这些问题方面做了很多努力，但距离理想还相差很远。传统的 CAD 与 CAE 分离，简单讲设计一个单位，仿真一个单位，加工一个单位，最直接的问题就是数据兼容性问题。在一个平台上完成 CAD/CAE/CAM 验证，设计，自动化，也就是 CAD/CAE/CAM/CAPP 的无缝结合。仿真软件给出的仿真结果总会存在误差，需要出试验来确定，如何将实验数据和仿真数据匹配，指导实际业务，也是很工业界看重的一个问题，这也催生出了相应的软件产品。

5. 物理模型的通用性

建模与仿真最重要的是模型可以具有良好的可移植性和通用性，模型可以转移到不同学科、不同条件下的环境中进行模拟，仅仅加入一些边界条件作为限制。但是以目前的技术条件来看，实现难度很大，因为每一个物理特性都有自己独特的方程和解决方法。未来更实际的做法是将不同物理特性的模型连接起来，让不同的求解器实现最高效地求解。此外，目前的高复杂度问题还很难用物理模型描述出来，如随机行为、相变等，这些都需要科学家进一步建立贴近实际情况的高复杂度物理描述。

参考文献

[1] 李晨，张鹏，李松法. 芯片级集成微系统发展现状研究［J］. 中国电子科学研究院学报，2010，5（1）.

[2] 赖凡，王守祥. 集成微系统技术及产业发展研究［J］. 微电子学，2013，43（6）.

[3] 代刚，张健. 集成微系统概念和内涵的形成及其架构技术［J］. 微电子学，2016，46（1）：101-106.

[4] 李沫，李倩，张健. 原子制造与原子微系统：A2P 与强约束集成微系统技术的结合［J］. 太赫兹科学与电子信息学报，2016，14（5）.

[5] 冯瑞华，姜山．国外材料计算学研究战略与计划分析［J］．科技管理研究，2014，3.

[6] HOHENBERGg P，KOHN W. Inhomogeneous electron gas［J］．Physical Review B，1964，136（3）：864.

[7] KOHN W，SHAM L J. Self-consistent equations including exchange and correlation effects［J］．Physical Review A，1965，140（4）：1133.

[8] CAI W，CHRISTOPHE C. Frontiers in high-performance，large-scale molecular dynamics. 35 years of molecular-dynamics simulations of biological systems［J］．Acta Chimica Sinica，2013，2.

[9] RUSSEL E. C. Monte Carlo and Quasi-Monte Carlo methods［J］．Acta Numerica，1998，1-49.

[10] CHEN Z，WANG J，SONG Y，et al. First-principles investigation of oxygen-excess defects in amorphous silica［J］．AIP Advances，2017，7：105118.

[11] YUE Y，LI P，SONG Y，ZUO X. Dissociation characteristics of proton release in a-SiO_2 by first-principles theory［J］．Journal of Non-Crystalline Solids，2018，486：1-8.

[12] ZHANG J X，HE C H，GUO H X，et al. Three-dimensional simulation of fabrication process-dependent effects on single event effects of SiGe heterojunction bipolar transistor［J］．Chinese Physics B，2017，26（8）：088502.

[13] 叶良修．小尺寸半导体器件的蒙特卡罗模拟［M］．科学出版社，1997.

[14] 成杰．基于 PHG 平台的半导体器件模拟研究与结构力学有限元软件研制［D］．中国科学院研究生院博士学位论文，2012.

[15] YANG Y，LU B. An error analysis for the finite element approximation to the steady-state Poisson-Nernst-Planck equations［J］．Advances in Applied Mathematics and Mechanics，2013，5（1）：113-130.

[16] XU J J，MA Z，LI H，et al. A multi-time-step finite element algorithm for 3D simulation of coupled Drift-Diffusion reaction process in total ionizing dose effect［J］．IEEE Transactions on Semiconductor Manufacturing，2018，31（1）：183-189.

[17] WAHBA G. Spline models for observational data［M］．Philadelphia：Society for Industrial and Applied Mathematics. 1990：95-100.

[18] POGGIO T，GIROSI F. Networks for approximation and learning［C］．Proceedings of the IEEE，1990，78（9）：1481-1497.

[19] SNELSON E，GHAHRAMANI Z. Sparse Gaussian processes using pseudo-inputs［C］．Proc. Neural Information Processing Systems，2006：1257-1264.

[20] ECOFFET R. Overview of in-orbit radiation induced spacecraft anomalies［J］．IEEE Transactions on Nuclear Science，2013，60（3）：1791-1815.

[21] CLAEYS C，SIMONE E. 著，刘忠立译．先进半导体材料及器件的辐射效应［M］．国防工业出版社，2008.

[22] REED R A，WELLE R A，AKKERMA A，et al. Anthology of the development of radiation transport tools as applied to single event effects［J］．IEEE Transactions on Nuclear Science，2013，60（3）：1876-1911.

[23] GALLOWAY K F，PEASE R L，SCHRIMPF R. D，et al. From displacement damage to ELDRS：Fifty years of bipolar transistor radiation effects at the NSREC［J］．IEEE Transactions on Nuclear Science，2013，60（3）：1731-1739.

[24] 郭晓强，郭红霞，王桂珍，等．SRAM 单元中子单粒子翻转效应的 Geant4 模拟［J］．原子能科学技术，2010，44（3）：362-367.

[25] 王晓晗，郭红霞，雷志锋，等．基于蒙特卡洛和器件仿真的单粒子翻转计算方法［J］．物理学报 . 2014，63（19）：263-269.

[26] CENG C，LIU J，XI K，et al. Monte Carlo evaluation of spatial multiple-bit upset sensitivity to oblique incidenci［J］．Chinese Physics B，2013，22（5）：059501.

[27] 张晋新，郭红霞，文林，等．重离子导致的 SiGe HBT 单粒子效应电荷收集三维数值模拟［J］．物理学报，2013，62（4）：048501.

[28] 唐杜，贺朝会，臧航，等. 硅单粒子位移损伤多尺度模拟研究［J］. 物理学报，2016，65（8）：084209.

[29] 郭红霞，丁李利，范如玉，等. 电路级模拟技术在 SRAM 型 FPGA 总剂量效应敏感性预测中的应用［J］. 现代应用物理，2018，9（01）：84-89.

[30] 赵雯，郭红霞，罗尹虹，等. 基于二维查找表的 SET 耦合注入方法，原子能科学技术［J］. 2010,44（9）：522-527.

[31] 黄林娟. 半导体器件和集成电路电 - 热 - 力特性的多物理场仿真研究［D］. 浙江：浙江大学硕士论文，2013.

[32] 张瑞. 多物理场仿真方法及其在微纳器件结构中的应用研究［D］. 浙江：浙江大学硕士论文，2015.

[33] 周海京，刘阳，李瀚宇，等. 计算电磁学及其在复杂电磁环境数值模拟中的应用和发展趋势［J］. 计算物理，2014，31（4）.

[34] ETS 多物理场仿真软件. 软著登记号：2017SR734326，上海交通大学 .

[35] 万勇，黄健，冯瑞华，等. 浅析美国“材料基因组计划”［J］. 新材料产业，2012，7：69-71.

[36] 冯瑞华，姜山. 国外材料计算学研究战略与计划分析［J］. 科技管理研究，2014，3.

[37] LAWRENCE M. Charon Overview. United States：N. p.，2018，Web.

[38] XU J，BAI S Q，ZHAO B Y，et al. A Novel system-level power integrity transient analysis methodology using simplified cPM model，physics-based equivalent circuit PDN model and small signal VRM model［C］. 2019 IEEE International Symposium on Electromagnetic Compatibility，Signal & Power Integrity（EMC+SIPI），New Orleans，LA，USA，2019：205-210.

[39] WANG L，MA R，ZHANG C，et al. Behavior modeling for whole-chip HV ESD protection circuits［C］. 2014 IEEE 26th International Symposium on Power Semiconductor Devices & IC's（ISPSD），Waikoloa，HI，2014：182-184.

[40] ZHANG F L，WANG C K，LU F，et al. Circuit-level ESD protection simulation using behavior models in 28nm CMOS[C]. IEEE 24th International Symposium on the Physical and Failure Analysis of Integrated Circuits(IPFA)，Chengdu，2017：1-4.

[41] WANG F，CACHECHO P ZHANG W Y，et al. Bayesian model fusion：large-scale performance modeling of analog and mixed-signal circuits by reusing early-stage data［J］. IEEE Transactions on Computer-Aided Design of Integrated Circuits and Systems，2016，35（8）：1255-1268.

[42] KHANDELWAL S，GARG L，BOOLCHANDANI D. Reliability-aware support vector machine-based high-level surrogate model for analog circuits［J］. IEEE Transactions on Device and Materials Reliability，2015，15（3）：461-463.

[43] FREYSOLDT C，GRABOWSKI B，HICKEL T，et al. First-principles calculations for point defects in solids［J］. Rev Mod Phys，2014，86：253.

[44] SHEN X，PUZYREV Y S，FLEETWOOD D M，SCHRIMPF R D，et al. Quantum mechanical modeling of radiation-induced defect dynamics in electronic devices［J］. IEEE Transactions on Nuclear science，2015，62：2169.

[45] 王书诚. 湖北：模拟数字混合信号仿真研究［D］. 华中科技大学硕士论文，2007.

[46] Clemens M A，Sierawski B D，Warren K M，et al. The effects of neutron energy and high-Z materials on single event upsets and multiple cell upsets［J］. IEEE Transactions on Nuclear science，2011，58（6）：2591-2598.

[47] PAN X Y，GUO H X，LUO Y H，et al. Impact of neutron-induced displacement damage on the single event latchup sensitivity of bulk CMOS SRAM［J］. Chinese Physics B，2017，26（01）：546-550.

撰稿人：李　沫　左　旭　卢本卓　王　燕　郭红霞　唐　旻　张　健

交通系统建模与仿真

一、引言

交通建模与仿真是研究运用现代计算机技术再现实际交通系统的特性、分析交通系统在各种设定条件下的可能行为，以寻求现实交通问题最优解的一种手段，也是评价运输设施各类运用设计方案效果的有效方法。随着智慧城市建设的全面加速，特别是在智慧交通领域，建设基于仿真特别是动态仿真技术的交通一体化评估、预测、管控平台已成行业共识。

交通建模与仿真由交通建模和交通仿真两部分组成，是研究用数学模型刻画群体或个体在交通基础设施网络上的交通出行行为，并用可视化技术再现交通出行行为，进而对交通系统进行试验、分析与评估优化的一门交叉学科，分为宏观交通建模与仿真、中观交通建模与仿真和微观交通建模与仿真。这里，宏观、中观和微观交通建模与仿真的区别在于建模与仿真的对象和时空粒度。宏观交通建模与仿真刻画与再现交通网络中群体出行，通常以区段为空间粒度，以日为时间粒度，多用于交通运输系统规划；中观交通建模与仿真刻画与再现交通网络中群体出行，但仿真的时空粒度较宏观细，可以比较细致地刻画群体行为和交通特性，并可追踪个体的出行过程，除可用于交通运输系统规划外，还可以用于交通运输系统动态管理；微观交通建模与仿真刻画与再现交通网络中个体出行，仿真时空粒度小（空间粒度通常为米、时间粒度为秒甚至毫秒），精度高，多用于交通运输系统的设计方案、管控方案和政策与决策方案等的优化。

交通建模与仿真的理论基础是交通行为学、交通流理论、交通心理学、交通运输经济学、数学、运筹学和系统科学等，其专业基础是交通工程学、系统工程学、土木工程学和环境工程学等；其技术基础是计算机科学、信息科学、大数据技术和人工智能技术等。

交通运输系统具有高度的社会性、复杂性和随机性，以及支撑和引导经济社会发展的作用，一旦建设失败将困扰系统的高效运营，也给经济社会带来巨大的损失。因此，在交通运输系统建设之前和运营组织方案形成之后分别进行交通建模与仿真，优化交通运输系统规划、设计、运营管控、指挥决策和交通政策方案，可以进行科学决策，避免浪费、失误和失败，起到事半功倍的效果。交通建模与仿真对交通运输工程学科的发展具有很好的支撑作用。

二、本专业我国的发展现状

根据交通仿真模型对交通系统描述的细节程度不同，交通仿真模型可分为宏观交通仿真模型、中观交通仿真模型和微观交通仿真模型三类。宏观交通仿真主要基于动态交通分配和最优路径选择等理论与技术，通过描述交通流的宏观整体特征，如流量、速度、密度之间的动态关系，来反映交通流的整体运行效果。中观交通仿真模型对交通流的描述往往以若干车辆构成的队列为单元，能够描述队列在路段和节点的流入和流出行为。微观交通仿真模型以单个车辆为基本单元来描述交通流特性，其研究对象是路网中的每个车辆单元。在此主要从此三个方面以及应用层面介绍目前我国的发展现状。

（一）交通宏观建模

宏观交通仿真模型重点描述群体的社会活动在交通基础设施上的展现形态，强调群体运动特性，适用于描述城市宏观交通系统运行态势。按不同出行方式可将其划分为城市道路网交通出行仿真、城市轨道系统交通出行仿真、城市公交系统交通出行仿真、城市慢行交通系统出行仿真等，不同系统的模型构建原理基本相似。“四阶段法”是宏观交通仿真模型传统的建模分析方法之一，包括出行生成、出行分布、交通方式选择与交通流分配。

在宏观交通仿真中，首先需要明确研究区域交通出行与吸引的体量，即交通出行需求量。传统交通出行与吸引主要通过组织居民出行调查，掌握个人属性、家庭属性以及出行特征，构建集计或非集计模型计算取得。区域土地利用业态及OD出行数据是开展交通出行需求分析的基础[1]，传统方法通过入户调查、现场调研等方法获取。随着城市大数据的出现，居民出行与城市发展特征的关系分析已经精细到个体层面。由手机移动终端数据、公交刷卡数据、城市视频摄像数据等面向全样本、多数据源的交通需求预测也逐渐产生。例如利用交通智能卡数据对站点访问次数进行排序，推测了家和工作地点，并对乘客活动的空间和时间分布模式进行了分析[2]；利用谱分析方法对公交卡数据分析，以此来推断工作、回家出行[3]；利用一周的公交卡数据基于规则的方法和决策树方法推测工作地点和居住地点[4]。同时，基于这一关系，也可以利用智能卡数据中提取的出行活动信息（如停留时间、活动频次等），来推测吸引范围内的用地属性[5]。

交通分布通常采用增长系数法和重力模型法来计算[6]。此两种方法实用性强，但考虑因素较少、模型精度并不理想。而利用当前交通基础设施断面交通流进行交通出行反推

（即 OD 反推）由最初设想逐步成为基础数据缺失条件下的常用手段。该方法假设整个路网的交通流量守恒，认为在同一路段上的不同断面的交通流量相等、交通流的流出量和流入量相等，由此将其转化为优化模型来进行解析，应用方法众多，但目前精度难以保证。另外，为进一步明确 OD 反推中小区间通过某一个路段的出行比例，路网容量约束[7]、土地利用性质[8]等具有一定现实意义的影响要素也不断融入具体优化计算中。随着交通领域检测和信息和通信技术（information and communication technology，ICT）的发展，分布范围广且实现了点对点信息采集的移动源检测器，逐步成为固定源检测器采集数据的有效扩充[9]。利用固定点交通个体出行检测数据、基于手机移动端定位数据、基于固定点与移动端相融合的出行数据等进行交通分布估算正在成为一种有效手段。新技术条件下的交通分布仿真计算试图通过全样本海量数据进行分析，但在实际分析方法上与传统方法无较大差别。

传统的交通方式划分模型假设历史的出行模式将会延续，并以基年交通出行结构调查进行经验性估算。出行终端模型是分析模型之一，它将分析对象区域划分为若干个小区，以小区的固有特性确定交通方式选择。考虑出行者个体差异的非集计模型也有成熟应用，其核心思路是分析影响交通方式选择的各因素之间的因果反馈环，分析出用户选择不同出行方式的内在原因及其形成机制，明确、认识和体现影响因素间的相互作用[10]。正是由于该模型需要借助各因素间的因果关系及反馈作用机制，限定了该模型需要在有限的数据集上进行定性推理分析，然后再进行全样本扩样，导致最终模型准确性较低。同样是数据检测和 ICT 技术的进步，为开展交通方式划分提供了丰富的数据来源。利用交通数据提取影响出行交通方式选择的因素，已有学者将其归纳为出行者特性、出行特性和交通工具特性三个方面[11]。同时，数据挖掘技术也得到了有效应用，在数据资源丰富的基础上可进一步挖掘出行影响因素之间的关联性，如出行目的与出行时间之间、出行距离与出行时耗之间的关联特征等。

交通流分配模型，目的是合理地将分布交通量分配到各通行路径。交通流分配模型或者称为路径选择模型是宏观交通仿真领域研究经久不衰的热点问题，根据出行者在出行的过程中是否存在路径调整，可分为先验路径选择问题[12]和自适应路径选择问题[13]。个体出行者的路径选择分析目的是在特定的交通网络下，基于一定的选择依据，选择最优路径。Wardrop 用户均衡原理是最经典的具有全局性路径选择分析理论，既有研究均是结合交通网络的动态性和随机性，对交通网络中路段旅行时间进行计算以获取最优出行路径。同时，大量的实证研究表明，旅行时间的波动性对出行者的路径选择行为具有重要的影响，由此动态交通流分配问题也得到广泛研究[14]。

综上，“四阶段法”是宏观交通仿真模型建模分析的基本逻辑。数据资源丰富性、可靠性与可获取程度极大影响了在每一阶段的建模与分析思路，新技术手段、新分析理论的创新均对宏观交通仿真模型的发展有着重要影响。然而，当前能够成熟应用的宏观仿真模型仍然是基于传统小样本数据的典型抽样体系。随着交通信息采集手段的发展和实时交通流动态特性分析的需要，很多学者通过采用非集计模型，或是基于出行行为的组合模型对出行目的、方式划分等环节进行分析，抑或是基于大数据的信息集成进行动态交通分析，宏观交通仿真模型正朝着建模手段信息化、研究模型组合化、交通出行行为一体化的研究方向发展。

（二）微观交通流建模

在微观交通仿真系统中，车辆在道路上的跟驰、超车及车道变换等微观行为都能得到较真实的反映[15]。微观交通仿真系统一般由以下基本模型构成：路网描述模型、车流组织模型、车辆生成模型、交通规则描述模型、信号灯控制模型、车辆行驶行为模型、路径选择模型、路口转向模型以及交叉口模型等[16-18]。其中，微观交通仿真系统的核心模型是车辆行驶行为模型和非机动车（主要指自行车）行驶行为模型、行人行为模型。车辆驾驶行为模型主要包括车辆跟驰模型、换道模型。

1. 车辆跟驰模型

车辆在行驶过程中会受到同一车道前车的影响，驾驶员既希望能够以期望速度行驶，又需要同前车保持一定的安全距离。当与同一车道的前车距离小于跟驰界限，并且没有超车可能性时，车辆处于跟驰行驶状态。Reushel（1950）[19]和 Pipes（1953）[20]对车辆跟驰过程的研究，标志着跟驰理论解析方法研究的开始。至此，车辆跟驰模型的研究已进行了半个多世纪，研究得出了一系列重要的跟驰模型。传统的跟驰模型有五大类：刺激—反应模型、安全距离模型、最优速度模型、生理—心理模型、人工智能模型。2000 年，吴建平（Jianping Wu）等人[21]运用模糊逻辑系统探索基于驾驶行为的车辆跟驰模型，推动了模型的发展。这些模型的建立机理不同，分别从不同层面探索跟驰模型的特征和规律。

（1）刺激—反应模型

刺激—反应模型是一种以相对速度为变量的车辆跟驰模型，该模型是出现时间最早、最经典、影响最为深远的跟驰模型，其提出的刺激—反应思想沿用至今，促进了微观交通流理论的发展[22]。该模型的基本思想由通用汽车公司（General Motor）率先提出，因而也被称作 GM 模型。Gazis 等人考虑了车辆间距，对刺激—反应模型进行优化。Edie 将自驾车的速度也考虑到模型的刺激因素当中进一步开发了刺激—反应模型。在后来的研究中，Gazis，Herman 和 Rothery 等人在线性车辆跟随模型的基础上提出了一种非线性的跟驰模型，称为 GHR 模型[23]。此外，NeweLL 模型[24]也是经典的刺激—反应模型，该模型基本思想是：车辆跟驰行为中的刺激来源是前后车的车头间距，而不是 GM 模型中所采用的相对速度。

（2）安全距离模型

安全距离模型[25]又被称防碰撞或防冲撞（collision avoidance，CA）模型。在行车过程中，驾驶员为了避免碰撞和追尾，必须要与前车保持一定距离，当前车紧急刹车或出现意外情况时，才可以保证驾驶员有足够的反应时间采取制动措施，避免交通事故。第一个CA模型最初是由Kometani和Sasaki在1959年提出。1981年，Gipps对安全距离模型进行了改进，在反应时间的基础上加入了安全延迟时间参数，基于运动学提出了一种安全距离模型。

（3）最优速度模型

安全距离模型强调了车辆间距离对跟驰状态的影响，而最优速度（optimal velocity，OV）模型[26]认为车辆的跟驰行为与速度有着密切的关系。Bando等人在1995年从物理学的角度提出最优速度模型；1998年，Helbing等人提出广义力（generalizedforce，GF）模型[27]，对OV模型进行优化；2001年，Jiang等人[28]对GF模型进行了进一步研究，提出全速度差（full velocity difference，FVD）模型。

（4）生理—心理模型

生理—心理模型[29]也被称为反应点（action point，AP）模型。20世纪60年代，一些学者开始意识到驾驶员也是车辆行驶中的重要因素，因而着眼于驾驶员的心理反应。生理—心理模型不是基于动力学产生的模型，而是一种决策模型。

（5）人工智能模型

20世纪90年代之后，人工智能逐渐发展起来，有不少学者借用人工智能的思想处理交通问题，其中包括对跟驰行为的研究。人工智能在机器学习方面有巨大优势，但用于跟驰模型的研究还尚属起步阶段，许多人工智能类跟驰模型的物理意义不够清晰，使得在实际应用中存在很大问题。

（6）基于驾驶行为的跟驰模型

基于驾驶行为的跟驰模型吴建平（Jianping Wu）2000[21]利用模糊数学理论系统地建立了能真实体现各种驾驶员驾驶行为的跟驰模型，该模型对于决策过程有相对速度和距离离散度两个主要的前提变量，每个前提变量都由数个重叠的模糊集组成，所有模糊集都设定为三角函数。该模型被应用于微观仿真软件FLOWSIM中。

2. 车辆换道模型

换道模型描述的是车辆变换车道行为的整个过程，即车辆车道变换意图的产生、车道变换的可行性分析、车道变换行为的实施以及车道变换轨迹的确定，其中，车辆车道变换意图的产生和车道变换的可行性分析是换道模型的核心[30]。通常将换道行为分为两类：强制性换道行为和主动性换道行为。

（1）强制性换道行为

强制性换道行为是指车辆为了完成其正常行驶目的而必须采取的车道变换行为。固定值法、概率法和模糊数学分析法是判断强制性车道变换意图产生的两种主要方法。强制性车道变换的可行性分析主要有以下几种方法：可接受间隙模型方法、模糊逻辑法、可接受风险评价模型法和基于效用函数标定模型方法等。

（2）主动性换道行为

主动性换道行为是指车辆为了追求更加自由、理想的行驶方式而发生的车道变换行为。这种车道变换与强制性车道变换的主要区别在于：即使车辆不变换车道也能在原车道上完成其行驶任务，因此车道变换不是强制性的。而且主动性车道变换在目标车道大于一条的情况下，往往还有目标车道选择的过程。车道变换概率法（probability of lane changing，PLC）、速度判断法和效用函数法是三种主要的判断主动性车道变换意图产生的方法。主动性车道变换的可行性分析主要有以下几种方法：可接受间隙模型方法、模糊逻辑法、可接受风险评价法和安全系数评价法。

3. 其他要素行为模型

非机动车流占比较大是我国道路交通环境与发达国家很大的不同之处，另外，人流往往对车流也会产生较大影响，特别是在道路交叉口。因此，研究考虑非机动车行为模型与行人行为模型对于我国实际交通情况仿真具有重要意义。2009 年黄玲等人[31]在 FLOWSIM 框架下开发了基于模糊逻辑的行为模型，来描述无信号交叉口（大多数冲突存在的地方）的自行车路径规划行为。2003 年 Jianli Zhao 等人[32]研究了混合交通流信号交叉口的行人行为，分析行人与其他交通模型的相互作用以及行人的行为，探索行人穿过交叉口的驻足时间、行走速度等参数。结果中的可接受间隙和滞后情况为交叉口通行能力研究和微观仿真研究提供了参考。

4. 模型验证

模型验证是车辆驾驶行为等模型在不同地区、不同道路交通环境中良好应用的重要前提与基础。吴建平[33]基于长期微观交通仿真模型的研究与开发，提出了微观交通仿真模型的系统化校验方法，包括：定性校验和定量校验。定性校验包括模型稳定性、响应非对称性和驾驶非平稳性。定量校验包括微观校验和宏观校验。其中微观校验包括：个体驾驶员的加速度值、速度值和移动距离校验。宏观校验包括：车头时距、平均速度、换道频率、车流按车道的分布率等。

5. 微观交通仿真软件

微观交通仿真系统日益成为研究处理交通领域问题的重要途径，在各类交通系统中占据较大比例。国际上比较著名微观仿真系统有：美国的 CORSIM、NETSIM、TRANSIMS、FRESIM、MITSIM，SHIVA、SMARTPATH、TEXSIMTHOREAU、TransModeler 等；德国的 VISSIM、SIMNET、OLSIM；英国的 PARAMICS，DRACULA 等；法国的 AUTOBAHN、METROPOLIS 等；西班牙的 AIMSUN；加拿大的 INTEGRATION，在英国和中国开发的 FLOWSIM[34-35]等。

（三）交通仿真学科

我国从 20 世纪末开始，部分高校及科研机构开始结合我国交通系统特点研究交通仿真学科，经过二十余年的探索，在宏观交通仿真、中观交通仿真和微观交通仿真领域逐渐形成了具有自主知识产权的可商业化应用的仿真软件成果。

在宏观交通仿真领域，代表性技术成果有东南大学王炜教授领衔的现代城市交通技术创新团队与南京全司达交通科技有限公司联合开发了宏观交通仿真软件——交运之星（TranStar）。TranStar 是针对中国城市交通供需特征研发的城市综合交通系统集成分析与系统仿真平台软件。TranStar 以传统四阶段法为主要模型基础，融合多种不同类型数据，实现交通需求分析、交通运行分析、公共交通分析与综合交通评价等功能。具体应用中可实现在短时间内把握城市交通系统运行状态、诊断城市交通系统现状问题、分析交通规划与设计项目的潜在交通影响，达到城市交通系统“基础数据多元化、网络结构层次化、系统功能集成化、数据分析定量化、结果显示可视化、人机交互实时化”，为各类城市的土地利用开发、交通系统规划、交通工程设计、公共交通发展、交通管理控制、交通政策制定等提供详细的宏观交通仿真、系统分析与综合评价支持，以及交通系统能源消耗与交通环境影响的定量化评估。目前，TranStar 已有超过 200 多个国内外用户，在 1000 多项工程项目中进行应用，为城市交通问题的解决、辅助交通规划方案的制订提供了量化分析依据，并对未来城市智慧交通系统的构建奠定了仿真学科基础。

在中观交通仿真技术领域，重庆理工大学林勇博士开发的 DynasTIM 颇具代表性。DynasTIM 是用于路网动态交通流实时分析、仿真、预测和优化的大型数据处理及仿真软件。

在微观交通仿真技术领域，以由同济大学孙剑教授团队开发的 TESS NG 系统和清华大学吴建平教授团队开发的 FlowSim 系统为代表。TESS NG 融合了交通工程、软件工程、系统仿真等交叉学科领域的最新技术研发而成，拥有完全自主知识产权、专门针对中国驾驶者行为特征及道路交通流特征，为交通行业提供了全场景、多模式、智能化的便捷建模能力。FLOWSIM 拥有中国自主知识产权，已成功应用于 2008 北京奥运会交通管理、河南省高速公路应急预案管理、南宁东盟博览会区域交通管理、杭州市西区交通组织优化管理以及国家 863 项目和重点专项研究等。

（四）交通系统仿真应用

交通系统仿真应用是支持科学决策的最基础和最核心的工具性技术，伴随中国城市交通系统 40 年的发展，为各个层次的交通规划和管理决策贡献了自己的力量。按照研究对象和需求主体以及表现形式的不同大体可以分为宏观交通仿真、中观交通仿真和微观交通仿真三个层次，以下分别介绍三类模型在国内的发展和应用情况。

1. 宏观交通系统仿真应用

1984 年开展的《深圳经济特区城市总体规划》第一次将交通生成、出行分布、方式划分和交通分配四阶段模型应用到同步编制的深圳特区道路交通规划，吹响了宏观交通仿真模型应用的号角。同期，天津、北京、上海、广州等城市分别开展了城市综合交通调查，并以工作组为班底陆续建立了国内第一批城市交通研究所，并以综合交通调查数据为基础陆续建立了各自城市的综合交通模型，主要服务于城市综合交通规划、公共交通规划等方面。随着科技的发展，可获得基础数据的可靠性和精细性不断提升，宏观交通仿真模型的适用范围也不断增加，超大城市宏观交通仿真模型的交通小区数也从300个左右提升到现在五六千个，并在此基础上发展出使用不同区域范围、不同交通系统的多层次复合交通仿真系统，包括对应城市总体层面的战略级、专项应用战术级、改善评估策略级等。战略级宏观交通仿真模型主要服务于国土空间规划、综合交通规划、交通仿真战略研究等方面；战术级模型主要应用于轨道交通网络规划、道路网络规划、地区交通研究等方面；策略级交通仿真主要面向建设项目交通影响评价、局部地区交通改善等方面。不同层次的交通仿真模型通过交通分区的细化或合并实现数据的交互和共享，支持城市交通规划、管理科学决策。

2. 微观交通系统仿真应用

宏观仿真模型本质上说属于需求模型，存在饱和度评价指标大于1的情形，对交通系统运行状态的细节模拟精度不高，比如换车道和跟驰行为等，而这恰是微观交通仿真强项。微观交通仿真的工程应用开始于2000年前后，并在2002年开始迅速推广和普及，随着北京奥体中心周边交通仿真模型的开发，微观交通仿真直观、逼真的展示效果更加深入人心。微观交通仿真的应用大体经历了三个阶段：平面动态仿真、3D动态仿真和虚拟现实，伴随着计算机软件和可视化技术的进步。平面动态仿真时代交通仿真软件的主打产品为Synchro Plus Sim Traffic和TSIS（CORSIM），软件操作简便、高效，但对车辆行为、多交通模式、路径选择等方面的响应较弱，以致在3D动态仿真时代逐渐被边缘化。3D动态仿真时代软件的主角包括VISSIM、Paramics、TransModeler和AIMSUN等，均提供了较为逼真的3D仿真车辆行为展示模式，受制于软件本省和计算机硬件的谁，仿真模型对建筑、环境的模拟较弱，影响了场景的真实再现。虚拟现实时代在交通场景的基础上强调车辆、环境、行人等全要素展示，甚至嵌入BIM技术，以虚拟现实的形式进行展示，并可以通过API接口模拟无人驾驶行为和自主驾驶行为，将交通仿真推向了一个新的高度。

微观仿真从仿真对象来看，可以分为车辆仿真、行人仿真和混合仿真三大类。从应用范围来看，主要包括：①现状交通运行状况分析；②交通改善方案评估；③规划交通方案可行性分析；④重大交通活动集散交通组织方案评估；⑤交通枢纽运行组织方案评估；⑥施工期间交通组织方案可行性分析；⑦地铁站运行评估；⑧可视化辅助公众参与等8类。

3. 中观交通系统仿真应用

正如前文所述，宏观仿真模型本质上来说是需求模型对交通运行状态响应不足。而微观仿真模型一方面工作量大、制作成本高，另一方面对驾驶员行为参数标定难度较大，且饱和流状态下近乎无解。中观交通模型是介于微观的跟车换道模型和宏观的交通流体力学模型之间，同时具有宏观、微观交通流模型的一些优点。它跟踪并区分路网中每辆车的属性，具有微观交通模型的特点；同时也采用宏观交通流模型中的速度—密度函数，以及队列模型、容量模型等来计算每辆车的当前速度和位置。因此，中观交通模型比宏观模型精细，较微观模型范围更大，兼顾精度、效率与研究范围，主要应用于精细化交通建设的规划分析（利用于精度优势）与实时管控响应的动态仿真（利用于效率优势）[35]。中观交通仿真模型的实施路径依赖宏观交通仿真模型的精细化和交通运行数据的实时化。通过宏观交通仿真的精细化获得更为精确的初始需求矩阵，同时通过实时在线数据采集和反馈更加准确反映交通系统运行特征。从功能上来看，中观模型兼具宏观和微观交通仿真的部分特点又自成体系，在一定程度上，中观仿真模型有可能成为一种更贴近城市实际交通运行状态的仿真模拟系统。

三、本专业国内外发展比较

近几年，交通系统建模与仿真技术无论是推动仿真学科自身发展的应用基础研究，还是与相关学科的交叉发展及新应用领域的拓展，均获得了显著的成就，对社会和经济发展产生了重要影响。我国在微观交通流建模、交通仿真技术、交通仿真应用等相关领域的应用基础研究中取得了显著进步，保持与国际同步。

交通建模与仿真是仿真学科与交通工程学科的一个重要交叉学科领域。微观交通仿真模型通过复现交通流时空变化为道路设计规划提供技术依据、对各种参数进行比较和评价、环境影响评价等。它通过计算机动画手段直观地表现车辆运行情况使得各个局部位置的交通状况均可以一目了然。交通仿真成了工程研究人员测试和优化各种道路交通规划、设计方案、描述复杂道路交通现象的一种直观、方便、灵活、有效的分析工具。伴随着 ITS 的蓬勃发展，交通建模与仿真成为国内外交通工程界研究的热点领域之一。在实现技术上，交通仿真需要通过各种理论模型来逼真地模拟现场交通行为：跟驰行驶、车道变换、超车行驶、交叉口信控等情况。为了达到交通规划及评价的性能，模型的建立还需要能随时反应全局路网的动态特性，能记录路网中任一实体的瞬时状态和彼此关系，以便能获得各种统计参数。简而言之，微观模型对交通流的描述是以单个车辆为基本单元的，车辆在道路上的跟车、超车及车道变换行为等微观行为都能够得到逼真细致的模拟。

从 20 世纪 60 年代出现交通仿真以来，其整个发展历程按时间可分为 3 个阶段：60 年代、70 至 80 年代、80 年代末以来。60 年代宏观仿真模型被广泛使用，当时计算机的性能使得模型的灵活性和描述能力均受限制。70 至 80 年代随着计算机技术的迅速发展微观仿真模型也得到了较大发展，典型代表是美国联邦公路局开发的 TRAF-NETSIM 模型。80 年代末以来，随着计算机硬软件技术的迅猛发展，世界各国都展开了以 ITS 为应用背景的微观交通仿真软件的研发，出现了不少可用以分析评价 ITS 效益的成果，广泛应用的软件，主要包括：① AIMSUN：由西班牙 TSS 公司开发，可用于作宏观到微观的各层次仿真，用于整合运输规划和微观交通仿真。②PARAMICS：英国Quadstone公司和SIAS公司研发，利用组合的方式将不同路网，依据单一节点逐步构建整体路网，可模拟各种交通状态和行为。③TransModeler：由美国Caliper公司研发，融合GIS技术，增强仿真模型的数据编辑和地理分析功能，可整合从宏观到微观各层次的仿真模型。④VISSIM：卡尔斯鲁尔大学研发后经PTV公司开发，是行为驱动的可用于分析评价交通流状况的多用途微观仿真软件。

我国交通建模与仿真研究始于80年代末，在相当长一段时期内多为针对局部或特定问题的研究。近年来，通过对国外成果的消化吸收，出现了一些面向网络交通分析的较为系统化的研究成果。国内主要由高校牵头开发了相应的交通仿真软件，例如东南大学王炜教授主持开发的TranStar宏观交通仿真软件、清华大学吴建平教授主持开发的FlowSim微观交通仿真软件、如同济大学开发的TJTS模型和孙剑教授主持开发的TESS模型，以及重庆理工大学林勇博士主持开发的基于中观交通模型的DynasTIM实时在线交通仿真软件等。在较大规模的系统集成应用方面有山东省科学院开发的用于实时交通预测的仿真模型DynaCHINA、深圳市城市交通规划研究中心和同济大学联合开发的深圳市城市交通仿真系统，北京工业大学开发的北京奥运交通仿真系统等。总体而言，交通建模与仿真学科经历了从单点交叉口到网络交通建模仿真，从传统的面向常规交通管理、交通规划与设计等领域的应用到面向ITS应用的发展过程，当前交通建模仿真学科的主要应用场景包括智能交通领域、智慧城市等。尽管国内一些交通仿真软件的核心模型并不落后于国外，但软件的市场化却与国外同类软件存在较大差距。例如，国内交通规划、交通工程以及智慧交通相关行业中应用的交通仿真软件仍主要是国外的TransCAD、EMME和Visum宏观交通仿真软件，Transyt宏观交通仿真软件（用于交通信号优化），Vissim、Paramics、SimTraffic和SUMO微观交通仿真软件，Transmodeler、Aimsun中/微观交通仿真软件，以及Dynameq、DynusT、DTALite、DynaMIT和DynaSmart中观交通仿真软件等。就软件本身而言，国内交通仿真软件在功能的丰富性与易用性、人机接口和数据接口的友好性等方面，与国外同类软件相比仍有较大差距；同时，国内软件的核心功能的比较优势尚不明显，难于发挥后发优势，与国外软件竞争市场。

在交通系统仿真应用方面，近年来，国内外专家学者针对交通系统仿真进行了深入的研究，在传统的交通仿真学科基础上，结合大数据、深度学习等技术，在城市智慧交通建设、新兴交通技术等领域进行了实践与应用，取得了长足的发展。在国外，许多国家较早地开展了交通系统仿真的研究工作，利用交通系统仿真技术进行交通状况分析、交通设计和交通模拟工作，并取得了一定成果，开发了许多交通仿真软件。如英国的Paramics系统、德国的Vissim系统、美国的TranSims系统、DynaMIT系统、DynaSmart系统以及而后经深化扩展衍生出DynusT、DTALite等系统，并将交通仿真学科应用到城市交通管理中。以美国为例，为了准确估计当前和即将出现的大范围交通状况，美国联邦公路局（FHWA）依据DynaMIT，DynaMIT-P，DynaSmart，DynaSmart-X等系统开发了一套交通估计与预测系统（TrEPS）。该系统实现了为交通控制和管理系统估计并预测短期内的交通OD需求、网络状况的实时估计、对各种交通控制方法和信息发布策略作出响应、滚动预测网络状况、为出行者提供适合出行的时间、方式、路径等交通信息和交通咨询等功能，最终将作为智能交通系统的基础信息平台和信息中枢，为其他ITS子系统提供关键的信息支撑，使真正"智能的"ITS成为现实。新加坡在交通仿真学科的基础上，开发了交通管理系统（ITMS）、交通流信息检测、数控出租车调度系统、出租车信息服务系统、交通流预测系统和交通控制管理系统等，使得新加坡的智能交通系统在城市交通发展规划和实践中取得了引人瞩目的成就，并且为大多数亚洲发展中国家建立了现代都市发展的典范。西班牙、苏格兰等国在交通仿真学科的基础上，建立了自适应的信号灯控制系统，使交通延误减少了5% ~ 40%。芬兰赫尔辛基市开发城市公交信号优先模拟系统，使公交巴士有害气体（如炭化氢、一氧化碳和氧化氮等）的排放得到了控制，燃油消耗费减少了33%。纵观国外交通仿真学科的发展，它通过与智能交通系统结合，实现了传播实时信息和主动管理，使道路交通更加顺畅、舒适，减轻了交通对环境的负荷。同时，近年来，交通仿真学科应用于智能汽车和自动驾驶技术的开发，使车辆的安全性得以飞速提高。

相对于发达国家而言，我国交通系统仿真技术应用起步较晚。但是随着近年来我国科技的不断发展，交通系统仿真技术的研究在逐渐深入。在国内，许多城市已经建设了智慧交通管理平台，将交通仿真应用到城市交通管理中。深圳市城市交通规划设计研究中心近年来致力于实时在线交通仿真学科研究和应用的探索，研发了具有自主知识产权的实时在线交通仿真平台，已经在深圳新洲路、福田区和苏州狮山路片区等落地应用。清华大学-剑桥大学-麻省理工学院低碳能源大学联盟未来交通研究中心和科进英华（北京）智能交通技术有限公司联合开发了城市动态交通仿真平台。该平台是一个综合性的可视化城市交通疏导、管理、控制和评价系统。平台通过挖掘城市静态和动态交通数据，利用实时交通数据的智慧计算与动态交通仿真学科，对城市交通管理、路网规划、优化设计、信号控制、交通诱导和设备监测等提供全面的决策支持，连接调度指挥系统，使交通运营管理更加科学化、系统化。能够很好地整合现有的智能交通系统，共享数据资源，提高城市智能交通系统的综合服务能力和科学评价水平。平台在杭州、北京、南宁等地进行了交通改造方案设计、交通仿真评价等实践，并取得了良好的效果。

对于交通建模与仿真技术和应用的发展趋势，国内外大体一致，主要包括：①持续改进微观交通模型的现实性与建模精度，例如TESS NG和Transmodeler等；②扩展微观交通仿真软件功能，仿真更复杂的交通场景，以便高效率低成本的训练自动驾驶车辆，例如TESS NG和SUMO等；③多模式交通仿真，包括小汽车、货车、公交车、智能网联车、网约车仿真等，例如DynasTIM和DynaMIT等；④对愈加多样化的智慧交通管控、个性化出行信息服务和动态收费方案的仿真，例如DynasTIM和DynaMIT等；⑤交通仿真系统的参数标定，包括实时仿真系统的在线参数标定以便动态校正模型偏差等，例如DynasTIM

和 DynaMIT 等；⑥基于高性能计算平台实现大规模路网（超大城市）的极速交通仿真，例如 DTALite 等；⑦服务于智能网联车和智慧交通的实时在线交通仿真与优化，例如 DynasTIM、DynaMIT、Aimsun live，PTV Optima 等。

当前，智能网联车与智慧交通已成为汽车产业和公路交通运输业的重要发展方向，二者未来必将高度融合、协同发展。交通仿真将迎来前所未有的广阔发展空间。由于大数据和 5G 等技术的赋能，物理交通世界与交通仿真系统将共同演进为“数字孪生”交通系统，即以大数据为输入，以 5G 为信息传输管道，以交通模型为物理世界镜像，以云计算或超级计算为计算方式，以人工智能等优化算法为驱动力，实现物理的和虚拟的交通世界的虚实相生、虚实互动、平行演化、臻于最优的全局优化目标，显著提升交通系统运行效率。

四、本专业我国发展趋势及对策

结合当前我国交通建模与仿真领域的发展现状及全球发展趋势，未来我国在该领域的发展趋势及对策主要有如下几点。

（一）自主可控的国产交通仿真系统研发与推广应用

国内自 20 世纪 80 年代起，相关高校与科研院所尝试进行各类交通仿真模型研究，并陆续研发了仿真原型系统。经过三十余年的发展，自主研发的交通仿真系统（如 TranStar、TESS NG 等）的功能和性能与国外的系统基本相当，但由于进入市场较晚，商业化环境欠佳，运作不力，推广应用难度大。因此，建议政府层面重视交通仿真系统的安全可控，加大力度支持具有自主知识产权的交通仿真系统的持续研发、推广与应用，并逐步实现替代国外交通仿真系统。

（二）深度微观交通系统仿真核心模型研发

2005 年，美国交通部启动了下一代微观交通仿真工程 NGSIM。按照 NGSIM 研究结论，主流微观交通仿真软件（如 VISSIM、Aimsun、Paramics 等）底层核心模型包括战略层路径选择行为模型、战术层路段车道间交互行为模型和运行层同一车道前后车辆交互为模型。仿真模型不仅适用于机动车辆，也适用于公交交通、非机动车及行人等多模式综合交通。事实上，目前行人专用仿真系统基于面域的建模概念，即是二维建模仿真。另外，随着计算机技术和系统仿真技术的发展，建议进一步研发融合四维深度微观交通仿真模型的新一代微观交通仿真系统。

（三）仿真即服务：面向“新四化”的微观交通仿真技术及应用

随着大数据、云计算、移动计算、物联网、人工智能、虚拟现实技术等新技术的发展，传统微观交通仿真的离线 PC 端应用模式已无法满足当前交通系统实时化、精细化、便捷化的使用需求。未来微观交通仿真学科发展趋势是实现基于仿真即服务（simulation as a service，SAAS）的理念，研发满足线上化、快捷化、协同化、实时化等“新四化”的创新需求的技术、系统及应用。

（四）出行即服务：区域级在线中观交通系统仿真

中观交通仿真的未来发展趋势是坚守中观交通仿真的优势，突破现有中观交通仿真的逻辑，开发在大数据、云计算等先进技术手段环境下，针对区域级别大尺度主动需求管理与动态交通管控策略，以线上轻量化、计算实时化为目标，兼顾常态管理与应急管理，考虑多模式、组合出行，具有自主知识产权的在线仿真系统。这种新型的中观交通仿真系统，可以作为各类大尺度交通管理（如出行即服务）的后台在线决策平台，实现各类交通管理的建模优化、实时仿真、协同管控的突破。

（五）宏观交通系统仿真模型的发展

交通大数据、智能网联、共享出行等技术发展迅猛，“泛在互联”“出行即服务”等概念正逐步改变传统交通模式以及网络交通流的特征，也将推动宏观交通仿真模型的发展。宏观交通仿真模型的发展趋势包括以下几个方面：①研发泛在互联环境下交通需求预测模型以及智能网联条件下交通网络阻抗模型和交通分配模型，使交通仿真模型能够准确描述不同智能网联发展阶段新型混合交通流影响下网络交通阻抗特征和交通分布特征；②研发城市轨道、机动车、非机动车和行人等多模式交通一体化宏观仿真模型，实现从交通需求生成至交通分配的一体化建模；③研发区域城市间多方式交通网络与城市内部多模式交通网络的一体化宏观仿真模型，以交通枢纽为区域交通网络与城市交通网络转换节点，实现区域交通与城市交通在宏观仿真模型中的无缝衔接；④应用机器学习方法研发面向大数据环境的交通宏观仿真模型，基于深度神经网络和强化学习算法，实现交通宏观仿真模型的自校正与模型进化。

（六）宏观交通系统仿真技术发展趋势

在宏观交通系统仿真方面，面向超大规模复杂立体交通网络、多模式交通系统的实时在线仿真将成为宏观交通仿真学科的发展趋势。具体包括以下几个方面：①超大规模复杂立体交通网络、多模式交通系统宏观仿真数据库构建技术，实现多模式宏观交通网络的计算机仿真模型快速构建；②应用人工智能和大数据技术，研发基于大数据环境的交通网络宏观状态实时仿真推演技术，构建实时在线宏观仿真平台；③研发超大规模交通网络分解与交通宏观仿真的并行计算技术，提高超大规模复杂交通网络宏观仿真的计算效率，以适应交通宏观实时仿真和动态推演的技术要求；④基于大数据环境，研发超大规模复杂交通网络宏观仿真模型动态标定技术，实现对交通需求分析模型、交通阻抗模型、交通分配模型的一体化动态标定；⑤基于大数据环境、云计算和量子计算等，研发适用于超大规模复杂交通网络、多模式，全新的交通宏观仿真学科。

（七）宏观交通系统仿真应用的发展

宏观交通系统仿真的应用将呈现出以下发展趋势：①宏观交通仿真的网络规模与问题的复杂度逐渐提升，且仿真分析的精度高度依赖交通数据的质量。这将促使宏观交通仿真学科与交通大数据平台以及云计算平台相融合，从而使宏观交通仿真的应用朝着网络化、立体化、平台化方向发展。②随着我国交通运输系统由增量建设向存量优化的逐步转型，宏观交通仿真学科将重视发展实时仿真学科和在线推演的能力，以服务于大规模立体交通网络动态管控、交通指挥调度、出行诱导等管理决策需求。③交通宏观仿真将进一步发挥其跨部门、跨行业的宏观决策支持作用。应用统一的模型、统一的数据和统一的方法，对用地空间开发、交通政策、交通规划、交通组织设计、交通管控等方案、措施进行仿真分析和量化评估，为交通运输系统的健康可持续发展提供决策支持。

参考文献

［1］Hasan S，Schneider C M，LTkkusuri S V，et al. Spatiotemporal patterns of urban human mobility［J］. Journal of Statistical Physics，2013，151（1–2）：304–318.

［2］Zhong C，Huang X，Miiller Arisona S，et al. Inferring building functions from a probabilistic model using public transportation data［J］. Computers，Environment and Urban Systems，2014，48：124–137.

［3］杨琪. OD出行矩阵的容量限制推算方法［J］. 公路交通科技，2002，19（2）：101–104.

［4］周雪梅. 信息化条件下的城市交通需求预测［J］. 长安大学学报，2003，23（3）：88–90.

［5］姜桂艳. 道路交通状态判别技术与应用［M］. 北京：人民交通出版社，2004.

［6］Palms，A.D.，D. Kahn and J.L. Deneubourg. Transportation mode choice［J］. Environment and Planning A，1981，13（9）：1163–1174.

［7］郑雪琳，干宏程. 居民交通方式选择行为影响因素分析［J］. 上海理工大学学报，2013，35（6）：563–566.

［8］Yang L，Zhou X. Constraint reformulation and a Lagrangian relaxation–based solution algorithm for a least expected time path problem［J］. Transportation Research Part B：Methodological，2014，59：22–44.

［9］潘义勇，孙璐. 随机交通网络环境下自适应最可靠路径问题［J］. 吉林大学学报：工学版，2014，6：1622–1627.

［10］Wardrop J G. Road paper：some theoretical aspects of research［J］. Rroceedings of the institution of civil engineers，1952，1（3）：325–362.

［11］张洪宾，高兴超. 道路交通微观仿真模型研究综述［J］. 德州学院学报，2007，23（6）：88 – 92.

［12］商蕾，陆化普. 城市微观交通仿真系统及其应用研究［J］. 系统仿真学报，2006，18（1）：221 – 224.

［13］杨琪，王炜. 路段通行能力的动态微观仿真研究［J］. 东南大学学报（自然科学版），1998，28（3）：

61–67.

[14] 胡婷．面向快速路交织区的微观交通仿真模型标定研究 [J]．北京：北京交通大学，2010.

[15] A. Reuschel.Vehicle movements in a platoon with uniform acceleration or deceleration of the lead vehicle [J]. Zeitschrift des Oesterreichischen Ingenieur–und Archit，1950，95：50 - 62.

[16] L. A. Pipes.An operational analysis of traffic dynamics. J. Appl. Phys.，1953，24（3）：274 - 281.

[17] Jianping Wu，Mark Brackstone，Mike McDonald.Fuzzy sets and systems for a motorway microscopic simulation model [J]．Fuzzy Sets and Systems 2000，116：65 - 76

[18] 乔晋．车辆跟驰模型参数标定与验证研究 [D]．上海交通大学硕士学位论文，2008.

[19] D. C. Gazis，R. Herman，and R. W. Rothery.Nonlinear follow–the–leader models of traffic flow [J]．Oper. Res.，1961，9（4）：545 - 567.

[20] G. F. Newell.Memoirs on highway traffic flow theory in the 1950s [J]．Oper. Res.，2002，50（1）：173 - 178.

[21] 陈征，闫冬梅，刘钊，郭建华．典型跟驰模型的特征与性能分析 [J]．交通科技，2018，03：98 - 102.

[22] 彭军芬．汽车跟驰行为仿真实验研究．山东大学硕士学位论文，2017.

[23] 许世燕，贺昱曜，李渊．基于最大车速的广义力跟驰模型 [J]．长安大学学报（自然科学版），2007，27（1）：72 - 75.

[24] R. Jiang，Q. Wu，and Z. Zhu.A new dynamics model for traffic flow. Chinese Sci. Bull.，2001，46（4）：345 - 348.

[25] 徐龙．面向排放测算的车辆跟驰模型对比分析与优化 [D]．北京交通大学硕士学位论文，2012.

[26] 徐英俊．城市微观交通仿真车道变换模型研究 [D]．吉林大学硕士学位论文，2005.

[27] Huang L，Wu J. Cyclists' path planning behavioral model at unsignalized mixed traffic intersections in China [J]. IEEE Intelligent Transportation Systems Magazine，2009，1（2）：13–19.

[28] Zhao J，Wu J. Analysis of pedestrian behavior with mixed traffic flow at intersection [C]．Proceedings of the 2003 IEEE International Conference on Intelligent Transportation Systems.IEEE，2003，1：323–327.

[29] J. Wu，M. Brackstone，M. McDonald.The validation of a microscopic simulation model：a methodological case study [J]．Transportation Research Part C，2003，1（1）：463–479.

[30] Guo Min，Yiman Du，Jianping Wu and Song Yan. Simulation Study of Mixed Traffic in China—a Practice in Beijing [C]．Proceedings of the 11th International IEEE Conference on Intelligent Transportation Systems. Beijing，China，October 12–15，2008

撰稿人：吴建平　邵春福　荣　建　孙　剑　王武宏　李瑞敏　王　昊
黄　玲　林　勇　陈先龙　张天然　丘建栋　卢小钊

环境系统建模与仿真

一、引言

随着仿真需求的发展和技术水平的进步，环境建模仿真的研究也越来越深入，美国等先进国家已明确将环境建模仿真列为现代建模仿真的关键技术之一，并提出在72~96小时提供全球范围的中低分辨率自然环境数据的目标。同时，国防和军事领域的仿真应用对于提供权威、一致、多分辨率、全频谱的自然/人工环境数据/模型和仿真具有更迫切的需求。20世纪90年代以来，随着心理战、信息战的发展，现代战场逐步发展为集合海、陆、空、天、网络、信息和心理七位一体联合化作战的战场。战场中包含的要素更为繁多，相互关系也更为复杂。

复杂环境仿真已广泛应用于战场模拟、军事训练、环境科学、自然灾害预报、空间技术研究、工业检测与评估等国民经济与国防建设的诸多重大领域。

美军利用战场环境仿真学科构建逼真的军事训练系统，能够使参加训练的士兵从视觉、听觉甚至味觉上体验到实战的感觉，适用于训练各种类别的士兵，包括步兵、坦克兵、飞机驾驶员等，还可以模拟任何战场和态势。现在，遍及全球的美军基地拥有数千套战场环境仿真系统，在系统中重建了伊拉克、科索沃、阿富汗、朝鲜等地区的详细地形。根据不同需要，设计了不同的尺寸，小到适用于飞行员和坦克兵在舱内使用，大到适用于步兵班的具有整面墙大的高分辨率显示屏。他们的软件可以模拟从沙漠到丛林以及拥挤的街道等各种地形。

地理（地形、地貌和地质）、海洋、空间、大气、电磁等自然环境复杂、多变而且难以控制，因此，采用建模与仿真手段对复杂环境进行模拟具有极大的挑战性。复杂环境建模与仿真是一项研究对地理、大气、海洋、空间等自然环境以及电磁等人工环境进行全频谱模型/数据描述和仿真的专门科学与技术，是仿真学科与环境科学相结合而产生的一个多学科、综合性研究领域，主要涉及环境、信息、电子、测绘、控制等多个学科或专业[1]。

二、本专业我国的发展现状

（一）综合自然环境建模与相关专业的发展现状

综合自然环境是指对人、装备等存在交互关系的物理世界的描述，它包括地形、大气、海洋和空间四大领域，其数据具有多源性、复杂性、异构性和海量性等特点。综合自然环境系统由自然环境模型和交互作用操作模型组成，而自然环境模型又由环境状态模型和动态环境模型组成，交互操作模型则由仿真效应模型和环境效应模型组成。其中，环境状态模型所表示的就是在一定时空范围内（当前时刻当前区域内）的综合自然环境的状态[2]。

大气环境包括地球表面至对流层的整个空间范围，对飞行器飞行和传感器探测有影响因素有风、气压、温度、云、雨、雾、尘土、烟雾等，这些因素是随时间、空间变化的，可以生成、移动和消失。而空间环境则延伸至整个外太空，结合大气、地形、海洋环境，形成人类及人工系统活动的无缝空间范围。对航空飞行器飞行仿真主要考虑大气和地形两种自然环境。飞行仿真中大气环境主要考虑以下因素：大气密度、大气温度、湿度、风速风向、大气扰流、雨、雪、雾、云等。飞行仿真中地形环境主要考虑以下因素：地形高度、地形地貌、植被情况、地形结构（泥土、岩石）、河流湖泊、交通线路、城市等。

大气环境建模方法通过对指定大气环境要素的物理特征进行描述，尽最大可能地反应其本质变化规律，是开展大气环境对武器设备效能影响的基础，就长期国内外形势来看，主要分为三种方法。第一种是理想化、工程化模型。理想化建模方法通常会假定在一定理想化条件下，抓住大气环境要素变化的主要规律进行建模描述。如美国 76 标准大气层模型，忽略大气环境的时空相关性，仅能代表中纬度状况，反映了气温、压强和密度的垂直分布，常用在飞机性能计算、压力高度计算校准等方面。理想化模型通常较简单，在对要求环境数据精确度的情况下就不再适用。第二种建模方法是基于大量统计数据的统计特征建模方法，有利于表现大气运动的时空性，通常对各种气象资料的收集；资料质量控制及利用相应统计学知识进行建模。一般有平均气象要素模型、极值气象模型、湍流气象模型等[3]。第三种建模方法是由大气热力学规律建立复杂方程求解的数值模型建模方法。由于其数据支撑和模型的复杂性、准确性，数值模型建模方法能够精准地模拟大气环境。如今国内外有很多广泛使用的数值模式，如国内基于 WRF 模式开展的数值模拟越来越多，也有采用五代中尺度模式（MM5）对国内台风进行模拟和工程分析等。大气数值模式就是按照大气的运动规律建立系列方程，进行数值模拟，从而建立的大气环境数值模型。数值模型方法比较复杂，尤其是随着工作站计算能力的提高与软件的发展，数值模式模拟的大气环境数据越来越真实，更具有说服力及代表性。由于数据的准确性高，国外大气数值模式已嵌入到虚拟试验中[4]。

空间电磁自然环境建模方法包括电场自然环境建模方法和磁场自然环境建模方法。电场自然环境建模方法主要是针对地电场的变化模型，如今对地电场的研究仍处于起步阶段，研究如小波变换、最大熵分析等数学拟合方法对观测站的电场数据进行分析建模。也有学者联合观测站数据及电场工程模型建立晴天空间电场环境。关于地磁场模型建模方法很多，如泰勒模型、球谐模型、球冠谐模型等，常用来建立区域内长期磁场变化趋势。国际电磁与高空物理学会建立并维护国际电磁参考模型，广泛应用于导航、定位等，模型主要对地球主磁场进行建模，5 年更新一次，模型 IGRF12 有效期为 2015—2020 年。世界地磁模型 WMM 是美国国防部、英国国防部、北大西洋公约组织指定使用的世界磁场模型，常用在导航、钻井、消费者 App 等应用上，WMM 模型 5 年更新一次模型系数及程序更新，最新版本为 WMM2015 模型，有效期为 2015—2020 年。

地形数值建模通常只关注地形高程数值。地形数据的建模方法通常基于现有的数字地形数据模型进行建模构建。如常用的 DEM 数字高程模型，是用离散数值表示地面高程值的数字地面模型，广泛应用于水文气象、军事等方面，可以采用摄影测量、干涉法、激光测量和其他技术来生成 DEM 数据。还有 2009 年美国联合日本发布的 ASTER GDEM 模型，该模型是美国国家航天局近十年的详尽观测结果。有学者基于分形理论 Diamond-Square 算法结合数字地形高程数据进行地形建模。有学者为提高三维地形绘制效率采用聚类分析和 LOD 多分辨率层次的方法。

海洋自然环境特征分为 5 大类：海区概况、海面、水体、海流、潮汐。这 5 个部分基本涵盖了海洋自然环境中从广度到深度、从横向到纵向 、从静态到动态的特征要素。海区概况特征属于静态数据模型的要素，主要包括海区的边界范围、暗礁分布、海底地质、海滩地质、机场概况等情况。海面特征属于动态数据模型要素，主要提取出海浪、海冰、观测特征、海面特效等子要素。水体是海洋自然环境的主要要素，可分为基本特征类、传输特性类。基本特征包括海水压力、温度、盐度、密度、深度等，属于随时空变化的动态要素，而传输特性主要是指海水对声音、光 、电磁等能量传输者的影响。海流和潮汐都对海战有重要影响，它们的运动数据一般都具有相对稳定的规律性。

从海洋大气环境的尺度上来讲，可分为基本环境数据和局部小尺度环境数据。前者通常为整个仿真区域提供全局的基本环境信息，如风场、温度场、气压场和温盐场等。而后者则用来描述某些局部高动态的天气现象，如紊流、风切变等。它们通常无法通过中高尺度的环境数据进行捕捉，因此这两种数据需要不同的获取方式。基本环境数据的获取主要有基于观测数据和基于数值预报模型两种获取方式。基于数值预报模型的获取方式虽没有历史观测数据的可信性高，但由于灵活性高、成本低，且也具备相当的可信性，使用这种方法所得到的模拟结果已能够满足大部分仿真需求，现已广泛应用在综合自然环境仿真中。常用的海洋预报模型包括 POM、ROMS 等。模式驱动力包括风应力、净热通量、短波辐射、净降水量及海表面温度等数据，直接提供给模式计算所用。通常采用从 NCEP 月平均值再分析气象数据作为驱动力数据源。由于其时间分辨率比较低，未来应考虑其他数据源，来增加时间密度（如日平均值）。

（二）环境数据获取

环境建模与仿真，从技术层面来看，可分为环境数据的交换、表示及标准化，环境模型和数据生成及可重用，动态环境仿真学科和环境仿真可视化四个方向。这些方向都以环境数据为基础。

综合环境数据建模具有数据场、时空变化、定量与定性描述相结合、多分辨率、多用户等特点，在综合环境仿真系统中常采用数据库描述自然环境的物理特性。综合环境数据库包括地形数据库、大气环境数据库、海洋环境数据库、空间环境数据库，其中地形数据库最具复杂性、典型性。综合环境数据库，需要首先要解决好数据获取问题。

遥感技术的出现直接改变了大气科学的现实面貌。遥感技术能够通过电磁波的辐射及反射特性的深入分析和研究来对不同距离的大气现象进行进一步的探测，促进气象观测质量以及范围的全面升级，保障数值预报的可靠性以及精准性，更好地实现时间以及空间的有效缩短。其中气象卫星可以结合同一时刻之下全球范围大气运动的具体状况来积极地跟踪观测范围之内水汽分布以及具体的运动情况，从而使得大气科学研究的方式能够突破时间以及空间的桎梏，更好地实现大气科学在世界天气监测史上的飞跃以及进程。结合相关的理论研究成果以及实践调查结果分析可以看出，大气科学开始实现了局部分散认知发展向全球集中认知的过渡，并且将感性认知与定量分析相结合，突破了静止性以及线性研究方式所存在的各类不足。

根据我国的实测大气数据，国内对大气环境的研究也取得了一些成果，对美国标准大气模型 USSA76 进行了修正，建立了符合我国大气条件的标准大气模型。我国也于 1987 年发布了北半球标准大气模型 GJB365.1–87，和大气风场模型 GJB366.1–87。对于风场的研究也较为成熟，平均风、大气紊流、风切变、突风等风场都有比较完善的建模技术。而在大气对实体的交互效应方面，大气风场中的飞行器运动模型及弹道模型的计算已有很好的研究积累，相应的控制策略研究也有了一定的成果。我国的中尺度大气数值模式研究也得到了迅速发展。2009 年 3 月，中国气象科学研究院提出的 GRAPES 系统通过了中国气象局的审批，已批准投入业务运行。近年来研究重点方向包括海 – 陆 – 气 – 冰 – 生耦合、气溶胶、大气化学和碳循环过程的地球气候系统模式；模式系统的并行化技术、耦合技术；高分辨率区域气候模式；业务气候预测模式对亚洲季风区降水的预测能力。

自 1991 年开始，美国高层大气研究卫星（UARS）上搭载的仪器对大气环境进行探测，在这些观测数据的基础上，UARS 建立了从地表到低热层的平均大气参考模式。国内学者利用卫星探测数据分析了中国地区 20 ~ 80km 高度范围内的大气温度的分布情况，计算和分析结果与 CIRA–1986 大气模式数据相比有一些差别，研究和改善的空间较大。我国利用 TIMED（thermosphere ionosphere mesosphere energetics and dynamics）卫星上搭载的多普勒干涉仪测量风场，对中间层和低热层的大气风场进行了研究，与当前通用的中性大气经验模式有较好的一致性，但在热带区域有显著不同。

中国科学院国家空间科学中心针对临近空间大气环境的动力学特性进行了分析和研究，并基于TIMED卫星上搭载的SABER探测器获取的11年的大气密度数据进行统计分析，观察其变化规律，提出了临近空间大气密度表征为气候平均量和大气扰动量之和的建模方法，并建立了大气随机扰动自回归模型。TIMED卫星从距离地球625公里的圆形轨道探测大气数据，其倾角是74.1°，轨道周期为1.6时，SABER探测器通过使用十通道宽带分支红外辐射计全面测量大气，可以获得大气环境的动力学温度、压强、位势高度的垂直分布和痕量物质数据[5]。

（三）综合自然环境建模的仿真应用

对于环境仿真与应用技术研究方面，国内的研究主要体现在地形建模、电磁环境仿真、大气海洋建模以及三维视景仿真等方面的尝试和努力。没有统一的表示规范，也没有标准化，尚未形成高水平的、成熟的综合环境服务系统。

国内已将MM5模式应用于很多中尺度现象的研究，例如基于MM5的沿海风资源研究等，WRF中小尺度模式是由美国国家大气研究中心（NCAR）研发的，该模式能够实现数值天气预报、大气模拟等功能。国内外许多学者对两种模式进行了许多对比分析研究，指出除部分高度层的模拟稍有偏差，两种模式对气象数据的模拟吻合度较好，相关系数达89%～99%。目前，1WRF模式的版本也陆续更新，国内一些基于WRF模式研究和应用不断深入，采用WRF模式对某地区暴雨进行了数值模拟和分析，对降水中心的分布、降水及暴雨过程进行数值模拟。许多学者都展开了WRF模式对于风场、暴雨、气温等的研究，发现该模式对于中国地区天气过程有较好的模拟能力。上海交通大学对临近空间大气环境进行了建模，在一定的假设条件下，利用大气运动规律建立公式和方程组的方法对一些临近空间参数如运动温度、平均分子量、临近空间大尺度风场进行了建模描述[6-7]。

由于作战模拟与战场环境的仿真密切相关，战场环境直接影响着虚拟兵力的机动、探测，而兵力也改变战场环境的面貌等。在虚拟兵力的关键技术中，基于地形的作战任务部署、战场态势二维三维显示、单兵和编队作战中的路径规划等都与战场环境密不可分。而且常用的兵力仿真软件基本都会把战场地形环境融入自身当中。

复杂电磁环境的建模主要包含两方面：其一是对象目标的建模，即复杂电磁环境中飞机、导弹、雷达等本身几何形状的建模以及本身材质复合材料的建模，通过建立模型计算目标的电磁吸收、电磁散射特性。其二是电磁波如何在复杂环境中传播，建立传播衰减模型，环境包括特定空间中的复杂自然环境（包括地形、大气、杂波等）与复杂电子干扰环境（包括人为、自然电磁干扰）[8-13]。

复杂电磁环境的电磁信息来自两个方面，一是通过实际测量，得到复杂电磁环境中实际的电磁数据，再将大量测量数据经统计分析、插值拟合，得到空间电磁数据场，然后归纳出经验公式，得到经验模型。二是在严格的电磁理论基础上，从 Max-well 方程组推导出的公式，通过计算得到电磁数据，即确定性模型，确定性模型能对复杂目标电磁散射、吸收以及复杂环境（自然、干扰环境）中的电磁波传播特性有很高的预测精度[14]。

人工环境是装备、人员、设施的集合。在装备建模方面，通过建立实体模型，即对装备系统、现象或过程的物理、数学或其他逻辑表示，进而建立装备的模型。如车辆模型、飞机模型等。在建立装备模型的过程中根据装备有无内热源建立装备的红外特性模型。在行为模型建立方面，通过描述装备根据特定环境的配置情况，如运动、探测、追踪等研究其行为特性。

在红外成像建模与仿真方面，国内已对大量红外目标和背景进行研究，加深了对各种目标和背景的红外特性的理解。工作主要是从红外物理学和传热学的角度出发，强调目标和背景的红外仿真热模型，对温度分布的计算往往较为复杂，绘制结果的红外真实感不够强。

国内对海洋环境的建模主要体现在三维可视化上，如随机海浪的仿真、海洋温度场的可视化、海底地形可视化等。海底地形和海底地质对船舶的航行、登陆、锚泊等均有重要影响。国内海洋数值模式的发展较为缓慢，自主研发的海洋模式缺乏在实践中的推广、验证以及修正，没有形成自主发展的成熟的、适合中国近海的海洋模式。

在环境建模仿真方面，国内的研究机构在虚拟自然环境可视化仿真、目标和环境特性建模、电磁环境仿真等方面开展了一系列的工作。与此同时，作为一个应用驱动的研究领域，复杂环境虚拟化的理论技术体系尚不十分完善，许多基础性问题仍有待深入剖析。

三、本专业国内外发展比较

环境建模与仿真领域的专业人才培养，涉及多个学科，体现出多学科交叉融合的特点。专业领域主要围绕环境数据获取与监测、环境动态变化机理分析、环境建模、环境干预与保护等方面。环境建模仿真学科专业，涉及工学门类的环境科学与工程、测绘科学与技术、地质资源与地质工程、船舶与海洋工程、仪器科学与技术、控制科学与工程、计算机科学与技术、电子科学与技术等学科，以及理学门类的大气科学、地理学、海洋科学、地球物理学、地质学等学科，涉及的学科门类众多。以下着重阐述环境科学与工程、测绘科学与技术专业的国内外发展对比情况[16]。

（一）环境科学与工程

环境科学既是一个交叉学科又是一个边缘学科，内容广泛，综合性极强。它从自然科学、社会科学和技术科学等各个领域对环境问题进行研究，综合出一些概念、原理、规律以及相应的措施和方法，用以指导人类活动，保护环境质量。人类所处的生态环境是多维结构的，因而对应的研究内容也是多维的，没有学科综合也就没有环境科学，环境科学就是在这种综合研究中逐步形成自己的学科体系，表现了环境科学的这一结构特性。

环境科学涉及学科基础、环境过程、环境效应、相关学科四部分。其中，学科基础主要涉及环境化学、环境地球化学、区域环境污染三个领域，环境过程主要分析大气环境、水环境、土壤环境、水体富营养化四个核心问题，环境效应重点探讨环境与健康、环境毒理与环境基准、生态风险问题，相关学科选择水文水资源、全球变化生态学、恢复生态学、环境山地灾害、近代环境变化领域进行分析。

在中国，环境学科在高校设置主要集中在环境科学专业、环境工程专业、给水排水专业这三大专业上。尽管中国高校的性质不同，环境院系名称却相似，环境院系内开设的环境专业差异不大。北京大学、南京大学、中国海洋大学的环境科学专业，同济大学的给水排水专业，河海大学的环境工程专业。环境工程专业核心专业课，大气污染控制工程、水污染控制工程、固体废物处理与处置、环境评价、环境规划与管理等。

国外高校在环境领域学科设置都侧重不同学科之间的交叉融合，实施系统化模块教学，注重学科交叉、通专融合。例如，美国加州大学伯克利分校（UCB）在环境学科上专门设定了环境与人体健康、全球变化与生物学等六个子方向，每个方向课程建设体现高度的学科融合特点，涉及十多个学科参与课程设计和建设。斯坦福大学（Stanford）有两个与环境学科相关的院系。一个是土木与环境工程系，偏重建筑环境、大气 / 能源和水环境的交叉融合，其课程关注的尺度有城市尺度、区域尺度乃至全球尺度。另一个是地球、能源与环境科学学院，形成了能源与环境政策分析、可再生能源与绿色能源过程等一大批交叉融合课程，实现了地学、环境和能源系统的交叉融合发展。伊利诺伊大学厄巴纳 - 香槟分校（UIUC）本科生教育以基础学科为主，重视多学科交叉。环境学的基础课程除数学、物理、化学之外，还向理科和文科两边延伸，如环境经济、环境法大多在文科，环境化学、水文地质则倾向于理科。二是科学、工程、管理相结合。哈佛大学在环境相关专业设置上，淡化了科学、工程与管理之间的界限，将三者紧密结合起来。比如地球与行星科学系开设大气化学与物理、能源与气候、大气化学等课程，公共卫生学院开设人体健康和全球环境变化、大气环境等相关课程；自 2016 年起，哈佛大学还与麻省理工学院共享大气、海洋与气候导论、大气污染等相关课程。以上三个模块共同组成了大气环境相关课程体系，成为环境教学的国际典范。荷兰瓦赫宁根大学环境科学专业课程分为常规课程和专业课程（根据方向进行选修）。常规课程包括基础课、导论、专业基础课和实际分析研究，导论和专业基础课程覆盖科学、技术和管理等各个方面。根据专业方向选修的专业课程集中在环境政策与经济学、环境质量和系统分析、环境技术这三个模块。科学、工程、管理相结合，就是要培养环境创新人才的系统观，使其具备系统工程思维。丹麦技术大学（DTU）环境工程系包括水、环境管理、环境化学、生物资源四个方向[17]。

（二）环境测绘科学技术

我国测绘科学技术在近些年发展很快。测绘专业从以国家基础测绘为主扩展到地球空间信息获取、处理与应用于相关的资源调查、应急管理、导航、交通、物流、旅游等众多领域。根据测绘科技发展和社会需求，培养创新性基础理论研究和专业化工程技术人才是我国测绘本科专业人才培养的实际要求。

国外同类高校的专业设置主要有：大地测量学、测绘信息工程，卫星导航与定位、摄影测量学与遥感、地图制图与地理信息系统、测量与地球空间信息系统等。

我国测绘类本科专业目录的设置：大地测量学与卫星导航；工程测量；遥感科学与技术；地理空间信息工程。其中大地测量学与卫星导航、工程测量和研究生的“大地测量学与测量工程”专业相对应；遥感科学与技术与研究生的“摄影测量学与遥感”专业相对应；地理空间信息工程与研究生的“地图制图学与地理信息工程”专业相对应。

测绘学的现代发展促使测绘学中出现了若干新学科，例如卫星大地测量（或空间大地测量），遥感测绘（或航天测绘），地理信息工程等。测绘学已完成由传统测绘向数字化测绘的过渡，现在正在向测绘信息化发展。由于将空间数据与其他专业数据进行综合分析，致使测绘学科从单一学科走向多学科的交叉，其应用已扩展到与空间分布信息有关的众多领域，显示出现代测绘学正向着近年来国际上兴起的一门新兴学科——地球空间信息科学跨越和融合。地球空间信息学包含了现代测绘学的所有内容，但其研究范围较之现代测绘学更加广泛[18]。

地球空间信息科学是采用现代探测与传感技术、摄影测量与遥感对地观测技术、卫星导航定位技术、卫星通信技术和地理信息系统技术等为主要手段，研究地球空间目标与环境参数信息的获取、分析、管理、存贮、传输、显示和应用的一门综合和集成的信息科学和技术。地球空间信息科学是以“3S”技术为其代表，包括通信技术、计算机技术的新兴学科。它是地球科学的一个前沿领域，是地球信息科学的重要组成部分。英国《自然》文章指出，地球空间信息技术与纳米技术和生物技术并列为当今世界最具发展前途和最有潜力的三大高新技术。

地球空间信息科学不仅包含现代测绘科学的所有内容，而且体现了多学科的交叉与渗透，并特别强调计算机技术的应用。地球空间信息科学不局限于数据的采集，而是强调对地球空间数据和信息从采集、处理、量测、分析、管理、存储、到显示和发布的全过程。这些特点标志着测绘学科从单一学科走向多学科的交叉；从利用地面测量仪器进行局部地面数据的采集到利用各种星载、机载和舰载传感器实现对地球表面及其环境的几何、物理等数据的采集；从单纯提供静态测量数据和资料到实时 / 准实地提供随时空变化的地球空间信息。将地理空间数据和其他专业数据进行综合分析，其应用已扩展到与空间分布有关的诸多方面，如：环境监测与分析、资源调查与开发、灾害监测与评估、现代化农业、城市发展、智能交通等。

四、本专业我国发展趋势及对策

环境建模仿真技术的发展，将越来越重视对多种环境要素间的相互作用机理的分析，突出海－陆－气－冰－生相互作用和反馈机理的研究和环境监测－诊断－预测理论与方法的研究，推进多源数据的综合应用技术研究。在大气科学方面，重视大气内部低频动力过程及演化规律，陆气、海气相互作用过程的分析，突破海－陆－气－冰－生耦合与气溶胶、大气化学和碳循环过程的地球气候系统模式关键技术[19]。在地质地理方面，经过数十年的努力，发达国家地质调查机构已经积累了一批不同尺度的3D地质框架模型，实现了地质信息的表达方式的第3次突破。发达国家地调机构3D地质建模的重点正在由针对具体应用的局地建模向建立国家和区域尺度的支持多种应用的框架模型转变。国土面积小的大多数国家正在建立全国性的3D地质框架模型，国土面积大的国家正在建立省域、州域和区域性的3D地质模型。国家区域性建模的共同点是汇集所有能够得到的数据，并集成各种地质地球物理数据进行综合建模。目前建立3D地质框架模型已成为各国地调机构的基本任务之一。3D地质框架模型将成为与国家其他基础设施同样重要的基础设施。

以谷歌公司的虚拟地球软件，将大量的卫星照、航拍照片和三维模型放置在虚拟的三维地球上，集成由众多的数据来源和高分辨率影像，一些局部区域（主要是部分城市）的分辨率可达0.15米。NASA发布的开源虚拟地球软件World wind，支持从美国地质调查局的数据、微软Bing的数据、Open Street Map数据等多源数据。这些都代表了虚拟地球/数字地球技术的发展前沿。融合有局部高分辨率环境数据以及全球大气/地理/海洋/空间环境数据与各类环境效应模型的虚拟地球/数字地球，必将是信息技术大厂追逐的目标，也必将拥有巨大的应用市场。

环境建模仿真技术的发展，需要培养宽视界的专业人才，视野由常规尺度向微观和宏观尺度发展，在技术上从传统技术向高新技术和信息技术发展，这些变化都将成为促进环境学科发展的重要牵引力，这要求人才应具有宽厚基础、创新思维和全球视野。我国环境建模仿真领域的人才需深入了解国际科技发展的水平和动向，具有国际竞争能力。相关学科的教学也必须从以知识传授为核心的教育理念，向价值塑造、能力培养、知识传授“三位一体”的教育模式转变。不断创新课程内容，完善课程体系，需要围绕国家重大战略需求和学科前沿开展教学研究，通过引导学生认识专业，了解学科前沿。顺应学科交叉融合的发展趋势，跨学科融合形成环境生物学、环境地球科学、信息科学等新的环境学科课程体系和新的环境学科方向，以满足复杂环境建模对专业学生的高要求。学科的发展需要将最新科研成果转化为教学内容，同时探索“强基础＋国际化＋重实践”融合的新型教学模式。[20]

参考文献

[1] 贺克斌. 立足中国绿色发展 贡献全球环境治理——环境学科创新人才培养的探索［J］. 中国大学教学，2019（7-8）：16-19.
[2] 中国环境科学学会. 中国环境学科发展报告［M］. 北京：化学工业出版社，2014.
[3] 孙丽. 0km-100km 虚拟大气环境资源构建［D］. 哈尔滨工业大学，2017.
[4] 董昊. 虚拟自然环境集成技术研究及软件开发［D］. 哈尔滨工业大学，2016.
[5] 张江洪. 国内外的环境监测现状分析［J］. 科学与财富，2015（z1）：192-195.
[6] 郭圣威. 海洋大气环境仿真服务技术研究［D］. 北京航空航天大学，2011.1.
[7] 张力予. 战场地形环境效应建模与仿真学科［D］. 北京航空航天大学，2017.1.
[8] 弥永宏，等. 基于倾斜摄影的三维城市建模研究［J］. 测绘与空间地理信息，2017（1）：215-217.
[9] 刘健. 基于三维激光雷达的无人驾驶车辆环境建模关键技术研究［D］. 中国科学技术大学，2016.
[10] 高航等. 基于轻便型移动测量系统的城市三维建模技术研究［J］. 测绘与空间地理信息，2017，40（5）：65-68.
[11] 张振超. 多视角倾斜航空影像匹配技术研究［D］. 中国人民解放军信息工程大学，2015.
[12] 赵耀普. 大型三维场景点云模型构建关键技术研究［D］. 北京航空航天大学，2018.
[13] 孙琳. 场景点云分割与仿真模型生成方法研究［D］. 北京航空航天大学，2019.
[14] 徐英，周尚武. 电磁环境监测传感器部署效率评估方法［J］. 装备环境工程，2018，15（4）：51-55.
[15] 谢孔树. 海战场自然环境建模与仿真数据模型研究［A］. 计算机与现代化，2011（11）：51-54.
[16] 王焱，等. 中国环境专业学科发展探讨［J］. 环境科学与管理，2007，32（3）：32-42.
[17] 田青，等. 中英高校环境学科本科人才培养的比较研究［J］. 教育进展，2014（4）：32-42.
[18] 中国测绘地理信息学会. 2016-2017 测绘科学与技术学科发展报告［M］. 北京：中国科学技术出版社，2018.
[19] 屈力遥. 大气科学历史进程中多学科的交叉影响［J］. 中国科技投资，2018（28）：293.
[20] 中国科学院. 中国学科发展战略－环境科学［M］. 北京：科学出版社，2016.

撰稿人：龚光红　李　妮

农业系统建模与仿真

一、引言

建模与仿真是信息技术在农业中应用的重要内容，它根据农作物作物生理学和生态学原理，通过对农作物生长发育过程中获得的试验数据加以理论概括和数据抽象，建立起关于作物物候发育、光合生产、器官建成和产量形成等生理过程与环境因子之间关系的动态数学模型，并在模型的基础上对作物生长情况进行仿真[1]。农业系统的仿真模拟具有其他研究手段不可替代的作用，它可以综合知识、理解和定量关系、测验假说、动态预测、支持决策等。

随着信息技术的快速发展，计算机技术在农业上的应用日趋成熟，作物生长模拟与决策支持研究经历了简单到复杂、局部到整体、理论到应用的发展历程，取得了丰硕的研究成果，成为传统农业向信息农业和数字农业转变和升级的重要工具，特别是随着人类生存环境的恶化以及人口与粮食安全问题的日益突出，作物系统模拟与决策支持研究进入了一个不断完善、广泛应用的新阶段[2]。然而，面临新形式和新要求，作物模拟和决策支持技术自身还存在着一些亟待解决的问题：例如影响作物生长的因子考虑还不够全面，作物生理生态知识的积累不够充分，模型参数难以获取和估计，科学研究和应用开发需要协调兼顾等；尤其是近年来，与快速发展的分子生物学和生物信息学研究相比，作物生长模拟研究与应用相对有些滞后。此外，由于世界粮食安全问题日趋严重，急需构建和提出不同级别和层次水平的粮食生产预测预警与安全评估系统，从而引导和促进粮食生产的健康发展。

同时，当前农业的功能定位也在发生变化，农业不仅具有食品保障功能，而且具有原料供给、就业增收、生态保护、观光休闲、文化传承等功能，并明确要求开发农业多种功能，健全发展现代农业的产业体系。现代农业已经成为综合了科技展示、会展农业、生态休闲的于一体的产业。因此，把农业的生产过程、农民的劳动生活和农村的风情风貌经过科学设计和系统开发，满足城乡居民休闲观光、农事体验、文化传承、科普宣传等功能要求的新型农业产业形态对农业仿真学科也提出了新的需求[3]。

将现代仿真学科与农业知识结合，如对三维数字化、农业生产过程仿真、三维虚拟互动等技术进行集成，构建服务于农业展示宣传、科普教育、休闲娱乐等需要的技术体系，实现农业科技展示和科普教育的形象化、可视化和趣味化，提升农业展示内容的趣味性和吸引力，对于提升青少年的科学素养、加快农业科技成果普及水平、加速农业产业化进程也具有重要意义。

二、本专业我国的发展现状

我国的作物模拟研究虽然起步较晚，但发展较快。我国的作物模拟研究开始于 20 世纪 80 年代中后期，早期主要是引进、修改和验证国外模型。我国台湾地区周天颖利用 CERES-Rice 建立了台中市水稻生产农业土地使用决策支持系统；中国农业大学利用虚拟现实技术进行作物的形态和株型模拟，进一步增强了作物生理生态建设和生长模拟结果的可视化表达；浙江农业大学的吕军等在作物生长模拟模型 MAC-ROS 和田间水分平衡模型的基础上，引进并建立了农田水分平衡与作物生长动态耦合综合模拟模型。在吸收借鉴国外作物模型的基础上，我国科学家开发了适用于我国的作物模型。1983 年高亮之与美国学者合作建立了 ALFAMOD 苜蓿计算机模拟模型[4]，这是以中国科学家为主完成的第一个农业计算机模型。1986 年黄策、王天铎等建立了水稻群体物质生产的计算机模型，这是我国最早提出的水稻模拟模型[5]。1989 高亮之等完成了水稻计算机模拟模型 RICEMOD，提出了模拟发育期的水稻钟模型[6]。1990 年高亮之等全面完成了水稻栽培模拟优化决策系统 RCSODS，是国内影响较大、模拟效果较好的作物模型[7]。国内有影响的水稻模拟模型还有许多，如华南农业大学骆世明等完成的水稻模拟模型 RSM[8]、江西农业大学戚昌瀚等于 1986 年应用系统动力学原理成功研制的水稻生长日历模型 RICAM[9]等。1992 年中国农业大学潘学标结合中国棉花栽培研究成果研制成棉花生长发育模拟模型 COTGROW[10]。1992 年中国农业大学冯利平研制了小麦发育期动态模拟模型[11-13]。

2000 年以后，随着互联网等信息技术的发展，作物模型研究进入了快速发展阶段。曹卫星等指出模型研究是数字农作技术研究的核心，主要作物的模型研究都取得积极进展[14]。浙江农业大学的吕军等在作物生长模拟模型 MAC-ROS 和田间水分平衡模型的基础上，引进并建立了农田水分平衡与作物生长动态耦合综合模拟模型。严美春等建成了小麦地上部器官的模拟模型研究[15]。郭银巧等实现了玉米水分管理动态知识模型[16]。张伟欣等构建了油菜作物模型[17]。胡林、周国民等实现了基于实测数据的果树三维数字模型构建[18-19]。在建模方法和工具方面，姜海燕等提出了基于本体的作物系统模拟框架构建技术[20]，王功明等对虚拟植物根系生长模型分析和比较[21-22]，中国农业大学利用虚拟现实技术进行作物的形态和株型模拟，进一步增强了作物生理生态建设和生长模拟结果的可视化表达[23]。

将现代仿真技术与农业生产过程仿真、农业成果三维虚拟互动等应用场景进行集成，构建服务于农业展示宣传、科普教育、休闲娱乐等需要的技术体系，实现农业科技展示和科普教育的形象化、可视化和趣味化，也是当前国内农业建模与仿真研究与应用的一个热点。

三、本专业国内外发展比较

随着对农作物生理生态机理认识的不断加深，农作物仿真模型的研究取得了丰硕成果，并成为农业研究最有力的工具之一。

1970年荷兰deWit把呼吸作用引入作物模型，建立了完整的ELCROS模型；在ELCROS的基础上，荷兰科学家又建立了BACROS模型（1978年）、SUCROS模型（1982年）及MACROS模型（1989年）。以荷兰为代表的适于一般作物的机理性模型的建立，极大地推动了世界作物模拟技术的迅速发展[24]。美国科学家在作物的模拟研究中则注重各种作物的生理特征，研究应用性强的单一作物模型[25]。1972年Duncan建立了SIMCOT模型，它以光合作用和呼吸作用为基础，模拟棉花的产量形成。在SIMCOT基础上，Baker等建立了GOSSYM模型，该系统进一步完善了对棉花系统动力学过程的模拟，该模型经改进、完善成为目前较好的棉花模型之一。以Ritchie教授为代表的数十位不同研究领域的美国科学家，在20世纪70年代中期以后陆续推出了针对不同作物的CERES系列模型。模型涵盖了玉米（CERES-maize）、小麦（CERES-wheat）、水稻（CERES-Rice）、大麦（CERES-barley）、高粱（CERES-sorghum）、粟（CERES-millet）等作物，模拟在不同环境条件下作物的生长发育过程，是当今世界公认的比较完善的作物模型。

在荷兰和美国作物模拟技术不断发展完善的同时，世界各国作物模拟技术也在悄然兴起，它从少数国家的研究发展成为世界范围内的研究。英国、澳大利亚、苏联、日本、丹麦、以色列及德国等国家的科学家都开展了不同程度的作物模拟研究，先后建立了圆白菜、莴苣、糖用甜菜、三叶草、苜蓿、高粱、冬小麦、春小麦、大麦、玉米、冬黑麦、马铃薯和向日葵等多种作物的模拟模型，大大推动了作物模拟技术在世界范围内的研究和应用。

重要的几种模型体系包括如下几个。

荷兰的Wageningen模型体系将作物生产系统分为潜在生产、水分受限条件下的生产、氮素受限条件下的生产和养分限制条件下的生产等四种生产水平。上述四种生产水平又归结为潜在生长、可实现的生长和实际生长等三种情形。该模型体系涵盖了作物的生长机理、土壤和气候等因素，根据模型的开发阶段和复杂程度，这些模型又分为初级模型、综合模型和概要模型几种。

美国的DSSAT作物模型是应用系统工程原理，动力学方法和计算机技术构造的作物－土壤－大气系统的动态模拟模型，以天气气候条件和土壤理化性状为非可控因子，而作物品种、肥料和灌溉为可控因子[26]。它不受地域、气候和土壤类型等条件的限制，可以模拟作物在自然环境下生长、发育和产量形成的动态过程，为作物产量预测以及节水施肥等田间操作提供决策信息。作为一个模型系列，最先发表的是Ritchie等的小麦模型CERES-Wheat，此后，Jone等发表了玉米模型CERES-Maize，Ritchie发表了稻谷模型CERES-Rice，Boote、王亚莉等发表了花生、大豆模型等。这些模型具有相似的模拟过程，包括土壤水分平衡、发育时段、作物生长等。与以往作物模拟模型相比，DSSAT系列模型在综合性、应用性、预测性方面都有所加强，已被广泛应用于不同环境条件下的作物估产、干旱评价、作物品种培育等，是目前世界上应用最广泛的作物模型之一。

美国的GOSSYM模型是一个模拟棉花生长的动态模型，该模型体现棉花对外界的反应和种植结构、耕作措施、施肥与灌溉等农艺措施对棉花生长的影响，能在生理过程水平上模拟棉花的生长发育和产量形成[27]。

APSIM模型是澳大利亚科学家开发研制的，用于模拟农业系统各生物过程，特别是气候风险下系统各组分生态和经济输出的机理模型[28]。APSIM模型的特点是注重土壤过程，如土壤N、土壤水、有机质以及同土壤N和土壤水分运动密切相关的地表留茬问题，通过模拟土壤有机质动态、水土流失、土壤盐渍化、土壤酸化和作物品种选择等，确定农业系统长期发展进程及管理措施的反映。

近年来，国际上兴起了作物模型比较与改进研究，目标是对各种农业模型进行对比分析，探讨现有农业模型的改进方法，进一步增强农业模型在气候变化影响评估、业务及农业生产中的应用能力。同时开展以反映作物基因特性更加机理性以及大型综合的新一代农业模型的研究与开发。由于农业建模者的目标和所用参数化模型资料的差异导致作物模型在主要过程、驱动模型的主要变量和模型关键参数几方面存在差异。基于单一模型的模拟结果可能会存在较大的不确定性，而多模型集合可以相互补充，降低模拟结果的不确定性。在多模型比较的基础上对模型的主要过程进行改进，提高模型指导农业生产的实用性。

进入21世纪，我国在农业模型研究方面继续深化，开展研究的作物种类增多，农业模型与决策系统研究不断完善，产生了较大的影响。同时形成了较为稳定的研究团队，研究工作各具特色，并且与国际农业模型研究有着密切的联系与合作。但目前存在的主要问题是国内的工作较为分散，不同单位，甚至同一单位的研发都有重复，自主研发高国际影响力的模型数量有限。我国的作物模型应用的较少，在国际上更显薄弱。现在的情形是国内几乎清一色的在用国外模型如DSSAT、APSIM、WOFOST等，少有底层开发，国际作物模型受知识产权、源代码限制，难以适应业务应用需要，中国农业生产中生产管理复杂问题的模拟研究还很不足。

四、本专业我国发展趋势及对策

目前，农业系统仿真还远远落后于其他领域，其原因也是多方面的，农业系统本身及其环境的复杂性、多变性、惯性及非线性等特点，某些生物过程的机理尚不清楚，离数量化表示相差尚远，以及数据来源等问题都给仿真应用带来困难。尽管这样，农业系统仿真仍取得不少进展，在植物生长与作物产量，病虫害防治、种群生态、农场经营、农业区划、农业经济等方面都不乏仿真学科的成功应用，未来我国农业系统建模与仿真发展趋势主要有如下几个方面。

（一）作物仿真与 3S 技术相结合

作物仿真与遥感技术相结合能够提高区域尺度作物仿真的精度，促进作物仿真技术的发展和应用；地理信息系统 GIS 为模型提供了大量的环境和品种参数也是模型运行结果的管理平台；作物仿真与全球定位系统 GPS 相结合能够实现模型使用空间的实时精确定位；3S 技术与作物仿真技术相结合可以对大范围的作物长势进行实时动态监测，能够实时预测各种气候条件下微观作物发育过程和产量，能够为政府决策和农户管理提供技术支持。

（二）作物仿真技术与现代网络技术的结合应用

国际信息高速公路的建成为我们了解世界农业经济发展构建了平台，通过互联网我们可以查阅世界作物模拟的最新研究成果；通过互联网我们可以了解世界范围内作物长势的遥感等监测信息；通过互联网我们可以向中国和世界的专家学者学习和请教作物模拟和农业生产方面遇到的突出问题；通过互联网我们也可以发表作物模拟或其他农业技术推广应用的有关信息与农户和政府进行沟通和交流。

（三）作物仿真与大气环流模型 GCM 的结合

将气候模型与农业或作物模拟模型相结合的方法，是研究气候变化对农业影响的最好方法，它可以模拟未来的气候条件下对作物产量的影响，指导农业规划和作物布局，为农业决策提供科学依据。

（四）作物仿真与农业经济模型的结合

将作物模型与经济模型结合是近年来新兴的方向。作物模型的模拟结果是经济模型的驱动变量，通过将作物模型与经济模型结合建立作物－经济耦合模型，可以为农业政策和保险条例的制定、农业适应气候变化战略的构建、农业种植制度的调整和农业可持续发展提供科学支撑。

（五）多学科的交流与融合

农业生产系统是一个复杂的系统，它的各个子系统间相互联系、相互作用，作物模拟技术是一项综合的技术，是建立在植物生理学、作物栽培学、植物营养学、土壤学、农业气象学、计算机科学、园艺学、植物保护学、农田水利学和数学等综合学科基础上的一门新技术，它的发展必然要求加强各相关学科的理论基础研究，深入研究有关作物生长发育的微观机理，站在其他学科研究成果的基础之上驾驭其他各领域知识。作物仿真技术要与专家系统相结合，博采众长，只有这样，作物仿真技术才能不断进步，作物仿真的应用性才会更强。

参考文献

[1] 高亮之. 农业模型研究与 21 世纪的农业科学［J］. 山东农业科学，2001（1）：43-46.

[2] 曹宏鑫，赵锁劳，葛道阔，等. 农业模型与数字农业发展探讨［J］. 江苏农业学报，2012，28（5）：1181-1188.

[3] 廖维华，郭新宇，温维亮，等. 作物栽培虚拟仿真实验教学系统的设计与实现［J］. 实验技术与管理，2016，33（011）：150-152.

[4] 高亮之，Hannaway D B. 苜蓿生产的农业气候计算机模拟模式— ALFAMOD［J］. 江苏农业学报，1985（2）：1-11.

[5] 黄策，王天铎. 水稻群体物质生产过程的计算机模拟［J］. 作物学报，1986（1）：1-8.

[6] 高亮之，金之庆，黄耀，等. 水稻钟模型——水稻发育动态的计算机模型［J］. 中国农业气象，1989（3）：3-10.

[7] 高亮之，金之庆，黄耀，等. 作物模拟与栽培优化原理的结合— RCSODS［J］. 作物杂志，1994（3）：4-7.

[8] 蔡昆争，骆世明. 水稻模拟模型的适应性研究［J］. 华南农业大学学报，1996（3）：12-18.

[9] 戚昌瀚，谢大海. 水稻生长日历模拟模型（RICAM）的调控决策系统（RICOS）研究［J］. 江西农业大学学报，16（4）：323-327.

[10] 潘学标，韩湘玲. 棉花生长发育模拟模型 COTGROW 的建立［J］. 棉花学报，1997，9（3）：132-141.

[11] 冯利平，高亮之. 小麦发育期动态模拟模型的研究［J］. 作物学报，1997（4）：418.

[12] 孙宁，冯利平. 小麦生长发育模拟模型在华北冬麦区适用性验证［J］. 中国生态农业学报，2006，14（1）：71-72.

[13] 冯利平. 小麦生长发育模拟模型（WHEATSM）的研究［D］. 南京农业大学，1995.

[14] 曹卫星，朱艳，田永超，等. 数字农作技术研究的若干进展与发展方向［J］. 中国农业科学，2006，39（2）：281-288.

[15] 严美春，曹卫星，罗卫红，等. 小麦地上部器官建成模拟模型的研究［J］. 作物学报，2001，27（2）：222-229.

[16] 郭银巧，李存东，郭新宇，等. 玉米水分管理动态知识模型的设计与实现［J］. 农业工程学报，2007（6）：175-179.

[17] 张伟欣，曹宏鑫，朱艳，等. 油菜作物模型研究进展［J］. 中国农业科技导报，2014，16（1）：82–90.
[18] 周国民，丘耘，樊景超，等. 数字果园研究进展与发展方向［J］. 中国农业信息，2018，30（1）：10–16.
[19] 胡林，周国民，丘耘，等. 基于实测数据的果树三维数字模型构建［J］. 湖北农业科学，2015，54（18）：4596–4598.
[20] 姜海燕，朱艳，汤亮，等. 基于本体的作物系统模拟框架构建研究［J］. 中国农业科学，2009，42（4）：1207–1214.
[21] 赵春江，陆声链，郭新宇，等. 数字植物研究进展：植物形态结构三维数字化［J］. 中国农业科学，2015（17）：134–147.
[22] 王功明，郭新宇，赵春江，等. 虚拟植物根系生长模型分析和比较［J］. 作物研究，2006（3）：281–285.
[23] 宋有洪，郭焱，李保国，等. 基于植株拓扑结构的生物量分配的玉米虚拟模型［J］. 生态学报,2003(11)：137–145.
[24] 潘学标. 荷兰作物模型的发展与应用［J］. 世界农业，1998（9）：17–19.
[25] 林忠辉，莫兴国，项月琴. 作物生长模型研究综述，作物学报，2003（5）：750–758.
[26] 刘海龙，诸叶平，李世娟，等. DSSAT作物系统模型的发展与应用［J］. 农业网络信息,2011(11)：5–12.
[27] 邱建军，肖荧南. 美国GOSSYM棉花生长模拟模型研究进展［J］. 世界农业，2000（4）：20–21.
[28] 沈禹颖，南志标，Bill Bellotti，等. APSIM模型的发展与应用［J］. 应用生态学报，2002（8）：1027–1031.

撰稿人：周国民　郭新宇　王　靖　冯利平

数字娱乐系统建模与仿真

一、引言

数字娱乐系统建模与仿真是集数字娱乐内容创意与创作、学术研究、新技术应用、产品创新与研发、产业发展为一体的高技术集成专业领域。数字娱乐产业与传统的文化产业相比有着明显区别和特殊优势。通过近 20 年的实践，中国数字娱乐与仿真专业已经发展到成熟阶段，有了广泛地政策、技术研发、内容创作和产业实践基础。

数字娱乐系统建模与仿真专业起源于 20 世纪末数字媒体艺术的蓬勃发展，数字媒体艺术是数字技术与艺术设计相结合的趋势而形成的一个新的交叉学科和艺术创新领域。数字媒体艺术以数字科技和现代传媒技术为基础，将人的理性思维和艺术的感性思维融为一体的新艺术形式。

伴随计算 GPU 显卡和并行计算理论的成熟，极大地推动了以计算机图形学为基础的真实感渲染技术—虚拟现实研究领域的发展，从而拓展出虚拟现实（VR）在数字娱乐领域的广泛应用，如游戏技术与次世代游戏、VR 在教育、医疗、军事仿真、数字内容创意设计等应用领域的重要成果。

虚拟现实（VR）技术涉及计算机图形学、人机交互技术、传感技术、人工智能等领域技术所生成的集视、听、触觉为一体的交互式虚拟环境。用户借助数据头盔显示器、数据手套、数据衣等其他数据设备与计算机进行交互，得到与真实世界极其相似的体验。

游戏具有虚拟现实技术具有的沉浸性、交互性和构想性这三大基本特征。该技术最大的特点是通过模仿使用者嗅觉、听觉、视觉和触觉，创造出一个虚拟的环境，并让使用者在这个环境中接到真实环境的感觉，并且能够与该环境中的事物进行交互，最终给予让使用者认为环境中的一切都是真实的。

VR 医疗通过虚拟现实技术在疾病的诊断、康复以及培训中正在发挥着越来越重要的作用。它利用计算机和专业软件构造一个虚拟的自然环境，将计算机和用户连为一体，

VR 与医疗的结合可以在以下四个方面实现：远程医疗、治疗心理疾病、配合治疗、医疗培训。远程外科手术是远程医疗中的一个重要组成部分。

VR 教学是通过虚拟现实，利用计算机图形系统和辅助传感器，生成三维教学环境。这个教学环境可以是世界各国，可以在公园、河边、建筑的顶层等。VR 教育要制作大量教学内容、学习素材、教程、三维空间制造等，让学生在听觉、视觉、触觉等感官的虚拟以体验方式来学习，可能满足很多人的需求，也可以跟世界名师学习。脱离教室到户外上课都可以成为现实，虚拟现实技术可以让学习变得更有趣。

军事仿真：军事仿真是指利用虚拟仿真学科来模拟战局、战略、战术的方法。在实践中，军事仿真对于军事作战指挥有着重要的战略意义及经济效益。采用虚拟现实技术能够使受训者在视觉和听觉上真实体验战场环境、熟悉将作战区域的环境特征。

数字内容创意设计是基于数字媒体技术与艺术结合的内容创作，是关于数字文化创意、设计服务、数字创意与相关产业融合应用服务，其中数字文化创意涵盖了技术装备、软件、内容制作、新型媒体服务、内容应用服务等范畴。2016 年 12 月，国务院正式公布了《“十三五”国家战略性新兴产业发展规划》。其中，数字创意产业首次被纳入发展规划，成为与新一代信息技术、生物、高端制造、绿色低碳产业并列的五大新支柱产业。

二、本专业我国的发展现状

（一）本专业的应用

1. 数字媒体技术

数字媒体艺术是随着 20 世纪末数字技术与艺术设计相结合的趋势而形成的一个新的交叉学科和艺术创新领域。它通常是指以数字科技和现代传媒技术为基础，将人的理性思维和艺术的感性思维融为一体的新艺术形式。数字媒体艺术是一种“在创作、承载、传播、鉴赏与批评等艺术行为方式上推陈出新，在艺术审美的感觉、体验和思维等方面产生深刻变革的新型艺术形态”[1]。

近年来，随着社会信息化、文化创意产业的发展与振兴，我国数字媒体艺术教育得到了迅猛发展。截至目前，绝大多数高校已经把 VR 技术列为数字媒体艺术专业课程的内容之一，也有一部分高校在开设数字媒体艺术专业的同时，开设了交互式装置与投影艺术课程、交互式影像课程等涉及 VR 技术使用的课程。VR 技术的渗透意味着数字媒体和人文、自然等学科相融合，使数字媒体艺术专业的教学被赋予了交叉性和融合性特征[2]。

2017 年 3 月，数字创意产业三大重点方向被纳入《战略性新兴产业重点产品和服务指导目录》。数字文化创意、设计服务、数字创意与相关产业融合应用服务，其中数字文化创意涵盖了五个重点子方向，分别为技术装备、软件、内容制作、新型媒体服务、内容应用服务。这是继 2016 年数字创意产业首次纳入《“十三五”国家战略性新兴产业发展规划》之后，该产业获得的又一项重要政策支持，体现了国家在政策上对数字媒体艺术专业的高度肯定[3]。

2. 虚拟现实技术

虚拟现实技术涉及计算机图形学、人机交互技术、传感技术、人工智能等领域的技术所生成的集视、听、触觉为一体的交互式虚拟环境。用户借助数据头盔显示器、数据手套、数据衣等其他数据设备与计算机进行交互，得到与真实世界极其相似的体验。

我国的 VR 产业仍处于初期增长阶段。多个地方政府积极推进产业布局，已有十余个城市发布专项政策，VR 产业地图的板块日益扩大。根据《中国虚拟现实应用状况白皮书 2018》[4]发布的中国 VR 产业地图 2018，我国涉及重点企业数量达 500 家。在我国 VR 产业分布中，重点企业分布在北京等 12 个省市，其中北京、上海、广州、青岛、成都和福州等地成为我国 VR 产业发展的热点地区。根据 IDC2019 年公布的《中国 VR/AR 市场季度跟踪报告》[5]，2019 年第一季度我国 VR 头显设备出货量接近 27.5 万台，同比增长 15.1%，其中头显设备出货量同比增长 17.6%。

另据《虚拟现实产业发展白皮书（2019 年）》[6]披露，中国虚拟现实市场规模到 2023 年将达到 4300 亿，虚拟现实产业与 5G、人工智能、大数据云计算等前沿技术不断融合创新发展，进一步促进了虚拟现实的应用落地，催生了 5G+VR/AR、人工智能 +VR/AR、Cloud +VR/AR 等新业态和服务。

3. 虚拟现实与教育

传统的教育技术主要用实物教学模型和相关教学辅助器具授课，随着计算机信息技术的发展，特别是互联网、大数据人与工智能虚拟现实等技术的出现，开创了教育技术新领域进入教育信息化发展的新时代。教育部大力推进的国家虚拟仿真实验教学项目利用网上做虚拟交互实验的方式降低对实体实验室的依赖就解决了许多因现实条件资源不均衡等导致的实验教学问题[7]。由国家重点研发计划“多模态自然交互的虚实融合开放式实验教学环境”项目首席科学家潘志庚教授领衔研究课题，针对优质教学资源不均衡和不充分问题，依托云计算和 VR/AR 技术，研发多模态自然交互的虚实融合开放式实验教学环境，解决中学主干课程实验教学中多种交互模型的融合共存及多模态交互意图的精确理解、复杂实验教学环境中虚实融合的实时仿真和多通道感知（视、听、触、嗅）的同步呈现、探究式学习过程建模与行为量化评估等科学问题，以期实现我国优质教学资源远程教育的共建共享，更好地阐释和展现科学原理，并开发新型教学实验。

4. 虚拟现实与游戏

最早有记录的电子游戏是诞生于 1952 年的《井字棋游戏》（*Tic–Tac–Toe*），运行于真空管计算机上。70 年代，开始以一种商业娱乐媒体被引入，成为 70 年代末日本、美国和欧洲一个重要娱乐工业的基础。第一个电子游戏叫作《阴极射线管娱乐装置》的设计由汤玛斯・T. 沟史密斯二世（Thomas T. Goldsmith Jr.）与艾斯托・雷・曼（Estle Ray Mann）在美国专利注册。专利于 1947 年 1 月 25 日申请并于 1948 年 12 月 14 日颁布。在中国，20 世纪 80 年代中国台湾地区游戏产业蓬勃兴起，出现一些游戏研发发行，渠道全面成长的公司。1983 年智冠科技有限公司在中国台湾成立全球第一家签订授权中文版产品代理销售合约的公司，1988 年台湾第一家专业中文电脑游戏研发公司——大于咨询有限公司发行的 DOS 版《仙剑奇侠传》上市后深受用户喜爱。1994 年，北京金盘电子有限公司出版的《神鹰突击队》[8] 成为中国内地第一款自主研发的原创游戏拉开了国内原创游戏的序幕，随后出现了一系列类似的军事题材的游戏产品（包括《历史大登陆》《波黑战争》等）。

近几年，随着全球互联网的发展以及电脑、智能手机、平板电脑等电子设备的更新换代，网络游戏载体、类型不断丰富，游戏品质不断提高，各细分游戏类型均有庞大的受众群体，全球游戏市场迅速崛起，市场规模逐步扩大。2019 年中国游戏产业实际销售收入为 2308.8 亿元[9]，同比于 2018 年增长 164.4 亿元，同比增长 7.7%，增速较之前提升 2.4 个百分点。中国政府对数字媒体及数字娱乐创意产业的支持力度非常大，根据中投顾问发布的《2017–2021 年中国网络游戏市场投资分析及前景预测报告》[10]，中国互联网协会、工信部网络安全产业发展中心联合发布了《2019 年中国互联网企业 100 强发展报告》[11]，根据报告，阿里巴巴、腾讯、百度继续位于中国互联网企业百强榜单前三。工信部总工程师张峰在发布会上指出，下一步要加快互联网由消费领域向生产领域转身，推动云计算、大数据、物联网等信息通信技术与实体经济，尤其是制造业深入融合。重点推动工业互联网跨境发展，5G 应用、制造业、数字化转型，实体培育新产业、新业态、新模式支撑实体经济高产量发展。

三、本专业国内外发展比较

从总体上看，国内外在数字娱乐领域里的发展各有优势，国外的研究在技术的理论创新、算法的原创性研究方面更具优势，如深度学习、机器学习、计算机视觉及人工智能等研究领域尤为突出。国内本专业的研究也有很大的进步，涉猎了几乎各个领域，特别是在人工智能方面研究领先于其他国家，中国在技术应用创新方面有明显的优势，如网络游戏、数字媒体教学、社区游戏、数字媒体内容创作等具有市场优势，凸显了自己的独特性。

（一）本专业国外的发展状况

1. 计算方法的原创方面

（1）深度学习

深度学习是在神经网络的基础上叠加隐层层数形成的一种学习网络，1998 年神经网络因在训练过程中遇到了“梯度爆炸”问题，使神经网络训练中越远离输出层的参数越难以训练，为了解决神经网络训练问题，2006 年，Hinton 等提出了深度置信网络[12]（deep belief network，DBN）及限制性波耳兹曼机（RBM）的训练算法，并将该方法应用于手写字符的识别，取得了很好的效果。2012 年的 ImageNet 竞赛中，Krizhevsky 等[13]使用卷积神经网络使准确率提升了 10%，第一次显著地超过了手工设计特征加浅层模型进行学习的模式，在业界掀起了深度学习的热潮。2015 年，Google 旗下 DeepMind 公司研发的 AlphaGo 使用深度学习方法在围棋比赛中击败了欧洲围棋冠军[14]，使深度学习影响日益广泛。

（2）人工智能

人工智能是集合了计算机科学、逻辑学、生物学、心理学和哲学等众多学科，在语音识别、图像处理、自然语言处理、自动定理证明及智能机器人等应用领域取得了显著成果。人工智能的研究是通过智能算法、平台或机器来模拟人类的智能活动，从而成为扩展人类智能发展的一门科学。1956 年 8 月，“人工智能”第一次在达特茅斯会议上被提出，不过此次会议并没有给予这一术语明确的界定，因此也没有一个统一的标准。2006 年玛格丽特·博登[15]（Margaret Boden）的《人工智能哲学》认为：“人工智能有时被定义为研究怎样制造计算机，并为其编程，使其能够做心灵所能做的那些事情。”

人工智能的发展可以分为三个阶段萌芽（1956 年以前）、形成（1956—1974 年）和发展时期（1980年以后）。国内外将人工智能技术应用于机器人的研究方向主要分为两类，一类是研究基于机械、传感器、新材料的实体机器人，另外一类主要研究基于人工智能的虚拟机器人。1997 年“深蓝”机器人战胜了国际象棋棋王。英国林肯大学 Murray 博士等[16]研究的欧文（Erwin）机器人能够与人们交流，并且在交流中自然地流露五种基本情绪。此研究成果能帮助有情感障碍和自闭症、孤独症等的患者理解感情行为。日本大阪大学石黑浩研究的机器人 Genminoid 不仅外形惟妙惟肖，有着与人相近的面容、体态、肌肤和声音，而且还具有人的情感，她不仅能够表达生气、厌恶、悲伤、惊讶、害怕、高兴、平静和疲惫这几种情感，还可以通过观察别人的动作和表情来识别人的情感状态，并辅以动作与人交流。2011 年 IBM 的 Watson 在智力游戏比赛中获得了第一名，2016 年 AlphaGo 战胜了欧洲围棋冠军。通过这些案例可以看出机器人在某些方面能够超越人类智能，比如运算速度、存储容量、推理和判断等这些方面都是我们不得不承认的事实。2017 年沙特阿拉伯国国王授予香港研发的机器人索菲亚（Sophia）公民身份，这是人类史上第一次给予机器人如此高的待遇，但是这也引发了人们对于未来机器人权利的争论，成了标志性事件。

2. 在引擎设计方面

游戏引擎是指交互式实时图像应用程序的可编辑核心组件。这些系统为游戏设计者提供各种编写游戏所需的各种工具，其目的在于让游戏设计者能容易和快速地做出游戏程式而不用由零开始。大部分都支持多种操作平台，如 Linux、Mac OS X、微软 Windows。游戏引擎包含以下系统：渲染引擎（即“渲染器”，含二维图像引擎和三维图像引擎）、物理引擎、碰撞检测系统、音效、脚本引擎、电脑动画、人工智能、网络引擎以及场景管理。它是开发商研发游戏时必需的工具，每一款引擎的运用都关乎自家游戏未来的销量，所以游戏商们对引擎的选择也非常重视。现在，手游、页游等新兴平台的表现又非常强势，所以选择正确的游戏引擎变得尤为重要。下面列举目前市场上十大流行的游戏引擎：

Unity 3D：由 Unity Technologies 开发的一个让玩家轻松创建诸如三维视频游戏、建筑可视化、实时三维动画等类型互动内容的多平台的综合型游戏开发工具，是一个全面整合的专业游戏引擎。代表作游戏：《诛仙》《极限摩托车 2》《择天记》《王者荣耀》《神庙逃亡：勇敢传说》《纪念碑谷》《仙剑奇侠传六》等。

UNREAL 虚幻引擎：虚幻引擎 4 是由游戏公司 EPIC 开发的虚幻引擎的最新版本。是一个面向下一代游戏机和 DirectX 9 个人电脑的完整的游戏开发平台，提供了游戏开发者需要的大量核心技术、数据生成工具和基础支持。其设计目的非常明确，每一个方面都具有比较高的易用性，尤其侧重于数据生成和程序编写的方面，这样的话，美工只需要程序员的很少量的协助，就能够尽可能多地开发游戏的数据资源，并且这个过程是在完全的可视化环境中完成的，实际操作非常便利；代表作有《绝地求生》《堡垒之夜》《战争机器》《质量效应》等。

Cry Engine3：德国的 CRYTEK 公司出品一款对应最新技术 DirectX11 的游戏引擎。2001 年引入的这个“沙盒”是全球首款“所见即所玩”（WYSIWYP）游戏编辑器，现已发展到第三代，WYSIWYP 功能将提升到一个全新层次，并扩展到了 PS3 和 X360 平台上，允许实时创作跨平台游戏，另外工具包内的创作工具和开发效率也都得到了全面增强。代表作游戏：《末日之战》（*Crysis*）、《战争前线》。

白鹭引擎（Egret）：Egret 是一套完整的 HTML5 游戏开发解决方案。Egret 中包含多个工具以及项目。Egret Engine 是一个基于 Type 语言开发的 HTML5 游戏引擎，该项目在 BSD 许可证下发布。用 Egret Engine 开发的游戏可发布为 HTML5 版本，运行于浏览器之中。同时，也可以发布为 iOS、Android 和 WindowsPhone 原生程序。

Cocos 2D：Cocos2d-x 是一个开源的移动 2D 游戏框架，MIT 许可证下发布的。这是一个 C++ Cocos2d-iPhone 项目的版本。Cocos2d-x 发展的重点是围绕 Cocos2d 跨平台，Cocos2d-x 提供的框架。手机游戏，可以写在 C++ 或者 Lua 中，使用 API 是 Cocos2d-iPhone 完全兼。Cocos2d-x 项目可以很容易地建立和运行在 iOS、Android、Blackberry 等操作系统中。代表作游戏：《刀塔传奇》《捕鱼达人》《开心消消乐》

Creation 引擎：说到 Creation 引擎，不免提到 Gamebryo 引擎和 id Tech 5 引擎，Gamebryo 引擎正是 Creation 引擎的前身，而 id Tech 5 引擎它的远景绘制水平相当惊人，基本能做到所有贴图都不相同，而 Creation 引擎可以说是 id Tech 5 引擎的改良版，这种改良主要体现在贴图的优化和压缩上，并且没有失去游戏的逼真细节和景深效果，解决了游戏容量过大的问题，除此之外，它在光影效果的表现上也相当惊人，从《辐射 4》中我们就可以看到其效果，几乎完全贴近真实，Creation 引擎对 MOD 体系和自定义装备方面的支持也相当优秀，这一点《上古卷轴 5：天际》正是最好体现。

寒霜引擎（Frostbite Engine）：寒霜引擎是瑞典 DICE 游戏工作室为著名电子游戏产品《战地》系列设计的一款 3D 游戏引擎。该引擎从 2006 年起开始研发，第一款使用寒霜引擎的游戏在 2008 年问世。寒霜引擎的特色是可以运作庞大而又有着丰富细节的游戏地图，同时可以利用较低的系统资源渲染地面、建筑、杂物的全破坏效果。使用寒霜引擎可以轻松地运行大规模的、所有物体都可被破坏的游戏。其代表作有《战地》系列、《荣誉勋章：战士》《极品飞车 19》《极品飞车 20：复仇》等。

起源引擎（Source Engine）：起源引擎是一款 3D 游戏引擎，由 Valve 软件公司为了第一人称射击游戏《半条命 2》开发，并且对其他的游戏开发者开放授权。作为一款整合引擎，起源引擎可以对开发者提供从物理模拟、画面渲染到服务器管理、用户界面设计等所有服务。引擎附带“起源开发包”和“起源电影制作人”两款程序，前一个可以制作游戏，而后一个更是业界首个专门制作游戏电影 cg 的程序。代表作:《起源》系列、《反恐精英》系列、《DOTA2》《APEX 英雄》《半条命》系列。

无尽引擎（IW Engine）：无尽引擎是由动视暴雪旗下游戏工作室 Infinity Ward 工作室开发应用于使命召唤系列，并作为游戏的主要引擎。它非凡的动态效果，简单直白的细节处理，复杂的 AI 模式，创造性的动态子弹穿透系统，加上令人叹为观止的音效和极好的网络模式体验。再加上独到的纹理缓冲技术。都是一款经典 FPS 游戏所需要的全部特质。代表作品:《使命召唤》系列。

铁砧引擎（Anvil Engine）：Anvil Engine 于 2007 年由育碧软件开发出来，被应用于微软 Windows、PlayStation3 与 XBOX 360。它独特的动态效果和环境的互动非常的柔和优雅，并且它很善于在游戏世界中填充 AI。在“铁砧二代”的整体构架中，育碧尝试了更多优化，诸如光照、反射、动态画布、增强型 AI、与环境的互动、更远距离的图像绘制、昼夜循环机制等一系列要素。代表作:《刺客信条》和《波斯王子 4》等。

一款成功的游戏引擎不仅能够让游戏开发工作事半功倍，还能带来更丰富的游戏画面和细节表现，提高游戏质量。一款游戏想要制作得好并不是选一款最新的引擎，而是选最适合它的。游戏作为软件产品，随着硬件体系的革新，对目前的工作流程和工程组织模式造成一定影响。未来，随着 5G 商用、XR、云计算的普及，游戏引擎开发软件行业发展将充满更多变数，让我们一起拭目以待。

3. 传感器与机器人研发方面

长年以来，一直都是欧美日的服务机器人研究时间最长研究水平也较高，在机器人领域的学者专家的贡献都非常大。华盛顿大学保罗 · G. 艾伦计算机科学与工程学院机器人系教授 Siddhartha Srinivasa 于宾夕法尼亚州匹兹堡市卡内基梅隆大学（Carnegie Mellon

University）十年前就研发了机器人 HERB[17]，现在已升级为 HERB 2.0。这款机器人 HERB 2.0 是他的个人机器人实验室开发的一款双手移动机械手，来为人类环境中的人们执行有用的任务。利用人类环境中的两个关键范式：它们具有机器人可以学习、适应和利用的结构，以及它们需要机器人系统中的通用功能。这款机器人就是使用视觉传感器对室内的空间范围内的场景既定的实体进行探测并通过对周围场景进行精准识别，并且根据接收到的指令利用机器人的双臂机械手对当前场景内已经识别出的物体进行各种操作。

Thomas Breuer 实验室的研究人员根据多位研究人员已经发布的技术加以改进，建立了场景识别与当前地图相结合的具有更多可用信息和延伸信息的地图，成为语义地图。这种在未知场景下建图并同时对丰富信息的定位导航方法在他们的机器人平台上 Johnny 进行实验[18]。在较为繁复的工作环境中单纯依靠传统地图难以适应，这种结合了语义信息的 SLAM 方法信息更完整，机器人也更加灵活多变，可以适合多种多样的复杂指令，是现在仍然在进行的一项非常重要的研究方向。Stefan Schiffer 的机器人研究则偏向于家庭辅助类[19]，侧重放在已经建立地图的应用上，添加了手势识别的控制模块和语音识别的控制模块。这个机器人使用了传统的激光传感器作为主要传感器并且利用 A* 控制算法对激光 SLAM 构建地图的结果进行路径规划同时进行局部避障，这种方法是针对特定环境功能选择，在降低成本的同时提高反应速度来完成相关任务。

除了上述的名校实验室研究学者，也有许多致力于科技研究的机器人新型企业在机器人方向进行着锲而不舍的探索，其中比较有代表性的就是日本和美国的相关企业。日本比较有代表性的是本田集团的双足机器人 Asimo[20]，以及软因公公司和法国的阿尔德巴兰机器人企业共同研发生产的全世界第一个能够与人的感情进行交互的类人机器人 Pepper。这两种机器人的侧重研发科技点也有很大不同，Asimo 使用的传感器是视觉传感器并辅以超声波进行完善，研发重点在于分析人类的运行轨迹并通过自动导航路径进行预动态避障。而 Pepper 的研发重点则在于与人的交互上，因为需要实现的功能较多，这款机器人搭载了多种传感器与人的语言表情动作等外显的可检测状态进行交叉识别推测情感状态并针对性进行交互，是目前相对而言比较成熟的人工智能产物。与日本的科技型观赏性相对，美国的机器人的产品多侧重实用性。无论是 iRobot 的新产品扫地机器人 Roomba 980 还是 Boston Dynamics 公司的新型产品 SpotMini[21]，都是使用 VSLAM 辅以其他常见的低成本传感器进行移动。iRobot Roomba 980 真空清洁机器人是第一个连接 Wi-Fi 的机器人。这意味着可以在任何地方轻松地控制它。该机器人的 iPhone 和 Android 应用程序允许根据主人喜好安排它的清洁程序，也可以查看清洁历史。这款应用还会在机器人被困在家里的某个地方时进行提醒，解决了机器人吸尘器经常会遇到的这种令人头疼的麻烦。SpotMini 是一种小型的四条腿的机器人，可以舒适地在办公室或家里使用，还可以控制肢体动作进行家务简单指令的执行。SpotMini 是全电动的，充一次电可以运行大约 90 分钟。SpotMini 继承 Spot 的所有可移动性，同时使用五自由度手臂和增强的感知传感器增加了拾取和处理对象的能力。通过多传感器套件进行导航和移动操作。传感器套件包括立体声摄像机、深度摄像机、IMU 和位于四肢的位置 / 力传感器。

（二）本专业国内相关领域的研究

1. 在前沿的原创算法研究方面

中国科学院自动化研究所取得的相关成果：中国科学院自动化研究所模式识别国家重点实验室在数字娱乐与仿真方面做了许多前沿的研究，研究内容涉及了计算机图形学、人机互动、计算机视觉等多个学科，实现了多种场景体感互动的技术原型。

在场景绘制方面，实现了大规模森林场景体感式交互漫游平台。绘制包含具有高几何复杂度的三维植物几何模型的森林场景并同时实时绘制大规模森林的阴影具有很强的挑战性。中国科学院自动化研究所模式识别国家重点实验室通过对复杂的、几何复杂度高的树木模型进行简化，改进阴影绘制算法，利用可编程 GPU 的特性，绘制出有实时阴影的高度真实感的森林场景，并可基于体感相机提取的骨架信息实现对用户姿态的快速识别，体感式驱动森林场景的漫游。其画面分辨率已经达到 200 万像素，场景中有上百万个三角形，五万多棵树，在中等性能的 PC 机上，体感交互速度可以达到实时，且阴影可以实时随光线方向改变，处于国际领先水平相关项目技术成果发表论文多篇，授权美国专利一项，国内专利多项，并得到两项国家“863”计划支持，一项国家重大研究计划支持，两项国家自然科学基金重点项目的支持，以及多项国家自然科学基金面上项目的资助。每年的场景体感互动平台均在中国科学院自动化所公众开放日及国内国际学术交流活动中进行展示，体验人数已达数万人。同时，相关演示还进行过科普志愿行活动，为新疆、西藏等地的中小学开展相应的科普传播活动，受众达千人以上场景体感互动是通过硬件互动设备，对站在三维虚拟数字场景前的观看者进行身体动作的感知。当观看者的动作发生变化时，场景中的画面或角色会跟随观看者的动作同时发生变化。中国科学院自动化研究所模式识别国家重点实验室利用 Kinect 设备，结合三维建模和真实感绘制技术及角色动画技术，实现了火焰体感互动、角色体感驱动等交互式的娱乐体验平台。其技术特点包括对用户的动作进行准确实时的响应与反馈、流体运动的实时模拟、虚实融合、体感交互等，广泛运用了多媒体、三维建模、实时跟踪及注册、智能交互等多种技术手段，对图像、三维模型、流体等信息进行模拟仿真，并与真人进行实时互动。

2. 国内在数字娱乐与仿真领域的相关工作

在深度学习理论应用方面，国内在图像、医疗、领域、语音及文本应用方面做了大量的工作。

（1）在图像领域里的应用

2013 年，ImageNet 大赛中前 20 名算法都采用了深度学习，可见深度学习在图像领域中取得了绝对的优势。深度学习在图像领域中的应用有很多，比如医疗诊断、动作识别等，最典型的应用就是人脸识别。杨恢先等人[22]针对传统的归一化指数损失函数（即 Softmax 损失）识别特征能力低下，无法识别人脸特征的问题，提出了一种聚合判别多任务学习算法。实验结果表明：在 LFW 人脸数据库中，聚合判别多任务学习算法的验证精度达到了 99.68%，比传统的归一化指数损失函数的验证精度提高了 2%，人脸识别的性能明显提高。2019 年，曾接贤等人[23]提出一种改进的卷积神经网络用于单幅图像超分辨率重建方法，设计了密集残差网络和反卷积网络组成的新型网络。刘鹏飞等人[24]针对浅层结构在处理内部结构复杂数据时的表征能力不足的问题，提出了一个基于特征转移的八层卷积神经网络来实现图像超分辨率重建。经过大量实验证明，该算法的峰值信噪比最高，网络收敛速度快，在精细度方面有所提高，为深度学习在图像领域应用提供了新思路。

（2）医疗领域

Huo Yuankai 等人[25]提出了一种全自动肝脏衰减估计方法，利用深度学习和形态学操作手段，结合 CT 结果在五分钟之内就可以了解到肝脏衰减情况，有助于快速诊断非酒精性脂肪性肝病。Zhang Shu 等人[26]提出了一种 CNN 模型，用来诊断癌症肿瘤，鉴别结肠直肠息肉和肺结核的平均 AUC 分别为 0.86 和 0.71。它改进的地方是不直接将 CT 图像作为训练数据输入 CNN，而是将额外的图像特征输入 CNN 网络来进一步提高分类精度。因此在小的、不均匀分布的数据集中可以显现出更优秀的性能。

（3）语音领域

2009 年，深度学习的概念被引入到语音领域。2011 年，微软研究院的邓立、俞栋和 Hinton[27]合作的产品发布，使用深度学习技术击败了传统的高斯混合模型（Gaussian Mixture Model，GMM），在语音识别准确度和快速性上都得到了大幅度改善，取得一定成果。2016 年百度公司的语音识别准确率高达 96%，该成果被美国权威科技杂志《麻省理工评论》列为 2016 年十大突破技术之一。

（4）文本领域

文本领域是深度学习应用的继图像和语音之后的又一重要领域，近年来，对文本领域的研究上，张立民[28]等构建了基于浅层结构文本分析模型的深度玻尔兹曼机模型，结合了新的交叉熵稀疏惩罚因子，经过名为 20-newgroups 文档的数据集进行训练和测试后，分类准确率更高，证明了该模型在大型文本分析上的可行性。李阳辉[29]等人则利用降噪自动编码器模型在深度学习框架 theano 下展开对文本的情感分析研究，证实了降噪自动编码器模型在文本信息分析情感上的优越性，但是它仍然存在训练速度慢的问题。针对机器学习存在的训练速度慢、测试输出结果慢等问题，翟东海[30]等人提出并行处理框架算法。该算法采用“分而治之”的方法对数据集进行分块处理，迅速计算每一个数据块的误差，最后在缓冲区取得数据块误差并用于计算目标优化函数，再调整参数直至目标函数收敛，大量数据测试表明训练速度明显提高。Li Jun 等[31]人设计了一种双卷积神经网络模型和基于知识理解模型相结合的方法来进行文本分析，使用知识库的词嵌入作为 CNN 的输入，它可以充分利用知识库中的监督信息来进行词义分辨。Li Hongyang 等人[32]通过深度卷积神经网络学习高级特征，并将低级特征结合到深层模型中以提高精准度，针对特定场景中的语义表征判断问题，引入了铰链损耗 SVM 检测器，能更好区分文本边框内的文字内容。

（三）国内本专业在产业的研发与应用

本专业在产业的研发与应用有许多公司，他们集体撑起了这个领域，但在这个领域里作为代表的产业代表在以下几节中提到，是中国近年来成绩比较突出的企业。

1. 动作与面部捕捉技术

好莱坞和迪士尼的电影动作大片离不开动作捕捉和面部表情捕捉技术，在这个领域里，北京迪生数字娱乐科技股份有限公司取得许多成果，该公司成立于 1989 年，2016 年 2 月正式挂牌新三板，是一家面向国内外数字娱乐市场提供动画内容制作服务、技术服务、产品研发、教育服务和创业孵化的专业企业。

2. 虚拟仿真与游戏技术

在虚拟仿真、游戏、在线教育方面比较突出的公司有：中视典数字科技有限公司、网龙网络控股有限公司、北京乐步教育科技有限公司。

成立于 2002 年的中视典数字科技有限公司是从事虚拟现实行业应用产品研发、设计、销售和服务，以虚拟现实应用产品及其整体解决方案的公司。独立开发的具有完全自主知识产权的三维虚拟现实平台软件 VRPlatform 虚拟现实引擎。该引擎适用性强、操作简单、功能强大、高度可视化、所见即所得，可广泛地应用于城市规划、室内设计、环境艺术、产品设计、工业仿真、古迹复原、桥梁道路设计、军事模拟等行业。

成立于 1999 年的网龙网络控股有限公司在香港上市，总部位于中国福建福州。是中国网络游戏开发商、运营商和发行商。自主研发了包括《征服》《魔域》《英魂之刃》《终焉誓约》等多款网游及手游精品，产品覆盖英、法、西班牙、阿拉伯等 11 种语言区域 180 多个国家的游戏市场。网龙已成为在线及移动互联网教育行业的主要参与者，是推动教育发展和创新的重要力量。

北京乐步教育科技有限公司成立于 2008 年，是一家致力于 K12 教育领域软件产品设计、研发和销售的互联网教育企业，同时也是高新技术企业和双软认证企业。2019 年参与国家重点研发计划“多模态自然交互的虚实融合开放式实验教学环境”项目的研发工作，在拥有自主研发的软件产品、软件著作权、专利、商标达 50 多项。

3. 动画电影教育

吉林动画学院创办于 2000 年，2008 年经教育部批准成为本科层次的民办普通高校。2017 年 1 月，在《中国大学及学科专业评估报告（2017—2018）》本科专业排名中，吉林动画学院动画专业被评为全国同类专业第一名。2018 年及 2019 年，连续两年被教育部及社会各界公认的第三方权威评测机构—艾瑞深研究院中国校友会网评为中国艺术类大学动画专业六星第一。2019 年 12 月 31 日，教育部批准吉林动画学院动画专业为首批国家级一流本科专业建设点。

四、本专业我国发展趋势及对策

（一）发展趋势

数字技术的进步，带动了体量庞大的数字经济市场。据 CNNIC2019 年 8 月发布的“第 44 次《中国互联网络发展状况统计报告》[33]”披露：中国网民规模为 8.54 亿人，互联网普及率为 61.2%。光纤接入用户规模达 3.96 亿户，居全球首位。2018 年中国数字经济规模达到了 31.3 万亿元，占国内生产总值的比重约为 34.8%，已成为我国经济社会平稳发展的重要支柱和经济增长引擎。

中国数字经济的发展，改变了中国传统的生产和生活方式，正在成为全球竞争的焦点。中国数字娱乐与仿真专业应适应这种发展，应积极投身于中国的数字经济建设，从发展云计算、电子商务、软件与信息服务等数字产业中找到新的研究热点，以“数字产业化、产业数字化”为主线，把“数字 +”融入传统产业的改造升级进程，促进制造业的智能化、柔性化和服务化发展，依托“数字 +”，促进服务业的数字化、平台化和智能化转型，不断释放数字技术的市场价值[34-35]。

根据国家统计局数据，2019 年我国 GDP 总量为 99.0865 万亿元，增长率为 6.1%，位居世界第二位，在人均 GDP 方面，2019 年我国人均 GDP 总量突破 1 万美元，排在世界的 57 位。从数据上看，中国社会用于文化的消费市场还有很大的上升空间，随着我们国力的进一步增强，数字娱乐与仿真专业如何牵引中国文化产业的发展，还有许多艰巨的工作，任重而道远。

借助华为先进的 5G 技术优势，数字娱乐与仿真专业的发展应顺应中国发展的重大需求，解决中国社会生活所需要的关键问题，在中国深度老龄化问题、中国的数字娱乐内容创作领域、中国在虚拟仿真教育关键技术提升等方面的研发，引领中国相关领域的产业发展，为实现中国梦而努力奋斗。

（二）中国的对策

1. 5G 网络环境下的中国老龄化社会生活

根据 1956 年联合国《人口老龄化及其社会经济后果》和 1982 年维也纳老龄问题世界大会，对老龄化的程度分别确定了划分标准：当一个国家或地区 65 岁及以上老年人口数量占总人口比例超过 7% 时，则意味着这个国家或地区进入老龄化。而 60 岁及以上老年人口占总人口比例超过 10%，意味着这个国家或地区进入严重老龄化。

2019 年中国国家统计局发布的《新中国成立七十周年经济社会发展成就系列报告之

二十》数据显示：2000 年，我国 65 岁及以上人口比重达到 7.0%，0—14 岁人口比重为 22.9%，老年型年龄结构初步形成，中国开始步入老龄化社会。2018 年，我国 65 岁及以上人口比重达到 11.9%，0—14 岁人口占比降至 16.9%，人口老龄化程度持续加深。由于中国的社会养老资源远远跟不上老龄化人口数量的增长，居家养老必定成为未来中国最有效和最可靠的解决方案。本专业研究老年人如何在日常生活的衣食住行、娱乐以及远程应急预警服务中获得适合他们的用户体验模式，形成健康的生活方式，成为中国社会十分紧迫的重要命题。

围绕老年人居家日常行为方式：日常生活、求医、购物、娱乐、虚拟社区生活、紧急求助等行为要求，展开以用户体验为核心的居家养老健康生活方式研究，拓展本专业的新应用领域。了解中国老龄化社会的基本特点与基本要求，站在国家战略的角度思考本专业的发展是每一位从事数字娱乐与仿真专业的责任和义务。分析老年人生活中遇到的最大的困惑是什么？最大的问题是什么？最烦琐的生活细节是什么，就可以找到本专业在 5G 技术环境下的应用场景：①与机器人技术相结合，在生活的场景中，可解决老年人洗澡、换洗衣物和打扫卫生等的体感互动需求；②在求医应用场景中，仿真学科与人工智能相结合可帮助老年人记录日常的行为数据，自动预警可能出现的健康问题，超出警戒线，自动与医疗单位发出求助信息；③在购物、娱乐的场景中，数字娱乐与仿真学科与眼动仪技术和传感器技术相结合，实现多模态自然交互融合，举手投足中即可传达老年人的交互需求，使老年人的生活变得丰富多彩；④在虚拟社区的生活场景中，解决老年人怕孤独，需要陪伴的心理需求，5G 技术可使数字人陪伴变成日常生活的标配，儿女做好自己的数字人，人工智能可随时报告自己的生活和工作状态，解决了空巢的寂寞。老人与数字邻居的交互，扩大了社交的圈子。

2. 推动虚拟在线教育的蓬勃发展

目前中国的互联网上各类在线教育平台已经形成了多元化的生态圈，综合研究起来，大致分为：①考前培训班类：主要是应对考试的培训班，美术类培训班、研究生类培训班等；②成人的职业技能培训班类：动画技能培训班、游戏技能类培训班、管理类培训班等；③儿童教育类：英语类、绘画类、音乐类等；④ K12 教育类：涉及数理化生物等各类学科与实验教育。

根据艾瑞咨询《中国在线教育产品营销策略白皮书》分析指出：在线教育产品在不同年龄段均有，语言培训和素质教育培训产品贯穿成人的全过程。目前七零至九零后是在线教育产品的消费主力群体。虚拟在线教育产品正对中国社会的教育水平提升显示着巨大的潜力，特别是在中国 2020 年初引发的新冠状疫情期间，教育部积极推动网络课堂，国内各大网络教育平台：中国大学 MOOC 网、腾讯云课堂[34-35]等大型网站对疫情期间的学生上课发挥了重要的作用。

综上所述，目前在线产品只有内容上的简单功能，虚拟现实、数字媒体、人工智能技术含量比较低，本专业在这个领域的应用具有广阔地情景，可以预见，数字娱乐与仿真专业的渗透必将推动虚拟在线教育事业的蓬勃发展。

3. 坚持文化自信与实现文化与科技深度融合

文化自信是新时期习近平治国方略的核心理念之一，充分挖掘中国传统文化所蕴含的思想体系，反映人民意愿，以人民为核心的创作才是实现中华民族伟大复兴的重要目标和任务。对于数字媒体内容创作来说应适应我国时代发展要求，将先进文化把握在手中，在中国社会发展中体现出应有的价值。

新一轮科技革命和产业变革正在加速演进，为迎接中国“十四五”规划，落实新时期中国文化自信的战略思想，依据2019年“科技部等六部委印发《关于促进文化和科技深度融合的指导意见》的通知”精神，数字娱乐与仿真专业的发展应朝着加强文化共性关键技术研发，进一步完善文化科技创新体系建设，加快文化科技成果产业化推广，加强文化大数据体系建设和推动媒体融合向纵深发展，促进内容生产和传播手段现代化，提升文化装备技术水平，强化文化技术标准研制与推广等方面方向发展。

由科技引领的新兴文化产业发展模式。以新技术引领研发专业知识服务、移动阅读、网络视听、微视频等新型数字内容服务模式，以产业带动应用推广，推动大众化网络文化娱乐消费模式更新升级、扩大产业规模；使新型文化休闲自助旅游服务模式，文化主题展示技术集成应用技术不断创新，推动我国文化主题旅游产业快速发展。

以中华传统的文化元素与符号融入文化创意设计中，融入艺术创意、内容创作、产品设计，成为产业经济价值提升驱动力。

参考文献

[1] 许鹏. 中国新媒体艺术研究的发展现状与理论课题 [J]. 江苏行政学院学报，2008（5）：26-27

[2] 付梦远. “VR+ 教育”在数字媒体艺术课程中的应用 [J]. 新闻研究导刊，2019（12）：26-29

[3] 廖祥忠. 风，起于青萍之末——写在中国数字媒体艺术教育 20 年 [J]. 艺术教育 2017（8）：7-8

[4] http://www.199it.com/archives/780276.html.

[5] http://www.199it.com/archives/852531.html.

[6] 赛迪智库电子信息研究所虚拟现实产业联盟. 虚拟现实产业发展白皮书（2019 年）[N]. 中国计算机报，2019-11-25（008）

[7] 沈阳，逯行，曾海军. 虚拟现实：教育技术发展的新篇章——访中国工程院院士赵沁平教授 [J/OL]. 电化教育研究，2020（1）：1-5 [2020-02-26]. https://doi.org/10.13811/ j.cnki.eer.2020.01.001.

[8] https://www.sohu.com/a/342188053_114731

[9] https://www.ali213.net/news/html/2019-12/476195.html

[10] http://www.docin.com/p-1788453589.html

[11] 2019 年中国互联网企业 100 强新鲜出炉 [J]. 电信快报，2019（8）：47-48.

[12] HINTON G E，SALAKHUTDINOV R R. Reducing the dimensionality of data with neural networks [J]. Science，2006，313(5786)：504-507.

[13] KRIZHEVSKY A，SUTSKEVER I，HINTON G E.Image Net classification with deep convolutional neural networks [J]. Communications of the ACM，2017，60(6)：84-90.

[14] SILVER D，HUANG A，MADDISON C J，et al. Mastering the game of Go with deep neural networks and tree search [J]. Nature，2016，529(7587)：484-89.

[15] 玛格丽特·A. 博登，博登，王汉琦，等. 人工智能哲学 [M]. 2006.

[16] 中国科技网. 英国研发“情感机器人”，喜怒哀乐表情多 [J]. 科学技术创新，2014(5)：49-49.

[17] Srinivasa S S，Ferguson D，Helfrich C J，et al. HERB：a home exploring robotic butler [J]. Autonomous Robots，2010，28(1)：5-20.

[18] Thomas，Breuer，Geovanny，et al. Johnny：An Autonomous Service Robot for Domestic Environments [J]. Journal of Intelligent & Robotic Systems，2012.

[19] Stefan Schiffer，Alexander Ferrein，Gerhard Lakemeyer. Caesar：an intelligent domestic service robot [J]. Intelligent Service Robotics，2012，5(4)：259-273.

[20] 郑嫦娥，钱桦，ZHENG Change，等. 仿人机器人国内外研究动态 [J]. 机床与液压，2006(3)：1-4.

[21] 刘京运. 从 Big Dog 到 Spot Mini：波士顿动力四足机器人进化史 [J]. 机器人产业，2018.

[22] 杨恢先，陈凡，甘伟发. 基于多任务学习的深层人脸识别算法 [J]. 激光与光电子学进展，2019，56(18)：1-9.

[23] 曾接贤，倪申龙. 改进的卷积神经网络单幅图像超分辨率重建 [J]. 计算机工程与应用，2019，55(13)：1-7.

[24] Huo Yuankai，Terry J G，Wang Jiachen，et al. Fully automatic liver attenuation estimation combing CNN segmentation and morphological operations [J]. Medical Physics，2019，46(8)：3508-3519.

[25] Zhang Shu，Han Fangfang，Liang Zhengrong，et al. An investigation of CNN models for differentiating malignant from benign lesions using small pathologically proven datasets [J]. Computerized Medical Imaging and Graphics，2019，77：1884-2020.

[26] 柯登峰，俞栋，贾珈. 语音图文信息处理中的深度学习方法进展专刊序言 [J]. 自动化学报，2016，042(006)：805-806.

[27] Li Jun，Huang Guimin，Chen Jianheng，et al. Dual CNN for relation extraction with knowledge- based attention and word embeddings [J]. Computational Intelligence and Neuroscience，2019：1-10.

[28] Li Hongyang，Chen Jiang，Lu Huchuan，et al. CNN for saliency detection with low-level feature integration [J]. Neurocomputing，2017，226：212-220.

[29] 第 44 次《中国互联网络发展状况统计报告》. 中国互联网信息中心 .2019.

[30] 夏杰长，肖宇. 数字娱乐消费发展趋势及其未来取向 [J]. 改革，2019(12)：56-64.

[31] 数字创意产业蓝皮书：中国数字创意产业发展报告(2019).

[32] http://www.stats.gov.cn/tjsj/zxfb/201908/t20190822_1692898.html .

[33] 中国在线教育产品营销策略白皮书 2019 年 [C]. 艾瑞咨询系列研究报告(2019 年第 12 期). 上海艾瑞市场咨询有限公司，2019：141-184.

[34] https：//www.icourse163.org/.

[35] http://qcloud.ke.qq.com/.

撰稿人：罗江林 宋建文 李四达 王青青 葛莹莹 朱妹丽 陈 洪 潘志庚

体育系统建模与仿真

一、引言

体育运动经历了漫长的自然发展阶段、大运动量高强度的成长阶段、科学训练的探索阶段，目前，已经发展成为现代体育，历史也赋予它更多的使命和内涵。与之相适应，体育科学研究方法一刻也没有停止发展的脚步，以空前的速度和强大的亲和力与数学、生理、心理、社会和计算机等学科相互交叉融合，尤其 20 世纪 70 年代末，系统科学的建立和成熟使得体育科研的发展进入了一个新的阶段[1]。人们开始自觉地运用系统科学的方法解决体育领域的问题。近几十年来，仿真作为一门新兴的高新技术，被国内外专家一致认为是目前解决复杂巨系统的最有效的综合集成法。

近年来，伴随互联网、大数据等技术的快速发展，智能装备、物联网的加速应用，"智慧"体育使人们获得了更加个性化、科学化、智慧化的运动体验，体育系统仿真真正实现了在体育实践中的应用，并且形成以竞技体育、全民健身、体育产业等为基本架构，整合教育、医疗、旅游、文化等"体育 +"资源的一种比较高级的生态系统[2-4]。

二、我国体育系统仿真发展现状

（一）体育系统仿真

体育系统仿真是体育系统工程科学体系中的一种重要技术学科。它是为了解决体育领域中的复杂性问题而提出来的。是通过计算机模拟技术再现和模拟体育教师的教学经验、教练员的训练意图、管理者的组织方案和运动员的训练过程，从而达到对体育系统的解释、分析、预测、组织、评价的一种实验技术科学，其主要观点是利用定性、定量相结合的办法，建立以人为主的人—机系统来辅助决策者更好地决策，执行者更有效地行动[5]。

我们之所以把体育系统仿真作为一门独立的专业研究，是因为它与其他的专业存在着许多不同之处，在处理体育复杂性问题上具有许多其他学科不能替代的优势。系统仿真能卓有成效地解决体育运动现实发展中所提出的、已经或可能面临的综合性问题，并为决策者提供方案选择和决策性建议服务。这种实践是通过人机对话，并在计算机上进行虚拟现实的方式进行的，因而它又具有经济实用、安全可靠、灵活多变、可多次重复使用等特点[6]。由于体育系统仿真既可以根据现有的实体构造仿真对象，也可以根据不存在的构想的实体构造仿真对象。并且仿真对象既可以等时运行，也可以欠时或者超时运行[7]。这一超时空的特点，给体育系统仿真带来了许多其他技术不可比拟的优势。体育系统仿真研究的对象大都不是某个单独的自然现象与社会现象，而是一个简单环境的简单巨系统或是简单环境的复杂巨系统，其中还包括系统的运行、宏观管理和决策等一系列的复杂问题，由此也决定了研究任务与研究手段的复杂性[8]。

体育系统仿真是利用系统分析方法，对体育系统的问题进行分析，综合利用数学、图论、灰色理论、运筹学、控制论、信息论等相关知识建立仿真模型，再利用计算机技术，结合图形学、影视学、心理学在计算机上进行实时、超实时、欠实时的模拟演最后，再由领域专家评价、规划、决策。这是一个典型的多学科交叉、多因素分析、超时空综合集成的学科，它真正代表了解决体育复杂巨系统的研究方向[9]。

体育系统仿真研究包括体育系统建模、仿真试验和模型评估三大部分，其中，体育系统建模包括数学模型和仿真模型。主要研究过程可以通过以下几个步骤[10-12]：系统描述、建立数学模型、建立仿真模型、编写计算机程序、仿真运行实验、仿真结果分析处理等。近年来，伴随物联网、云计算等新兴信息产业和仿真学科的发展，推动了体育系统仿真在竞技体育、全民健身、体育产业及体育教育教学中的应用与发展。

（二）体育系统仿真在竞技体育中应用与发展

虚拟现实技术在现代竞技体育运动技术研究中的作用巨大，它通过对技术动作做量化分析，并以图形方式展示分析结果，包括位移、速度、力等，在此基础上，对“理想”动作与运动员技术动作做深层次的分析，构建虚拟的运动员训练与比赛环境，可以弥补因为天气、场地、器材、经费等方面的原因或者运动员受伤等原因导致无法训练带来的负面影响；通过模拟结果与运动员真实训练视频进行对比，即将运动员的训练动作与标准模拟动作显示在同一个屏幕上，并以相同视点、同步对比，可以让教练员与运动员分析动作差异，帮助高水平运动员找出技术缺点并改进，从而提高训练成绩；也可以让虚拟运动员事先尝试完成这一新动作，避免高难度和复杂的技术动作所带来的运动伤害，从而降低运动训练的风险系数[13]。

1. 体育仿真系统在竞技体育中的功能

（1）构建训练场景和器材

严格按照运动项目的特征性设计虚拟的训练场景，例如风速、天气、浪高等因素，因此需要在虚拟场景当中进行合理的设定。该系统当中包含多个传感器，能够对现场数据进行收集整理，并在数学模型的基础上形成三维视景，完成虚拟环境的构建，从而在任何训练条件下均可以实现训练的目的。同时运动员还可以通过学习观看虚拟体育竞技当中的数据和动作，对自身不标准的动作进行调整，在满足日常训练的同时，还可以作为赛前调整期，将其最高水平充分展现在竞技项目中[14]。

（2）捕获运动数据

运动员的实时数据可以通过传感器跟踪设备得到准确的记录，同时在计算机动画当中将其展现出来。能够准确抓取运动员的实时数据是该方法的最大优势，且运动员的动作可以被模拟环境极尽逼真地复制出来，在此基础上对动作或数据进行重新修改和设计，将理想中的动作转化到现实当中，确保训练过程的科学性和真实性[15]。

（3）采集生理生化和心理数据

运动员竞技状态可以通过三个指标来表现：生理指标、生化指标以及心理指标。不同运动项目需要设置不同的传感器或智能化仪器，从而及时采集相应的指标和理化数据。生理指标主要包括各器官和系统技能的指标以及人体新陈代谢指标等[16]。教练员将这些数据进行分析整理，最终编排出创新性、科学性的动作，并将其与自身理想中的动作相结合，实现最优的编排和训练方案。

（4）重演和展现动作

在体育仿真系统当中，动作重现是非常关键的一个环节，然而传统摄像手段很难将其全部落实，例如在帆船帆板项目的训练过程中，想要将动作完全重现几乎难以实现，而体育仿真系统在该方面的优势性较强。在竞技体育项目当中，需要不断地创新动作，而体育仿真系统则能够将运动员的动员进行完美重现，精确度极高，教练员和运动员在 VR 体育竞技仿真学科的帮助下，可以不断进行动作的创新，增强其整体水平，直观地感受到动作技术要领，并保障运动员的健康安全[17]。

（5）分析训练效果

基于体育仿真系统在同一个屏幕当中同时呈现标准模拟动作和运动员训练动作，教练员和运动员共同对其进行差异性分析，找出运动员的不足和缺陷，不断提高技术水平。量化分析运动员的技术动作，并将分析结果以图形的形式呈现出来。与此同时，要更深层次地对运动员的技术动作和理想动作展开分析，为其提供科学性、指导性的改进意见[18]。

（6）进行科学选材

我国具有天赋的运动员有很多，但往往并不能将其全部选拔出来，这是由于经验选拔机制的滞后性所决定的，因此后备人才储备急需增强。如果将虚拟现实技术应用在某些项目的运动员选拔测试当中，并结合多元化数据构建理想的运动员模型，并将其作为项目选材当中的运动学指标数据和选拔依据。在计算机当中对所有参加选拔的少年、儿童的测试资料进行汇总，将其与虚拟模型运动员的指标展开比对分析，从而筛选出最具有可塑性的运动员以及最合适的运动项目，将有潜力的运动员充分地挖掘出来[19]。

2. 体育仿真系统在竞技体育中的典型系统

（1）虚拟体操训练系统

体育科研人员研制了一种虚拟体操运动员系统，该系统能够指导真实的体操运动员提高成绩和尽可能地避免受到伤害。通过对真实体操运动员的运动进行建模，使虚拟体操运动员精确地重现体操运动员的体操动作，帮助体操运动员改进技术动作，提高技术水平[20]。体操运动员也可以被邀请接近虚拟体育馆中的虚拟器械，看到虚拟人体接触体操器械时是如何改变形状的。

（2）虚拟滑雪训练系统

实验人员开发的滑雪橇和滑雪板仿真器，能够模拟科罗拉多州的著名滑雪场地，使体验者不用到山上的真实滑雪场地就能够体验到震荡、摇摆、起伏、俯仰和偏航等真实的滑雪感受。美国雪橇队利用仿真虚拟环境体验了长野冬季奥运会将要面对的跑道，这种体验显然有助于提高比赛成绩，将来完全有可能采用虚拟仿真环境进行真实的比赛[21]。

（3）帆船帆板仿真系统

帆船帆板项目的传统训练存在着如下问题：用常规方式采集的训练图像无法满足技术分析和评价的要求；训练的时间受制于特定的条件，如合适的风速、浪高和天气。针对这些问题，国家体育总局体育科学研究所体育系统仿真实验室研发了一种帆船帆板训练系统，该系统通过各种传感器采集的现场数据，经过数学模型的运算，实时驱动三维视景，构造出逼真的训练虚拟环境[22]。在这种环境中既可以满足无训练条件（如无风无浪的条件）时完成训练任务的需求，也可以针对特定运动员进行评价分析。

（4）大型团体操演练仿真系统

目前，正在研究开发大型团体操演练仿真系统。团体操演练仿真系统分为三个子系统：队形或图案设计系统、行为动作生成系统、团体操队形或图案变化仿真系统。队形或图案设计系统负责设计团体操各个章节的队形或图案；行为动作生成系统能够根据人体捕捉数据编辑团体操需要的动作；团体操队形或图案变化仿真系统的目标就是将虚拟人群的初始队形连续变换到目标队形。首先，团体操队形或图案变化仿真系统定义虚拟人的初始位置和目标位置；其次，对路径进行规划；最后，实现基于事件驱动的团体操队形或图案的变化仿真[23]。

3. 体育仿真系统在运动训练中的应用

（1）在竞技健美操运动训练中的应用

通过虚拟现实技术利用体育仿真系统可以捕捉、获得和重现竞技运动员训练时的三维运动信息，体育仿真系统利用三维技术手段，使模拟竞技健美操运动员能够科学准确地重演竞技健美操的各种瞬间动作，而且还可以通过真实技术视频片段和分析处理软件，将竞技健美操运动员的仿真动作和实际动作同屏比对分析，找出竞技健美操运动员的特点、不足和缺陷。竞技健美操运动的优化和创新编排可以通过虚拟现实技术的高精度项目动作捕捉、获得、分析与重现竞技健美操运动员动作的测量方法、指标数据的采集，构建一个标准的竞技健美操技术动作库，教练员根据竞技健美操的特征、赛制、规则和裁判员评分等制胜因素，通过虚拟现实技术的编辑输入、修改优化和仿真模拟等设计出一套理想竞技健美操的创新动作[24]。在构建的动作数据库中选取若干竞技健美操动作，根据竞技健美操运动员的运动能力、训练水平和个人特征等，并依照教练员的设想模拟编排技术动作组合，通过虚拟现实技术进行模拟仿真训练，模拟适合不同竞技健美操运动员的最优编排动作[25]。通过虚拟现实技术与体育仿真系统可以达到运动员最优化、个性化辅助训练目的，也为教练员指导实践提供最佳的训练计划、方法和方案。

虚拟现实技术与体育仿真系统可以用于竞技健美操比赛前的调整期，根据收集的竞技健美操运动的数据，对其进行编辑、改进、更新和设计新的竞技健美操动作组合，通过教练员设计、创新理想的动作组合确保训练的真实性、科学性和先进性，使得竞技健美操运动员在正式比赛过程中超常发挥，取得优异的比赛成绩。

（2）在短道速滑运动训练中的应用

研究人员研制了短道速滑技战术仿真系统，该系统主要运用了三维仿真学科和人工智能技术的成果，充分利用现有的短道速滑运动员的训练比赛数据，为运动员建立模型，模拟真实训练中无法实现的高水平技战术演练。在仿真比赛过程中，可以为智能体运动员设置不同的战术，包括比赛中常用的领先滑跑战术、跟随滑跑战术、弯道超越战术等。运动员可通过操控模拟运动员，与虚拟比赛环境中智能体运动员进行比赛，演练个人技战术；也可通过局域网连接进行多人比赛，演练团队中的掩护和配合战术等。该系统的使用将为短道速滑队提供一种全新的运动训练方式，在节省训练时间的同时，又可获得直观、较为真实的效果，培养运动员自我训练的意识；避免真实训练中运动员复杂危险动作导致运动伤害的可能性；打破空间和时间的限制，弥补某些情况下教学与运动训练条件的不足，例如在没有冰场的情况下也可进行运动员战术训练，缺乏高水平对手时可用系统进行模拟[26]。通过这些方法可以使运动员更深刻地理解各种技战术，提高自身的比赛能力，从而更好地应用到国家队的日常训练中，以达到形象对比、优化训练、提高运动员成绩的目的。

4. 体育仿真系统在大型体育赛事采编播中的研发与应用

体育仿真系统可以应用于大型体育赛事现场直播多机位仿真效果分析与模型建立；大型体育赛事采编播评仿真系统创建。大型体育赛事采编播评仿真系统的创建是研究研发之重点，包括大型体育赛事现场多机位仿真数字信号的采集收录与同步控制；大型体育赛事学生仿真实时编辑系统和操作台的制作与设计；大型体育赛事仿真现场解说与评论系统的制作与设计；大型体育赛事仿真现场网络直播与评论系统的制作与设计[27]。

仿真系统采用各摄像机信号同步记录的方式，对于大型体育赛事多机位录像，在后期编辑中采用各机位同步播放，可反复重现赛事画面的拍摄全过程，通过比较、判断和选择，精雕细琢每一个镜头，制作出风格各异的体育赛事节目。另外，专家模型的建构，为大量一线传媒从业者或新人提供了一个不断提高自我、发展自我的学习平台。仿真系统虽然已经在其他领域得到广泛应用，但在体育传媒，特别是体育赛事直播领域尚属首次。体育仿真系统突破了传统经验式的体育传媒人才培养模式，打通了赛事直播各个环节的壁垒，形成一体化、规范化的培养体系，缩短培养周期，提高成材率，服务媒体，服务学生，服务社会[28]。

（三）体育系统仿真在全民健身中应用与发展

虚拟现实和增强现实技术的发展，给体育健身行业展示出全新的发展前景，它不仅在当下改变了电子竞技赛事的体验，在将来也会渗透各个领域，改变着我们对现实世界的认识。例如，VR 动感单车、VR 滑雪、VR 划船等。不仅如此，体育 +VR 还应用在模拟培训、赛事直播、体育游戏等领域，提高体育产业附加值。

随着互联网、大数据等技术的快速发展，智能装备、物联网的加速应用，智慧体育将使我们获得更个性化、科学化、智慧化的运动体验，真正实现全民健身与全民健康的深度融合。智能足球、篮球、排球、网球和球拍拉线机等球类训练装备；线上健身和健康管理平台；“智能驿吧”户外运动房车，室内外智慧运动场整体解决方案等。智慧体育的出现，突破了数字体育发展的瓶颈，更好地为参与者提供便利的服务。只要拥有运动软件和移动终端设备，人们可以随时随地获得合理的运动建议。智慧体育通过物联网把“数字体育”与“现实体育”联系在一起，进一步解决了网络城市“数字空间”与现实体育“物理空间”相分离的问题[29]。

改变参与者的运动方式。智慧体育的出现，使得原本模糊不合理的运动方式，变得更加合理化，通过人机之间的互动，运动者通过输入自己体质和运动方式，可以获得更加合理规范的运动强度和运动套餐[30]。

（四）体育系统仿真在体育产业中应用与发展

1. 体育系统仿真在体育教育与培训业中的应用

在体育教学中，基于体育系统仿真学科，对教学设备，教学环境，教学手段等进行智慧化改造升级，在课堂教学中融入互联网、物联网、大数据、云计算等智能信息技术，打造科学先进的智慧体育课堂。同时将手机运动 App 应用于体育课教学中，可以极大地满足学生的学习需要，使学生处于课堂的主体地位，促进学生个性化发展，学生们自己搜集自己想要的身体锻炼方法，树立终身体育锻炼意识。目前，随着部分传感器日趋成熟，许多新型的手机 App 出现在人们的日常生活中 ，如悦跑圈、悦动圈、Keep、乐动力、咕咚 321GO、虎扑跑步、Fit 等，这些 App 在体育教育与培训业都起到了重要作用。

2. 体育系统仿真在体育装备制造业中的应用

体育系统仿真在体育装备制造业中应用十分广泛，特别是体现在可穿戴设备中的应用，这种虚拟仿真学科对健身休闲、运动训练以及体育比赛等都具有重要意义。体育系统仿真对足球、篮球、网球、冰雪等传统体育项目进行了智慧化赋能，寻求对时间和空间限制的突破。如划船、自行车等大型运动项目和飞镖等小型运动项目，可以借助电子划船机、智能单车、电子飞镖盘等智能设备，通过“线下实体运动＋线上虚拟对战”的形式，将体育运动与网络竞技深度结合，既增强了运动的黏性和趣味性，又实现了锻炼身体的目的，极大地丰富了体育运动的内容。

（1）心率监测 Polar 表

在体育教学中，运用可穿戴的运动负荷监测技术如 Polar 表，对学生运动密度、心率、卡路里消耗进行实时监测，为教师提供及时的数据反馈以及课后对大数据的挖掘、对比和分析，帮助任课教师、学校及教学管理部门充分了解学生的体能特点和身体素质，准确评估课堂质量和锻炼目标达成效果，帮助体育教师根据学生实际情况有针对性地安排教学活动、设定合理运动目标和及时调整运动负荷，利用科学的数据安排适合学生实际情况的、高效的体育课堂教学和日常锻炼方式，从而促进学校体育教学质量稳步提升[31]。

（2）轻松保龄球游艺健身器 Easy Bowling

虚拟保龄球游戏采用真实的游戏模式：游戏者通过扔真实的保龄球来参与游戏。系统使用摄像头检测保龄球的运动，并通过实时的物理仿真和绘制技术展示游戏结果。虚拟保龄球游戏机的外形，它由两部分组成：球道及游戏机体。球道选用与真实保龄球道相似的特殊材料制作，保证了游戏的真实感。由于系统仅需要大约 2m 的球道计算保龄球的运动参数，因此球道可以缩短到 2m，大大减少了保龄球游戏所需的占地面积（真实保龄球道长度约 19.1m），成本也随之大大降低。与真实的保龄球游戏相比，虚拟保龄球游戏机具有灵活性高、成本低并且易于安装等优点[32]。

（3）雪橇比赛装置

美国图像公司和加利福尼亚戴维斯大学利用体育系统仿真学科联合开发了一种雪橇比赛装置，这种装置可以把运动员带到一个仿真世界。通过计算机技术形成的立体图像，将一间黑暗的训练室变成了比赛现场，运动员在这套装置上能真切体验到驾驶雪橇沿着跑道飞速下滑的感觉。通过这套设备能随时检测运动员的身体状况，并进行技术分析、功能诊断，预测比赛中可能出现的各种问题，并制定最佳策略、最佳路线，从而达到提高运动员成绩的目的。并且这套系统中的雪橇是还能够进行三维交互，这极大地解决了教练员无法获得运动员训练途中技术数据的难题[33]。

3. 体育系统仿真在体育健身休闲业中的应用

体育系统仿真在健身休闲业中的应用主要体现在智慧健身馆的建设。人们在健身馆健身时，可利用手机 App 扫描体质测试设备上的二维码，进行自助化体质测试，测试数据、评价结果与运动建议实时反馈到智能手机上，健身者可以第一时间了解自己的体质健康状况，并可以根据运动建议选择适合自己的运动项目。健身者也可以在健身课堂里提出申请，专家会在一个工作日内，根据健身者的身体情况，定制个性化的运动处方[34]。

智慧健身馆全馆均在传统设备基础上安装有智能传输模块，通过该模块的应用实现了健身设备与互联网的连接，随着在跑步机和力量训练器上的数据被实时采集到智能手机App，并被上传到云端，健身者可以在馆内的智慧健身一体机上与远程专家互动交流，而专家则根据实时获取的体质、锻炼等数据信息，为健身者提供个性化的专业指导，真正实现了专业健身服务的个性化定制，随时可享受到科学的健身指导[35]。

4. 体育系统仿真在体育竞赛表演活动中的应用

体育系统仿真在体育竞赛表演活动中起到了重要作用。在国家举办的重要赛事中，管理人员及部门为了保证比赛及活动的安全有序性，会采用体育系统仿真学科实现比赛活动的顺利开展。例如 2018 湖北潜江返湾湖湿地国际马拉松赛，赛事方广泛使用了摄像头、一键报警柱、IP 广播系统等固定设施和智能腕表、VR 智能眼镜等可穿戴设备。基于这些硬件基础，图像识别、健康数据全程跟踪、紧急救护报警安全健康可得到实时监测，不仅场外观众可通过移动端观看跑者的实时参赛视频，总指挥部还可以对安保、医疗、交通等进行科学调度，保证比赛顺利有序进行。

5. 体育系统仿真在体育场地和设施管理业中的应用

体育系统仿真在体育场地和设施管理业起到十分重要的作用，体育系统仿真学科在其中最为重要的应用即智慧场馆的建设。智慧场馆的实现需要依托运营系统、票务接口、市场开发、观众体验、后勤保障五个部分，覆盖赛前、赛中、赛后全流程。它通过数字化场馆运营系统实现场馆管理和水电网资源的优化配置；通过智能身份识别实现快速便捷的验票入场流程；通过数据技术打通线上线下，利用观众数据实现精准营销；通过网络数字转播技术、智能贩售系统等提升观众赛中和赛后服务体验；通过智能检测与调度系统优化安保、交通、停车、紧急情况疏散等后勤保障服务等。同时利用软件通过网络技术来实现体育场馆资源的信息化管理，可供相关人员实现场馆查询、预订、退订和信息查询等多项功能，有利于场地的合理利用，可免去现场排队、付费等不便。除此之外，管理人员还可通过智能操作来实现用户管理、信息管理等功能，由此发布体育场馆相关消息。

（五）体育系统仿真在体育教学中应用与发展

目前，体育系统仿真对体育教学意义非常重大，而从长远来看，其意义还会越来越大。教学系统电器化程度逐步加深，多媒体教室正在迅速普及，从而推动了体育系统仿真在教学中的应用。在体育教学中，最常见的教学方法是教师在前面演示动作，学生在后面跟着做，学生如果因为距离等原因看不清楚教师的示范就学不好动作。如果使用仿真学科就可以把全部教学过程变成虚拟现实，使学生非常方便地自主学习：一是可以实时、随地开展学习，不需要在体育馆受实体条件的限制；二是可以实时检查，从 360° 去观察教师的动作，并且可以任意放大、缩小和旋转，为更精细地掌握动作提供了条件。在教学前可以验证教学方案的可行性，验证其是否科学，能否教好学生。此外，运用仿真中的虚拟现实还可以对教学效果进行评估，把仿真效果与真实效果进行对照，对角度不够、力度不够、速度不够等情况都可以做实时对照[36]。

虚拟仿真实验教学顺应了教育信息化的发展趋势和现实需要。在国外，虚拟现实技术已经被应用到大学课堂的教学中，其代表为 edx 的在线虚拟现实教学课堂。在国内，该项技术被应用于教学才刚起步，虚拟仿真学科在教学中的应用，将掀起新的教育教学理念，从而吸引学生的注意力，并提高教育教学的效率，最终提高教学质量。虚拟仿真学科在教育领域具有举足轻重的作用，现代教育信息化的重要组成部分之一是虚拟仿真实验室建设，更是新常态下高校教学改革的重要突破方向之一[37]。

已有文献对虚拟仿真学科应用于体育教学和训练进行了探讨。王宏宇在《谈在体育训练仿真中虚拟现实技术的应用》中认为虚拟现实技术在体育训练仿真中的应用可以提高运动员的科学训练水平和运动竞技水平；徐兰君在《虚拟现实技术及其在排球教学中的应用展望》中认为运用虚拟现实技术，通过网络虚拟空间来整合资源，收集与排球运动有关的多种信息资源种类，建立一个排球专项虚拟图书馆，如在讲解排球技术的力学问题时，可以通过虚拟人技术建立可视的人的运动过程，逼真形象的画面和切身的肌肉体会会使学生产生浓厚的学习兴趣[38]，取得较好的教学效果；贺昆在《虚拟现实推铅球课件的制作及其应用效果的研究》中研究得出以下结论，应用虚拟现实推铅球课件提高学生技术动作掌握程度上产生的作用要比其在提高运动成绩上产生的作用要强的结论[39]；孙晋在《健美操训练中虚拟现实技术的应用探讨》中提出虚拟现实技术两个方面的应用[40]。一方面，运用虚拟现实技术构建虚拟体操训练系统在健美操训练中的应用；另一方面，构建大型健美操演练仿真系统，能够根据传感器捕捉的数据对健美操的动作进行编辑设计，对健美操的队形图案进行设计；另有学者孙月舟、查艳等人也对相关问题进行了探讨。从已有研究看，学者们对虚拟仿真学科运用到体育教学和训练中的可行性及未来前景进行了肯定，认为该技术的运用可以提高训练效果、培养自我训练的意识和创新能力、弥补教学和训练的条件不足等问题[41]。

国内部分高校建立了国家级、省级虚拟仿真实验教学中心（如杭州师范大学的科学运动与健身技能虚拟仿真实验教学中心）。其虚拟仿真实验模块包括可视化运动解剖学、体能评定虚拟仿真、运动技术诊断仿真、训练监控虚拟仿真、运动康复虚拟仿真、体质健康干预“云”模拟六个虚拟仿真模块[42]，以“虚实互动”为主要特色，与原有常规实验体系相辅相成，具有强大的教学优势和开发潜力。基于平台依托，体育教学课程设计了虚拟仿真学科教学实验方案，将虚拟仿真学科运用于高尔夫、田径、武术术科课堂教学中，以学生的学业兴趣维度，体能维度，技能维度为反应变量，验证虚拟仿真学科运用于体育专业术课课堂教学中的有效性[43]。

通过文献梳理发现虚拟仿真学科是一项人机接口技术，通过人机交互使人产生视听触等多种感知的虚拟环境。因此虚拟仿真学科在体育中的应用表现形式多种多样，包括虚拟仿真学科制作的 FLASH 课件[44]，设计的虚拟仿真的软件系统，摄像机雷达测试设备，动作捕捉传感器，功率自行车，等等。根据已有学者的研究，把虚拟仿真学科在体育应用层面研究分为两个方面，一方面是体育教学，另一方面是体育训练[45]。

虚拟仿真在体育教学方面的研究，学者们运用不同的虚拟仿技术进行教学试验，主要涉及两个方面：一是用虚拟仿真学科原理制作教学课件的教学方式，二是直接运用虚拟仿真学科进行人机交互的教学方式[46]。在运用虚拟仿真现实技术来制作课件的教学方面，贺昆、王迎等学者运用虚拟现实的技术制作课件，运用于教学实验，结果表明虚拟现实技术课件在教学效果方面显著优于传统课件，而且更能激发学生的学习兴趣[47]。在直接运用虚拟仿真学科进行人机交互的教学方面，宋巍学者用教学实验法，采用虚拟仿真学科（TRACK MAN GOLF 雷达模拟高尔夫）获取杆头速度、击球角度、杆头轨迹、杆面角度和击球距离数据辅助教学，最终表明 TPI 教学方法在高尔夫初学者的杆头速度和击球距离两个指上均优于常规教学方法，并且加强了击球的稳定性。潘永刚运用实验法，把 KUDU 动作分析仪系统应用到高尔夫的课堂教学中，明确提出利用虚拟现实技术进行探究式高尔夫教学，对学生学习技术动作的掌握有着积极的作用，对提高高尔夫技术课的教学质量具有显著效果[48]。卢劼利用高尔夫球仿真模拟器开展虚实结合的教学实践，姜芹先主要运用 3D 视频动作捕捉系统技术，对高尔夫运动员的躯干前倾角、侧倾角、杆头速度、杆臂角和肩髋夹角进行记录，研究无球挥杆动作与有球挥杆动作是否一致，杆头速度是否有差异，研究结果表明高尔夫运动员有球挥杆动作与无球挥杆动作不相同，且两种挥杆杆头速度有差异[49]。

虚拟仿真在体育开发方面，主要涉及体育项目仿真系统的制作。仿真系统用途主要分为两类：一类是开发虚拟训练场景系统，另一类是开发运动数据捕获系统[50]。在开发虚拟训练场景系统，王宏宇提出大型团体操演练仿真系统，首先对团体操图案或队形变化进行虚拟人的初始位置和目标位置；其次规划路径；最后，实现团体操队形或图案的变化仿真，团体操演练仿真系统由行为动作生成、队形或图案设计和团体操队形变化仿真三个子系统构成；在开发运动数据捕获系统，王庆鑫结合计算机三维仿真学科和人工智能技术，开发的短道速滑技战术仿真系统，该系统利用现有的运动员比赛和训练数据，建立能够模拟真实运动员的模型，最后做成了一个完整的短道速滑技战术仿真系统。杜东玲基于虚拟现实技术，用三维动作进行捕捉运动员运动数据，3D 实时的渲染、交互式功能，设计出一款具有交互训练功能的“太极拳教学仿真系统”，使得软件具备对练习者的引导和指导教学的功能，从而实现对太极拳的自主化学习。因此，太极拳教学仿真系统能更好地提高太极拳学习者的技术水平。虚拟仿真系统运用在教学的有刘正存开发的大众体育运动示教系统，主要用于 3D 动作捕捉、人体动作重建以及人体动作分析等，最后对示教过程中学员动作与标准动作差异进行分析，从而达到学员动作学习达到自主化，提高教学质量的目的。项蔓主要运用三维软件中虚拟场景和角色建模、动画制作及编辑，用 flash 软件合成排球三维动画的多媒体技战术课件。李岩、董菲运用多模式人机交互、3D 人体模型建立、运动数据的采集等技术，设计和开发“武术教学仿真系统”，并有两种操控模式——演示性操控和自主性操控。张利英设计基于 Kinect 运动捕捉的太极拳辅助训练系统，对设计的系统的有效性进行验证，结果表明该系统能实现原地太极拳运动的辅助训练以及准确评分[51-53]。

从已有研究看，学者们对虚拟仿真学科运用到体育教学和训练中的可行性及未来前景进行了肯定，认为该技术的运用可以提高学生学习的兴趣、技术水平、训练效果、培养自我训练的意识和创新能力、弥补教学和训练的条件不足等问题。

三、体育系统仿真国外发展对比

国外研究学者从不同的角度对仿真进行了分类：按被仿真对象的性质可分为连续系统仿真（continuous system simulation）和离散事件系统仿真（discrete events system simulation）；按功能用途可分为工程仿真（engineering simulation）和训练仿真（train simulation）；按虚实结合的程度又可分为结构仿真（constructive simulation）、虚拟仿真（virtual simulation）和实况仿真（live simulation）。其中在工程应用领域内连续系统仿真又可分为以下四类：数学仿真（mathematical simulation）、硬件在回路仿真（hardware-in-loop simulation）、软件在回路仿真（software-in-loop software）。

美国图像公司和加利福尼亚戴维斯大学联合开发了一种雪橇比赛装置，这种装置可以把运动员带到一个仿真世界。计算机技术造成的立体图像，将一间黑暗的训练室变成了比赛现场，运动员在这套个装置上能真切体验到驾驶雪橇沿着跑道飞速下滑的感觉。实验室的设备随时检测运动员的身体状况，并进行技术分析、功能诊断，预测比赛中可能出现的各种问题，并制定最佳策略、最佳路线，从而达到提高运动员成绩的目的。参加第十六届法国冬季奥运会的美国队利用这套装置训练运动员，比去法国实地训练节省了一半的费用，并且训练次数大大提高。这就是基于虚拟现实的体育仿真、训练的魅力。这套系统中的雪橇是一种能够进行三维交互的装置。通过这种装置从而解决了教练员无法获得运动员训练途中技术数据的难题。

在具体体育项目中的应用，如 C. Smash 开发了一个基于 PC 的乒乓球游戏、Cyber Dance 提供真实的舞蹈模拟软件的设计、虚拟保龄球游戏等，还把团体性的运动项目也加入其中，如足球、篮球等。让运动员在这种虚拟的环境下，能够提供其大局观，开阔其视野。

知名体育品牌在产品设计及创新中，也大胆应用仿真学科，特别是在奥运赛场上，为运动员助力。耐克为里约奥运用三维打印技术在衣服上设计了硅胶质的的迷你凸点，用以降低风阻，有效提高运动员的速度；阿迪达斯则使用身体扫描仪来为游泳运动员量体裁衣；瑞士服装品牌阿索斯（Assos）则利用风洞理论为美国自行车运动员设计合适的衣服。新百伦也转用三维技术测试新鞋结构以保证运动员速度的提升。耐克也利用三维打印技术和风洞原理减少空气阻力。

四、体育系统仿真发展趋势及对策

（一）主动健康医学仿真的变革发展

面对日益蔓延的生活方式疾病，我国政府启动了主动健康科技专项，探索制订遏制慢性疾病不断恶化的中国方案。主动健康是通过对人体主动施加可控刺激，增加人体微观复杂度，促进人体多样化适应，从而实现人体机能增强或慢病逆转的医学模式。无论从医学观、整体观还是科学观，主动健康都主要着眼于考察人体系统的整体涌现表达出来的功能状态动态变化，而不是局限在微观指标大与小、多与少、高与低的静止比较。纵向时间维度则是对个体连续动态跟踪观测和相对比较。主动健康不仅把生命当作物质和能量，而且更多的是将生命看作为信息，仿真是手段，模型是核心，因此，如何以信息为参量对生命进行建模，从而建立主动健康理论是未来体育系统仿真发展的走向。同时，随着大数据和AI技术的发展，第四科学范式将逐步形成，大数据技术为人们认识与改造世界提供了新的方法与途径[33]，未来医学模式也将产生新革命，主动健康医学就是基于第四科学范式的思考和探索。

（二）竞技体育系统仿真的可持续发展

由于竞技体育训练对VR和穿戴系统各项性能指标的要求比较高，加之受软件、硬件技术等条件的限制，制约了系统仿真学科在竞技体育训练领域的应用和推广。目前竞技体育表现出较强的对政府投资、国家管理的依赖性，在这种“被组织”的思维模式下，强制的外在控制手段也会抑制竞技体育系统仿真的发展、创新以及对竞技体育的贡献力。根据国内外对复杂大系统可持续发展能力与模式的成功研究经验来看，首先应明确竞技体育系统可持续发展的特征[54]，建立起科学有效竞技体育系统可持续发展的仿真模型，从系统分析、指标体系构建和计算机系统仿真三个环节步步深入、环环相扣，以系统分析为前提，以系统指标体系构建和评估为基础，以系统的计算机仿真为核心，运用计算机软件（如系统动力学）对系统的未来发展前景进行计算机仿真，通过参数（即竞技体育系统可持续发展过程中的影响因素）进行调整，构建包含丰富竞技体育动作的竞技体育动作的仿真数据库，使教练员能够根据自身的设想结合运动员的实际情况，从该数据库当中筛选并编排复杂的竞技体育运动，基于系统仿真结果展开对运动员的模拟仿真训练，实现最佳的训练效果。从对比分析中找到竞技体育系统可持续发展的对策，这些对策也将成为国家主管部门进行宏观调控、制定系统可持续发展的对策和措施的重要支持[53]。

（三）健康监测系统仿真的广泛应用

体育系统仿真实验不仅在竞技体育中得到推广，在全民体质健康检测中也发挥重要作用。如何将健康监测系统广泛应用到群众中去，如何使系统更加便捷化、智能化是亟待解决的问题之一。这就需要根据群众体育、全民健康、体医结合等多方面实际情况进行系统建模与仿真学科研究，需要多次调试、审慎评估健康监测系统的可信性与准确度。面对全民健康存在的潜在利益链，一方面，可以将健康监测仿真系统进行商业化推广，充分利用企业的现代化技术和资金，发挥网络、计算机的辅助作用，在全面评估高新技术企业对数据存储能力、通信传输能力、数据交易能力以及信息保密的基础上，同高新技术企业进行合作。另一方面，同高校和科研院所进行合作，充分利用调动人力物力资源。企业、高校、科研院所之间的知识协同，各自拥有的隐形与显性知识进行相互转换与提升，不仅可以保障全民健康检测系统在社会中的广泛应用和仿真结果的准确性，有助于有关机构及时了解全民健康状况，制定相关政策，同时也推动了中国高科技领域的发展。

（四）体育产业系统仿真的合理预测

体育产业的发展是一个涉及经济发展、人口增速、资本投入、政策环境、消费结构、文化氛围等多主体、多要素、多层次的社会经济活动，要求我们从多系统的角度对体育产业进行仿真预测并思考。因此，对体育产业的资金流向、市场预测、发展模式等方面进行仿真实验时应根据市场经济发展规律和前期的体育产业发展研究，将体育产业的整个系统进行合理划分和全面考虑，将体育产业各个子系统之间的反馈关系进行系统分析，从经济发展水平、居民收入和消费水平、体育系统规模水平等多个维度衡量体育产业变化，规范体育产业系统的指标选择。有针对性地根据体育产业特征和类型合理设计仿真实验，如“传统发展型仿真”“服务驱动型仿真”“协调发展型仿真”等。使仿真结果真正做到贴近体育产业发展现实，实现体育各相关子产业协调发展、体育产业系统整体稳定增长的目标，做到从系统的高度、动态的视角为体育产业发展的政策创新贡献力量。

（五）体育系统仿真的人才培养

体育具有高辐射力和高渗透力，其影响已经渗透到经济发展和社会生活的方方面面。如何准确把握体育各个领域的特点，满足体育多元化平台的发展需要，因地制宜地设计仿真实验，需要我们培养大量体育系统仿真人才。在新的发展阶段，将“思维跨域”作为打造体育系统仿真人才的着力点。根据体育领域的发展需要和仿真实验设计的需要，培养多学科交叉人才。围绕着理论型和技能型体育系统仿真人才的特点，探寻人文学科、社会学科、自然学科之间的交叉点，创建多学科、多学院、多领域的融合培养机制，是培养体育系统仿真人才的关键。同时，也要注意培养目标的兴趣点，注重引导学生从自身的兴趣爱好出发，结合体育仿真发展的一般规律，找到人才与系统仿真最佳结合点。从创新型人才培养的角度来看，作为体育系统仿真人才如果缺少任一关键角度，将缺少了一种整体性创新的思维，缺少透视大局的新视角。相反，如果有了较强的兴趣与创新意识，即便是在一个相对狭小的研究平台，也有可能实现多个领域的融合与对接。

参考文献

[1] 刘纯献. 中国竞技体育崛起的制度框架和思想基础［D］. 北京体育大学，2007.

[2] 李琳琳，赵梦贤. 山东省全民健身示范城市建设研究［J］. 体育时空，2018，20（1）：60-62.

[3] 李建臣. 数字文明与智能化传播［J］. 中国传媒科技，2017（9）：1.

[4] 李晖. 习近平总书记关于体育工作重要论述的 4 个维度［J］. 体育科学，2018，38（08）：14-18，48.

[5] 伊超. 体育系统工程理论与方法研究及国家皮划艇队训练信息管理平台（CCIMP）研发［D］. 曲阜师范大学，2007.

[6] 朱礼金. 体育系统仿真理论与应用研究［J］. 山东体育科技，2010，32（04）：60-62.

[7] 解毅飞，龙锦. 关于创建体育系统仿真学科理论体系的构想［J］. 广州体育学院学报，2002（3）：116-118.

[8] 宋丽. 应用虚拟现实技术对竞技体育进行仿真训练的探讨［J］. 西安邮电学院学报，2007（6）：170-173.

[9] 费景高. 数字仿真模型的校核验证和测试（一）［J］. 计算机仿真，2000（1）：72-74.

[10] 郑微. 果蔬配送中心物流系统建模与仿真［D］. 中国石油大学，2009.

[11] 肖英. 卫星地面应用系统任务仿真研究［J］. 无线电工程，2007（6）：26-28.

[12] 陈健，姚颂平. 虚拟现实技术在体育运动技术仿真中的应用［J］. 体育科学，2006（9）：34-39.

[13] 郝庆威，郝婉全. 基于虚拟现实技术的竞技体育仿真应用开发研究［J］. 电视技术，2018，42（08）：88-92.

[14] 郭莲英. 体育活动仿真系统及涉及技术浅议［C］. 中国体育科学学会体育仪器器材分会、中国系统仿真学会体育系统仿真专业委员会. 2006 年全国体育仪器器材与体育系统仿真学术报告会论文集. 中国体育科学学会体育仪器器材分会、中国系统仿真学会体育系统仿真专业委员会：中国体育科学学会，2006：193-198.

[15] 王晶，倪剑虹. 计算机虚拟现实技术在现代体育中的应用［J］. 煤炭技术，2011，30（06）：238-240.

[16] 袁丹. 对竞技健美操运动员表现力的构成及培养方式的研究［D］. 武汉体育学院，2006.

[17] 李小华，刘光双，周颖. 运动生物力学在体育教学和训练中的应用研究［J］. 体育科技文献通报，2007（3）：5-6+13.

[18] 刘生杰. 中国优秀男子跳高运动员竞技能力的理论构建及训练特征研究［D］. 山西大学，2009.

[19] 纪庆革，潘志庚，李祥晨. 虚拟现实在体育仿真中的应用综述［J］. 计算机辅助设计与图形学学报，2003（11）：1333-1338+1457.

[20] 李艳波. 网球比赛仿真系统的研究与实现［D］. 哈尔滨工程大学，2008.

[21] 王迪. 篮球专题学习网站的设计与开发［D］. 河北大学，2007.

[22] 邹永胜. 基于 WebGL 的虚拟编排系统的研究与实现 [D]. 浙江理工大学，2018.

[23] 鹿丹. 竞技健美操运动员表现力的构成因素及训练方法的研究 [D]. 西安体育学院，2011.

[24] 杜成林，张亚慧. 竞技健美操仿真训练虚拟现实技术研究 [J]. 沈阳农业大学学报（社会科学版），2014，16（06）：717–721.

[25] 王庆鑫. 短道速滑技战术仿真系统的功能完善与性能优化 [D]. 哈尔滨工业大学，2012.

[26] 唐建军. 大型体育赛事采编播评仿真系统技术的研发与应用 [C] // 中国体育科学学会. 第十届全国体育科学大会论文摘要汇编（三）. 中国体育科学学会，2015：1610–1611.

[27] 周骏. 大数据时代网络体育新闻数据的分析 [C] // 中国体育科学学会. 第十届全国体育科学大会论文摘要汇编（三）. 中国体育科学学会，2015：1611–1613.

[28] 蔡维敏. 我国智慧体育及其发展对策研究 [J]. 运动，2013（17）：149–150.

[29] 厉凯. 山东省智慧健身俱乐部的发展研究 [D]. 山东体育学院，2017.

[30] 本刊记者. 科研引领 打造智慧体育课堂 [J]. 体育教学，2017，37（12）：76.

[31] 纪庆革，潘志庚，梅林，等. 团体操虚拟编排和演练原型系统 [J]. 计算机辅助设计与图形学学报，2004（9）：1185–1190.

[32] 张清华，宋年春. 智慧健身馆发展前景探究——以日照市智慧体验馆为例 [J]. 武术研究，2017，2（05）：150–152.

[33] 陈琪. 山东省智慧健身产业发展模式研究 [D]. 山东大学，2017.

[34] 中国教育装备采购网. 创新，源于多学科背景——国家体育总局体育科学研究所体育系统仿真实验室李祥晨主任专访：[EB/OL].（2010-09-30）[2020-03-03]. https：//www.caigou.com.cn/news/2010093017.shtml.

[35] 苏晓勇，徐送林. 虚拟仿真实验教学中心建设的解读与思考 [J]. 实验室科学，2018，21（01）：188–190.

[36] 徐兰君. 虚拟现实技术及其在排球教学中的应用展望 [C]. 中国体育科学学会体育仪器器材分会、中国系统仿真学会体育系统仿真专业委员会. 2006 年全国体育仪器器材与体育系统仿真学术报告会论文集 . 中国体育科学学会体育仪器器材分会、中国系统仿真学会体育系统仿真专业委员会：中国体育科学学会，2006：175–178.

[37] 贺昆. 应用虚拟现实推铅球课件的制作及其应用效果的研究 [D]. 武汉体育学院，2007.

[38] 孙晋. 健美操训练中虚拟现实技术的应用探讨 [J]. 电子测试，2014（19）：76–77+75.

[39] 邵瑞芳，张辉，金伟斌. 虚拟仿真学科在体育领域中的研究综述 [J]. 浙江体育科学，2018，40（05）：108–112.

[40] 李蕾，胡振东，薛鹏，等. 基于虚拟仿真学科探讨运动人体科学实验教学改革的初步构想 [J]. 淮北师范大学学报（自然科学版），2016，37（02）：83–86.

[41] 曹强. 基于按需云服务的计算工程教育虚拟实验室设计建设实践 [C].《智能城市》杂志社、美中期刊学术交流协会. 2016 智能城市与信息化建设国际学术交流研讨会论文集Ⅲ .《智能城市》杂志社、美中期刊学术交流协会：旭日华夏（北京）国际科学技术研究院，2016：200.

[42] 陈鹏. 虚拟仿真学科在服装工艺教学中的应用研究 [D]. 湖南师范大学，2009.

[43] 邵瑞芳. 虚拟仿真学科在体育专业术课课堂教学中的应用研究 [D]. 杭州师范大学，2018.

[44] 孙月舟，沈勇. 体育教学与运动训练中的虚拟仿真学科辅助手段研究 [J]. 哈尔滨师范大学自然科学学报，2006（6）：105–107.

[45] 贺昆. 应用虚拟现实推铅球课件的制作及其应用效果的研究 [D]. 武汉体育学院，2007.

[46] 宋巍. TPI 教学方法对高尔夫球初学者全挥杆技术影响的研究 [D]. 河北师范大学，2016.

[47] 邵瑞芳，张辉，金伟斌. 虚拟仿真学科在体育领域中的研究综述 [J]. 浙江体育科学，2018，40（05）：108–112.

[48] 陈昌伟. 基于 Kinect 的人体动作比对分析及生物力学分析 [D]. 天津大学，2014.

［49］项蔓．系统仿真在排球多媒体课件中的应用［J］．科技信息，2010（12）：169–170.
［50］李岩，董菲．体育（武术）教学仿真系统的设计［J］．山东体育学院学报，2008（9）：94–96.
［51］张利英．基于 Kinect 运动捕捉的太极拳辅助训练系统研究［D］．河北科技大学，2016.
［52］邵桂华．中国竞技体育可持续发展研究综述［J］．沈阳体育学院学报，2014，33（05）：57–63.
［53］郝庆威，郝婉全．基于虚拟现实技术的竞技体育仿真应用开发研究［J］．电视技术，2018，42（08）：88–92.

撰稿人：孙晋海　李祥晨　高　岩　王嘉琦　米小燕　王紫薇

ABSTRACTS

Comprehensive Report

Advances in Simulation Science and Technology

This report describes the connotation of simulation science and technology; reviews, summarizes and scientifically evaluates the development of new ideas, theories, methods, technologies and achievements of simulation science and technology in China in recent years; briefly introduces the progress of simulation science and technology in research platform and personnel training; summarizes the international importance of simulation science and technology Major research programs and major research projects have studied the latest research hotspot, frontier and trend of simulation science and technology in the world, compared and analyzed the development status of simulation science and technology at home and abroad; analyzed the new strategic demand and key development direction of simulation science and technology in China in the future, and proposed the development trend and development strategy of simulation science and technology in the future . The details are as follows:

The first chapter introduces the connotation of simulation science and technology. Simulation science and technology is a comprehensive and interdisciplinary subject based on Modeling and simulation theory, with computer system, physical effect equipment and simulator as tools, according to the research objectives, establishing and operating models, and recognizing and transforming the research objects. The scope of the subject is given, including simulation modeling theory and method, simulation system and technology, and simulation application engineering. This paper explains the importance analysis of disciplines, points out that simulation plays an indispensable role in national economy and national security, is an important method for human beings to understand and transform the objective world, is universal and has a wide range of major application needs, has a revolutionary impact on the development of science and technology, and is of great significance to the realization of China's innovative national strategy.

The second chapter summarizes the latest research progress of simulation science and technology.

First of all, the new development of simulation discipline in China is described from two aspects: research achievements and research platform. The simulation discipline is developing in nine directions: networked modeling and simulation, integrated natural / human environment modeling and simulation, intelligent system modeling and intelligent simulation system, complex system / open complex giant system modeling / simulation, simulation based acquisition and virtual prototype engineering, high-performance computing and simulation, pervasive simulation based on pervasive computing technology, embedded simulation and based on Big data simulation. The latest application and research progress of simulation discipline involves a wide range of aspects. Simulation technology is mainly used in a few fields such as aviation, aerospace, atomic reactor, etc., which are expensive, long cycle, dangerous and difficult to realize in actual system experiments. Later, it gradually developed to some major industrial sectors such as electric power, oil, chemical industry, metallurgy, machinery, and further expanded to social system and economy System, transportation system, ecosystem, sports entertainment and other non-engineering system fields. Driven by various application requirements and related disciplines, simulation technology has gradually developed into a comprehensive discipline, becoming one of the important means for human beings to understand and transform the world.

Secondly, the development of simulation research platform is summarized. Researchers and engineers engaged in scientific research and engineering applications often need to design algorithms, mathematical models and system processes related to an application object. The simulation platform of engineering or product development application can provide software and hardware environment. According to the actual situation, the embedded development can meet the functions of field data collection, data processing, data communication, state control, etc. through the design of computer simulation software, the simulation platform can simulate and simulate the actual object, and construct a graphical display interface, which is convenient for R & D and designers We will modify the parameters of the prototype to speed up the R & D and innovation of products and systems. Relying on a group of representative key simulation research and application laboratories and engineering research centers established by domestic universities and scientific research institutes, 24 of them include 8 National (or national defense) key laboratories, 3 national engineering technology research centers, and 13 provincial key laboratories, which reflect the current research and implementation of simulation science and technology in China The scale and level of simulation application platform.

Finally, the paper summarizes the development of simulation talents training. As for the development of simulation subject talent training, we investigated 42 world-class university construction universities (referred to as first-class university) and 95 world-class discipline construction universities (referred to as first-class discipline universities) . These schools should be able to reflect the cultivation ability of Postgraduates in China. The retrieval statistics of China's master's and doctor's degree papers are carried out. The retrieval time range is from 2009 to 2018. The retrieval objects are 42 world-class universities and 95 world-class discipline construction universities in China. 95 world-class discipline construction universities and Colleges have trained 118531 postgraduates relying on relevant first-class disciplines, including "simulation related" and "simulation related" There are 10047 "true related" students, accounting for 8.48% of the total number of doctors cultivated; 2620 "simulation discipline" students, accounting for 2.21% of the total number of doctors cultivated; 1027516 "simulation related" students, accounting for 8.28% of the total number of masters cultivated; 26017 "simulation discipline" students, accounting for 2.53% of the total number of masters cultivated. It shows that the proportion of "simulation related" postgraduates is very high, and the key universities in China have a strong ability of training simulation science and technology talents.

The third chapter compares the research progress of simulation science and technology at home and abroad.

First of all, the international major research plans and projects are summarized from the five key points of virtual reality, networked simulation, intelligent simulation, high-performance simulation and data-driven simulation, which deserve special attention. The conclusion is that the simulation technology has developed into a comprehensive professional technology system, becoming a general and strategic technology, and is becoming "digital, efficient. The characteristics of network, intelligence, service and universality are developing towards industrialization. Secondly, the latest research hotspots, Frontiers and trends of simulation in the world are summarized. There are six aspects: high performance simulation algorithm, general simulation software, simulation application engineering, uncertainty quantitative analysis, multi-scale modeling and simulation, big data visualization and simulation driven by data; finally, the research progress of simulation science and technology at home and abroad is compared and analyzed, and the main research results of simulation modeling theory and method in China are summarized, especially the research hotspots at home and abroad in recent years. Compared with the international research, the main content of research at home and abroad is basically the same. On the hot and difficult issues, the original results at home and abroad are not enough Outstanding, but some research results of the theory and method of complex system modeling and simulation are equal to or slightly ahead of the international level. In the aspect of simulation system and supporting technology, there is still a big gap between the research and application level of high-performance simulation technology in China and developed countries. The research and formulation of standards and specifications need to be strengthened. The ideas, methods and technologies of software engineering are still not paid enough attention in the research and development of simulation system. In the aspect of industrialization of simulation system and technology, China and the world in the aspect of simulation application engineering, simulation has been applied in various fields of national economy, especially in the whole process of spacecraft development and application in the field of aerospace. Simulation has made an important contribution to China's economy, national defense, science and technology, society, culture and emergency response. Compared with foreign countries, the extent and depth of its application, as well as the degree of social recognition, need to be strengthened. Generally speaking, the basic theory and new concept of simulation are basically put forward by foreign countries; the latest technology and standard specifications of simulation framework and architecture, China has no international voice; simulation software and platform are basically monopolized by foreign countries. Therefore, we must further analyze the position of China's simulation engineering and Science in the global competition pattern in order to further promote the development of China's simulation engineering and science.

In Chapter 4, the report summarizes the trend of the computer simulation discipline and looks forward to the development of computer simulation.

In the area of virtual reality (VR) , we will develop intelligent mobile VR devices and embedded VR chips, and break through key technologies such as 360-degree video, free-view video, 3d engine, location and Motion Capture Promote the research and development of home-made VR operating systems, and form a number of independent intellectual property rights of software products.

In the area of network simulation, it will initially integrate advanced information technology (high performance computing, big data, cloud computing / edge computing, Internet of things / Mobile Internet, etc.) , advanced artificial intelligence technology (AI based on big data, swarm intelligence based on Internet, cross-media reasoning, human-computer hybrid intelligence, etc.) and modeling and simulation technology. The research on intelligent and high-efficiency simulation computer system is carried out, and a new simulation mode and operation mode adapted to internet + something are established.

In the aspect of intelligent simulation, large scale Agent modeling and simulation will be realized, and Algorithms and software for distributed Agent model or its interaction components can be developed on high performance computing, cloud computing platform and other platforms For example, based on the combination of agent modeling and simulation with system dynamics and Discrete event simulation, and strengthening Agent behavior modeling, considering factors of emotion, cognition and society, we can infer Agent behavior by analyzing data stream The behavior model can be continuously calibrated and verified according to the actual data, and it is robust to some extent.

In the aspect of high-performance simulation, the simulation theory and method based on new high-performance computing architecture will be formed, the parallel acceleration theory and method of high-performance simulation will be innovatively studied, and the hardware platform and simulation experiment of the bottom layer will be seamlessly communicated. The innovation bonus of hardware layer can be found effectively to meet the increasing demand of computing experiment in complex system simulation. The multi-cores can be dynamically allocated to each simulation kernel by the work thread to achieve the goal of load balance.

In dynamic data-driven simulation, we will break through the technology of supporting platform of data-driven system for complex systems, solve the problem of fast construction of application-oriented data-driven system, and take the simulation application in the application field as the traction The new information technology, artificial intelligence technology and big data technology are integrated, and the theory and method of parallel system are established. The data-driven simulation and parallel system service capability based on the domain simulation cloud are established for each application field.

In conclusion, simulation science and technology have greatly expanded the ability of human beings to recognize the world, and can observe and study the phenomena that have occurred or have not occurred, as well as the process of their occurrence and development under various hypothetical conditions, without the limitation of time and space. It can help people to go deep into the macroscopic or microcosmic world which is hard to reach in general science and human physiological activities to study and explore, thus providing a new method and means for human beings to understand and transform the world. With the deepening of the complexity of the problems faced by scientific research and social development, it has become a trend for scientific research to return to synthesis, coordination, integration and sharing. Because of these attributes, simulation has become the link of modern scientific research. It has the ability to solve highly complex problems that other disciplines cannot replace.

Written by Fan Wenhui, Hu Xiaofeng, Zhang Lin, Yang Ming, Qiu Xiaogang, Zhang Zhili, Ma Shiwei, Yang Yixin

Reports on Special Topics

Modeling and Simulation Standardization

M&S standardization technology is one of the important fundamental technology of M&S. The development history of M&S standardization technology falls into four successive simulation standard development stages, namely the weapon and equipment development standard and training simulator standard, collective networking training standard, engineering process development standard, full domain simulation standard. The overall development of M&S standardization technology in China is introduced. The establishment and development process of Chinese military M&S standard system are depicted in detail, following by the description of the structure of military simulation standard system, and weapon and equipment simulation standard system. The overall development of M&S standardization technology outside China is also represented with emphasis on the simulation standard system of the United States, NATO and Australia. The achievements of M&S standard in simulation architecture, data, VV&A, interoperability and terminology are also presented respectively. Comparison is made on the development of M&S standardization technology at home and abroad. The advantages and gaps of Chinese M&S standardization technology are presented. Prospects are given on the development trends in M&S standardization technology. Firstly M&S standardization technology covering full domain of simulation should be established. Secondly, the achievements of IT technology will be absorbed into M&S standard system. Thirdly, M&S standards will be more closely combined with simulation application systems. Suggestions are proposed on the future development of M&S standardization technology, including establishing M&S coordination organization and coordinated development roadmap of M&S standardization, strengthening M&S infrastructure standardization and training and education of M&S standardization, supporting simulation system building by standardization.

Written by Li Ge, Duan Hong, Zha Yabing, Yin Quanjun, Ju Rusheng, Wang Peng, Yang Shu

Simulation Computer and Software

Simulation computer and software are the important driving forces for the development of simulation technology along the direction of "digitization, networking, intelligence, universality and synergy". On the basis of the analysis of the development status of simulation computer and software, this paper completes the development comparison, trend analysis and countermeasure formulation of this major at home and abroad. Domestic real-time simulation platform (including simulation computer and software) is mainly oriented to centralized/distributed applications, with a general framework integrating "operating system, development platform, system architecture, application software and hardware interface", and an integrated environment integrating simulation model development, real-time operation and visualization. The comparative analysis at home and abroad mainly consists of three aspects: architecture, distributed collaboration, high performance and interoperability, simulation computer, software environment of simulator and autonomous control, which lays a foundation for the following trend analysis and countermeasures. The development trend of simulation computer and software is analyzed from two aspects: first, the development trend of simulation computer is analyzed from the aspects of open architecture, distributed and networked, autonomous and controllable, efficient computing power and intelligence. First, the development trend of simulation computer software is analyzed from the aspects of inheritable/reusable/portable, comprehensive and intelligent functions, big crossover, big fusion and autonomous control. In the end, development countermeasures are formulated from the following aspects to lay a foundation for the sustainable development of the profession: first, actively develop the architecture of the new generation of open real-time simulation platform, continuously improve the professional standards related to simulation computer and software, and improve the interoperability, reusability and composability of simulation resources; Second, we should attach importance to the basic innovation research of edge computing and quantum computing, plan and pull large projects, and promote the leapfrog development of the tool capability of simulation platform. Third, adhere to independent and controllable, promote the healthy development of the domestic simulation industry; Fourth, accelerate the research and development of artificial intelligence-related technologies and improve the intelligence level of simulation computers and software.

Written by Geng Huapin, Zhang Ke, Liu Jin, Zhou Lili, Tong Jiahui, Shi Hang, Shen Chao, Guo Zhuofeng

Discrete Event System Modeling and Simulation

Discrete event system (DES) refers to a system in which the state changes discontinuously, driven by random events that occur at discrete moments. Discrete system simulation is an important direction of simulation science. In recent years, with the development of cloud computing and big data science-based simulation technology, intelligent simulation technology, distributed mutual simulation technology, virtual reality and 3D visual simulation technology, quantum system modeling and simulation, and other technologies, discrete system simulation has achieved great development through the integration of these related technologies in theory and methods. Simultaneously, there are many new applications in the fields of advanced manufacturing system modeling and simulation, aerospace and military simulation, transportation simulation, modern logistics and supply chain management simulation (as industrial, agricultural, medical, sports, education and other industries simulation) , social economic system simulation, and emergency management system simulation. The report analyzes the research status of basic theoretical methods of discrete system simulation in China from the aspects of discrete system simulation, management system modeling and simulation, and simulation model engineering methods. The development and application of discrete system simulation technology in different fields and industries in China from the aspects of production enterprise management, transportation, social systems, combat architecture, UAV target mission planning, and other military simulations are also reviewed. Then, the recent developments of discrete system simulation, management system modeling and simulation, simulation model engineering methods, and the simulation software technology of typical industries at home and abroad are compared and analyzed. Finally, the development trend of the discrete system simulation in the future is presented by considering multiple aspects such as how to closely meet the major needs of countries and industries, and improve the ability to serve the country, industry and society, and how to further promote the simulation theory and technical innovation of the discrete system method, and how to develop research discrete simulation software with independent intellectual property rights, etc.

Written by He Shiwei, Hu Bin, Zhu Yifan, Li Xiong, JingYu

Complex System Modeling and Simulation

Judging from the results of the current scientific research on complexity, the research of complexity science should be combined with qualitative judgment and quantitative calculation, micro-analysis and macro-synthesis, reductionism and holism, scientific reasoning and philosophical speculation. The study should not be limited to the description of objective things, but more focused on revealing the cause of objective things and its evolution, and try to predict its future development as accurately as possible. The research should focus on the understanding, analysis, simulation of the concrete complex system and the evaluation system of the simulation result of the concrete complex system, such as more research on economic systems, ecosystems, financial securities markets, artificial life and so on. Through the understanding of these concrete systems, we can improve the understanding of the common problems of complex systems, and then guide the research work of other complex systems. In the direction of development, the emphasis of different disciplines, different areas of cross, integration and integration, to the direction of integration and integration. With the development of Agent research, many kinds of Agent simulation platform have been developed in the world. In general Agent simulation platform, the representative and widely used platforms are JADE platform, Netlogo platform, Swarm platform, REPAST platform, Mason Platform and AnyLogic platform. This report describes the complex system modeling methods and complex system simulation methods.

The complex system simulation software platform is analyzed in detail and compared with each other. Finally, the key problems and development countermeasures of complex system simulation are given.

Written by Fan Wenhui, Kou Li, Ma Ye, Yan Yuanyuan, Wang Liping

Intelligent Simulation Optimization and Scheduling

With the rapid development of artificial intelligence, Intelligent Simulation Optimization and Scheduling (ISOS) adheres to the fact that "scheduling is problem, optimization is goal, simulation is method, intelligence is technology", and introduces big data, cloud computing and other intelligent methods into the field of simulation optimization, and conducts systematic in-depth research around basic scientific issues, key technologies and applications in various fields related to the ISOS so as to provide basic scientific theory and key technical support for the development, planning, design and decision-making of various complex systems. This part, from two aspects of the theoretical method and typical application, elaborates the domestic development status of ISOS, including the research on the basic framework of intelligent optimization algorithm, intelligent optimization technology for complex optimization problems, such as dynamic optimization, simulation optimization, and the typical application of intelligent optimization methods, such as workshop scheduling and logistics dispatching. Second, it expounds the comparison of the development of the above theoretical methods and applications at home and abroad, furthermore, points out the gap between domestic and international research in the basic theory and application practice. Finally, from two aspects of improving the basic performance of intelligent simulation optimization technology and expanding its technical application field, it introduces the development trend of ISOS, including mining new concepts, methods and technologies of simulation optimization and scheduling of advanced artificial intelligence technology and so to further consolidate the theoretical basis of intelligent simulation optimization and scheduling. Also, integrating advanced machine learning and related technologies to solve common problems such as multi-objective, multi-constraint, large-scale variables and uncertainty factors in complex optimization, and so to comprehensively improve the stability convergence and speed performance of intelligent simulation optimization and scheduling algorithm. Lastly, continuously expanding the application scope of ISOS, and verifying the effectiveness of theoretical methods from real world problems.

Written by Wang Rui, Xing Lining, Cui Zhihua, Guo Yinan, Ren Teng, Li Xinyu, Cheng Shi, Wu Guohua, Wang Gaige, Wu Bin, Bai Danyu, Wang Feng, Gong Wenyin, Gong Dunwei, Gao Liang, Wang Ling

Simulation Technology and Application

The simulation technology is developed in disciplines of control science, system science, computer science, etc. It has grown up in the practical application of all walks of life and has become an important approach to understand and transform the world. Advanced simulation technology plays an indispensable role in some key fields like national defense and national economy, which are related to national strength and security, such as aerospace, information, biology, materials, energy, advanced manufacturing, agriculture, education, military, transportation and medicine. After nearly a century of development, "simulation science and technology" has formed an independent knowledge system, which includes a theoretical system composed of simulation modeling theory, simulation system theory and simulation application theory; a knowledge base composed of systems, models, computers, and application expertise; a methodology composed of simulation modeling based on similarity principle, networked, intelligent, collaborative and universal simulation system design based on holism, and whole system, whole life cycle, comprehensive simulation application and management ideas. In recent years, with the development of computer, communication and artificial intelligence technology, simulation science and technology have shown many new trends. This report focuses on the latest frontier hot simulation technology application from eight aspects include aircraft design simulation technology, weapons and equipment system simulation technology, operational command simulation technology, robot simulation technology, energy system modeling and simulation technology, computer vision system simulation technology, system simulation visualization method and application. The report presents analysis and comparison of the domestic and foreign newest research hot spots, the trend of the front and hopes to provide some new ideas and reference for the development of simulation technology in the future.

Written by Chen Zonghai, Wang Yujie, Zhang Chenbin, Wu Ji, Lin Mingqiang

Aeronautics and Astronautics System Modeling and Simulation

With the development and progress of computer technology, information technology and other related technologies, the application range of modeling and simulation has been greatly expanded. From single machine, single system simulation to multi machine, multi system simulation to distributed simulation in different places, until today's cloud simulation, big data simulation, artificial intelligence simulation, the simulation capacity and scale are gradually increasing, and the target of simulation research is increasingly complex. Modeling and simulation technology is facing more opportunities and challenges.Aerospace simulation is the combination of system simulation technology and aerospace engineering. It is an important branch of simulation science and technology. Aerospace simulation technology plays a special role in promoting the development of aerospace technology. It has become an important part of the development of aerospace science and technology and aerospace industry, and an indispensable link in the research and development process of various aerospace vehicles.From 2018 to 2019, strongly driven by the military demand and the rapid development of cutting-edge technology, aerospace simulation technology has developed rapidly, and the innovation and development of modeling and simulation theory and method have made important progress. They have been widely used in development of equipment technology, new combat concept verification and actual combat exercise, training, acquisition and support. We will fully support the development of missile weapons and equipment, test appraisal and evaluation, military combat training, and maneuver in the direction of digitalization and intelligence.This report focuses on the analysis of the development of China's aerospace technology in the aspects of simulation system construction, promotion of new technology to simulation technology, autonomous controllable simulation platform and simulation evaluation technology, according to the development situation at home and abroad in the past two years. and we analyzes the gap between China's aerospace system simulation technology and foreign countries in terms of innovative system modeling and simulation theory and method, the combination of advanced computing technology and simulation technology, the application of simulation technology in the whole life cycle of weapon, and the promotion of simulation technology to military exercise and military training. Therefore, the development trend and countermeasures of China are discussed in the aspects of intelligent service modeling simulation and credibility evaluation, simulation platform under the guidance of new generation of artificial intelligence, simulation of complex physical effects of advanced guidance and control, and confrontation simulation and evaluation of combat / equipment system.

The second chapter introduces the current situation of domestic development of this major and some achievements made in China; the third chapter introduces the current situation of foreign development and compares it with domestic development from different aspects; the fourth chapter describes the development trend and Countermeasures in this situation.

Written by Qing Duzheng, Yang Kai, Ma Jing, Yin Siyao, Wang Yecheng

Life System Modeling and Simulation

Life system modeling and simulation technology is a disciplinary technology formed by the multi-disciplinary formation of information science, systems science, life science, psychology, and Chinese and Western medicine. It involves the modeling, identification, analysis, and further control and application of life systems. It adopts the methods of physics, mathematics, chemistry, mechanics, biology and other disciplines to carry out cross-synthetic research from multiple levels to reveal the mechanism and process of biological information and its transmission, and describe and explain the laws of life activities, and is now a frontier scientific issues in the world. With the continuous development of science and technology and the continuous exploration of life sciences in the world, popular fields in this discipline such as human genomics / proteomics, stem cell technology and tissue engineering, bioinformatics, transgenic technology, cloning technology, biochip / protein chip / Tissue chips, gene therapy and cell therapy, antisense nucleic acid technology, monoclonal antibody technology, etc. have ushered in vigorous development. Through the strong support of national projects, China's structural genomic research and functional genomic research have made continuous progress. Digital human body technology has been increased in various fields, and life system modeling and simulation technology has been widely used in human body modeling and medical research. In actual surgery, the college teams have also achieved great results in bionics research. At the same time, machine learning developed on the basis of neural networks has also been widely used internationally and is a hot spot in recent years. This report mainly summarizes the progress of domestic and foreign disciplines in recent years, compares and reflects the differences between domestic and foreign countries, and finally gives its own views on the development trend of living system modeling and simulation related technologies.

Written by Fei Minrui, Ma Shiwei, Peng Chen, Sun Xin, Sun Qing, Nie Shengdong, Yu Ansheng, Fan Huimin, Cheng Wushan

Power System Modeling and Simulation

In recent years, new technology of electric power system (UHV, Big data, Ubiquitous Power Internet of Things, artificial intelligence, etc.) , new energy (wind power, solar power, etc.) , the new equipment (UHV transmission system, the flexible HVDC system, series compensation, shunt compensators, UPFC, new load) adding to the grid, makes the system scale and system information, intelligent, automation level increasing. In order to meet the demand of power system simulation under the new situation, the power system simulation specialty has made a lot of encouraging progress in simulation modeling, simulation methods and simulation applications. In terms of simulation modeling, the system presents a new situation of electronic power, strong randomness and intelligence. This major has formed new ideas of simulation modeling, such as overall equivalent modeling, online distribution modeling, time-frequency hybrid modeling, and multi-time scale modeling. In terms of simulation methods, the traditional advantages of pure digital simulation are fully developed to expand its simulation application in the direction of new energy and micro grid. Electric power real-time simulation development has experienced from the physical simulation, real-time analog hybrid real-time simulation to the real-time digital simulation of the three historical stages, the formation of a typical representative of professional simulation software (typical non real-time simulation tools include ATP/EMTP, SCAD/EMTDC, Digsilent, real-time simulation tools include: RTDS, ADPSS, AND - SIM, etc.) .Compared with foreign countries, China's power system simulation takes the lead in cloud simulation, CPS simulation, energy internet simulation and other aspects of simulation methods and simulation platform construction. In the future, this major will make use of advanced simulation technology to meet the major strategic needs of the country and international scientific issues. The key and difficult problems in the electricity industry will have broad application prospects and development space.

Written by Liu Keyan, Ye Xueshun, Kang Tianyuan, Zhan Huiyu, Gu Wei, Kang Zhongjian

Integrated Microsystem Modeling and Simulation

The concept of integrated microsystem (IMS) was proposed by DARPA and Sandia National Laboratory of the U.S at the beginning of this century. It is a combination of SoC, photonic microsystems, MEMS, high-frequency microsystems, high-power microsystems, SiP and 3D packaging, realizing sensing, communication, processing and other functionalities. Since the day it was proposed, IMS was believed to be a leading-edge technology and the next technology revolution. IMS can realize technological leapfrogging of 'transistors→integrated circuits→microsystems→IMS', which is valuable for miniaturization, intelligence and spectra exploration. In all the research contents of IMS, multi-scale modeling and simulation are one of the most important research areas, containing various challenging scientific problems. For example, at material level it is necessary to establish the atomistic models and calculate the fundamental physical properties and the parameters required by device-level simulations; at device level, we need to obtain the optical or electrical responses based on continuum solvation model and multi-scale multi-parameter long-time large scale differential equations; at circuit level, it is important to investigate the product-scale features of the microsystems based on Kirchhoff modeling and large sparse matrix methods. In addition, we also have to study in depth about the parameter transfer method, high performance parallel computing method, and etal., among 'micro-meso-macro' levels. In this report, the basic concept of IMS was firstly introduced; the domestic and abroad research progresses and comparisons of the IMS at the material scale, at the device scale, at the circuit and microsystem scale, radiation effects and multi-physics are then briefly discussed. Finally we give some predictions about the future developments of the IMS technology. It is worthy noting that, in this report only the researches about the modeling and simulation of IMS interacted with environment at multi-scale are included.

Written by Li Mo, Zuo Xu, Lu Benzhuo, Wang Yan, Guo Hongxia, Tang Min, Zhang Jian

Traffic System Modeling and Simulation

The continued development of traffic modeling and simulation technology is accompanied and stimulated with the development of computing and other advanced technologies. The technology has been in existence for more than 50 years in the field of transportation and has been playing a very important role on transportation system planning, traffic management, traffic control and traffic flow studies. In the context of analyzing the connotation, extension, and role of traffic simulation, this report analyzed the development status of the technology in China, including the macro-modeling of transportation represented by the "four-stage method", and the core micro traffic simulation models represented by the car-following and lane-changing models. This report reviewed the research and development of macro, meso and micro traffic simulation, software development, and applications of traffic simulation software in transportation planning, micro traffic control, and meso traffic organization. The differences and gap between domestic and overseas are compared in the above aspects, and pointed out the major gaps on software functions, software availability, simulation accuracy and simulation applications. Finally, the development trend and countermeasures of this specialty in China are analyzed and proposed. This includes the continued development and applications of domestic traffic simulation systems, the development of core models of micro traffic simulation, simulation as a service: the technology and applications of micro traffic simulation, travel as a service: the technology and applications of meso and macro traffic simulation, etc. This report is a good reference for decision makers, operators, engineers and students of transportation engineering.

Written by Wu Jianping, Shao Chunfu, Rong Jian, Sun Jian, Wang Wuhong, Li Ruimin, Wang Hao, Huang Ling, Lin Yong, Chen Xianlong, Zhang Tianran, Qiu Jiandong, Lu Xiaozhao

Environment System Modeling and Simulation

With the development of simulation requirements and the advancement of technology, the research on environmental modeling and simulation has become more and more intensive. Complex environmental simulation has been widely used in battlefield simulation, military training, environmental science, natural disaster forecasting, space technology research, industrial inspection and evaluation, and other major areas of national economy and national defense construction. Complex environment modeling and simulation is a specialized science and technology for studying full-spectrum models / data descriptions and simulations of natural environments such as geography, atmosphere, ocean, space and artificial environments such as electromagnetics. It is a multi-disciplinary and comprehensive research field created by the combination of simulation technology and environmental science, mainly involving multiple disciplines such as environment, information, electronics, surveying, mapping, and control. Professional personnel training in the field of environmental modeling and simulation technology reflects the characteristics of cross-disciplinary integration. The professional fields are mainly around environmental data acquisition and monitoring, environmental dynamic change mechanism analysis, environmental modeling, environmental intervention and protection. This report analyzes and summarizes the research progress of integrated natural environment modeling, environmental data acquisition, and environmental simulation applications at home and abroad. It explains the settings and teaching of environmental science and related disciplines at home and abroad, focusing on environmental science and engineering and mapping science and technology. Finally, the professional development trend is analyzed. The development of environmental modeling and simulation science and technology will pay more and more attention to the analysis of the interaction mechanism between various environmental factors, highlighting the research on the sea-land-air-ice-generation interaction and feedback, and the environmental monitoring-diagnostics-prediction theory and methods, and promoting the comprehensive application technology research of multi-source data. We need to train professionals with broad foundations, innovative thinking and global perspectives, and explore the new teaching mode of "strong foundation, internationalization and more practice".

Written by Gong Guanghong, Li Ni

Agricultural System Modeling and Simulation

Agricultural modeling and simulation is an important part of the application of information technology in agriculture. It is based on the principles of Crop Physiology and ecology, by summarizing and abstracting the experimental data obtained during the growth and development of crops, a dynamic mathematical model of the relationship between crop phenological development, photosynthetic production, organ formation and yield formation and environmental factors was established. Based on the model, crop growth was simulated and simulated. Agricultural modeling and simulation have made some progress not only in the basic and applied research which promotes the development of the subject itself, but also in the cross-development with related subjects and the expansion of new applied fields, has had the influence to the agricultural countryside society and the economic development. Although our country agriculture modeling and simulation start late, but develop quickly. In the early stage, the foreign models were mainly introduced, modified and validated, including crop growth model of Wageningen University in the Netherlands, DSSAT crop model and Gossym model in the United States, and APSIM MODEL in Australia. In the 21st century, China's agricultural model research continues to deepen, increasing crop varieties, agricultural model and decision-making system research is constantly improved, which has a greater impact. At the same time, a more stable research team has been formed, and the research work has its own characteristics, and has close contact and cooperation with the international agricultural model research. Next, the development trends of agricultural system modeling and simulation in

China are as follows: The combination of crop simulation and 3S technology, the combination of crop simulation and modern network technology, the combination of crop simulation and GCM, the combination of crop simulation and agricultural economic model, the trend of multi-disciplinary communication and integration is becoming more and more obvious. At the same time, subject construction should be strengthened to ensure that there are enough talents engaged in the subject area to serve the national economic development and strategy.

Written by Zhou Guomin, Guo Xinyu, Wang Jing, Feng Liping

Digital Entertainment System Modeling and Simulation

The rapid development of technologies such as computer hardware, sensors, the Internet of Things, robots, GPU parallel computing, and smart terminals has strongly promoted the intersection and integration of computer graphics, virtual reality, cloud and artificial intelligence. The widespread application of smartphones in social life, and big data technologies led by smart cities have enabled the digital entertainment and simulation profession to merge into military, medical, health, business, education, research, digital media technology, games, movies and many other areas at an unprecedented rate.With the further development of data visualization, deep learning, machine understanding and other fields, digital entertainment content creation ,such as games, animation, movies, and self-media content creation, etc., digital media technology applications, integration of big data and digital assets, and visual management technology, has become an important direction of this professional research.In the future of Chinese social life, in terms of user service as the core of China's aging social service design; home-based care-based food and clothing behavior content (leisure, entertainment, shopping, virtual tourism, etc.) content creation, online community platforms, the close integration of digital entertainment and simulation technology will soon become the focus of this professional research, and it is an inevitable trend in the development of home care.In summary, this report reviews the main achievements in China's related fields in recent years; it expounds the main progress of China's digital entertainment and simulation major from the aspects of academic research, talent cultivation, technological innovation and industrial application of digital entertainment and simulation major. Under the background of the new generation of information technology, the development trend of the application of this major in the study of China's aging society is analyzed, and the application prospect of digital entertainment and simulation major is prospected from multiple aspects.

Written by Luo Jianglin, Song Jianwen, Li Sida, Wang Qingqing, Ge Yingying, Zhu Meili, Chen Hong, Pan Zhigeng

Sports System Modeling and Simulation

Sports system simulation is an important technology subject in sports system engineering science system. It is proposed to solve the problem of complexity in the field of sports. It is an experimental technology science to explain, analyze, predict, organize and evaluate the sports system through the computer simulation technology to reproduce and simulate the teaching experience of the physical education teachers, the training intention of the coaches, the organization plan of the managers and the training process of the athletes. Its main point is to use the method of combining qualitative and quantitative analysis to establish the human-machine based on human System to assist decision-makers to make better decisions, executors to act more effectively.Sports system simulation plays an important role in competitive sports, national fitness, sports industry and sports teaching. Competitive sports, such as building training scenes and equipment, capturing sports data, collecting physiological, biochemical and psychological data, analyzing training effects, replaying and displaying actions, developed a typical sports simulation system to help athletes improve their technical actions and improve their technical level. And in the national fitness and sports leisure, the use of virtual simulation technology can improve the entertainment and participation of people's fitness. The sports simulation system also breaks through the traditional experiential training mode of sports media talents, breaks through the barriers in all aspects of live broadcast of events, forms an integrated and standardized training system, shortens the training cycle, improves the rate of success, serves the media, serves the students and serves the society.In the future, it is necessary to further develop the basic theory, fully dig the scientific information of the data in the field of sports, improve the simulation technology of sports system in China, emphasize the application in various fields of sports, and make it conform to the major national strategies such as healthy China and sports powerful country. At the same time, it is necessary to strengthen the discipline construction to ensure that there are enough talents engaged in the discipline field to serve the national economic development and strategy.

Written by Sun Jinhai, Li Xiangchen, Gao Yan, Wang Jiaqi, Mi Xiaoyan, Wang Ziwei

索 引

W

X

Y

Z